天津水务志丛书

武清区水务志

(1991—2010年)

天津市水务局
天津市武清区水务局 编

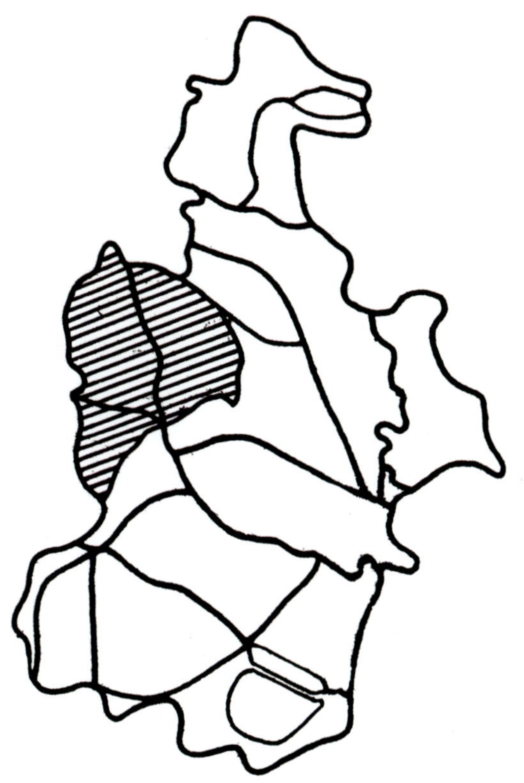

中国水利水电出版社
www.waterpub.com.cn
· 北京 ·

内容提要

《武清区水务志（1991—2010年）》全面、真实记述了1991—2010年武清区水务工作情况，包括水利环境、水资源、供水与排水、防汛与抗旱、农村水利、工程建设、规划设计、科技教育、水利工程管理、水政建设、水利改革、机构与队伍建设、水利经济等内容。

《武清区水务志（1991—2010）年》以水务实事资料为依托，系统地反映了武清水务的历史进程和取得的成绩，具有鲜明的地方特色、专业特色和时代特色，志书内容丰富，资料翔实，是一部为水务工作者提供全面、系统的水情资料的工具书。

图书在版编目（CIP）数据

武清区水务志 : 1991-2010年 / 天津市水务局，天津市武清区水务局编. -- 北京 : 中国水利水电出版社，2018.11
（天津水务志丛书）
ISBN 978-7-5170-7113-6

Ⅰ. ①武… Ⅱ. ①天… ②天… Ⅲ. ①水利史－武清区－1991-2010 Ⅳ. ①TV-092

中国版本图书馆CIP数据核字(2018)第249149号

审图号：津S（2021）005 津S（2021）013

书　　名	天津水务志丛书 **武清区水务志**（1991—2010年） WUQING QU SHUIWU ZHI（1991—2010 NIAN）
作　　者	天津市水务局　天津市武清区水务局　编
出版发行	中国水利水电出版社 （北京市海淀区玉渊潭南路1号D座　100038） 网址：www.waterpub.com.cn E-mail：sales@waterpub.com.cn 电话：(010) 68367658（营销中心）
经　　售	北京科水图书销售中心（零售） 电话：(010) 88383994、63202643、68545874 全国各地新华书店和相关出版物销售网点
排　　版	中国水利水电出版社微机排版中心
印　　刷	北京印匠彩色印刷有限公司
规　　格	210mm×285mm　16开本　28印张　587千字　9插页
版　　次	2018年11月第1版　2018年11月第1次印刷
印　　数	001—800册
定　　价	**180.00**元

生态水利

▲北运河武清城区段（2010 年拍摄）

▲北运河武清城区段灯光（2008 年拍摄）

▲北运河武清城区段喷泉（2008 年拍摄）

▲龙凤河大南宫闸（2010 年拍摄）

◀大黄堡湿地夕阳（2009 年拍摄）

▲上马台水库（2008 年拍摄）

▲运东干渠（2010 年拍摄）

▲五支渠（2008 年拍摄）

▶二支渠（2008 年拍摄）

▲永定河堤防绿化（2007 年拍摄）

▲北运河郊野公园堤防绿化（2010 年拍摄）

▲于庄水库（2014 年拍摄）

◀南夹道泵站（2009 年拍摄）

▶王三庄扬水站（2010 年拍摄）

▲南蔡村定福庄橡胶坝（2008 年拍摄）

◀八孔闸橡胶坝（2008 年拍摄）

▶北运河十六孔闸（2010 年拍摄）

防汛抗旱

◀防汛演习（2009 年拍摄）

▶安全房（2010 年拍摄）

▲撤退路（2008 年拍摄）

▲抗旱打井（2010 年拍摄）

民生水利

◀城关柳林屯桥（2007 年拍摄）

▲石各庄南排干闸（2007 年拍摄）

▲勾兆屯喷灌（2012 年拍摄）

▲管灌（2013 年拍摄）

▲大口径混凝土输水管道（2006 年拍摄）

▲第二污水处理厂沉淀池（2010 年拍摄）

▲龙泉供水公司供水泵站（2008 年拍摄）

▲卧龙潭净水中心（2010 年拍摄）

▲卧龙潭净水中心的净水池（2012 年拍摄）

▲水质检测（2010 年拍摄）

▲娃哈哈净水设备（2008 年拍摄）

水利施工

▲2003 年 3 月，开工建设的北运河施工现场

▲2003 年 12 月，开工建设的二支渠施工现场

▲2007 年 4 月，开工建设的东排渠施工现场

▲2007 年 10 月，上马台水库三孔桥施工现场

▲2007 年 12 月，开工建设的五支渠施工现场

▲2008 年 6 月，撤退路施工现场

▲2008 年 5 月，开工建设定福庄橡胶坝

▲2009 年 7 月，开始实施北夹道泵站更新改造工程桥

▲2009 年 11 月，正在施工中的城关镇管道对接

▲2009 年 10 月，城关沙庄村正在进行管网改造

会议部署工作

▲武清新城水生态系统规划（2008 年拍摄）

▲武清区 2008 年防汛暨"三夏"工作会议（2008 年拍摄）

单位风貌

▲2011 年，武清区水务局迁入

▲1998 年，武清区水务物资服务站办公楼建成迁入

▲2002 年，河道管理所建成迁入

▲2007 年，科技中心、地资站、排灌站综合办公楼建成迁入

▲2000 年，河西自来水服务站迁入

▲2007 年，城区河道管理段建成迁入

天津市武清区水利工程位置图

大罗屯
香河县
宝坻区

天津水务志编纂委员会组成人员

（2014 年 9 月—　）

主 任 委 员　朱芳清

副主任委员　张志颇　　赵考生　　丛　英（女）

委　　　员（以姓氏笔画为序）

于健丽（女）	王立义	王志华	王洪府
王朝阳	邢　华	朱永庚	刘　哲
刘　爽	刘凤鸣	刘玉宝	刘学功
刘学红（女）	刘福军	闫凤新	闫学军
孙　轶	孙　津	严　宇	杜学君
李　悦	李作营	杨建图	佟祥明
汪绍盛	宋志谦	张迎五	张贤瑞
张建新	张绍庆	张胜利	邵士成
范书长	季洪德	金　锐	周建芝（女）
孟令国	孟庆海	赵万忠	赵天佑
赵国强	赵宝骏	姜衍祥	骆学军
顾世刚	徐　勤	高广忠	高洪芬（女）
郭宝顺	唐卫永	唐永杰	陶玉珍（女）
黄燕菊	曹野明	梁宝双	董树本
董树龙	景金星	蔡淑芬（女）	端献社
魏立和	魏素清（女）		

编办室主任　丛　英（女）

天津水务志丛书《武清区水务志(1991—2010年)》
总编审人员

总　　编　朱芳清

副 总 编　张志颇

分志主编　丛　英(女)

分志编辑　丛　英(女)　艾虹汕(女)　王振杰

评审人员(以姓氏笔画为序)

丛　英(女)　刘福军　李红有　杨树生
张　伟　张月光(女)　张俊霞(女)　孟祥和
赵考生

版面设计　艾虹汕(女)　王　维(女)　边艳芳(女)

目录翻译　王娇怡(女)

《武清区水务志(1991—2010年)》编纂工作组名单

2010—2012年

组　　长	胡宝泽			
副 组 长	陈美华	李云旺		
顾　　问	杜　江			
成　　员	蒋金标	张金城	王宝辉	张凤山
	赵文玉	李　泽	张　月(女)	马宇平
	王国树	段东升	王　伦	陈久志
	邢建国	濮春发	张希英(女)	李宝义
	吴建军	贾洪林	李文华	薄国军
编办主任	陈美华			
主　　编	崔玉山			
编　　辑	赵文玉	王　华	张金城	王　维(女)
	边艳芳(女)			
采　　编	董长平(女)	潘学政	张书田	赵德奎
	刘凤鸣	侯玉婷(女)	李文奎	李红云(女)
	付会丹(女)	吴晓莉(女)	李书祥	付国忠
	武文东	李甫玉(女)	卢书江	尤震霞(女)
	寇淑明(女)	王红杰(女)	蒋晶晶(女)	李红雨(女)
编图设计	陈九志	王　维(女)	王　华	

《武清区水务志(1991—2010 年)》编纂工作组名单

2012—2017 年

组　　长	李春发			
副 组 长	陈美华	李云旺		
成　　员	蒋金标	汪海霞(女)	吕彦东	张凤山
	赵文玉	李　泽	张　月(女)	马宇平
	王国树	段东升	王　伦	陈久志
	邢建国	濮春发	张冬林	李宝义
	吴建军	杜亚华	李文华	薄国军
编办主任	陈美华			
主　　编	崔玉山			
编　　辑	赵文玉	吴晓莉(女)	王　华	张金城
	王　维(女)	边艳芳(女)		
采　　编	董长平(女)	潘学政	韩君阁(女)	单冬梅(女)
	黄　磊	赵德奎	王　涛	杨宝云(女)
	王居清(女)	侯玉婷(女)	李文奎	李红云(女)
	付会丹(女)	陈九志	李书祥	付国忠
	武文东	张树伏(女)	卢书江	尤震霞(女)
	段东升	寇淑明(女)	蒋晶晶(女)	唐英浩
摄　　影	汪海霞(女)	袁　静(女)	陈九志	杨　岭
	王　维(女)			
编图设计	陈九志	王　维(女)	王　华	

序

2012年，由于工作关系，我离开了工作30多年的水务部门，履职于区政协，但仍对水利事业怀有深厚的感情。我祝贺《武清区水务志（1991—2010年）》的问世！该志书内容起止年代正是我曾经亲身经历的时期，20年来的水利事业发展也曾有过“得”与“失”，但水利人蓬勃向上的精神是永恒的，治水成果是全体水利人不懈奋斗、顽强拼搏的结果。水是万物之本、生命之源，兴修水利、兴利除害是功在当代、利在千秋的伟大事业。

党的十一届三中全会以后，全区人民在区委区政府的正确领导下，全面坚持以经济建设为中心，不断深化改革，围绕“抓调整、上水平”的工作思路和“经济增效益、群众增收入、财政增实力”的工作目标，顽强拼搏、扎实苦干，取得了国民经济和社会发展的新成就。国民经济稳步增长，人民生活水平日益提高，城乡面貌日新月异，社会稳定，市场繁荣，20年来各项国民经济指标始终居五区县前列，综合实力成为全国百强区县之一，取得这些成就无不与水利事业的发展休戚相关。悠悠华夏水利史，人灵地杰，水利文化造就了一代又一代武清儿女，老一代的水利人，曾经历了低洼改造、改土治碱、农业学大寨等大规模的农田水利建设，使武清农田水利基本建设发生了翻天覆地的变化，如今的武清基本建成了河渠纵横、地块成方、遇旱能浇、遇涝能排的高标准农田，防洪体系已经形成。随着时代的变迁、气候的变化，突发性自然灾害时有发生，老的治水理念逐步得到了更新。兴利减灾，综合整治，前有古人，后有来者，我坚信武清因水而兴也必将因水而盛，水利事业的发展将更加辉煌！

《武清区水务志（1991—2010年）》的问世，是继承和发扬水利工作者的优良传统，也是第一部《武清县水利志》的延续。它用历史唯物主义观点记录了20年来武清人民与水奋斗的又一个历史。以志为鉴，继往开来，总结经验与教训，不重蹈历史覆辙，对贯彻落实科学发展观、弘扬优秀传统文化、推动水务事业发展、服务经济社会具有重要作用。编写人员承担着传承文明、记录历史、弘扬文化、服务社会、借史鉴今、启迪后人的光荣使命，并为此付出了辛勤的努力。借此机会，向参加编纂《武清区水务志（1991—2010年）》的全体同志表示衷心的感谢。

胡宝泽

2012年11月于武清政协

前　　言

编修《武清区水务志（1991—2010年）》是继承和发扬水利优良传统的需要，其重要目的在于全面反映和记录1991—2010年水利事业发展的历史和现状。通过记述武清区水利建设的主要发展过程，也可以帮助我们观始察终，鉴知往来，避免在水利科学决策方面发生过错，同时也是为科学决策提供重要依据。

水是生命之源、生产之要、生态之基。水是现代化农业建设不可或缺的首要条件，是经济社会发展不可替代的基础支撑，是生态环境改善不可分割的保障系统，具有很强的公益性、基础性、战略性。1998年出版发行的第一部《武清县水利志》，记录了武清县在水利事业方面取得的重要成就；续修《武清区水务志（1991—2010年）》，将展示武清区水利事业蓬勃发展的成果。20世纪70年代前，由于缺乏科学态度造成对自然规律的认识不够，形成了“重建轻管”的水利局面。进入80年代，国家确立了建管并重、狠抓工程实效的方针，水利工作重点逐步由重建设转移到向管理要效益上来。到90年代末，水利从“工程水利”转向“环境水利”，水利工作重点转为抓配套、抓管理、抓效益。进入21世纪以来，水利从传统农田水利建设向环境水利转变，从工程水利向资源水利转变，从传统水利向可持续发展水利转变，从“农村水利”向“城镇水利”转变，使得武清区对外开发、开放有很大的改观，促进了武清工农业的发展。

本志编写人员在尊重历史的前提下，坚持按照辩证唯物主义的观点，通过大量的史实资料和现实记录，展示了水利建设成果，实事求是地记述了1991—2010年期间各项水利工程建设管理史实。

续修《武清区水务志（1991—2010年）》在体例、章节上基本是“前志”的延续。随着水务一体化进程的加快，增加了“水利”改为“水务”

发展变化的内容。该志书的出版，必将起到“存史、资政、教化”的作用。由于缺乏经验，限于水平有限，本志书难免有不足之处，恳请专家及各级领导提出批评和意见，使之更加完善，为武清水利事业发挥其重要的作用。

武清区水务志编纂工作组

2012年8月

凡　　例

一、《武清区水务志（1991—2010年）》（简称本志）是天津水务志系列丛书之一，本志坚持以马克思列宁主义、毛泽东思想、邓小平理论、“三个代表”重要思想、科学发展观、习近平新时代中国特色社会主义思想为指导，严格按照《地方志工作条例》的各项规定依法修志，力争做到思想性、科学性、资料性的统一。

二、本志按照1998年天津市水利局《关于做好续修天津水务志1991—2010年编纂工作的通知》的要求，以中国地方志指导小组1997年5月8日颁布的《关于地方志编纂工作的规定》、2007年颁布的《关于第二轮志书编纂的若干意见》为编纂规范。

三、本志为1995年出版的《武清县水利志》的续志，原则上上限断至1991年，下限断至2010年，个别事件适当上溯或下延。记述范围是现行行政区域内的水利事业及对本区水利事业发展产生重大影响的人或事的相关记述。

四、本志坚持详近略远、详独略同的原则，突出时代特点和地方行业特色。

五、本志采用述、记、志、传、图、表、录等体裁，综合运用，以志为主，结构为章、节、目，“综述”“大事记”“附录”不列章、节。大事记以编年体为主，辅以纪事本末体。图表编号排序为章号—节号—序号，序号以全书为单位编排。

六、本志对机构、人名、地名均采用记事年代的名称和称谓。本志凡简称市委、区委的均指所在地的中国共产党的地方组织；凡称政府的均指当地人民政府。

七、坚持生不立传的原则，对有重大影响、有突出贡献、有代表性的在世人物，以治水人物简介、人物表或采用以事系人的方式记述。

八、资料来源以档案及文献资料为主，志书中的数据均采用统计局资料及水利部门各个时期的档案资料。

九、本志采用规范的语体文记述体。文字、标点符号、计量单位、数字的用法均以国家规定为准。文中所记地面高程采用大沽高程，其他高程随文标明。

目　　录

序

前言

凡例

综述 …… 1

大事记 …… 7

第一章　水利环境

第一节　自然地理 …… 21
　一、地质地貌 …… 21
　二、气象水文 …… 22
　三、土壤植被 …… 24
第二节　河流水系 …… 26
　一、一级河道 …… 26
　二、二级河道 …… 32
　三、排灌干渠 …… 35
第三节　分滞洪区、水库 …… 37
　一、永定河泛区 …… 38
　二、三角淀分洪区 …… 39
　三、大黄堡洼分洪区 …… 41
　四、淀北分洪区 …… 43
　五、水库 …… 43
第四节　自然灾害 …… 46
　一、涝灾 …… 47
　二、旱灾 …… 48
　三、风雹灾 …… 49
第五节　社会经济 …… 50
　一、行政区划和人口 …… 50
　二、地区经济 …… 51
　三、城镇化建设 …… 52
　四、文化建设 …… 52

第二章　水资源

第一节　水资源条件 …… 55
　一、地表水 …… 55
　二、地下水 …… 59
第二节　水资源管理 …… 66
　一、地下水资源管理 …… 66
　二、控制地面沉降 …… 75
第三节　节约用水 …… 79
　一、节水管理 …… 79
　二、节水宣传 …… 80
　三、节水型社会建设 …… 81

第三章　供水与排水

第一节　城乡供水 …… 87
　一、城区供水 …… 87
　二、农村供水 …… 102
第二节　城区排水 …… 107
　一、排水区域划分 …… 107
　二、排水工程建设 …… 108
　三、城区排水管理 …… 119

第四章　防汛抗旱

第一节　防汛 …… 123

一、汛情 …… 123

二、防汛组织 …… 125

三、防汛预案 …… 164

四、防汛物资 …… 165

五、蓄滞洪区安全建设 …… 169

六、抗洪除涝 …… 171

第二节　抗旱 …… 174

一、抗旱服务组织 …… 174

二、抗旱措施 …… 174

三、抗旱经费投入 …… 176

第五章　农村水利

第一节　农田水利基本建设 …… 179

一、改土治碱、平整土地 …… 179

二、开挖清淤渠道 …… 180

第二节　小型农田水利工程建设 …… 183

一、井灌区 …… 183

二、节水工程 …… 184

三、农业专项资金建设工程 …… 187

第三节　机井建设 …… 190

一、农用机井 …… 191

二、生活用井 …… 192

三、工业用井 …… 192

第四节　农用桥闸涵维修改造 …… 193

第五节　水土保持 …… 209

一、水土保持宣传 …… 209

二、水土保持方案编报 …… 209

三、水土保持监督收费 …… 209

第六章　工程建设

第一节　防洪工程 …… 213

一、除险加固 …… 214

二、应急度汛 …… 218

第二节　岁修工程 …… 226

一、堤防岁修工程 …… 226

二、闸涵岁修工程 …… 233

第三节　橡胶坝工程 …… 235

一、蒙村橡胶坝 …… 235

二、西安子橡胶坝 …… 236

三、小韩村橡胶坝 …… 236

四、新房子橡胶坝 …… 236

五、马道桥橡胶坝 …… 237

六、前进桥橡胶坝 …… 237

七、八孔闸橡胶坝 …… 237

八、南蔡村橡胶坝 …… 238

第四节　扬水泵站工程 …… 238

一、国有国管扬水站 …… 238

二、国有乡管扬水站 …… 247

三、乡有乡管扬水站 …… 247

四、固定扬水点 …… 249

第五节　水环境治理工程 …… 250

一、二支渠改造工程 …… 251

二、北运河城区段综合治理工程 …… 252

三、东排渠综合治理工程 …… 253

四、机场排河城区段治理工程 …… 254

五、三支渠综合治理工程 …… 254

六、五支渠综合治理工程 …… 254

七、运东干渠 …… 255

八、龙凤河及龙凤河故道综合治理工程 …… 255

第七章　规划设计

第一节　规划 …… 259

一、“五年”规划 …… 259

二、专项规划 …… 265

第二节　勘测设计 …… 270

一、勘测 …… 270

二、设计 …… 271

第三节　水利普查 …… 274

一、普查内容 …… 274

二、普查技术路线及步骤 …………… 277
三、普查阶段及最终成果 …………… 277

第八章　科技教育

第一节　科技 …………………………… 283
一、科技试验、研究 ………………… 283
二、技术引进、推广 ………………… 285
第二节　信息化建设 ……………………… 288
一、防汛信息化建设 ………………… 288
二、机关信息化建设 ………………… 290
第三节　职工教育 ………………………… 291
一、学历教育 ………………………… 291
二、技能培训 ………………………… 291
三、公务员培训 ……………………… 292

第九章　水利工程管理

第一节　乡镇农田水利管理 …………… 295
一、小型农田水利管理 ……………… 295
二、农民用水者协会 ………………… 296
第二节　骨干水利工程管理 …………… 298
一、河道闸涵、堤防管理 …………… 298
二、堤防绿化管理 …………………… 299
三、扬水站管理 ……………………… 303
四、水库管理 ………………………… 315
第三节　城区河道管理 ………………… 316
一、管理范围 ………………………… 317
二、管理模式 ………………………… 317
三、管理制度 ………………………… 318
第四节　水利工程确权划界 …………… 319

第十章　水政建设

第一节　水政机构 ……………………… 323
一、水政队伍 ………………………… 323
二、制度建设 ………………………… 325
第二节　法规建设 ……………………… 325
一、主要法规 ………………………… 325
二、法规宣传 ………………………… 327
三、水行政执法队伍行风评议 ……… 330
第三节　水行政执法与行政审批 ……… 331
一、水事案件查处 …………………… 332
二、水事纠纷处理 …………………… 334
三、行政审批 ………………………… 334

第十一章　水利改革

第一节　机构改革 ……………………… 339
一、机关机构改革 …………………… 339
二、事业单位人事制度改革 ………… 342
第二节　水利管理体制改革 …………… 344
一、小型农田水利工程产权制度改革 …………………………… 344
二、水利工程管理体制改革 ………… 345
三、河道管理体制改革 ……………… 346
第三节　农村水利技术推广体系改革 … 347
一、水利技术推广中心 ……………… 347
二、服务体系 ………………………… 347

第十二章　机构与队伍建设

第一节　机构设置及人员编制 ………… 351
一、机关机构设置及人员编制 ……… 351
二、局直单位机构设置及人员编制 …………………………… 352
三、领导更迭 ………………………… 355
第二节　队伍建设 ……………………… 364
一、水利队伍 ………………………… 364
二、人员调配 ………………………… 365
三、职称评审 ………………………… 368
四、先进集体 ………………………… 369
第三节　治水人物 ……………………… 370
一、局领导简介 ……………………… 370
二、劳动模范 ………………………… 373

三、技术人员 …………………… 375
四、先进个人 …………………… 378

第十三章　水利经济

第一节　资金投入与管理 ……………… 383
一、资金投入 …………………… 383
二、财务管理 …………………… 384
三、审计 ………………………… 385
第二节　综合经营 ……………………… 386
一、水利物资经销站 ……………… 386
二、武清区水利机械服务站 ……… 388
三、于庄水库 …………………… 389
四、上马台水库 …………………… 390
第三节　实体公司 ……………………… 392
一、水利建筑工程公司 …………… 392
二、雍泉管道工程公司 …………… 395
三、雍泉建筑工程公司 …………… 396
四、天津市仁通市政排水有限公司 ………………………………… 397
五、龙泉供水有限责任公司 ……… 397
附录 ……………………………………………………………… 399
索引 ……………………………………………………………… 419
编后记 …………………………………………………………… 426

Contents

Preface

Foreword

Explanatory Notes

Summary ······ 1

Chronology ······ 7

Chapter 1 Water Conservancy Environment

Section 1 Physical Geography ······ 21

1 Geological Landform ······ 21

2 Meteorological Hydrology ······ 22

3 Soil Vegetation ······ 24

Section 2 River System ······ 26

1 The First Class Riverway ······ 26

2 The Second Class Riverway ······ 32

3 Irrigation and Drainage Main Canal ······ 35

Section 3 Flood Diversion and Detention Area, Reservoirs ······ 37

1 Yongding River Flood Zone ······ 38

2 Sanjiao Lake Flood Diversion Area ······ 39

3 Dahuangpu Depression Flood Diversion Area ······ 41

4 Dianbei Flood Diversion Area ······ 43

5 Reservoirs ······ 43

Section 4 Natural Disasters ······ 46

1 Floods ······ 47

2 Droughts ······ 48

3 Hailstorms ······ 49

Section 5 Social Economy ······ 50

1 Administrative Divisions and Population ······ 50

2 Regional Economy ······ 51

3 Urbanization ······ 52

4 Cultural Construction ······ 52

Chapter 2 Water Resources

Section 1 Water Resources Conditions ······ 55

1 Surface Water ······ 55

2 Groundwater ······ 59

Section 2 Water Management ······ 66

1 Groundwater Resource Management ······ 66

2 Ground Subsidence Control ······ 75

Section 3 Water Conservation ······ 79

1 Water Saving Management ······ 79

2 Water Saving Propagation ······ 80

3 Water - saving Society Construction ······ 81

Chapter 3 Water Supply and Drainage

Section 1 Urban and Rural Water Supply ······ 87

1 Urban Water Supply ······ 87

2 Rural Water Supply ······ 102

Section 2 Urban Drainage ······ 107

1 Drainage Area Division ······ 107

2 Drainage Project Construction ······ 108

3 Urban Drainage Management ······ 119

Chapter 4 Flood Control and Drought Resistance

Section 1 Flood Control ······ 123

1 Flood Situation ······ 123

2 Flood Control Organization ······ 125

3 Flood Control Plan ······ 164

4 Flood Control Materials ······ 165

5 Safety Construction of Flood Storage and Detention Areas ······ 169

6 Flood and Waterlogging Control ······ 171

Section 2 Drought Resistance ······ 174

1 Drought - Resistant Service Organization ······ 174

2 Drought - Resistant Measures ······ 174

3 Drought - Resistant Funding ······ 176

Chapter 5 Rural Water Conservancy

Section 1 Farmland Water Conservancy Infrastructure ······ 179

1 Soil Amelioration and Solodization Land Formation ······ 179

2 Channel Excavation Dredging ······ 180

Section 2 Small Farmland Water Conservancy Project Construction ······ 183

1 Well Irrigation Area ······ 183

2 Water Saving Project ······ 184

3 Agricultural Special Fund Construction Project ······ 187

Section 3 Pumping Well Construction ······ 190

1 Pumping Well for Irrigation ······ 191

2 Pumping Well for Living ······ 192

3 Pumping Well for Industries ······ 192

Section 4 Maintenance and Reconstruction of Agricultural Bridge Sluice and Culvert ······ 193

Section 5 Soil and Water Conservation ······ 209

1 Soil and Water Conservation Publicity ······ 209

2 Soil and Water Conservation Plan Drafting ······ 209

3 Soil and Water Conservation Supervision Fees ······ 209

Chapter 6 Project Construction

Section 1 Flood Control Project ······ 213

1 Risk Elimination and Reinforcement ······ 214

2 Flood Season Emergency Preparations ······ 218

Section 2 Annual Repairs ······ 226

1 Dike Annual Repairs ······ 226

2 Sluice and Culvert Annual Repairs ··· 233

Section 3 Rubber Dam Projects ······ 235

1 Mengcun Rubber Dam ······ 235

2 Xianzi Rubber Dam ······ 236

3 Xiaohancun Rubber Dam ······ 236

4 Xinfangzi Rubber Dam ······ 236

5 Madao Bridge Rubber Dam ······ 237

6 Qianjin Bridge Rubber Dam ······ 237

7 Bakong Sluice Rubber Dam ······ 237

8 Nancaicun Rubber Dam ······ 238

Section 4 Pumping Station Projects ······ 238

1 State - Owned and State - Run Pumping Station ······ 238

2 State - Owned and Town - Run Pumping Station ······ 247

3 Town - Owned and Town - Run Pumping Station ······ 247

4 Fixed Pumping Station ······ 249

Section 5 Water Environment Treatment Project ······ 250

1 The Second Lateral Canal Renovation ······ 251

2 The North Canal Urban Reach

Comprehensive Treatment Project …… 252
3 The East Drain Comprehensive Treatment Project …… 253
4 The Airport Drainage River Urban Reach Treatment Project …… 254
5 The Third Lateral Canal Comprehensive Treatment Project …… 254
6 The Fifth Lateral Canal Comprehensive Treatment Project …… 254
7 Yundong Main Canal …… 255
8 Longfeng River and Longfeng Old River Course Comprehensive Treatment Project …… 255

Chapter 7 Planning and Design

Section 1 Planning …… 259
1 Five-Year Plan …… 259
2 Special Plan …… 265
Section 2 Survey and Design …… 270
1 Survey …… 270
2 Design …… 271
Section 3 Water Resources Survey …… 274
1 Survey Content …… 274
2 Survey Technical Route and Steps …… 277
3 Survey Phases and Final Results …… 277

Chapter 8 Technology and Education

Section 1 Technology …… 283
1 Science and Technology Experiments and Researches …… 283
2 Technology Introduction and Promotion …… 285
Section 2 Information Construction …… 288
1 Flood Control Information Construction …… 288
2 Institutional Information Construction …… 290
Section 3 Staff Education …… 291
1 Academic Education …… 291
2 Skills Training …… 291
3 Civil Servant Training …… 292

Chapter 9 Water Conservancy Project Management

Section 1 Township Farmland Water Conservancy Management …… 295
1 Small Farmland Water Conservancy Management …… 295
2 Farmer Water Users Association …… 296
Section 2 Key Water Conservancy Project Management …… 298
1 Riverway, Sluice, Culvert and Dike Management …… 298
2 Dike Greening Management …… 299
3 Pumping Station Management …… 303
4 Reservoir Management …… 315
Section 3 Urban River Management …… 316
1 Management Scope …… 317
2 Management Mode …… 317
3 Management System …… 318
Section 4 Water Conservancy Projects Right Confirmation and Demarcation …… 319

Chapter 10 Water Administration Construction

Section 1 Water Administration Institution …… 323
1 Water Administration Team …… 323
2 System Construction …… 325
Section 2 Laws and Regulations Construction …… 325
1 Main Laws and Regulations …… 325
2 Laws and Regulations Propaganda …… 327
3 Morals Appraisal of Water Administration Enforcement Team …… 330
Section 3 Water Administrative

Law Enforcement and Administrative Approval …… 331
1 Water Case Investigation ………… 332
2 Water Dispute Resolution ………… 334
3 Administrative Approval ………… 334

Chapter 11 Water Conservancy Reform

Section 1 Institutional Reform ……… 339
1 Government Departments Institutional Reform ………… 339
2 Public Institutions Personnel System Reform ………… 342
Section 2 Water Conservancy Management System Reform ………… 344
1 Property Right System Reform of Small Farmland Water Conservancy Project ………… 344
2 Water Conservancy Project Management System Reform ………… 345
3 Riverway Management System Reform ………… 346
Section 3 Rural Water Conservancy Technology Promotion System Reform ………… 347
1 Water Conservancy Technology Promotion Center ………… 347
2 Service System ………… 347

Chapter 12 Institution and Team Building

Section 1 Institution Setting and Staffing ………… 351
1 Government Departments Institution Setting and Staffing ………… 351
2 Institution Setting and Staffing of Affiliated Institutions ………… 352
3 Leadership Change ………… 355
Section 2 Team Building ………… 364
1 Water Conservancy Team ………… 364
2 Personnel Assignment ………… 365
3 Professional Title Evaluation ……… 368
4 Advanced Collective ………… 369
Section 3 Outstanding Figures ……… 370
1 Profiles in Bureau Leadership ……… 370
2 Model Workers ………… 373
3 Technicians ………… 375
4 Advanced Individuals ………… 378

Chapter 13 Water Conservancy Economy

Section 1 Funds Investment and Management ………… 383
1 Funds Investment ………… 383
2 Financial Management ………… 384
3 Auditing ………… 385
Section 2 Comprehensive Operations ………… 386
1 Material Distribution Station ……… 386
2 Wuqing District Water Conservancy Machinery Service Station ………… 388
3 Yuzhuang Reservoir ………… 389
4 Shangmatai Reservoir ………… 390
Section 3 Company Entity ………… 392
1 Water Conservancy Building Engineering Company ………… 392
2 Yongquan Pipeline Engineering Company ………… 395
3 Yongquan Building Engineering Company ………… 396
4 Tianjin Rentong Municipal Drainage Co., Ltd. ………… 397
5 Longquan Water Supply Co., Ltd. ………… 397

Appendix ………… 399
Index ………… 419
Afterword ………… 426

综　述

武清区位于天津市西北部，界于京津两大城市之间，素有“京津走廊”之美誉，北靠北京市通州区和河北省廊坊市香河县、西界河北省廊坊市安次区、东与天津市宁河县和宝坻区接壤、南与天津市北辰区相邻，总面积1574平方千米，辖5个乡、19个镇、5个街道办事处。2010年年末，户籍总人口84.7万人，其中农业人口68.97万人、非农业人口15.73万人。

武清地区属暖温带大陆性季节型气候，夏季受海洋气候影响，冬季受西伯利亚气候影响，季节性明显，春季干燥多风，夏季高温多雨，秋季冷暖适中，冬季寒冷少雪，多年平均降水量573.8毫米，全年降水量分配不平衡，6—9月中旬，较大的降雨主要集中在这一时期，汛期多年平均降雨量为427.5毫米，且常以暴雨形式出现，暴雨时常伴随大风或冰雹，易造成水灾。春秋季节风多易造成干旱。

武清境内土壤为潮土类型，其中可分为黄潮土、盐化潮土、湿潮土三个亚类。黄潮土占76.6%，盐化潮土占22.2%，湿潮土占1.2%。

武清是产粮大区（县），有“津沽粮仓”之称，耕地面积884公顷，主要种植小麦、玉米，一年两熟或两年三熟，其次是经济作物等。1991年以来粮食年产量多年稳定在5亿公斤以上，始终居津郊之首。全区涌现出了一大批夏秋粮超千公斤的村街，先后荣获“全国夏秋粮生产先进县”和“全国粮食生产先进县”等称号。1991—2010年期间，均遭受过不同程度的水旱灾害，但农业生产仍保持了良好的发展态势。2010年完成地区生产总值317.5亿元，财政收入比1990年增长80%，农民人均纯收入比1990年翻了近10倍，达到11700元。

武清区境内有4条一级河道，即北运河、永定河、龙凤河、青龙湾减河，总长184.8千米；有龙河故道、凤河西支、机场排河、中泓故道、龙河、龙北新河、狼尔窝引河（曾用名狼儿窝引河，下同）7条二级河道，总长76.5千米；有联乡骨干渠道20条，总长267.33千米。至2010年，全区旱涝保收面积55.54千公顷，有效灌溉面积73.3千公顷；建成中小型水库3座，蓄水能力3467.1万立方米；国有市、区管大中小型闸涵272座，拦河蓄水橡胶坝8座；共有扬水站点1033座，其中国有区管扬水站25座、国有乡管扬水站18座、乡有乡管扬水站320座和小型固定扬水站（点）670座；机电井达到6770眼；城区市政排水泵站（点）28座；城区建成污水处理厂4座，日处理能力达到6万立方米；城区自来水厂5座，乡镇集中供水站44个；建成安全饮用水厂2座，日生产桶装纯净水达到了10万桶，全区实现家家饮用自来水。

1991—2010年，武清区始终坚持贯彻执行国家关于水利发展战略，紧密结合自身的工作实际，坚持依法治水、以人为本的治水理念，以惠民工程为主，水利事业蓬勃发展，各项水利工程设施从小到大、从弱到强，基本实现了旱能浇、涝能排，建成了高标准的农田水利体系，在防洪、抗旱、除涝、农田水利建设、水资源开发与保护、农村饮水解困、自来水入户、管网改造、城镇供排水建设、水环境综合治理等方面均实现了跨越式发展。纵观武清水利事业建设与发展，大体经历了以下两个阶段。

第一阶段（1991—2000 年）是水利事业逐步由计划经济走向市场经济服务时期，水利工程建设主要结合武清水源短缺的实际，本着“旱涝兼治、排蓄结合、以蓄为主、综合治理”的方针，同时也是水利建设管理配套、综合效益全面提高的阶段。在此期间，主要完成了以下几方面内容：

一是蓄水工程建设取得了跨越式的发展。1991—2000 年，武清区旱情不断发展，自备水源远远不能满足灌溉的需要，开发自备水源成为当务之急。1991 年建成武清县第一座橡胶坝，即蒙村橡胶坝，实现了北运河阶梯蓄水，年可调蓄水 300 万立方米，改善灌溉面积达到 1 万公顷以上。1994 年建成了上马台水库，蓄水能力 2680 万立方米，保灌面积 6700 公顷。1996 年建成西安子橡胶坝和小韩村橡胶坝，为提高武清地表水资源调控能力、增加引洪灌溉能力起到了关键的作用。

二是防洪工程建设有了长足进展。1994 年完成永定河泛区左堤堤顶路硬化 26.82 千米，修建防浪墙 4.6 千米；1995 年完成津蓟铁路至拾梅水站段大堤复堤工程，长度 15.63 千米；1996 年完成龙凤河右堤加固工程，对大高口灌溉闸、小高口灌溉闸、小石庄涵洞、果汪庄涵洞 4 座口门进行拆除重建，复堤 15.71 千米；1998 年完成龙凤河左堤复堤 12.3 千米，右堤复堤 7.95 千米，口门加固 5 处；1999 年完成龙凤河小韩村段 1.5 千米堤顶黏土复堤，更新了陈赵庄水站、洪庄子水站、泗村店水站站前启闭机，对十一孔闸、大南宫闸进行了土建维修加固。1999 年完成“天津市防洪圈”即西部防线工程，复堤 12.31 千米。1998—2000 年完成永定河泛区右堤复堤 29.3 千米，对 24 座口门进行维修改造，完成大旺村险工护砌 1.7 千米，使永定河武清段堤防达到 100 年一遇防洪标准。2000 年完成武清城区防洪圈工程建设，对大堤进行加高，改造 8 座闸涵，新建 2 座生产桥。

三是蓄滞洪区工程建设成效显著。蓄滞洪区安全建设始于 1985 年，“平战结合”经历了修筑救生台、建救生房、修撤退路的发展过程。救生台修筑从 1985 年开始到 1989 年结束。永定河泛区内有 36 个村，共建成“实心台”10 处，台上建房 2 处，建设面积 2.4 万平方米，可使 8000 多人上台避洪。由于救生台不能达到“平战结合”，由此产生了救生房，1989—1998 年，在大黄堡分滞洪区、三角淀分滞洪区、永定河泛区共建成救生房 526 处，面积达 5.37 万平方米。自 1995 年，在建设救生房的同时也相应地在泛区、分滞洪区修建了撤退路，至 2000 年共建成撤退路 54.2 千米。蓄滞洪区内的安全建设工程，为蓄滞洪区群众快速转移及生产生活提供了安全保障。

四是节水工程建设也有较快的发展。防渗节水管灌面积不断扩大，一些节水示范项目逐步得到了推广应用。20 世纪 70 年代开始建设节水工程，以混凝土明渠为主，喷灌为辅。从 1995 年开始试用塑料管道进行节水灌溉，建成混凝土防渗明渠 427 千米，塑料暗管铺设达到 1509.5 千米，到 2000 年节水工程控制灌溉面积达到 3.03 万公顷。喷灌节水由于建设投资大，加之设备老化，到 2001 年喷灌面积仅剩 1700 公顷，比 1991 年减少 1300 公顷。

五是农田水利基本建设出现新高潮。1988 年武清县遭受涝灾之后，区政府提出三年恢复、五年提高的工作目标。到 2001 年先后完成清淤干支渠 254 条，长度达到 475.8 千米，改造中低产田 1177.8 公顷，开发荒地 2466.67 公顷，整平土地 2266.67 公顷，集中连片治理 6266.67 公顷，总动土方 12278 万立方米。经过大搞农田水利基本建设，使得全区灌溉节水、排涝抗旱能力大大提高，为武清农业丰收发挥了巨大作用。1989 年获得“全国水利先进县”荣誉称号，1997 年在全市水利基本建设评比中获得较好的成绩。

第二阶段（2001—2010 年）是武清区从工程水利转向环境水利时期，也是推进水务一体化建设管理的重要时期。2001 年 3 月 10 日武清区水务局正式挂牌，2009 年将原城建管理供排水系统划归水务局管理，改变了以往形成的水资源条块分割、多头管理的格局。这一时期是节水、蓄水、防汛抗旱、农村饮水、水环境治理、农田水利工作全面提高的阶段。

一是拦蓄水工程得到提升改造。针对 1997—2000 年连续几年年降雨量偏少、上游客水减少、旱情严重的情况，先后完成上马台水库增容改造、南蔡村定福庄橡胶坝、马道桥橡胶坝、前进道橡胶坝等拦截蓄水工程，拦蓄水调控能力得到了进一步加强。到 2010 年，灌溉面积达到 8.8 万公顷。

二是防洪工程建设有较大提高。按照防汛抗旱总体规划，2000 年完成西部防线 11.4 千米堤顶沥青路面；2002 年完成龙凤河大南宫闸至京津公路 7.2 千米和龙凤河故道 7.3 千米的堤顶路面硬化，提高了武清城区防洪标准，为武清城区经济发展奠定了基础；2005 年完成了永定河罗古判开卡工程，为永定河洪水下泄开辟了通道；至 2008 年泛区、分滞洪区的村街全部修建了撤退路，使泛区、分滞洪区的群众遇大洪水时能够全部撤离。

三是水环境得到初步改善。水环境治理是以北运河改造为主线，逐步辐射周边河渠道治理。2004 年 3 月至 2005 年 7 月完成北运河京津塘高速桥至北郑庄桥段综合治理，2006—2007 年完成北郑庄桥至振华桥的景观河道治理，使北运河杨村城区段全部实现了水清、岸绿，提升了武清整体形象。2004 年完成杨村城区二支渠改造，2005—2007

年完成城区东排渠、四支渠综合改造，2008年完成机场排河武清段3.8千米的河道景观建设，2009年完成龙凤河及龙凤河故道综合整治。至此，城区段河道彻底改变脏、乱现象，改善了居民生产生活环境，提升了城市品位。此外，城区污水治理从2003年开始，在武清开发区建成第一污水处理厂，到2010年共建成污水处理厂4个，日处理污水能力达到6万立方米，污水处理率达到80%以上。

四是城乡供水能力得到全面提升。武清城区多年来居民的生产生活采用地下水，因长期开采地下水造成地下水位下降，形成了漏斗区，出现了地面沉降现象。因此2003年完成下伍旗水源地向城区供水工程，工程共完成打井8组16眼，供水泵站1座，铺设水源地至杨村镇武清开发区供水管网主干管道25千米，支管道11.27千米，日供水能力达到5万立方米，解决了城区居民用水的紧张局面。2003—2006年完成天津市人民政府下达的三年农村饮水解困工程，解决了全区700多村的饮水困难及用水不方便问题，区水务局2004年荣获“天津市人畜饮水解困先进集体”称号。

五是节水工程建设有新发展。全面开展以农业节水为中心，以科技推广为重点的新型农业节水体系。2002年完成高村乡3个村253.33公顷节水示范工程，共修建混凝土明渠39.9千米，铺设大口径管道1.12千米。2006年完成崔黄口镇3个村、城关镇2个村、466.67公顷节水示范工程，共完成低压输水管道29.1千米，安装大口径混凝土管道4.4千米，衬砌防渗明渠14.28千米。至2010年节水示范项目得到了全面推广，节水防渗明渠达到465千米，暗管达到3743千米，喷灌面积1133.33公顷，滴灌面积由2000年的4.4公顷发展到44公顷，增长了10倍，滴灌工程在棚室蔬菜种植上具有很大的推广前景，至2010年农业节水控制灌溉面积达到5.13万公顷，占耕地面积83%。

六是农田水利工程得到了改善。自2000年，国有国管扬水站全面进行了更新改造，恢复了灌排能力；2座国有乡管扬水站进行了更新改造；325座农村桥、闸、涵等小型水利工程进行了拆除重建；骨干渠道结合国家路网建设得到了有效治理，提高了深渠蓄水能力。

截至2010年，武清区基本上形成了比较完整的水利体系，水利工程发挥了应有的作用，水环境发生了巨大的变化，经济效益、社会效益明显。但水务建设任务仍十分艰巨，特别是一些水利工程老化、失修，农田灌溉保证率低，城区供水、城区排水能力有待提高，水环境还有待进一步改善。

大事记

1991 年

4 月 18 日　武清县第一座橡胶坝——北运河蒙村橡胶坝开工建设，主要是拦蓄北运河上游的水源供港北地区使用，实现阶梯蓄水，设计蓄水能力 421 万立方米。工程总投资 188.13 万元，8 月 14 日主体完工。1992 年 5 月通过市水利局验收。

6 月 24 日　城关东马圈、泗村店、陈咀（曾用名陈嘴，下同）等 9 个乡镇，30 余村遭受冰雹袭击。降雹历时 30 分钟，冰雹密度 700～800 粒每平方米，局部厚度约 3.3 厘米，雹粒最大直径 4 厘米。7333.33 公顷农田受灾，经济损失 1200 余万元。

9 月 1 日　王三庄扬水站更新改造工程开工，完成投资 148.7 万元，翌年 6 月 15 日竣工。

1992 年

3 月 7 日　水利部副部长严克强来武清检查永定河护路堤西辛庄段、大旺村分洪口门和黄花店二街救生台建设情况。

6 月 2 日　河西务镇集中供水工程竣工，为天津市第一个乡镇集中供水工程，总投资 87.4 万元。

7 月 21 日　10 时 50 分至 11 时 30 分，强烈飓风袭击了武清县下朱庄、聂庄子两乡的 14 个村庄，持续时间达 30 分钟，造成 52 根电杆倒地和 1333 公顷早玉米、93.33 公顷晚玉米、6.67 公顷棉花倒伏，305 米院墙倒塌，损坏渔船 6 条、房屋 608 间，伤 2 人，死亡奶牛 26 头，直接经济损失 103 万元。

8 月 3 日　日降雨量 134 毫米。

12 月 23 日　天津市副市长陆焕生、张好生在武清县县委书记梁文忠等陪同下，到河西务周羊庄视察农业灌溉情况。

12 月 27 日　武清县水利局与天津市水利科学研究所合作完成“武清县排污河两侧和污染区农业环境污染调查及防止途径”的科研课题。

1993 年

2 月 9 日　国家防汛抗旱总指挥部、水利部、水利部海河水利委员会（简称海委）及天津市水利局组成的联查小组来武清检查永定河泛区安全建设工作。

4月1日　天津市乡镇集中供水现场会在河西务镇召开，各区县水利局局长出席会议。河西务镇集中供水厂采用恒压变频24小时供水，作为示范点与各区县进行现场参观交流。

4月4日　上马台水库开工建设，占地面积586.04公顷，兴利库容2680万立方米，控制灌溉面积8.67千公顷，工程投资4988万元。1994年10月竣工，12月通过市水利局验收，工程达到优良。

4月2—10日　县境内遭受罕见的风冻。4月6日、7日、9日大风，4月7日、8日、10日3天霜冻，4月8日最低气温－5.9℃，蔬菜受害十分严重，部分大棚、改良式地膜被大风刮毁，大面积蔬菜幼苗被冻死，全县蔬菜受灾面积3260公顷，占蔬菜面积的70%，直接经济损失520万元。

4月29日　水利部部长钮茂生在天津市副市长陆焕生、市水利局局长张志淼、武清县委书记梁文忠等陪同下，视察了上马台水库建设工地。

7月3日　东马圈、城关、白古屯、大孟庄、河西务等乡镇遭受雹灾。冰雹持续时间5～20分钟，最大直径4厘米，冰雹密度为200～300粒每平方米。受灾面积5133.33公顷，直接经济损失307万元。

8月11日　河北屯、下伍旗、大良3个乡镇遭受龙卷风和暴雨袭击，受灾面积1066.7公顷，3个乡办砖瓦厂的380万块坯被毁，直接经济损失200万元。

9月11日晚　下伍旗、大王古庄、白古屯、大孟庄等乡镇遭受龙卷风和冰雹袭击，受灾面积2873.3公顷，直接经济损失250万元。武清县长邵久武到现场慰问群众，指导救灾工作。

1994年

5月27日　天津市人大常委会主任吴振、市政府顾问王立吉在武清县委书记梁文忠等陪同下视察了上马台水库建设工地。

7月12日　上马台水库变电站投入运行。

同日　8时至7月13日17时，全县普降大雨，平均降雨量达到159.7毫米，高村、城关、白古屯、大王古庄4个乡镇降雨超过332.7毫米，武清县委书记邵久武到高村一带查看雨情。

7月13日　3时，青龙湾减河水势猛涨，到17时流量高达1060立方米每秒，青龙湾减河狼尔窝分洪闸（曾用名狼儿窝分洪闸，下同）水位达到8.52米，超过警戒水位0.42米。沿途下伍旗、河北屯、崔黄口三镇组织人员上堤护防。武清代理县长李树宏、副县长钟有龙到防汛一线检查指导。大黄堡洼蓄滞洪区的八里庄、泗马营两村的群众分别转移到安全地带。

7月14日　2时，青龙湾减河狼尔窝分洪闸上水位达到8.48米，仍超过警戒水位，副市长朱连康、市水利局副局长刘振邦等到狼尔窝分洪闸指挥调度。10时30分，水位回落到8.43米，1994年第一次洪峰顺利通过。

同日　天津市市长张立昌到武清狼尔窝分洪闸视察水情。

7月26日　天津市市长张立昌、副市长朱连康及市有关部门负责人到武清检查灾情，慰问受灾群众。

8月1日　“武清县人民法院水利巡回法庭”挂牌成立。

8月9日　武清县委、县政府在上马台水库召开水库主体工程竣工庆祝大会，提前一年蓄水。

8月31日　中华江河体育游乐促进会会长李景中及国家体委水上运动管理中心主任张清等一行来上马台水库考察。

9月22日　天津市人大常委会主任吴振、天津市水利局局长张志森在武清副县长李乃彦等陪同下视察上马台水库蓄水情况。

11月13日　王庆坨地区连续两日降大雪，积雪达350毫米，为30年罕见。

12月1日　上马台水库通过天津市组织的专家组验收，工程被评为“优良”。

12月12日　武清县召开上马台水库竣工典礼大会，水利部农水司、水管司、海委、天津市政府、市建委、市计委、市环保局、建设银行天津分行、县委、县政府等主要负责人参加了庆典大会。同时收到了水利部原副部长李伯宁、国际奥委会执委中国奥委会名誉主席何振梁、天津市人大常委会主任吴振、天津市政府秘书长辛鸿铎等发来的祝贺题词、题字。

12月30日　海委、天津市水利局对永定河泛区豆张庄、黄花店、陈嘴乡3570平方米安全房、5800平方米救生台进行了验收。

1995年

1月13日　武清县委书记邵久武到上年沥涝灾害严重的白古屯乡谈心服务送温暖，慰问了五保户、烈军属和困难户。

2月8日　武清县上马台水库管理处成立，为县水利局下属全民所有制事业单位（县属副局级）。

2月22日　武清县泉兴水厂建设工程破土动工。

2月25日　武清县水利技术推广中心被国家科委、农业部、林业部、水利部、人事部、国家农业综合开发办公室授予“全国农业科技推广先进单位”荣誉称号。

5月16日　19时40—55分，河北屯、大良、双树、大碱厂、后巷5个乡镇遭龙卷风和冰雹袭击，受灾面积近666公顷，经济损失334万元。

7月4日　21时15—40分，10个乡镇遭冰雹袭击，经济损失120万元。

同日　武清县县长李树宏、副县长王树培组织有关部门检查泉兴水厂工程建设情况。

7月28日至8月6日　武清县连降5次大到暴雨，平均降雨量达到207毫米，雨量最大的是上马台镇，平均降雨量达到328毫米，因连续降雨造成1513.3公顷农田受灾，成灾面积258.7公顷，工农业经济损失912万元。

8月5日　天津市常务副市长李盛霖到武清县检查防汛工作，查看了永定河黄花店段清障情况。

8月6日　国务院副秘书长、国家防汛抗旱总指挥部副总指挥刘济民等一行8人在天津市副市长李盛霖、朱连康和天津市水利局局长刘振邦及武清县委书记邵久武、县长李树宏、副县长钟有龙等陪同下，检查永定河黄花店段清障情况。

8月14日　水利部部长钮茂生及国家防汛抗旱总指挥部负责人在天津市市长张立昌、副市长朱连康、秘书长张惯文陪同下，到武清视察防汛工作。

8月18日　黄花店乡水利站站长高乃军带病坚持完成永定河清障任务，以身殉职，县水利局、黄花店乡政府对其进行通报表扬。

8月30日　拆除永定河罗古判联合护村埝和村西护麦埝。

10月11日　水利部原副部长李伯宁、中华江河体育游乐促进会会长李景中到上马台水库考察。

11月14日　天津市水利局水利志编纂委员会在武清县水利局组织召开《武清县水利志》（送审稿）评审会。经专家审查，认为该志符合《新编地方暂行规定》和《江河水利志编写工作试行规定》，同意通过评审。

1996年

5月30日　龙凤河西安子橡胶坝开工，主要是拦蓄上游水源实现阶梯蓄水，投资380万元，翌年6月竣工。

6月25日　天津市市长张立昌、副市长朱连康在武清县委书记邵久武、县长李树宏的陪同下视察上马台水库。

7月17日　武清县水务局进行第一次机构改革，机关内设8个职能科室，34个乡镇水利站划归乡镇管理，县水利局进行业务指导。

8月2日　1—21时，武清县普降大到暴雨，雨量超过100毫米的有12个乡镇，雨量最大的黄庄乡降雨量达到220.5毫米、下朱庄乡达到219毫米。

1997 年

5 月 31 日　上马台水库开展首届抛竿钓鱼比赛，全国有 14 个省市 144 人参加。

6 月 15 日　国际奥委会执委、中国奥委会名誉主席何振梁到上马台水库视察。

12 月 29 日　国务院副总理姜春云在天津市市委书记、市长张立昌等陪同下到河西务镇视察井灌区农田水利基本建设。

1998 年

4 月 1 日　龙凤河水毁修复工程开工。总投资 452.42 万元，于 6 月 15 日竣工。

8 月 6 日　武清县防汛指挥部于 20 时接到天津市防办通知，7 日上午将 60 万条编织袋送往武汉市支援抗洪抢险。

8 月 18 日　武清县防汛指挥部于 21 时接到天津市防办通知，19 日上午将 70 万条编织袋送往黑龙江省哈尔滨市支援抗洪抢险。

9 月 1 日　拾梅扬水站更新改造工程开工，投资 634 万元，翌年 7 月完工。

10 月 19 日　永定河右堤除险加固工程开工，总投资 5275 万元，2000 年 6 月 20 日竣工。

10 月 7 日　庞艾扬水站更新改造工程开工，投资 75 万元，翌年 7 月完工。

10 月 15 日　双树乡万亩喷灌区建设工程开工，总投资 419.28 万元。

1999 年

4 月 1 日　天津市北水南调工程开工，调水路线是从北运河土门楼庄窝闸，经北运河至屈家店闸上，沿西河逆流而上至独流减河进洪闸上，全长 106.43 千米，总投资 1.47 亿元，由武清县、北辰区、西青区、静海县共同承担完成。2002 年 8 月全线完工。

同日　永定河五支扬水站新建工程开工，投资 340 万元，10 月 15 日竣工。

4 月 19 日　遭受冰雹袭击，受灾面积 2986.7 公顷，有 8 个乡镇农作物受灾，直接经济损失 1521 万元。

6 月 3 日　天津市警备区司令员滑兵来到永定河右堤陈嘴乡大旺村查看分洪口门。

7 月 1 日　卧龙潭净水中心举行落成通水仪式，市长李盛霖到净水中心视察。

9 月 1 日　天津市市委书记张立昌、副市长孙海麟、市水利局局长刘振邦视察北水南调工程线路，武清县委书记李乃彦、县长王树培、副县长钟有龙陪同。

11月4日　天津市副市长孙海麟视察石各庄镇农田水利建设工程现场。

2000年

1月27日　天津市副市长孙海麟到武清检查北水南调工程进展情况，要求市、县水利部门及时与有关部门协调好，确保工程进度和质量。

3月1日　陈赵庄扬水站更新改造工程开工，投资527万元，翌年10月底竣工。

3月15日　凤河西支小韩村橡胶坝开工建设，工程投资110万元。

3月20日　天津市市长李盛霖、副市长王述祖到永定河右堤市级重点绿化工程植树现场参加植树活动。

4月1日　武清防洪圈一期工程开工，完成总投资403.4万元，10月1日竣工。

6月1日　“北京排污河”经天津市地名办批准，更名为“龙凤河”。

6月13日　经国务院批复，同意撤销武清县设立武清区，武清县水利局更名为武清区水利局。

2001年

3月5日　经武清区机构编制委员会同意，撤武清县水利局，组建武清区水务局，于3月10日揭牌。

5月7日　永定河左堤应急度汛工程开工，投资776.72万元，翌年6月完工。

11月1日　杨村光明桥竣工，同年杨村大桥（双龙桥）拆除。

是年　武清区四次遭遇飓风、冰雹袭击，分别在6月13日、27日、29日和9月4日，累计29个乡镇29.09万人、9500公顷次农田受灾。其中粮食作物受灾3610公顷，减产2.07万公斤，经济作物绝收3270公顷，蔬菜、果树等受灾2620公顷，倒塌房屋734间，毁坏通讯线路24.1千米。全区34330公顷灾害造成减产47895万公斤。

2002年

5月31日　杨村北运河光明桥清淤河道时发现并出土护法铜人两尊，经有关部门考证为杨村玄帝庙前护法铜像，一为“花洒灵官”马灵耀，另一为“正一玄坛”赵朗赵公明。玄帝庙建于明初或明中期，后于明万历三十五年（1607年）重修，后因发大水将庙冲毁（年代不清）。护法铜人出土后被移交区文化馆文物管理保护办公室。

5月　武清区水务局机关完成第二次机构改革。将原有8个科室合并为5个科室，定编 51 人，副科长竞争上岗，干部职工定岗定责。

6 月 4 日　下伍旗水源地工程开工，总投资 1 亿元，翌年 4 月 19 日竣工。

9 月 1 日　大谋屯扬水站更新改造工程开工，投资 566 万元，翌年 6 月完工。

9 月 10 日　龙凤河堤顶路面工程开工，工程总投资 432.71 万元，11 月底竣工。

2003 年

3 月 21 日　武清区水务局在局机关举办“新水法及水利知识竞赛”活动，市水利局水政处、区政府法制办、区法院等单位领导光临比赛现场。

4 月 10 日　曹子里乡节水应急工程开工，总投资 149 万元。

6 月 1 日　龙泉供水有限责任公司取得营业执照，当年向武清城区供水 239.6 万立方米，产值 407 万元。

12 月 1 日　城区二支渠治理工程开工，总投资 4530 万元，翌年 8 月底竣工。

2004 年

3 月 1 日　北运河综合治理一期工程开工（高速公路桥至北郑庄桥段长 3 千米），总投资 2500 万元，翌年 7 月竣工。

4 月 1 日　秦营干渠治理工程开工，总投资 535.05 万元，11 月竣工。

4 月 3 日　青龙湾减河张辛庄村北张辛庄桥开工，此桥由天津市武清区与河北省香河县合资承建，由香河县建设完成，12 月竣工。

6 月 22 日　武清区普遍遭受暴风雨袭击，部分乡镇遭受冰雹袭击，致使全区大部分乡镇农作物、树木、果园受灾。受灾总面积 8380 公顷，成灾面积 6680 公顷。其中粮食作物受灾面积 3430 公顷，成灾 2300 公顷；经济作物受灾面积 4940 公顷，成灾 4390 公顷。倒塌房屋 5237 间，电线杆 903 根。直接经济损失达到 8550 万元。

6 月 25 日　按照 2001 年编制的《武清区人畜饮水解困工程规划》，历经 3 年，于 6 月 25 日全区农村人畜饮水解困工程全面竣工。

9 月 8 日　碱东路龙凤河大桥工程竣工。

10 月 1 日　北运河徐官屯除险加固工程开工，完成投资 1285.02 万元，12 月竣工。

2005 年

4 月 12 日　武清区南湖（小于庄水库）改造湖心岛工程开工，总投资 500 万元，6

月竣工。

5月16日　龙凤河新房子橡胶坝工程开工，可实现龙凤河梯级蓄水，总投资301万元，8月18日竣工。

7月1日　龙凤河复堤工程开工。总投资886万元，11月底竣工。

7月9日和8月7日　武清区白古屯、崔黄口等9个乡镇遭受风雹袭击，受灾总面积4100公顷，成灾面积3380公顷。其中粮食作物受灾面积3370公顷，成灾2860公顷；经济作物受灾面积730公顷，成灾520公顷。折断树木386棵，电线杆6根。直接经济损失达到2768.08万元。

2006年

1月26日　北运河二期工程（北郑庄桥至振华桥段）治理工程开工，投资6300万元。

3月15日　龙凤河马道桥橡胶坝开工，总投资710万元，6月30日竣工。

5月7日　北郑庄扬水站更新改造工程开工，投资730万元，11月15日竣工。

5月12日　全国政协副主席陈奎元带领政协“大运河保护申遗”考察团考察天津境内运河河道。天津市副市长孙海麟、市政协副主席王家瑜重点察看了北运河武清城区段。市水利局副局长朱芳清、武清区区长袁桐利等陪同。

6月25日　北运河前进桥橡胶坝工程开工，总投资346万元，9月30日竣工。

2007年

1月5日　机场排河治理工程开工，总投资1181.15万元，9月30日竣工。

4月3日　上马台水库除险加固工程投标。

4月25日　武清城区东排渠综合治理工程开工，投资2516.2万元，6月30日竣工。

7月24日　天津市委书记张高丽、市政协主席邢元敏在武清区委书记王树培、区长袁桐利等陪同下视察北运河城区段治理工程。

7月　武清区在河西务镇包楼村、梅厂镇张大庄村、下朱庄街藕店村、崔黄口镇西曹庄村组建了4个农民用水者协会，制订了协会章程，选举了会长、副会长、常务理事、会员等，明确了协会管理职责，包括农田灌排、抗旱除涝以及相应的水利设施维护等。是年，4个用水者协会组织了冬灌，灌后对水利工程进行了维护保养。

8月12日　根据市水利局《关于配合做好第二次全国土地调查暨全市水利工程确

权划界工作的通知》，武清区水务局组成调查组对全区水利工程用地情况调查摸底、登记造册，2008 年 12 月完成全区水利工程用地定界资料整理工作。

9 月 1 日　农村管网入户改造工程开工，总投资 6725.37 万元，2009 年 12 月底竣工。

10 月 8 日　上马台水库除险加固工程开工，因征地补偿问题被迫停工。

12 月 15 日　城区五支渠治理工程开工，投资 1255.06 万元，翌年 6 月竣工。

2008 年

1 月　完成上马台水库除险加固和北夹道泵站改扩建工程的水土保持方案的编报工作。

3 月 15 日　北运河八孔闸橡胶坝工程开工，总投资 521 万元，6 月 15 日竣工。

4 月 10 日　天津市水利局批准拨款 168 万元特大抗旱补助费，完成节水灌溉面积 163.33 公顷，地点为崔黄口镇和曹子里乡。

4 月 15 日　运东泵站开工，总投资 549 万元，6 月 30 日竣工。

4 月 21 日　上马台水库除险加固工程再次开工，翌年 10 月竣工。

5 月 7 日　北运河南蔡村橡胶坝开工，总投资 407 万元，8 月底竣工。

6 月 27 日　夜间全区出现局部强降雨，平均降雨量达 57.2 毫米，最大降雨出现在梅厂，达到 178.8 毫米，造成梅厂、上马台、大碱厂三个镇农田出现严重积水。受灾面积 280 千公顷，经济损失 1920.6 万元。

10 月 8 日　运东干渠徐官屯闸至京蓟铁路段 5 千米河道综合治理工程开工，总投资 3000 万元，12 月底竣工。

10 月　武清区水务局信息网和政务信息公开网开通。作为对外宣传和实施政务公开的重要平台，通过平台可使公众号参与交流并及时答疑解惑。

12 月 5 日　区政府第五次区长办公会议研究并同意区水务局《关于武清区水利工程管理体制改革实施方案》。

2009 年

7 月 1 日　郎庄子扬水站拆除重建工程开工，总投资 842.84 万元，12 月 31 日竣工。

同日　北夹道扬水站拆除重建工程开工，总投资 1134.51 万元，设计流量 10 立方米每秒，12 月 31 日竣工。

9月10日　洪庄子泵站更新改造工程开工，总投资3601.31万元，设计流量25立方米每秒，翌年6月竣工。

10月8日　龙凤河及龙凤河故道工程开工，总投资1.5亿元，翌年7月底竣工。

2010年

6月7日　武清城区供排水职能由武清建委划归武清区水务局管理，原武清区建委下属的河西自来水服务站、河东自来水服务站、市政排水所三单位整建制转入水务局，局机关增设供排水科。

9月　按照国务院第一次全国水利普查工作的总体要求和天津市水利普查工作的安排部署，武清区水务局开展了水利普查工作。按水利普查时间节点要求，分阶段完成了前期准备、清查登记、填表上报、成果发布的各项工作，2013年1月通过天津市水利普查办公室档案验收。

11月　根据武清城区改造规划，水务局办公楼列入改造拆迁范围，水务局由杨村镇建设路5号临时租用杨村新华路武装部西楼办公，2011年10月迁至杨村雍阳西道68号。

12月1日　蜈蚣河扬水站拆除重建，总投资1887.95万元，设计流量6.4立方米每秒，翌年6月竣工。

同日　东汪庄扬水站拆除重建，总投资2131.02万元，设计流量19.2立方米每秒，翌年6月竣工。

12月30日　经国务院批准，天津市武清经济开发区升级为国家级经济技术开发区，成为天津市唯一同时享有国家级经济开发区和国家级高新技术产业园区双重政策的经济区域。

第一章

水利环境

武清区地处天津、北京两城市之间，素有“京津走廊”之称，历史悠久。自建制以来至2010年间，区划和隶属关系不断变更，2010年辖杨村、徐官屯、东蒲洼、黄庄、下朱庄5个街道，大碱厂、崔黄口、梅厂、上马台、大良、河北屯、下伍旗、南蔡村、泗村店、大孟庄、河西务、城关、大王古庄、东马圈、黄花店、石各庄、陈嘴、王庆坨、汊沽港19个镇，曹子里、大黄堡、白古屯、高村、豆张庄5个乡，全区人口84.70万人。武清地理位置优越，土壤植被良好，气候条件适中。1991—2010年期间曾遭受不同程度的自然灾害，但仍保持了良好的发展态势。2010年实现地区生产总值317.5亿元，比1991年增长1倍；财政收入92.7亿元，比1991年增加80%；全社会固定资产投资355.07亿元；农民人均纯收入11700元，比1991年翻了近10倍。随着水利条件的大幅度改善，灌溉保证率的增长，农业、经济连年稳步增产、增收，粮食总产量长期稳定在5亿公斤以上。

武清区境内有一级河道4条，全长184.2千米；二级河道7条，全长79.2千米；联乡骨干渠道20条，全长267.33千米；分滞洪区4个；中小型水库3座。经过20年的水利建设，基本实现了骨干河道分流下泄，各畅其流，河河相通，河渠相连，蓄泄兼顾，排蓄结合，水库效益显著，泛区、分滞洪区工程建设通过治理基本上能够抗御较大洪水的发生，标准也逐年提高。

第一节 自然地理

武清区系天津市辖区，位于天津市西北部地区，地理位置为北纬39°07′05″～39°42′20″、东经116°46′43″～117°19′59″，总面积1574平方千米。北靠北京市通州区和河北省香河县，西界河北省廊坊市，东与宁河县和宝坻区接壤，南与北辰区相邻。东西宽41.78千米，南北长65.22千米。

一、地质地貌

武清区位于冀中凹陷平原，地势较为平坦，地形总的趋势是西北高，东南低，西南高，东北低，海拔为12.60～2.80米。海拔最高点在高村、大王古一带；海拔最低点在上马台、大黄堡一带。境内铁路公路纵横交错，河道渠网交织，洼淀星罗棋布，封闭洼淀有53处，总面积561.43平方千米，占总面积的35.67%。其中大型洼淀9处，面积490.1平方千米，占总面积的31.14%；小型洼淀44处，面积71.33平方千米，占总面积的4.53%。大型洼淀中，中小型水库3座，面积9.74平方千米，占总面积的0.6%。

武清区属第四系盖层厚500米左右。北运河以西地层为近代冲积层，由北运河、永定河泛滥冲淤堆积而成。北运河以东由于近代海漫大部分属滨海盐土地区，形成有砂质夹层的特殊淤泥，并有数列贝壳堤，属滨海相的沉积。

武清区地层分为五个含水岩组：第一含水岩组为潜水含水层，深度由地表至20～30米左右；第二含水岩组底界埋深为50～150米左右；第三含水岩组底界埋深为290～315米左右；第四含水岩组底界埋深为370～429米左右；第五含水岩组底界埋深为500米左右。

根据地下水埋藏条件，地下水资源按其水质特征，可划分为全淡水区和有咸水区。武清区北部自利尚屯、双树、大良、河北屯一线以北地区，不存在咸水含水层，称作全淡水区，面积为260平方千米。全淡水区以南的大部分地区则称作有咸水区，有咸水区的面积为1314平方千米。武清区地下水开发主要集中在第一、第二、第三、第四含水岩组。

二、气象水文

武清区属暖温带半湿润大陆性季风型气候，季风显著，冬寒夏暑，四季分明。春季日照长，升温快，干燥多风，干旱少雨；夏季炎热，降雨集中；秋季冷暖适中，日照渐短，降温迅速；冬季寒冷，干燥少雪。

（一）气象

1. 平均气温

1991—2010年年均气温为12.7℃，比有记录以来至1990年的平均气温（12℃）上升了0.7℃，最热的一年是1998年，平均气温为13.4℃；最冷的一年是1991年，平均气温为12℃。最热的月份是7月，月平均气温最高是2004年7月，气温为29.3℃，月平均气温最低是2000年1月，气温为－6.7℃。

2. 极端气温

1991—2010年，极端最高气温为40.6℃，出现在2000年7月1日，比有记录以来至1990年出现的极端最高气温（39.9℃）高0.7℃；20年间，极端最低气温为－16.9℃，出现在1997年1月7日，比有记录以来至1990年极端最低气温（－22℃）

高5.1℃。

3. 无霜期

1991—2010年，初霜期平均日期为10月26日，最早出现日期为10月16日，出现在2000年；最晚出现日期为11月8日，出现在1996年。终霜期平均日期为3月15日，最早出现日期为2月15日，出现在1996年；最晚出现日期为4月12日，出现在1993年。平均无霜期每年313天，最长出现在1997年，为343天；最短出现在1993年，为296天。

4. 风向风速

武清区的风向风速有明显的季节性变化。冬季多刮西北风，偏北风，且风力强，风速快；夏季多偏南风，东南风，西南风，风力小，风速慢；春秋季多西南风，风速小，风速一般为2米每秒左右。1991—2010年，最大月风速平均3.5米每秒，出现在1995年3月；最小月风速平均1.3米每秒，出现在1991年9月。

（二）降水

1. 降水量

武清区降水量年际变化较大，多年平均降水量为573.8毫米（1949—2010年），最大年降水量为775毫米，出现在1996年；最小年降水量出现在2000年，年降水量仅285毫米。1991—2010年，全区平均年降水量为465毫米，比多年平均降水（573.8毫米）少108.8毫米。最多的年降水量为775毫米，比最少的年降水量（285毫米）多490毫米。6—9月，最大汛期降水量出现在1996年8月，降水量为427毫米；最小汛期降水量出现在2000年6月，降水量为5.0毫米。1991—2010年武清区降水量表见表1-1-1。

表1-1-1 **1991—2010年武清区降水量表**

年份	非汛期降水量/毫米			汛期降水量/毫米					最大一日降水		年降水量/毫米
	月份		合计	月份				合计	日期	水量/毫米	
	1—5	10—12		6	7	8	9				
1991	60	72	132	147	227	59	82	515	7月28日	85	647
1992	36	45	81	58	127	160	15	360	8月3日	134	441
1993	33	45	78	38	156	107	38	339	7月9日	50	417
1994	38	56	94	20	291	215	47	573	7月12日	160	667
1995	39	45	84	93	264	234	43	634	8月16日	75	718
1996	26	35	61	120	124	427	43	714	8月2日	267	775
1997	39	76	115	25	100	50	46	221	7月2日	40	336

续表

<table>
<tr><th rowspan="3">年份</th><th colspan="3">非汛期降水量/毫米</th><th colspan="5">汛期降水量/毫米</th><th colspan="2">最大一日降水</th><th rowspan="3">年降水量/毫米</th></tr>
<tr><th colspan="2">月份</th><th rowspan="2">合计</th><th colspan="4">月份</th><th rowspan="2">合计</th><th rowspan="2">日期</th><th rowspan="2">水量/毫米</th></tr>
<tr><th>1—5</th><th>10—12</th><th>6</th><th>7</th><th>8</th><th>9</th></tr>
<tr><td>1998</td><td>75</td><td>113</td><td>188</td><td>154</td><td>100</td><td>63</td><td>8</td><td>325</td><td>6月3日</td><td>59</td><td>513</td></tr>
<tr><td>1999</td><td>62</td><td>103</td><td>165</td><td>40</td><td>50</td><td>40</td><td>57</td><td>187</td><td>9月8日</td><td>27</td><td>352</td></tr>
<tr><td>2000</td><td>17</td><td>31</td><td>48</td><td>5</td><td>54</td><td>166</td><td>12</td><td>237</td><td>8月8日</td><td>67</td><td>285</td></tr>
<tr><td>2001</td><td>21</td><td>22</td><td>43</td><td>134</td><td>107</td><td>49</td><td>22</td><td>312</td><td>6月27日</td><td>47</td><td>355</td></tr>
<tr><td>2002</td><td>39</td><td>23</td><td>62</td><td>77</td><td>114</td><td>67</td><td>33</td><td>291</td><td>8月4日</td><td>29</td><td>353</td></tr>
<tr><td>2003</td><td>43</td><td>90</td><td>133</td><td>88</td><td>68</td><td>63</td><td>98</td><td>317</td><td>10月10日</td><td>70</td><td>450</td></tr>
<tr><td>2004</td><td>51</td><td>45</td><td>96</td><td>85</td><td>103</td><td>79</td><td>122</td><td>389</td><td>7月29日</td><td>34</td><td>485</td></tr>
<tr><td>2005</td><td>15</td><td>30</td><td>45</td><td>93</td><td>119</td><td>90</td><td>13</td><td>315</td><td>8月16日</td><td>44</td><td>360</td></tr>
<tr><td>2006</td><td>21</td><td>33</td><td>54</td><td>38</td><td>154</td><td>90</td><td>3</td><td>285</td><td>8月25日</td><td>55</td><td>339</td></tr>
<tr><td>2007</td><td>35</td><td>107</td><td>142</td><td>38</td><td>99</td><td>82</td><td>73</td><td>292</td><td>7月30日</td><td>38</td><td>434</td></tr>
<tr><td>2008</td><td>46</td><td>93</td><td>139</td><td>140</td><td>129</td><td>54</td><td>78</td><td>401</td><td>6月27日</td><td>57</td><td>540</td></tr>
<tr><td>2009</td><td>45</td><td>24</td><td>69</td><td>114</td><td>232</td><td>54</td><td>14</td><td>414</td><td>7月21日</td><td>57</td><td>483</td></tr>
<tr><td>2010</td><td>12</td><td>34</td><td>46</td><td>66</td><td>69</td><td>102</td><td>70</td><td>307</td><td>8月18日</td><td>54</td><td>353</td></tr>
<tr><td colspan="3">非汛期年平均降水量/毫米</td><td>94</td><td colspan="4">汛期年平均降水量/毫米</td><td>371</td><td colspan="2">年平均降水量/毫米</td><td>465</td></tr>
</table>

2. 降水强度

1991—2010年，春秋两季风和细雨，夏季6—9月暴雨集中。1996年8月降水量达到427毫米，占当年水量（775毫米）的55%；24小时降水量最大的是1996年8月2日的267毫米，占当年水量（775毫米）的34%。最大日降水量超过100毫米的有3次，50～100毫米的有10次。

三、土壤植被

（一）土壤

武清区境内土壤按质地细分可分为砂土、砂壤、轻壤、中壤、重壤、黏土6类，可粗略归为3类。

1. 砂性土

砂土和砂壤土归属于砂性土，分布面积较大的有下伍旗、大王古镇、汉沽港、王庆坨、石各庄、陈嘴、城关、南蔡村、河北屯、大良、崔黄口等乡镇，面积293平方千米，占耕地面积的26%。这类土壤的粒级较粗，大于0.01毫米的物理性砂粒达80%以上，土质疏松，黏性小，易耕作，降雨和灌溉后渗漏严重，排水快，保水肥性差，通气良好。适宜栽培经济作物和发展林果。

2. 壤质土

壤质土包括轻壤、中壤，是境内较大的土壤类型，分布较广。面积较大的有曹子里、梅厂、大良、崔黄口、南蔡村、河北屯、大孟庄、河西务、高村、城关、白古屯、东马圈等乡镇，总面积549.33平方千米，占耕地面积48.8%。其主要性状：小于0.01毫米物理性黏粒为20%～60%，黏砂配合适当，质地适中，农业生产性状良好，是农业生产上较为理想的土壤质地类型，适合各种作物。

3. 黏性土

黏性土包括重壤和黏土，主要分布在离河较近的河间或交接平洼地中。东蒲洼、泗村店、豆张庄、黄庄、黄花店、陈嘴、大黄堡、上马台、梅厂、下朱庄等乡镇都有较大面积分布。其主要性状：土壤小于0.01毫米的物理性黏粒占60%以上。土壤质地黏重、黏结性、湿涨性很大，降雨或灌溉后，土壤吸水、保水性强，土壤通气性不良。适种小麦和玉米等大田作物。

（二）植被

武清区境内自然植被原为暖温带落叶阔叶林，草原类型。随着农业开发，自然植被逐渐被人工栽培的植被所代替，仅在农田隙地、河流、洼淀、水塘、古河道、沙地和盐碱地等处尚能见到一些野生植物，并发育着洼地植被、水生植被、沙生植被和盐生植被等类型。截至2010年末，实有林业地面积达357.39平方千米，林木覆盖率为22%。

1. 野生植被

在地势平坦地区，主要植物有节节草、画眉草、虎尾草、马唐、刺蓟、苦蘼菜、紫苑、狼尾草、狗尾草、三芒草、棘豆、茅草等。

在河槽、低洼处，分布的湿生、水生植物主要有金鱼藻、狐尾藻、黑藻、芦苇、香蒲、水葱、马唐、苔草、苍耳、蒿、马齿、报春、委陵菜、茶棵子、三棱草、稗草等。

2. 人工植被

人工植被：乔木主要有杨、榆、槐、柳、柏、椿、桐、桑等；灌木主要有紫穗槐、簸箕柳等；果木主要有梨、苹果、桃、杏、李、枣、葡萄等；农作物主要有小麦、玉米、棉花、花生、豆类、芝麻、向日葵、山芋、瓜类、豆角、西红柿、萝卜、白菜、茄子、韭菜、芹菜、大葱、大蒜、菠菜、芦笋、油菜、土豆等；花卉主要有月季、黄杨、菊花、串红、鸡冠花、扶桑、美人蕉、丁香、紫罗兰、旱荷、夜来香、金银花、一品红、茉莉花、人工草皮等。

第二节 河流水系

一、一级河道

武清区境内有一级河道4条，河道总长184.8千米。其中永定河25.4千米、北运河62.3千米、青龙湾减河25.4千米、龙凤河71.7千米。这4条一级河道主要是排泄上游客水和武清沥水之用，经多年运用、治理，防洪能力不断提高。2007年，天津市组建北三河管理处和永定河管理处，龙凤河、北运河、青龙湾减河归北三河管理处管理，永定河归永定河管理处管理。武清区一级河道基本情况见表1-2-2。

（一）永定河

永定河俗称浑河，经常决口改道，又名“无定河”。清康熙三十七年（1698年）经疏河修堤后水患消减，康熙皇帝赐名“永定”后，改名“永定河”。永定河上游有桑干河、洋河两大支流，桑干河发源于山西省宁武县，洋河发源于内蒙古兴和县。两支于河北省怀来区的朱官屯汇流后始称“永定河”。下经卢沟桥、房山、大兴、固安、永清，由河北省安次区沙窝村东进入天津市武清区，抵津郊入北运河。流域面积47016平方千米，其中官厅水库以上流域43480平方千米，官厅至三家店1583平方千米，三家店以下为平原1953平方千米，山区面积占全流域面积的95.8%。流经内蒙古、山西、河北、北京、天津5省（自治区、直辖市）43个县市。三家店至梁各庄（河北省境内）长74千米，纵坡为1/400～1/1000～1/2500。梁各庄至屈家店为永定河泛区，是1939年永定河洪水在梁各庄决口改道后逐步形成的，河道长67千米，纵坡1/10000，总面积522.7平方千米。当官厅山峡发生50年一遇洪水时，卢沟桥以上流量4000立方米每秒，向小清河分洪1500立方米每秒，其余的2500立方米每秒泄入永定河，区间内安次区境内的天堂河设计流量120立方米每秒，新龙河设计流量262立方米每秒，同时汇入永定河泛区，这个地区历来是缓洪沉沙场所，缓洪库容4亿立方米。河道在武清区境内长25.4千米，左堤由落垡村南入境至马家口出境，全长21.4千米（由安次武清区界至老龙凤河闸称护路堤，以下为原北运河右堤），右堤由八里桥西入境至东肖庄南出境（由安次武清区界至东洲大桥拐弯处称北遥堤，以下称增产堤），全长25.27千米，河道蓄水量2.27亿立方米。

1971年，开挖永定新河，全长62千米，50年一遇设计流量1400～4640立方米每秒。

表 1-2-2 武清区一级河道基本情况表

名称	标准		流量/立方米每秒		水位/米		河道长度/千米	堤防长度/千米		蓄水能力/万立方米	流域面积/平方千米	起止位置	备注
	设计	校核	设计	校核	设计	校核		左	右				
合计							184.80	136.00	178.91	1970	7140.20		
永定河	2%	1%	2500		8.99～11.56	9.34～11.93	25.40	21.17	24.70	300	299	邵七堤东北至马家口西南	
北运河		2%	筐儿港闸上段225，筐儿港闸下段输水100～106	225	6.60～11.60		62.30	48.14	58.45	210	5300（全部）	庄窝闸至马家口	河道为境内长度
青龙湾减河	5%	2%	1330	1620	8.60～13.51	9.16～14.10	25.40		26.36	300	36.30	刘皮庄村北至狼尔窝分洪闸下	
龙凤河	10%	5%	50～325	72～455	5.41～10.40	5.96～10.58	71.70	66.65	69.40	1160	1504.90	里老闸至王三庄村东南	

1986年，天津市防办在永定河右堤大旺村100米宽分洪口门两侧堤内外坡堆码片石1709立方米。同时，在北排干100米宽分洪口门两侧堤内外坡堆码片石784立方米。

1988年，市水利局物资处在狼尔窝分洪闸堆码片石2408立方米，东洲管理站425立方米，豆张庄道口617立方米。

1993—1994年，实施了永定河泛区左堤加固工程。工程包括北运河老米店闸下左堤防浪墙4.6千米，挡土墙0.6千米，柏油路26.82千米（包括永定河左堤和北运河老米店闸下左堤），南寺险工护砌0.1千米，太平庄扬水站、眷营闸、小营闸翻修，老龙凤闸护砌，獾洞处理0.3千米，护路堤灌浆5.47千米。

1995年7月底至8月中旬，根据国家防汛总指挥部关于拆除罗古判联合护村埝和双河村西护麦埝的指示，武清县先后将双河村1.3千米护麦埝全部拆除；罗古判联合护村埝总长1.4千米，南侧0.2千米未动，其余1.2千米全部拆除。

1998—2000年，实施了永定河泛区右堤加固工程，工程分二期完成，一期工程由中泓故道闸至东州大桥下，二期由东州大桥至安武界。按照防洪标准为100年一遇、堤防等级为Ⅱ级的标准，对全部堤防进行了复堤加固。修建了沥青路面，治理长度29.3千米。其中武清县境内24.4千米，口门改建24座，拆除重建2座，堤顶4米宽沥青路面24.4千米，大旺村险工护砌1.7千米，以及堤顶排水、绿化、公里桩、防汛管理房等。

1999年，实施了北运河老米店闸下太平庄险工治理工程，新建浆砌石护坡185米。

同年，天津市政府实施了天津市防洪圈西部防线一期工程治理。治理范围包括天津市城市防洪圈西部防线的十里横堤、九里横堤、方官堤、连接段等4段堤防，长12.31千米。治理标准为大清河200年一遇，一期工程仅对设计洪水位线8.1米以下部分实施复堤加固，设计洪水位以上修建防浪墙部分，待后期实施。一期工程共复堤加固堤防12.42千米，维修加固穿堤建筑物8座。2003年，天津市政府又对该段堤防实施了路面及排水工程，修建了4.5米宽沥青路面11.43千米，修建水簸箕138个。

2000—2001年，天津市政府实施了永定新河南遥堤（大范口至津永公路）险工治理工程。该段堤防是天津城市防洪圈西部防线的堤防之一，堤防长7.77千米，设计防洪标准为大清河200年一遇。堤防高度大部分已达规划设计标准，因其堤顶高低起伏，宽窄不一，因此对该段7.77千米堤防进行了整修，局部进行了复堤加固，并在堤顶修建了4米宽泥结石路面，拆除重建穿堤建筑物2座，维修5座，堤防两坡进行植树绿化1.37万株。

2001年，实施了永定河泛区左堤武清段2001年应急加固工程，按照防洪标准为100年一遇、堤防等级为Ⅰ级的标准，对安武界至西辛庄段9.52千米堤防进行了复堤加固并修建了沥青路面。2008—2010年，按照上述标准，天津市水利局按每年2～5千米的速度，对永定河左堤（护路堤）剩余11.6千米堤防进行复堤加固。是年，完成了北运河老米店闸下左堤高楼险工治理，向上游新建浆砌石护坡600米。2011年，结合龙凤河故道景观治理，区政府在104国道至老龙凤闸段堤顶进行了简易硬化，修建了8.2千米沥青路面。

2003年5月，市防办在永定河备片石7070立方米。其中永定河左堤豆张庄、高场、中双庙3处防汛平台备片石549立方米，护路堤管理段（东州大桥南）1036立方米，老米店闸5485立方米。

通过治理，永定河左右两堤堤防标准均已达标，除永定河左堤104国道西辛庄（高王路）段3.49千米堤顶未硬化外，其大堤全部硬化。北运河老米店闸下左堤隶属于永定河泛区左堤，长5.2千米，堤身薄弱，沥青路面损坏严重，有待更新。

（二）北运河

北运河发源于军都山南麓昌平区以北，位于潮白河与永定河之间。通州区北关闸以上为温榆河，以下为北运河。北关拦河闸上有运潮减河，可分泄温榆河洪峰入潮白河，以下沿途纳通惠河、凉水河、凤港减河、龙河、龙凤河等平原排水河道，于天津市北辰区庞嘴与永定河汇流经屈家店闸与永定新河相遇并在市区辛庄附近与子牙河汇流入海河干流。河道全长148千米，流域面积5300平方千米。

其中北关闸至土门楼闸长60千米，为泄洪排沥河段。该段如遇20年一遇洪水，土门楼闸上流量1330立方米每秒，经土门楼闸全部由青龙湾减河分洪；如遇50年一遇洪水，流量1845立方米每秒，由青龙湾减河分泄1620立方米每秒，其余225立方米每秒，沿北运河下泄至筐儿港节制闸上经16孔分洪闸，入龙凤河至北京排污河防潮闸汇入永定新河防潮闸入渤海。

土门楼闸至屈家店长74千米，其中武清区境内由庄窝闸至马家口，河道长62.3千米。左堤长48.14千米，右堤长58.45千米，武清区境内流域面积148平方千米。八孔闸至马家口最大过流量130立方米每秒，一般年份该段河道无泄洪任务，仅作为排沥输水使用。

1991年，在双树乡辛庄村西的北运河上修建了辛庄橡胶坝（即蒙村橡胶坝）。这座橡胶坝是武清境内建成的第一座橡胶坝。该橡胶坝主要具有拦蓄水作用。

1999年，实施了天津地区北水南调一期工程。该工程是将北部地区河流汛期弃水调至南部严重缺水地区，其中一期工程为将北运河汛期入境弃水调入独流减河进洪闸前，供静海缺水地区农业用水。工程于1999年12月开工，2000年10月25日完工，设计流量30立方米每秒，在50%保证率下年可调水1.14亿立方米。调水线路是从北运河土门楼庄窝闸，经北运河至北辰区屈家店闸上，入中泓故道、永青渠、安光渠、安光新开渠、凤河中支，穿越津霸公路后，入大刘堡排干、西青新开渠，穿中亭堤直接入西河，沿西河逆流而上至独流减河进洪闸上，线路全长106.41千米。共新建或改建跨河各类建筑物24座，总投资1.47亿元，其中武清境内对北运河由庄窝闸至武辰界两堤穿堤建筑物下朱庄闸、北夹道自排闸、大王甫自排闸重建和13座口门加固，庄窝闸下1千米河道进行了清淤。2002年8月上旬，北水南调工程成功调水近1000万立方米，对缓解南部地区旱情、农田灌溉调水、区域性水源调度等方面发挥作用。

2004—2007年，以区政府投资为主（天津市水利局只对除险加固部分补助部分资金），分三期对北运河城区段京津塘高速公路至振华桥段5.6千米进行综合治理。治理标准：河道设计过流能力104立方米每秒，设计景观水位5.5米。工程主要建设内容：①清淤河道5.6千米，主槽上口宽达到57米。②河道左堤迁移至主槽河口，新建左堤长3千米，设计堤顶高程7.7米；右堤为京津公路保留不动。③新建浆砌石护岸，6米以下护岸采用浆砌石重力式挡土墙或浆砌石护坡等硬式护岸，护岸顶部安装护栏，6米以上留5米平台。④外堤脚以外进行景观绿化建设，修建了河岸栏杆、滨水道路、亲水平台、各种休闲广场以及刘炳森书法墙、百米文化墙等人文景观设施，绿化景观建设面积9.96万平方米。为提高北运河城区段景观水位，2006年在京山铁路桥下1.2千米处修建了前进道橡胶坝。2010年经天津市水利局批准，北运河原左堤由京津塘高速公路至光明桥段2.8千米堤防拆除。

2008年，为防止龙凤河行洪时洪水进入武清北运河城区段，在北运河八孔闸下游修建了八孔闸橡胶坝；为实现北运河梯级蓄水，在定福庄村东南修建了定福庄橡胶坝。同时，区政府对北运河振华桥至城际铁路段1.9千米河道进行了整治，拆除清理了河道两侧临建，铺设草坪，修建了邻水路等。

2010—2011年，区政府对前进道至老米店闸3.5千米河道进行了生态景观治理。河道、堤防治理标准与2004—2007年综合治理相同，区别在于护岸采用了以种植水生植物为主的生态护岸；河道左堤仍迁移至主槽河口，右堤位置不变，主槽上口宽达到120米，东侧堤脚外10米进行景观绿化工程建设。该工程共清淤河道长3.7千米，两岸生态护岸长7千米，绿化面积30万平方米。

（三）青龙湾减河

青龙湾减河由河北省香河县境内的土门楼闸起，于宝坻区里自沽闸上入潮白新河，河道长52.4千米。其中武清区境内由刘皮庄村北至狼尔窝分洪闸下河道长25.4千米，右堤长26.36千米（武清区境内无左堤）。

青龙湾减河狼尔窝分洪闸以下河道，按20年一遇设计标准控制泄量900立方米每秒，当土门楼闸过境流量超过900立方米每秒时，多余洪水由狼尔窝分洪闸向大黄堡洼分洪，20年一遇分洪闸泄量430立方米每秒，50年一遇分洪闸泄量720立方米每秒。该河的特点是来水的机遇多，峰高量小流速急，险工险段多。青龙湾减河下段淤积严重，1993年测量资料分析，淤积量已达625万立方米，其中狼尔窝分洪闸以上河道淤积201万立方米、以下河道淤积424万立方米。

1996年，荒凌庄险工抛石护险长0.06千米，新建干砌石顺水坝8道，护险长度0.37千米。同时，修建了青龙湾右堤津围公路至狼尔窝分洪闸段4.6千米泥石路面，宽4.5米。

1997年，青龙湾右堤荒凌庄险工新建13道钢筋混凝土透水丁坝，护险长度0.18千米。大赵庄、杨场、南口哨、马神庙4座穿堤涵闸更新了闸门及启闭机4台套。马神庙段0.15千米堤防，丁庄段0.4千米堤防复堤及砌石挡土墙护堤脚。

1998年，青龙湾右堤桐高村段0.2千米堤防，右堤北口哨段0.14千米堤防，背水坡复堤并在坡脚处修建砌石挡土墙。

2002年，神机马坊段0.9千米堤防复堤加固。

2004年，青龙湾减河右堤桩号16+845处（张辛庄村北）新建桥1座，名为张辛庄桥，此桥由武清区与河北省香河县合资承建，由香河县建设完成。此桥长度260.66米，共分为16孔，孔径为16米，桥宽度9米，上部结构为钢筋混凝土板梁，下部结构为井柱，荷载等级为超汽20级。

2005—2010年，先后对青龙湾右堤武清区界至津围公路段21.7千米堤顶进行了三七灰土硬化。

2006年，实施了吴打庄险工治理工程。该险工位于青龙湾减河右岸香河境内，一旦出现问题将严重威胁港北地区安全，为此，经多方协调，在海委、天津市水利局的支持下，武清区水务局对吴打庄险工进行了治理，治理长度0.4千米。

（四）龙凤河（北京排污河）

龙凤河原名北京排污河，2000年6月经天津市地名办批准更名为龙凤河。源于凉水河右堤上的胥各庄闸，从里老闸进入武清区境内，于天津市北辰区东堤头汇入永定新河，河道长92千米。其中武清区境内河道长71.1千米。左堤长66.65千米，右堤长69.4千米。设计流量为50～325立方米每秒，下游北京排污河防潮闸10年一遇泄量325立方米每秒，20年一遇校核泄量455立方米每秒。该河是一条非汛期排泄上游北京等地区雨污水河道，汛期承纳北京、河北和武清区及下游地区沥水。平时污水由通县军屯闸下泄入北京排污河，汛期关闭军屯闸，污水流入北运河。北京排污河还承担凤河西支、龙河来水，沿河沥水及大黄堡洼滞洪区退水，经永定新河入海。随着上游北京地区治污力度的增大，河水水质逐年变好，基本上达到农田灌溉水的水质要求。

该河原设计排涝面积1401.3平方千米，由于北运河老米店闸一般年份关闭，北运河土门楼闸至老米店闸区间的沥水也要通过十六孔、十一孔汇入龙凤河，使龙凤河流域面积增至1504.9平方千米。

1995年，通过防汛义务工款，市区两级安排对龙凤河徐庄、新房子段1.53千米，津蓟铁路至拾梅水站段2.9千米，王三庄段1.6千米，肖店至津蓟铁路西1千米等4段

7.03千米堤防以及洪庄子出水渠5.6千米、龙河小谋屯段3千米堤防进行了水毁修复，治理总长15.6千米。

1996年，为保证上马台水库蓄水，实现龙凤河梯级蓄水，修建了西安子橡胶坝。

1996—1998年，实施了龙凤河倒虹吸以下段堤防治理工程。堤防标准按照原北京排污河10年一遇的设计水位5.41米，加0.31米（东堤头节制闸1996年洪水时的最高水位与其设计水位的差值），再加安全超高0.6米确定。工程主要包括对现状低于设计堤顶0.5米以上的28.6千米堤防进行复堤加固，对38座穿堤建筑物进行拆除重建或维修加固，恢复了龙凤河防洪标准。2000年，又对杨宝公路桥下段1.3千米堤防（高差0.5米以下）进行了复堤加固。

2000—2001年，武清区政府进行武清城区防洪圈建设，按照50年一遇的防洪标准，对龙凤河故道左堤大南宫闸至京山铁路段7.3千米、龙凤河右堤大南宫闸至京津公路段9.3千米堤防进行了复堤加固并铺设了沥青路面，全部达到设计要求，初步形成了以龙凤河右堤、北运河右堤、龙凤河故道左堤、京山铁路的城区防洪圈体系。

2005年，在龙凤河与凤河西支汇流处下游，修建了新房子橡胶坝。

2009—2010年，实施龙凤河及龙凤河故道综合治理。工程对龙凤河大南宫闸至八孔闸段12.5千米河道、龙凤河故道大南宫闸至京山铁路段7.5千米河道进行清淤拓宽，主槽宽20～30米，开挖出的土方堆放在主槽两侧滩地，营造出微地形，在地形上进行绿化种植和景观建设。绿化以水生植物和花灌木为主，局部点缀景观石，景观建设包括广场、木栈道等元素，并在两堤顶铺设沥青路面，在东外环下游修建马道桥橡胶坝。共清淤河道20千米，修建龙凤河两堤及龙凤河故道左堤堤顶路面25.7千米，绿化面积100万平方米，各种铺装3万平方米，维修加固穿堤建筑物30座，拆除封堵建筑物11座。

二、二级河道

武清区共有二级河道7条，河道总长76.5千米，为输、蓄、排河道，其中凤河西支长10千米、龙河长9.3千米、龙北新河长6.7千米、龙凤河故道长16.2千米、机场排河长8.5千米、中泓故道长13千米、狼尔窝引河长15.5千米。由于多年运用且修缮较少，造成河道淤积严重，堤防下沉，防洪能力下降，蓄水能力仅200万立方米，比设计能力417.2万立方米减少217.2万立方米。这些河道均属武清区管理。武清区二级河道基本情况见表1-2-3。

（一）凤河西支

凤河西支起自北京市大兴区前高碑店闸至天津市武清区白古屯乡新房子村东。天津

表 1-2-3

武清区二级河道基本情况表

名称	标准		流量/立方米每秒		河道长度/千米	堤防长度/千米		蓄水能力/万立方米	流域面积/平方千米	起止位置	备注
	设计	校核	设计	校核		左	右				
合计					79.20	80.90	75.30	417.20	532.70		河道长度为境内长度
凤河西支	10%	5%	98.50～149.50	165.00～223.80	10.00	8.00	13.60	69.00	38.00	利尚屯至新房子	
龙河	10%	5%	94.00	104.00	9.30	12.00	10.90	34.00	188.00	西马房至大南宫	
龙北新河	10%		60.00		6.70	6.70	6.70	11.20		广善至西马房	
龙凤河故道	10%		20.00		16.20	17.10	7.10	78.00	23.70	左：大南宫至老龙凤闸 右：大南宫至京山铁路	
机场排河	机场 1% 农田 5%		30.00		8.50	8.60	8.50	46.00	65.50	京津公路至盖模	
中泓故道	10%	5%	80.00	102.00	13.00	13.00	13.00	101.00	217.50	六道口至增产堤	
狼尔窝引河			50.00～430.00		15.50	15.50	15.50	78.00		狼尔窝分洪闸至陈赵庄水站	

市武清区境内由利尚屯村西北区界起，至新房子东与龙凤河交汇处，河道长 10 千米，左堤长 8 千米，右堤长 13.6 千米，流域面积 38 平方千米。该河 10 年一遇设计流量为 98.5～149.5 立方米每秒；20 年一遇校核流量为 165～223.8 立方米每秒。原为凤河上游的一段，1971 年进行开挖疏浚而成，开挖后更名为“凤河西支”。该河是承泄北京市大兴地区的沥水河道，也是龙凤河的一条支流。

因韩村闸为低水闸，拦蓄水源有限，2000 年为充分利用有限的水资源，在韩村闸下新建了韩村橡胶坝，坝长 47.7 米，坝高 3 米，枕式结构，充水坝袋，可增加蓄水 30 万立方米。

（二）龙河

龙河武清区境内由西马房至大南宫闸，河道长 9.3 千米，是集排、灌、蓄于一体的河道。上游有两个支流，一支为源于北京市大兴区王立庄的大龙河，另一支为源于北京市大兴区前大营的小龙河，两条河流于大兴区的白塔闸上汇合后为龙河，经岳庄子闸穿过京山铁路进入天津市武清区，后由于岳庄子闸封堵，龙河上段入新龙河由东张务闸进入永定河，岳庄子闸以下段仍称龙河。

为增加龙河上游蓄水能力，1994 年 6 月在大谋屯村南龙河上修建了龙河节制闸 1 座，共 3 孔，单孔宽为 3 米。左堤长 12 千米，右堤长 10.9 千米，流域面积 188 平方千米。设计标准 10 年一遇流量为 94 立方米每秒，20 年一遇流量为 104 立方米每秒。

（三）龙北新河

龙北新河起自河北省廊坊市安次区的堤口闸，于天津市武清区西马房汇入龙河。其中武清区境内由广善至西马房，河道长 6.7 千米，左堤长 6.7 千米，右堤长 6.7 千米。该河设计标准为 10 年一遇，流量为 60 立方米每秒。

（四）龙凤河故道

龙凤河故道自大南宫闸至老龙凤闸汇入北运河，河道长 16.2 千米，左堤长 17.1 千米，右堤长 7.1 千米，流域面积 23.7 平方千米，是承担高场洼地区排涝和向路南地区输水灌溉的主要河道。设计标准为 10 年一遇，流量为 20 立方米每秒。

1995 年 7 月，拆除重建了大南宫龙凤河故道节制闸，共 3 孔，单孔宽 3 米。

2009—2010 年，实施龙凤河及龙凤河故道综合治理。对龙凤河故道大南宫闸至京山铁路段 7.5 千米河道进行清淤及景观绿化，修建堤顶路面 7.3 千米，维修加固穿堤建筑物 4 座。

（五）机场排河

机场排河武清境内起自城区镇南泵站至盖模村东，河道长 8.5 千米，左堤长 8.6 千米，右堤长 8.5 千米，流域面积 65.5 平方千米，是承担空军、陆军基地、城区及沿岸农田排沥的河道。设计标准两军基地按 100 年一遇、农田按 20 年一遇，设计流量为 30

立方米每秒。

2001年，经武清区政府批准，投资300万元，对机场排河从京津公路镇南泵站至下朱庄乡原高庄村2千米的河道进行清淤。因机场排河此段内企业排放污水，影响农田灌溉，当地群众意见很大。为保障农业灌溉水质，水利部门提出采用清污分流的方式解决，即在上游污水排放的地方新建3孔节制闸1座，另辟1.2千米新开渠道1条，连通北运河，运用原则是当农业需水灌溉时将上游节制闸关闭，开启北运河闸放水，将北运河水经新开渠道绕开污染区进行灌溉。灌溉结束后，再将此闸提开，排放污水。

2005年，该区域耕地被全部占用，武清化肥厂、糖精厂等污染企业全部停产关闭，新建居民小区、君利园区等生活服务社区，机场排河自此不再被污染。

2007年，对机场排河镇南泵站至津蓟铁路桥段3.8千米河道进行了清淤护砌绿化，并埋设排污管道3.5千米至第三污水处理厂，两岸草皮绿化2.04万平方米。

2009年，对机场排河武清境内河道进行综合治理，治理长度8.5千米，同时拆除重建郎庄子泵站。

（六）中泓故道

中泓故道武清区境内起自六道口至增产堤，河道长13千米，左堤长13千米，右堤长13千米，流域面积217.5平方千米。原为永定河老泛区内一条行洪的主河槽，现为永清县、安次区、武清区、北辰区的一条排沥河道。该河10年一遇设计流量为80立方米每秒，20年一遇校核流量为102立方米每秒。

2005年，为保证汉沽港镇农业用水需要，汉沽港镇政府投资120万元，在中泓故道的陈嘴、汉沽港两乡交界上游100米处修建了中泓故道橡胶坝。

（七）狼尔窝引河

狼尔窝引河起自狼尔窝分洪闸至陈赵庄退水闸止入龙凤河，河道长15.5千米，左堤长15.5千米，右堤长15.5千米，是承担青龙湾减河向大黄堡洼分洪退水的一条人工河道。该河自上而下，设计流量为50～430立方米每秒。

1984年，由武清县根治海河指挥部组织各乡镇清淤拓宽。四马营下游两堤每隔千米留一放淤出水口，实行有计划的分洪放淤、引蓄灌溉，发展养殖业。

三、排灌干渠

截至2010年，武清区有联乡、镇骨干渠道20条，全长262.11千米，蓄水能力675.16万立方米。20世纪60年代开挖形成的居多，1970年清淤开挖黄沙河，1981年清淤开挖南排干渠，1983年开挖清北干渠，1991年清淤开挖秦营干渠，90年代后期，基本没有新开挖的骨干渠道。武清区骨干渠道基本情况见表1-2-4。

表 1-2-4 **武清区骨干渠道基本情况表**

序号	渠道名称	所在乡镇	长度/千米	蓄水量/万立方米	起止地点
1	拾梅引渠	曹子里	3.50	13.30	梅厂北至拾梅站
		上马台	4.50	17.10	
2	港北连接渠	大碱厂	2.50	6.25	洪庄子至高坑站
		崔黄口	10.00	25.05	
3	二十八支	豆张庄	4.60	9.20	小营至茨州站
4	永南送水渠	豆张庄	0.60	1.20	茨州站至黄花店站
		陈嘴	0.70	1.40	
		黄花店	3.80	7.60	
5	永南干渠	黄花店	2.20	3.70	黄花店站至中泓
		石各庄	5.60	9.50	
		汊沽港	4.80	8.20	
6	六支渠	石各庄	4.20	15.54	大寨渠首闸至中泓
		汊沽港	3.30	12.21	
7	七支渠	汊沽港	4.80	14.40	七支水站至九张堡闸
		王庆坨	1.20	3.60	
8	清北干渠	王庆坨	5.10	11.70	清北站至方官堤
9	南排干渠	石各庄	4.00	13.20	南排干站至西南庄
		陈嘴	7.36	24.10	
10	旗良排渠	下伍旗	5.60	11.80	田辛庄至黄沙河
		大良	7.30	15.30	
11	安武排渠	黄花店	2.50	2.75	崔营闸至黄花店站
		石各庄	5.50	6.05	
		汊沽港	6.00	6.60	
12	四干渠	大王古庄	8.00	14.40	大谋屯至凤河西支
		城关	6.50	11.70	
		东马圈	5.50	9.90	
13	城关中干	大王古庄	2.10	7.40	小谋屯至凤河西支
		城关	8.20	28.70	
		泗村店	2.50	8.80	
		白古屯	5.50	19.30	

续表

序号	渠道名称	所在乡镇	长度/千米	蓄水量/万立方米	起止地点
14	凤港引渠	高村	6.10	12.20	里老至抬头
15	秦营干渠	大沙河	4.35	5.70	秦营闸至崔楼
16	北干渠	白古屯	3.50	6.61	城关至泗村店
		泗村店	8.50	16.15	
17	柳河	下伍旗	8.60	24.90	王庄闸至陈赵庄闸
		河北屯	8.20	23.80	
		大良	4.20	12.20	
		崔黄口	7.90	22.90	
		大黄堡	12.00	34.80	
18	黄沙河	下伍旗	4.30	14.19	王庄闸至东汪庄闸
		双树	7.20	23.76	
		大良	5.00	16.50	
		后巷	13.00	42.90	
		大黄堡	6.00	19.80	
19	运东干渠	徐官屯	4.00	10.00	徐官屯闸至王三庄泵站
		聂庄子	3.20	8.00	
		梅厂	6.00	15.00	
		上马台	6.50	16.30	
20	排污河南引渠	曹子里	3.60	6.10	北掘河至运东干渠
		徐官屯	2.00	3.40	

第三节　分滞洪区、水库

武清区境内共有分滞洪区 4 处：永定河泛区、三角淀分洪区、大黄堡洼分洪区和淀北分洪区。水库 3 座：上马台水库、小于庄水库和牛角洼水库，总面积 324.98 平方千米，占全区总面积的 20.6%，总蓄水能力为 5.28 亿立方米。

一、永定河泛区

永定河泛区位于永定河下游，上起河北省固安县梁各庄，下至天津市北辰区屈家店枢纽止，堤防全长67千米，其范围为北以新北堤、护路堤和北运河左堤为界，南以北遥堤、增产堤和南遥堤为界，总面积522.61平方千米（包括西北部新北堤内一般洪水不受淹面积22.61平方千米）。屈家店闸设计蓄洪水位为8米，设计蓄洪水位下的蓄洪量4亿立方米。地跨河北省廊坊市安次区、永清县和天津市武清区、北辰区。在天津市境内面积为113平方千米，其中武清区内面积为96.61平方千米，其范围为西起黄花店邵七堤，东至北运河左堤，北为护路堤，南为北遥堤、增产堤。境内地势为西北高、东南低，地面高程为5.5～10.5米。设计蓄洪水位下的蓄洪量2.27亿立方米，启用机遇为30年一遇～50年一遇。作用是上保北京，下保天津，中间保京山铁路、京津公路、京塘高速公路、两军基地及沿岸人民生命财产安全。共涉及黄庄、豆张庄、黄花店3个乡镇街，31个行政村，1个镇直，截至2010年，区内人口63727人，耕地面积6628.3公顷。

永定河上游发生50年一遇洪水时卢沟桥以下永定河下泄2500立方米每秒，加上龙河、天堂河20年一遇沥水，总水量约4.35亿立方米，经泛区调蓄削峰，到屈家店闸下泄1800立方米每秒，余量积存闸上。如屈家店闸上水位超过8米时，再向三角淀、淀北分洪。按照防汛防洪要求，自1991—2010年间在泛区内修建了安全房、安全台和撤退路等工程。其间泛区未发生过洪水。

运用原则是当卢沟桥下泄500～800立方米每秒时主动扒开临河护麦埝加强围村埝的防护；当卢沟桥下泄超过800立方米每秒时，放弃南北前围埝；当卢沟桥下泄1200～1500立方米每秒时，放弃护村埝，做好应急抢救，全力固守护路堤；当卢沟桥下泄超过2500立方米每秒时，经过泛区滞洪、永定新河、新引河下泄1400立方米每秒，北运河下泄400立方米每秒。

永定河泛区基本情况见表1-3-5。

表1-3-5 **永定河泛区基本情况表**

滞洪区名称	永定河泛区	安全设施解决人口	18912
兴建时间	无	运用时需要转移人口	43707
所在河流	永定河	通信设施	电话、电台
所在市县	天津市武清区	警报设施	无
设计蓄滞洪水位/米	8.00	船只	23

续表

滞洪区名称		永定河泛区	安全设施解决人口		18912
设计蓄滞洪量/亿立方米		2.27	撤退道路	条数	29
淹没面积/平方千米		96.61		长度/千米	71.90
耕地/公顷		6628.30	进洪闸	名称	卢沟桥节制闸
地面高程范围/米		5.50～10.50		分洪水位/米	65.03
				设计泄量/立方米每秒	2500
涉及区域	乡镇/个	3	退洪闸	名称	屈家店枢纽
	行政村/个	31个村、1个镇直		退洪水位/米	6.76
	人口	43707		设计泄量/立方米每秒	1400
区内	人口	43707	行洪口门	口门位置	1. 南前围埝口门位于黄四公路桥下1000米；2. 北前围埝口门位于黄四公路桥下1000米
	行政村/个	31个村、1个镇直		口门高程/米	12.50、10.50
安全台（庄台）	座数	30		口门宽度/米	100、100
	高程/米	7.50～12.50	蓄滞洪区堤防	堤顶高程/米	9.20～14.33
	面积/平方米	19824		堤长/米	51500
	可安置人口	6608		堤顶宽/米	6～8
避水楼（房）	座数	403		防洪标准	左堤100年一遇，右堤50年一遇
	安全层面积/平方米	36913			
	可安置人口	12304			

二、三角淀分洪区

三角淀分洪区位于永定河下游右侧，地处武清区、北辰区境内，总面积48平方千米，范围为北遥堤以南、增产堤以西、南遥堤以北、陈嘴镇二支渠以东。其中武清区境内面积43.5平方千米，位于北遥堤以南，增产堤以西，武清区与北辰区交界以北，陈嘴镇二支渠以东。区内地势北高南低，地面高程 6.5～8.5 米。

三角淀设计蓄洪水位为 8.65 米（中泓故道闸上水位），分洪口门为大旺村（或北排干），作用是分担永定河泛区部分洪水，缓解屈家店枢纽洪水压力。设计蓄洪水位下蓄洪量 0.57 亿立方米，启用机遇为 50 年一遇。武清区境内共涉及陈嘴镇、黄庄街的 6 个行政村、2 个镇直（另外还有区外黄庄街、豆张庄乡 6 个村部分耕地），共 28045 人，黄庄工业区耕地面积 3224 公顷。至 2010 年分洪区从未启用过。

运用原则是当屈家店闸上水位接近 8 米且上游水势继续上涨时，向三角淀或淀北分洪。三角淀、淀北分洪区联合运用的次序及分洪地点视水情而定。

三角淀泛区基本情况见表 1－3－6。

表 1－3－6　　**三角淀泛区基本情况表**

<table>
<tr><td colspan="2">蓄滞洪区名称</td><td>三角淀分洪区</td><td colspan="2">安全设施解决人口</td><td>4701</td></tr>
<tr><td colspan="2">兴建时间</td><td>无</td><td colspan="2">运用时需要转移人口</td><td>10978</td></tr>
<tr><td colspan="2">所在河流</td><td>永定河</td><td colspan="2">通信设施</td><td>电话、电台</td></tr>
<tr><td colspan="2">所在市县</td><td>天津市武清区</td><td colspan="2">警报设施</td><td>无</td></tr>
<tr><td colspan="2">设计蓄滞洪水位
（中泓故道排水闸）/米</td><td>8.65</td><td colspan="2">船只</td><td>23</td></tr>
<tr><td colspan="2">设计蓄滞洪量/亿立方米</td><td>0.57</td><td rowspan="2">撤退道路</td><td>条数/条</td><td>8</td></tr>
<tr><td colspan="2">淹没面积/平方千米</td><td>43.50</td><td>长度/千米</td><td>19</td></tr>
<tr><td colspan="2">耕地/公顷</td><td>3224</td><td rowspan="3">退洪闸</td><td>名称</td><td>中泓故道排水闸
王庆坨排水闸</td></tr>
<tr><td colspan="2" rowspan="2">地面高程范围/米</td><td rowspan="2">6.50～8.50</td><td>退洪水位/米</td><td>7.24、5.92</td></tr>
<tr><td>设计泄量/立方米每秒</td><td>102</td></tr>
<tr><td rowspan="3">涉及区域</td><td>乡镇/个</td><td>3</td><td rowspan="7">行洪口门</td><td rowspan="5">口门位置</td><td rowspan="5">1. 大旺村口门位于永定河右堤东州大桥以上 1.30 千米处；
2. 北排干口门位于永定河右堤东州大桥以下 2.50 千米</td></tr>
<tr><td>行政村/个</td><td>6 个村、
2 个镇直</td></tr>
<tr><td>人口</td><td>10978</td></tr>
<tr><td rowspan="2">区内</td><td>人口</td><td>10978</td></tr>
<tr><td>行政村/个</td><td>6 个村、
2 个镇直</td></tr>
<tr><td rowspan="2">安全台（庄台）</td><td>座数</td><td>6</td><td>口门高程/米</td><td>12.71、12.23</td></tr>
<tr><td>高程/米</td><td>9</td><td>口门宽度/米</td><td>100、100</td></tr>
</table>

续表

<table>
<tr><td rowspan="2">安全台（庄台）</td><td>面积/平方米</td><td>4177</td><td rowspan="5">蓄滞洪区堤防</td><td>堤顶高程/米</td><td>8.00～14.24</td></tr>
<tr><td>可安置人口</td><td>1392</td><td rowspan="2">堤长/米</td><td rowspan="2">27500</td></tr>
<tr><td rowspan="3">避水楼（房）</td><td>座数</td><td>78</td></tr>
<tr><td>安全层面积/平方米</td><td>9926</td><td>堤顶宽/米</td><td>6</td></tr>
<tr><td>可安置人口</td><td>3309</td><td>防洪标准</td><td>永定河右堤50年一遇</td></tr>
</table>

三、大黄堡洼分洪区

大黄堡洼分洪区位于北运河中下游青龙湾减河与龙凤河之间，地处天津市武清区、宝坻区和宁河县境内。北起筐儿港北堤，东至青龙湾减河右堤和青龙湾故道左堤，西以黄沙河左堤及龙凤河左堤为界，南到津榆公路，总面积约277平方千米。区内地势西北高、东南低，地面高程为2.9～4.5米。大黄堡洼设计蓄洪水位为4.5米（陈赵庄退水闸闸上水位），蓄洪量2.91亿立方米。启用机遇为20年一遇。大黄堡洼由柳河干渠、清污渠、大尔路、九园路、西杜庄干渠等隔堤划分为Ⅰ、Ⅱ、Ⅲ、Ⅳ、Ⅴ共5个滞洪分区。武清区境内的有Ⅰ、Ⅱ两个区。Ⅲ区、Ⅳ区、Ⅴ区分别在宝坻和宁河境内。武清境内93.95平方千米，位于龙凤河以北、黄沙河干渠以东、筐儿港堤以南、武宝界以西。用于分泄青龙湾减河的洪水，蓄滞洪量1.16亿立方米，耕地面积5006.1公顷。涉及3个乡镇，其中大黄堡乡有21个行政村1个镇直，14185人，面积81.6平方千米，其余的崔黄口、上马台两个镇，面积12.35平方千米，没有村庄。

依据天津市防办1985年《关于修订大黄堡洼分洪问题的协商纪要》，狼尔窝分洪闸分洪后，首先在Ⅰ区滞洪，当陈赵庄退水闸闸上水位达到4.5米时，依次向Ⅱ、Ⅲ、Ⅳ、Ⅴ区分洪。

1991—2010年，大黄堡洼内经济发展迅速，开发建设了翠金湖高档别墅小区、朝阳居民小区和燕王湖休闲娱乐区；再加上芦苇退化，区内居民为了生计逐渐修筑隔埝，开辟成养鱼池，给分洪带来了巨大压力。

运用原则是当狼尔窝分洪闸上水位达到8.1米且继续上涨时，经请示天津市政府批准后，提开狼尔窝分洪闸向大黄堡洼分洪；当陈赵庄水位接近4.5米时，在陈赵庄、四高庄附近的柳堤上分别扒口向Ⅱ区滞洪；当陈赵庄水位仍不低于4.5米时，执行小组商定，再向其他区分洪。

大黄堡洼分洪区基本情况见表1－3－7。

表 1-3-7　**大黄堡洼分洪区基本情况表**

<table>
<tr><td colspan="2">蓄滞洪区名称</td><td>大黄堡洼
分洪区</td><td colspan="2">安全设施解决人口</td><td>2287</td></tr>
<tr><td colspan="2">兴建时间</td><td>无</td><td colspan="2">运用时需要转移人口</td><td>14185</td></tr>
<tr><td colspan="2">所在河流</td><td>青龙湾减河</td><td colspan="2">通信设施</td><td>电话、电台</td></tr>
<tr><td colspan="2">所在市县</td><td>天津市武清区</td><td colspan="2">警报设施</td><td>无</td></tr>
<tr><td colspan="2">设计蓄滞洪水位/米</td><td>4.50</td><td colspan="2">船只</td><td>23</td></tr>
<tr><td colspan="2">设计蓄滞洪量/亿立方米</td><td>1.16</td><td rowspan="2">撤退道路</td><td>条数</td><td>20</td></tr>
<tr><td colspan="2">淹没面积/平方千米</td><td>93.95</td><td>长度/千米</td><td>126.30</td></tr>
<tr><td colspan="2">耕地/公顷</td><td>5006.10</td><td rowspan="3">进洪闸</td><td>名称</td><td>狼尔窝分洪闸</td></tr>
<tr><td colspan="2" rowspan="2">地面高程范围/米</td><td rowspan="2">3.00～4.00</td><td>分洪水位/米</td><td>8.10</td></tr>
<tr><td>设计泄量/立方米每秒</td><td>430</td></tr>
<tr><td rowspan="3">涉及区域</td><td>乡镇/个</td><td>3</td><td rowspan="3">退洪闸</td><td>名称</td><td>东汪庄退水闸
柳河退水闸
狼尔窝引河退水闸</td></tr>
<tr><td>行政村/个</td><td>21 个村、
1 个镇直</td><td>退洪水位/米</td><td>4.50</td></tr>
<tr><td>人口</td><td>14185</td><td>设计泄量/立方米每秒</td><td>90</td></tr>
<tr><td rowspan="2">区内</td><td>人口</td><td>14185</td><td rowspan="3">行洪口门</td><td>口门位置</td><td>1. 四高庄村西柳河两岸各 100 米；
2. 陈赵庄柳河两岸各 100 米</td></tr>
<tr><td>行政村/个</td><td>21 个村、
1 个镇直</td><td>口门高程/米</td><td>5.90～6.00</td></tr>
<tr><td>避水楼（房）</td><td>座数</td><td>44</td><td>口门宽度/米</td><td>100</td></tr>
<tr><td rowspan="4">安全房</td><td>面积/平方米</td><td>6860</td><td rowspan="4">蓄滞洪区堤防</td><td>堤顶高程/米</td><td>5.00～10.70</td></tr>
<tr><td rowspan="3">可安置人口</td><td rowspan="3">2287</td><td>堤长/米</td><td>27500</td></tr>
<tr><td>堤顶宽/米</td><td>4～8</td></tr>
<tr><td>防洪标准</td><td>20 年一遇</td></tr>
</table>

四、淀北分洪区

淀北分洪区位于永定河下游，地处武清区和北辰区境内，总面积215平方千米，范围为北运河以东，杨北公路、运东干渠以南，龙凤河以西，永定新河左堤以北地区，是永定河水系的临时蓄滞洪区。其中武清区境内82.05平方千米，位于永定河下游、北运河以东、杨北公路、运东干渠以南、龙凤河以西、武清区与北辰区交界以北地区。该蓄滞洪区地势西北高、东南低，地面高程在4.00～5.00米。设计蓄洪水位为5.61米，设计蓄洪水位下蓄洪量3.86亿立方米。其中武清区蓄洪量约1.28亿立方米。启用机遇为50年一遇。分洪区内有京山铁路、京九铁路联络线、津蓟高速公路、京津公路、京津塘高速、引滦入津输水工程等重要基础设施。

分洪区武清区境内涉及下朱庄、梅厂、上马台3个镇街，有39个行政村、2个镇直、28641人，耕地面积4768.3公顷，蓄滞洪量1.28亿立方米。

淀北分洪区1986年兴建于庄水库，2007年武清区为配合下朱庄街经济区的建设，将镇南泵站至津蓟铁路段3.8千米的河道进行综合整治，并埋设污水管道，兴建了污水处理厂。区内新建了一些居住小区、产业园区，基础高程抬高，滞洪深度减少，降低了滞洪能力。另外人口、固定资产、社会总产值进一步增长，都增加了分洪难度。

运用原则是当屈家店闸上水位接近8米且上游水势继续上涨时，向三角淀或淀北分洪。三角淀、淀北分洪区联合运用的次序及分洪地点视水情而定。

淀北分洪区基本情况见表1-3-8。

五、水库

武清区境内建有中小型水库3座，即上马台水库、于庄水库和黄庄牛角洼水库，设计总库容3637.1万立方米，上马台水库在2009年进行了除险加固，库容由原来2680万立方米提高到2730万立方米。截至2010年年底，设计总库容达到3467.1万立方米（不包括牛角洼水库）。

（一）上马台水库（金泉湖）

上马台水库位于武清城区东25千米，上马台镇上马台村以南，王三庄村以西，董庄村、杨家河村以东，是集防洪、除涝、蓄水为一体的大型水利工程。水库建设工程于1993年4月开工，1994年10月竣工生效，占地面积5.91平方千米，效益面积86.67

表 1-3-8　　**淀北分洪区基本情况表**

<table>
<tr><td colspan="2">蓄滞洪区名称</td><td>淀北分洪区</td><td colspan="2">安全设施解决人口</td><td>—</td></tr>
<tr><td colspan="2">兴建时间</td><td>无</td><td colspan="2">运用时需要转移人口</td><td>28699</td></tr>
<tr><td colspan="2">所在河流</td><td>永定河</td><td colspan="2">通信设施</td><td>电话、电台</td></tr>
<tr><td colspan="2">所在市县</td><td>天津市武清区</td><td colspan="2">警报设施</td><td>无</td></tr>
<tr><td colspan="2">设计蓄滞洪水位/米</td><td>5.61</td><td colspan="2">船只</td><td>23</td></tr>
<tr><td colspan="2">设计蓄滞洪量/亿立方米</td><td>1.28</td><td rowspan="2">撤退道路</td><td>条数</td><td>43</td></tr>
<tr><td colspan="2">淹没面积/平方千米</td><td>82.05</td><td>长度/千米</td><td>96</td></tr>
<tr><td colspan="2">耕地/公顷</td><td>4768.30</td><td rowspan="4">蓄滞洪区堤防</td><td>堤顶高程/米</td><td>3.00～6.50</td></tr>
<tr><td colspan="2">地面高程范围/米</td><td>4.00～5.00</td><td>堤长/米</td><td>37800</td></tr>
<tr><td rowspan="3">涉及区域</td><td>乡镇/个</td><td>3</td><td>堤顶宽/米</td><td>6～12</td></tr>
<tr><td>行政村/个</td><td>39个村、
2个镇直</td><td>防洪标准</td><td>50年一遇</td></tr>
<tr><td>人口</td><td>28699</td><td colspan="3" rowspan="3"></td></tr>
<tr><td rowspan="2">区内</td><td>人口</td><td>28699</td></tr>
<tr><td>行政村</td><td>39个村、
2个镇直</td></tr>
</table>

注　“—”表示无数据。

平方千米，总库容2680万立方米，兴利库容2390万立方米，死库容290万立方米，总投资4988万元，其中国补2400万元、自筹2588万元。1993年被天津市政府列为重点工程，1994年列为天津市为民办实事20件好事之一。2007年4月至2009年10月，上马台水库进行了除险加固及清淤造陆工程，共清淤土方777万立方米，造陆11.5千公顷，投资3103.77万元，竣工后水库总库容达到2730万立方米。

1. 上马台水库建设工程

上马台水库为均质土坝，坝轴线长9611米，坝高6.7米，迎水坡为1∶8，背水坡为1∶3，站前闸、进水闸、泄水闸、蜈蚣河节制闸、运东干渠节制闸流量均为30立方米每秒。灌溉闸、进水闸、节制闸、排减泵点为浆砌石及混凝土护坡坡，护坡面积4774平方米，兴建提水泵1座，设计流量21立方米每秒，水泵为立式轴流泵7台套，总装机1820千瓦，6.3万千伏安变压器1台。

1992年由天津市计划委员会对武清县上马台水库可行性研究报告进行了批复。12月，武清县水利局组成20余人的测量队，历时1个月对上马台水库地区进行勘测，1993年3月市水利局下达了兴建水库计划，武清县水利局向社会公开招标，大坝土方中标单位有城关、上马台、徐官屯、杨村、后巷水利站、静海、宁河、霸州、文安水利施工队。中标大坝土方5.32元每立方米。建筑物中标单位有武清县建联二、四公司，武清水利建筑工程公司，4月4日正式开工，1994年7月10日主体工程完工。1994年7月14日下午试蓄水，历时16天，蓄水达到1960万立方米。9月22—26日又增加蓄水400万立方米，两次共蓄水2360万立方米。工程共完成筑堤土方330万立方米，浆砌石3.51万立方米，混凝土及钢筋混凝土4270立方米。1994年12月2日，上马台水库由市水利局组织市建委、市计委、市农委、市财政局、市环保局、市国土局、市水利局水利质量检测中心、建设银行天津分行、武清县委、县政府等单位，对上马台水库进行全面验收，工程达到优良。1995年春对大堤进行全面绿化，绿化工程由天津市武清县绿化委员会组织区直机关干部、武清驻军以义务的方式完成挖坑、栽植，大坝外坡共栽植苏柳、馒头柳、千头椿、圆柏1万株，灌木火炬2万株，投资约15万元。

2. 上马台水库除险加固工程

2004年11月12日，上马台水库经天津市水利局大坝安全评定专家组鉴定为三类坝。为确保水库安全，2005年9月28日，市水利局下达《关于武清区上马台水库除险加固工程初步设计的批复》。为发展区域经济，武清区政府以上马台水库为一点构建天津北部生态旅游带，使上马台水库建成具有蓄排，灌溉为主，兼有水产养殖及休闲旅游、度假为一体的多功能水库。为结合上马台水库综合开发，2007年3月28日，市水利局下达《关于上马台水库除险加固工程变更设计的批复》同意在不改变水库原有设计功能，不减少水库库容的前提下，对上马台水库进行除险加固及清淤造陆工程。此项工程由河北省水利勘察设计研究院石家庄分院设计。2007年4月，武清区水务局组织公开招标，武清区水利建筑工程公司中标。施工队于2007年10月进场，因土地使用存在争议不能按时开工，时隔1年，到2008年4月21日重新组织施工队伍进场，工程于2009年10月全部竣工。共开挖土方26.46万立方米，混凝土4.4万立方米，浆砌石1.4万立方米，堤顶路面长8723米，回填土方4.37万立方米，湖中心岛屿造地3.3千公顷，库区内造陆5.2千公顷，库区外造陆3千公顷，平均造陆高度在6.5米，建湖心岛与大坝相连桥1座，桥长120米、宽10米，桥梁结构为钢筋混凝土实腹式板连拱，堤防路总长503米，总投资3103.77万元。2009年7月23日、24日试运行，8月6日蓄水至8月20日结束，蓄水2153万立方米，后根据水质的优劣，适时蓄水，10月10日通过了专家组织的验收。

（二）于庄水库（南湖）

于庄水库位于原武清区下朱庄乡境内，即小于庄村以东，柳河村以南，聂庄子西排渠以西，郎庄子村以北，是一座以蓄代排的小型平原水库，为确保陆军、空军两军基地安全，于1987年建成。排涝标准为农田20年一遇，基地100年一遇标准。水库占地面积2.36平方千米，库区面积1.98平方千米，大堤长5.09千米，设计总库容737.1万立方米，有效库容632.1万立方米，死库容105万立方米。大坝为均质土坝，坝高程9.5米，坝高5.5米，坝顶宽6米，外边坡采用1∶3，内边坡为1∶8，最高蓄水位达到8.1米。水库建有扬水站1座，安装水泵5台套2500千瓦，设计流量15立方米每秒。建有灌溉闸，结构为混凝土涵洞式，1孔，净宽1.8米，钢闸门，设计过水流量5立方米每秒；泄水闸，结构为钢筋混凝土开敞式，1孔，净宽3米，设计过水流量26立方米每秒；机排闸，结构为钢筋开敞式，1孔，净宽3米，设计过水流量26立方米每秒；机场排河1座，结构为井柱板梁，共3孔（汽-10级）。水库建有湖心岛顶部4930平方米，两侧有浆砌石护坡。总投资672万元，完成土方开挖171.15万立方米、浆砌石4200立方米、砖1448.3立方米、混凝土及钢筋混凝土2808立方米，于1987年8月竣工。8月17日蓄水达到737万立方米。

1989年，投资6.5万元在迎水坡修防浪墙150米、混凝土60立方米、浆砌石300立方米。

1990年，分两种结构形式分别对迎水坡进行护砌，完成混凝土160立方米、干砌石护坡300立方米，投资18.5万元。

1992—2010年，多次对大堤进行护堤加固和路面更新。

2010年，小于庄、柳河、郎庄子三个村撤村建居委会，村庄已被拆除。

（三）牛角洼水库

牛角洼水库位于老龙闸以北、北运河以西的三角地带，是解决牛角洼地区的排涝和自备水源的小型水库，于1989年建成，由国家小型农田水利工程费补助及群众自筹兴建。水库总面积1.47平方千米，库区1.27平方千米，大堤长5.25千米。设计总库容220万立方米，有效库容180万立方米，死库容40万立方米。坝高2.5米，坝顶宽5米，外边坡为1∶3，内边坡为1∶5。建有节制闸一座，共2孔，过流量50立方米每秒；扬水站1座，55千瓦电机2台，设计流量2立方米每秒；灌溉闸1座，交通桥1座。总投资109.1万元。

2009年，因黄庄街撤村建居委会，水库区域重新规划，水库仍由黄庄街道管理。

第四节 自然灾害

武清区境内发生的常见自然灾害主要有旱灾、涝灾、风雹灾。每年都发生不同程度的自然灾害，其中主要是旱灾和涝灾。旱灾多发生在春季，降雨量占年降雨量的10%左右，特别是路南、大王古、城关等地区发生旱灾的几率大。涝灾集中在6—9月，降雨量占年降雨量的80%，尤其是7月上旬至8月下旬，发生的暴雨的次数最多。另外，由于降雨年内分配不均，暴雨突降，造成先旱后涝，旱涝急转的年份也时有发生。

一、涝灾

1991—2010年，涝灾出现过4次。

1994年7月12日、15日，武清县境内及上游北京、通县、大厂、三河等地区普降大雨或特大暴雨，造成武清县境内的青龙湾减河、北运河、龙凤河、凤河西支、新龙河等河道同时产生洪水。由于永定新河下游淤积，排水不畅，洪水长时间囤积河内，致使排污河高水位运行13天。

8月2日、6日、13日，大雨、暴雨3次袭击武清县，这段时间平均降雨量达到了221毫米，形成外洪内涝，致使农田积水面积达到6033.3千公顷，占耕地面积的65%，成灾面积2700千公顷，其中绝收1440千公顷，收成3～5成的1260千公顷。有483户住宅倒塌，房屋毁坏1621间，冲毁鱼池773.33公顷，3家企业停产，32家砖厂损失砖坯7300万块，水毁工程68项，直接经济损失17971万元。

1995年7月28日至8月6日，武清县连降5次大到暴雨或特大暴雨，累计平均降雨207毫米，雨量最大的上马台乡328毫米，最小的王庆坨镇120毫米，造成部分低洼地块反复积水受淹，再加上龙凤河长期持续高水位，透堤水增多，武清县农田累计积水面积达到1513.3千公顷，受灾面积258.7千公顷，其中减产3成以上的170千公顷（其中粮食作物134千公顷，经济作物36千公顷）。成灾中有37.7千公顷绝收，直接经济损失912万元。损坏砖坯60万块，20公顷鱼塘被淹，5户24间房屋倒塌。

1996年8月2日1时至8月13日7时，12天内出现8次降雨过程，武清县34个乡镇累计平均降雨为319毫米，其中降雨300毫米以上的有20个乡镇，200～300毫米的14个乡镇，最大的大沙河乡达到389毫米。尤其是8月2日1—21时，武清县累计降雨101毫米，雨量超过100毫米的有12个乡镇，最大的黄庄乡降雨量达220毫米，下朱庄乡达到219毫米。与此同时，由于上游地区也降了大到暴雨，武清境内的龙凤河、青龙湾减河、北运河水位急剧上涨，特别是龙凤河连续发生3次洪峰，水位居高不下。8月16日16时龙凤河下游防潮闸水位达5.76米，超过历史最高水位，两岸堤防多次发生险情。县防汛指挥部采取错峰排水，沿河两岸共限排3次，限排水量达3400万立方米，从而确保了河道未出现决口等重大险情。但个别地块未能及时排除积水，致使武清县受灾农田253.3千公顷，成灾面积1313.3千公顷，其中粮食作物受灾1013.3千公顷，经济作物293.3千公顷，果树6.7千公顷（主要集中在路南地区、杨村周围和港北地区的部分乡镇），绝收面积为346.7千公顷；粮食减产4600万公斤，农业直接经济损失1.02亿元；水产养殖业受灾面积40.3千公顷，减产水产品数量1280吨，损失819万元；乡镇企业受淹105个，厂房受损164间，损失534万元；水利设施中河道堤防损坏1.3千米，损坏桥闸涵77座，泵站点3座，损失185万元；民房损坏442间8840平方米，倒折通信线杆158棵，损失60万元；通信线路损坏20千米，通信设备损坏34台套，倒折电力杆29根，电力线路损坏2.5千米，电力设备损坏5台套，损坏公路16条10.5千米，损失433万元。武清县灾害造成的总经济损失达1.21亿元。

2008年6月27日夜间，全区出现局部强降雨，平均降雨量达57毫米，最大降雨出现在梅厂，达到178毫米，造成梅厂、上马台、大碱厂3个镇农田出现严重积水。受灾面积2800公顷，成灾面积2800公顷，直接经济损失1920.6万元，其中棉花受灾408公顷，减产5成，经济损失306万元；玉米受灾2392公顷，减产5成，经济损失1614.6万元。

二、旱灾

1991年汛期累计平均降雨514毫米，但汛末降雨量比多年平均少93毫米，致使武清县有8000公顷农田受灾。其中成灾面积3880公顷，减产3～5成的面积3466.67公顷，减产5～8成的面积140公顷，绝收面积273.33公顷。

1992年累计平均降水441毫米，其中1—5月降水仅20毫米，与历年同期相差53毫米，造成武清县受灾面积26270公顷，成灾面积14060公顷。

1993年汛期累计平均降雨339毫米，比多年同期平均少116毫米，造成武清县失欠墒面积达10000公顷，因旱而春转夏1070公顷，缺苗断垄172.67公顷，播种后未出苗266670公顷。

1997年累计降水315毫米，汛期降雨212毫米，比历年同期分别少258毫米和243毫米，是自1949年以来第二个干旱年，干旱持续，夏旱连伏旱，伏旱连秋旱，造成72000公顷农作物受灾、减产，秋粮成灾面积25470公顷，其中减产3～7成22130公顷，绝收面积3330公顷。

1998年累计降水430毫米，比历年平均降水少143毫米，由于降水量偏少，旱情严重，受灾面积达到5000公顷，成灾面积4850公顷。

1999年累计降水327毫米，比多年同期平均少246毫米，特别是主汛期降水量小，没有形成径流，河道无洪沥水发生。武清县因干旱造成受灾面积 49.53 千公顷，成灾面积 42470 公顷，绝收 6530 公顷。粮食作物减产 6156 万公斤，直接经济损失 1880 万元。

2000 年累计降水 280 毫米，由于旱情严重，全区农作物受灾面积达 85680 公顷，占武清县农作物播种面积的 93%，其中成灾面积 42670 公顷，绝收 13330 公顷，造成粮食减产 41315 万公斤。

三、风雹灾

1991 年 6 月 24 日，城关东马圈、泗村店、陈嘴等 9 个乡镇、30 余村遭受冰雹袭击。降雹时间 30 分钟，冰雹密度为 700～800 粒每平方米，局部厚度约 3.3 厘米，雹粒最大直径 4 厘米。7333.33 公顷农田受灾，总计损失 1200 余万元。

1992 年 7 月 21 日 10 时 50 分—11 时 30 分，强烈飓风袭击了武清县下朱庄、聂庄子两乡的 14 个村庄，持续时间达 30 分钟，造成 52 根电杆倒地和 1333 公顷早玉米、93.33 公顷晚玉米、6.67 公顷棉花倒伏，305 米院墙倒塌，6 条渔船损坏、房屋 608 间，伤 2 人，死亡奶牛 26 头，直接经济损失 103 万元。

1993 年 4 月 2—10 日，县境内遭受罕见的风冻。4 月 6 日、7 日、9 日大风，4 月 7 日、8 日、10 日 3 天霜冻，4 月 8 日最低气温 −5.9℃，蔬菜受害十分严重，部分大棚、改良式地膜被大风刮毁，大面积蔬菜幼苗被冻死，全县蔬菜受灾面积 3260 公顷，占蔬菜面积的 70%，直接经济损失 520 万元。

1993 年 7 月 3 日，东马圈、城关、白古屯、大孟庄、河西务等乡镇遭受雹灾。冰雹持续时间 5～20 分钟，最大直径 4 厘米，冰雹密度为 200～300 粒每平方米。受灾面积 5133.33 公顷，直接经济损失 307 万元。

1993 年 8 月 11 日，河北屯、下伍旗、大良 3 个乡镇遭受龙卷风和暴雨袭击，受灾面积 1066.7 公顷，3 个乡办砖瓦厂的 380 万块坯被毁，直接经济损失 200 万元。

1993 年 9 月 11 日晚，下伍旗、大王古庄、白古屯、大孟庄等乡镇遭受龙卷风和冰雹袭击，受灾面积 2873.3 公顷，直接经济损失 250 万元。武清县长邵久武到现场慰问群众，指导救灾工作。

1995 年 5 月 16 日 19 时 40—55 分，河北屯、大良、双树、大碱厂、后巷五乡镇遭龙卷风和冰雹袭击，受灾面积近 666 公顷，经济损失 334 万元。

1995 年 7 月 4 日 21 时 15—40 分，10 个乡镇遭冰雹袭击，经济损失 120 万元。

1999 年 4 月 19 日，遭受冰雹袭击，受灾面积 2986.7 公顷，有 8 个乡镇农作物受灾，直接经济损失 1521 万元。

2001年6月13日、27日、29日和9月4日，武清区4次遭遇飓风、冰雹袭击，累计29个乡镇29.09万人、9500公顷次农田受灾。其中粮食作物受灾3610公顷，减产2.07万公斤，经济作物绝收3270公顷，蔬菜、果树等受灾2620公顷，倒塌房屋734间，毁坏通信线路24.1千米。全区34330公顷灾害造成减产47895万公斤。

2004年6月22日，武清区普遍遭受暴风雨袭击，部分乡镇遭受冰雹袭击，致使全区大部分乡镇农作物、树木、果园受灾。受灾总面积8380公顷，成灾面积6680公顷。其中粮食作物受灾面积3430公顷，成灾2300公顷；经济作物受灾面积4940公顷，成灾4390公顷；倒塌房屋5237间，电线杆903根。直接经济损失达到8550万元。

2005年7月9日和8月7日，武清区的白古屯、崔黄口等9个乡镇遭受风雹袭击，受灾总面积4100公顷，成灾面积3380公顷。其中粮食作物受灾面积3370公顷，成灾2860公顷；经济作物受灾面积730公顷，成灾520公顷；折断树木386棵，电线杆6根。直接经济损失达到2768.08万元。

第五节 社 会 经 济

武清区总面积1574平方千米，2010年耕地面积88千公顷，实现地区生产总值317.5亿元，是2000年81亿元的近4倍，是1990年16.8亿元的近19倍；财政收入92.7亿元，是2000年5.8亿元的近16倍；农民人均纯收入11580元，是2000年4350元的近3倍，是1990年的近5倍。

一、行政区划和人口

2010年，武清区下辖杨村、徐官屯、东蒲洼、黄庄、下朱庄5个街道办事处，大碱厂、崔黄口、梅厂、上马台、大良、河北屯、下伍旗、南蔡村、泗村店、大孟庄、河西务、城关、大王古庄、东马圈、黄花店、石各庄、陈嘴、王庆坨、汊沽港19个镇，曹子里、大黄堡、白古屯、高村、豆张庄5个乡，有725个村民委员会、33个社区居民委员会。全区总人口84.7万人，其中农业人口68.97万人、非农业人口15.73万人，除汉族外，有回族、满族、壮族、苗族、藏族、瑶族等少数民族16884人，其中回族9600人。

二、地区经济

（一）工业

2010年，武清区工业按照“解难题、促转变、上水平”的总体要求，以工业区为载体，狠抓招商引资；以大项目为依托，扩大增量促调整；继续加大对企业的扶持服务力度，推动工业跨越发展。实现工业总产值789.9亿元、增加值160.5亿元，分别比上年增长10%、26.4%。推进4个示范工业园（自行车王国产业园、汽车零配件产业园、地毯产业园、京滨工业园）建设，示范园区累计基础设施投入28亿元，“七通一平”以上标准面积达到119.5万平方米，绿化193.5万平方米；签约项目80个，投资60亿元的环球石材项目、投资20亿元的异型铜材项目和投资5.5亿元的蒙牛奶制品项目相继落户园区。全区16个乡镇产业区入住企业717家，从业人员6万人，完成销售收入180亿元，利税20亿元，增长20%以上。

（二）农业

2010年，武清区种植业占地面积7.55万公顷，粮食作物播种面积9.8万公顷，粮食总产量65.01万吨；棉花播种面积4266公顷，棉花总产量4981吨；蔬菜种植面积2.09万公顷，蔬菜总产量131.49万吨；瓜类种植面积1172.87公顷，总产量5.19万吨。新增设施农业面积2200公顷，总面积达1.03万公顷，年产各类蔬菜105万吨，创产值11.4亿元。完成“梅厂”“君利”两个现代农业示范园年度建设任务，并投入运营。武清在4条主干公路沿线的设施农业带建成高标准钢骨架塑料大棚346.67公顷，铺设景观竹篱6万延米。全年累计发放粮食直补资金1.13亿元，涉及良种补贴有玉米、棉花、水稻、小麦4种作物，在补贴面积上实行应补尽补，其中小麦每公顷补贴150元，其他棉花、水稻、玉米等每公顷补贴225元，确保粮食稳定、高产。

（三）商贸服务业

2010年，武清区批发零售市场繁荣活跃，现货商贸、物流产业加速发展。环渤海绿色农产品交易物流中心、佛罗伦萨小镇项目一期竣工，华北工业品原料一期投入运营，京津时尚广场、大岛酒楼、奥蓝际德酒店开张营业，艺术家聚集区、国际保税物流园区等重大服务业项目进展顺利，服务业大发展态势形成。第三产业增加值112.87亿元，社会消费品零售额278.66亿元，分别比上年增长14.7%和22.5%。新增国内外注册资金190亿元，增长31.9%，其中内资到位4.01亿美元，增长25.6%。

（四）开发区建设

2010年12月30日，经国务院批准，天津市武清经济开发区升级为国家级经济技术开发区，成为天津市唯一同时享有国家级经济技术开发区和国家级高新技术产业园区双重政策的经济区。2010年，武清开发区吸引投资总额227亿元（其中外资50亿美元），增长117.28%；实现营业收入24.97亿元，增长35.71%；利润总额3.32亿元，市场竞争能力和持续盈利能力稳居全市前列。开发区共引入50个国家和地区的企业1000余家，形成电子信息、机械制造、生物医药、汽车及零部件、新材料、新能源六大主导产业，累计实现税收186亿元，纳税额占全区总量一半以上。就业人数达到8万人，间接就业3万人，全年引进项目91个，投资总额105.75亿元，注册资金65.8亿元，其中外资项目44个，实现地区生产总值128亿元，增长29%；工业总产值427亿元，增长30%；实现税收45.3亿元，增长28%；固定资产投资74亿元，增长40%；新增就业岗位9000个，增长10%。

三、城镇化建设

2010年，武清区城市化建设实现新突破。以武清新城为中心、城镇组团为支撑、新农村为基础的城乡一体发展格局初步形成。全年拆迁村街22个，拆迁面积150平方千米，累计拆迁47个村，6.3万人实现由农民向市民转变。以“一区四园”（开发区、自行车王国产业园、京滨工业园、汽车零部件产业园、地毯产业园）为重点的开放型经济迈出较大步伐，雏型已基本成型。开发区三期15平方千米道路，供排水基础建设全部完成。高端制造业聚集区、创业总部基地和国际保税物流园三大功能板块招商全面展开。

四、文化建设

2010年，武清区开展各项文化惠民工程。全区24个乡镇，有15个乡镇建成文体活动中心，建设率66.7%，在全市属于领先位置。至2010年年底，王庆坨、东马圈、豆张庄、大黄堡、白古屯、黄花店、汊沽港、大王古庄、大孟庄、泗村店、崔黄口、大良12个乡镇完成文体中心主体工程建设。全区各乡镇开展农家书屋和文化室建设。每个书屋图书均不少于1500种、5000册，报刊不少于30种；村文化室在农家书屋的基础上，个别村庄配备了电子琴、录音机、锣鼓镲等文化活动器材。全区共建成350个农家书屋和文化活动室，并建立图书和文化器材管理制度。

第二章

水资源

武清区水资源主要由两部分组成，即地表水资源和地下水资源。其中地表水资源由天然径流、入境水（外调水）和非常规水源组成。武清区年供水总量为4.216亿立方米，其中天然径流年径流量为1.2亿立方米（源于武清区水资源分析报告），入境水（外调水）年可利用量为2.8亿立方米，非常规水源量为2160万立方米。按供需水量平衡分析，武清区属季节性缺水地区。随着工农业生产的飞速发展，水资源供需矛盾十分突出。因此武清区境内修建了一批蓄水工程，包括一、二级河道整治，骨干渠道清淤开挖，兴建水库，改造洼淀及修建橡胶坝等，充分利用现有水资源。同时不断加强水资源的管理，坚持开源与节流结合，蓄水工程与节水工程结合，在保障用水的同时，严格控制地下水开采，有效地防止地面沉降等次生地质灾害的发生。

第一节　水资源条件

一、地表水

（一）大气降水

武清区属暖温带半湿润大陆性季风型气候。冬季受西伯利亚大陆性冷气团控制，寒冷少雨；春季受蒙古高压气团控制，气温回升快，风沙天气多，蒸发量大，形成干旱少雨；夏季炎热多雨；秋季冷暖适中。年降水量分布极不均匀，每年6—9月降水量占全年降水量的73%～93%，10—12月降水量占全年降水量的3%～16%，3—5月降水量占全年降水量的1%～20%。易造成春旱秋涝现象，降水量年变化也较大。1991—2010年，年降水量最大的为668.4毫米，发生在1994年，年降水量最小的为280.5毫米，发生在2000年。大小差距近2.4倍，易造成旱涝灾害。虽然境内修建了大批的水利工程，但旱涝灾害还时有发生，严重时也会影响农业生产的发展。多年平均降水量为573.8毫米（1949—2010年），汛期（6—9月）多年平均降水量为427.5毫米（1949—2010年），依据《天津市水资源配置研究》成果，武清区地表水资源量（即多年平均径流量）为1.2亿立方米。

（二）入境水

武清入境水资源主要源于北京排污河和北运河。北京排污河自1971年开挖运用以来，年来水量为2亿～3亿立方米，年内分配为春季占6.3%，夏季占52.61%，秋季占24.45%，冬季占16.6%。北京排污河自2000年经天津市地名办公室批准改为龙凤河，龙凤河水源主要是北京地区的沥水、污水。污水随着北京地区的治理，达到国家排放标准，可以灌溉农田。年平均来水量达到1.5亿立方米，已纳入武清外来水（外调水）资源量，通过北运河庄窝闸、龙凤河里老闸分别进入武清境内的北运河、龙凤河等河道。1991—2010年，北运河与龙凤河年均入境水量2.65亿立方米。另一部分外来水主要是上游地区降雨自然流入到武清境内的永定河、中泓故道、龙河、龙北新河、青龙湾河、凤河西支等河道，水量无记载，正常年份可灌溉少量农田。1990年，武清县政府与天津市泰达集团合资启动引滦入杨工程，从宝坻尔王庄水库引入武清，铺设直径1～1.2米管道42千米，输水能力为10万吨每日。2010年实际输水能力为6万吨每日。

1991—2010年武清区入境水量统计见表2-1-9。

（三）工程蓄水

武清区境内蓄水工程包括一、二级河道，骨干渠道，水库，洼淀塘坝等。1991—2010年，主要河渠上兴建了橡胶坝，开发阶梯蓄水，截至2010年，全区地表水一次性蓄水能力达到了9130万立方米。

1. 河道蓄水

一、二级河道蓄水量达到1100万立方米。1991—2010年，河道新建橡胶坝8座，增加蓄水能力300万立方米。其中第一座橡胶坝建于1991年，位于北运河蒙村。

2. 深渠蓄水

武清区有蓄水能力的深渠，截至2010年，累计达到596条，4149千米，一次性蓄水量可达到4363万立方米。1991—2010年，新开挖的深渠较少，至2004年，结合国家修建京沪高速公路、京津塘二线等大型工程，开展了农田水利建设，将沿路的渠道进行清淤、拓宽，挖深了渠道，使其增加了蓄水能力。

3. 水库蓄水

1987年建成于庄水库，设计总库容737万立方米，兴利库容528万立方米。

1994年，为提高运东地区排涝标准，改善运东地区灌溉条件，修建了上马台水库。2009年该水库实施了病险水库除险加固，通过库区挖深将设计库容由2680万立方米增加至2730万立方米，兴利库容达到2395万立方米。

黄庄牛角洼水库蓄水量220万立方米（2009年以后不再纳入统计）。

武清区地表水可利用水资源4亿立方米，其中每年上游入境水量34400万立方米，利用率达到60%～80%，其余水资源量经下游河渠出境。

（四）非常规水源

武清区非常规水源主要包括龙凤河来水和本区内污水处理厂处理的尾水两部分。

表 2-1-9

1991—2010 年武清区入境水量统计表

单位：万立方米

年份	月份												汛前	汛末	合计	备注
	1	2	3	4	5	6	7	8	9	10	11	12				
1991	1200	120	3200	2600	1200	4000	—	1382	3914	1013	1500	1940	8320	—	22069	
1992	800	1078	1458	1400	1153	588	1192	2660	4800	3200	1930	2000	5889	—	22259	
1993	1100	950	2980	3310	2592	1149	2910	—	3170	3570	2540	1348	10932	—	25619	7 月 28 日开始调水
1994	2000	2385	2100	1780	3100	680	—	—	1100	2600	2400	1000	11508	—	19145	
1995	2000	1870	1890	1400	2650	250	200	1100	1000	1100	2100	1300	9870	5100	16860	
1996	2000	2140	2300	2100	1900	—	—	—	390	1900	3300	1200	10390	—	17230	
1997	1200	2500	800	3500	1500	820	200	3100	2800	3000	2500	2000	9500	7500	23920	
1998	1200	2300	4000	2800	—	—	—	1100	4500	2200	3000	700	11300	7000	21800	
1999	1900	400	1200	2400	1300	—	—	4000	4500	3200	3400	700	7200	6200	23000	8 月 12 日开始调水
2000	700	400	4600	2000	2000	500	4200	4000	3200	3500	4000	700	9700	8200	29800	北运河 1650 万立方米
2001	500	2000	2800	0	700	1400	4400	7000	4150	2500	3300	2400	6000	8200	31150	北运河 1950 万立方米
2002	800	1000	300	200	800	2400	2067	1950	3012	3708	3000	1900	3100	8608	21137	
2003	1000	1000	2000	4000	1100	200	100	1000	4200	3500	5000	2500	9100	11000	25600	北运河 6200 万立方米
2004	1000	1000	4000	3700	4100	3700	260	4500	4500	4200	2500	70	13800	6770	33530	北运河 3300 万立方米
2005	1000	1000	1700	1850	2000	1300	1650	1600	2400	2800	3200	1600	7550	7600	22100	
2006	3500	1000	2500	2500	800	1800	4700	3900	4000	3200	1000	2000	10300	6200	30900	北运河 9400 万立方米
2007	2000	2500	4500	4000	2000	2520	5200	6800	2510	4000	4500	4000	15000	12500	44530	
2008	3000	3000	4000	3500	4000	3050	4400	3750	5200	3000	3000	3100	17500	9100	43000	
2009	2500	2500	3500	2100	400	2000	2000	3500	3000	400	—	—	11000	400	21900	
2010	2500	2400	3000	2600	2000	300	5000	4600	4000	3000	2000	3000	—	—	34400	

注 “—”为无数据资料。

第一部分，污水水资源来源于龙凤河。年来水量为2亿～3亿立方米。龙凤河水源主要是北京地区的沥水、污水，污水随着北京地区的治理，2010年，已达到国家排放标准，可以灌溉农田。现已纳入武清外来水（外调水）资源量。

第二部分，污水水资源是武清区内生产生活废水，经过处理后，达到国家排放标准。这部分经过处理的污水，日排放量可达到6万立方米，一部分用于城区景观水、浇花、浇草，另一部分经运东干渠、机场排河、龙凤河等河道纳入河道灌溉农田水资源，年总量达到2160万立方米。

随着城市生产、生活废水量逐年增加，为有效控制水环境污染，提高武清城区基础设施水平，打造良好的生态环境，自2003年11月开始进行污水处理厂建设，至2010年相继建成了4座（第一、第二、第三和第四）污水处理厂，主要处理开发区、京福支线以东和运河以东老城区排放的污水。污水处理面积达到51.5平方千米，处理能力6万立方米每日，城区污水处理率达到了65%。经过处理后的污水水质达到A级标准的1座，达到B级标准的3座，可以排放至自然水体中，有效地解决了水环境污染问题，改善了河水水质，美化了城区环境。

第一污水处理厂（天津世昇水治理有限公司）于2003年11月建成投产。该厂位于京津塘高速公路南侧、南东路东侧，占地1.87万平方米，处理能力为1万立方米每日。主要收集龙凤河以南、光明道以北、南东路以东、北运河以西的污水，收水面积约为17.5平方千米。污水处理采用接触氧化处理工艺，出厂水达到《城镇污水处理厂污染物排放标准》（GB 18918—2002）中的一级B标准后排入龙凤河。2009年5月，该厂扩建竣工并投入使用，新厂位于原厂以北，扩建后处理污水能力达到3万立方米每日。

第二污水处理厂（天津重科水处理有限公司）于2006年建成投产。该厂位于建设南路与规划富民道交口，占地1.33万平方米，处理能力为1.5万立方米每日。主要收集光明道以南、前进道以北、南东路以东、北运河以西的污水，收水面积约16.5平方千米。污水处理采用改良氧化沟处理工艺，出厂水达到《城镇污水处理厂污染物排放标准》（GB 18918—2002）中的一级B标准后排入东排渠。

第三污水处理厂（天津正坤水处理有限公司）于2007年10月建成投产。该厂位于城区东外环与嘉禾道交口，占地34万平方米，处理能力为0.5万立方米每日。主要收集雍阳东道以南、华北城以北、北运河以东、京津支线以西的污水，收水面积约11平方千米。污水处理采用改良氧化沟为主体工艺。出厂水达到《城镇污水处理厂污染物排放标准》（GB 18918—2002）中的一级B标准后排入机排渠。2009年该厂实施扩建工程，处理污水能力提升至2万立方米每日。

第四污水处理厂（天津市波太特环保科技有限公司）于2009年建成投产。该厂位于武宁路北，北临运东泵站，占地1.23万平方米，处理能力为1万立方米每日。主要收集京津塘高速公路以南、雍阳东道以北、北运河以东、机场外壕以西的污水，收水面积约6.5平方千米。污水处理主体工艺采用高效除磷脱氮法＋絮凝过滤处理工艺，出厂水达到《城镇污水处理厂污染物排放标准》（GB 18918—2002）中的一级A标准后排入运东干渠。

二、地下水

（一）地下水资源量

根据天津市地矿局1995年的《武清县地下水资源评价报告》，武清县40℃以下地下水资源量合计为1.94亿立方米每年。咸水和微咸水总量为0.23亿立方米每年，因利用条件不成熟，开采利用后处理不好会造成咸水的污染，故不可开采。地下水资源可开采量为1.71亿立方米每年，其中浅层淡水可采资源量为1.27亿立方米每年，深层淡水可采资源量为0.44亿立方米每年。根据天津市地矿局《武清县地下水资源评价报告》给出的可利用开采系数取值为0.8，40℃以下常规地下水的可开采资源量为1.37亿立方米每年（含矿泉水），地热水资源（40℃以上）年度可开采量为0.2亿立方米每年。总计武清区地下水资源可开采量为1.57亿立方米每年。

（二）地下水开采利用

根据《武清县地下水资源评价报告》，多年平均开采量为10805万立方米每年，其中浅层水开采量4720万立方米每年，深层水开采量为6085万立方米每年。浅层水的开采强度为3.86万立方米每平方千米每年，深层水的开采强度为3.00万立方米每平方千米每年，全区平均机井密度为4.3眼每平方千米，其中浅层水的机井密度为2.1眼每平方千米，深层水的机井密度为2.3眼每平方千米。

武清区开采地下水主要用于农业、生活和城镇工业。多年平均农业用地下水水量为6500万立方米每年，农村生产生活3357万立方米每年，多年平均城镇工业和生活用地下水水量为948万立方米每年。

农业用地下水水量随季节变化而变化，每年4月开始用水逐渐增加，5月达到高峰。7月、8月、9月雨季用水减少，每年上半年和下半年用水量明显不同，1991—2010年，平均上半年用水量为6040万立方米每年，平均下半年用水量为2546万立方米每年，分别占总量的70％和30％。如遇干旱年份，用水量可能还要多一些。

浅层地下水开发利用较高的地区主要分布在武清区的北部和东北部，有河西务镇、下伍旗镇、高村乡、河北屯镇、大良镇等。这些地区多为全淡水区，有较好的地下水开发利用条件，单位面积开采强度一般为5万～16万立方米每年。开发利用程度较差的地区主要分布在武清的南部地区，这些地区大部分为地下水的微咸水和咸水区，如大黄堡乡、曹子里乡、陈嘴镇、王庆坨镇、汊沽港镇、城区的5个街等，有些具有浅层淡水的地区地下水开发利用程度较差，主要是有可以利用的地表水为灌溉水源，如东马圈镇、豆张庄乡等，有些则是因为浅层水含水层颗粒细，导致成井条件较差。

武清区深层地下水开发利用程度较高的地区多为经济小区和乡镇街所在地，一般多开采200～350米以内的深层水居多。

随着工业化的飞速发展、设施农业的不断增加和城市化建设的加快，用水户的数量也不断增加，但由于国家对高耗水行业的限制和节水技术的推广以及水资源的严格管理，工农业用水绝大多数使用节水设施，生活用水全部使用节水器具，单位用水量却逐年减少，地下水年度开采量在逐年降低；各乡镇实行集中供水后，在方便农民用水的同时，村民的节水意识逐步增强，农村生活用水量没有大幅度增加。随着各乡镇经济小区的相继建成，取水趋于集中，造成了局部地下水开采量增加，形成了小区域性超采。

武清城区深层地下水一直处于地下水超采状态，已经形成了沉降漏斗，漏斗中心面积达35.14平方千米。为了缓解城区供水的紧张局面，2001年武清区水务局对城区的供水状况做了专项调查和论证后，向武清区人民政府提出了兴建下伍旗水源地的专项申请，经武清区人民政府批准，于2002年国家和地方财政联合投资，进行了武清区北部下伍旗、河北屯一带水文地质情况勘查论证。2003年下伍旗水源地建成并投入使用，向城区供水，允许开采量为5万立方米每日。下伍旗水源地的成功开发，基本解决了武清城区供水紧张的矛盾，同时封存了城区4个自来水厂和部分企业的机井，总计46眼。城区地下水开采量明显减少，地下水沉降漏斗逐步得到控制，缓解了长期超采地下水所引起的城区地面沉降的情形。

1991—2010年武清区地下水平均水位见表2-1-10，各含水组平均水位和曲线见表2-1-11和图2-1-1。

（三）地下水水质

武清区地下水水质总体上深层水优于浅层水，北部水质优于南部水质。地下水pH值一般为7.5～8.5，且自东向西有逐渐增高的趋势，西部水质pH值大于8.5，为碱性水。北部全淡水区浅层、深层地下水水质条件较好。浅层淡水和深层淡水均可用于农业灌溉，中南部浅层微咸水（2～3克每升）和咸水（3～5克每升）不宜直接进行农业灌溉。

浅层水自北至南水质逐渐变差。深层地下水北部全淡水区属于低氟区，只有河西务、河北屯、大孟庄等处个别村庄氟含量超标。其他地区氟含量超标（氟含量不小于2～5毫克每升），主要分布于王庆坨、汊沽港、石各庄、陈嘴、黄花店、黄庄、豆张庄、梅厂、上马台、大黄堡、下朱庄、东蒲洼、杨村街，从水质观测资料看浅层和深层水质

表 2-1-10 **1991—2010 年武清区地下水平均水位表** 单位：米

分组	序号	名称	1991 年	1992 年	1996 年	1997 年	1998 年	1999 年	2001 年	2002 年	2003 年	2004 年	2005 年	2006 年	2007 年	2008 年	2009 年	2010 年
Ⅰ组	1	大南宫村	1.24	1.36	1.37	1.40	1.34											
	2	大碱厂服装厂	1.92															
	3	崔黄口镇中三村	2.15	2.41	1.71	2.27	1.91	1.90	3.72	3.96	3.90	2.61	2.92	3.37	3.22	2.51	2.79	2.70
	4	大良镇南闫庄	2.70		2.00	2.23	1.75	1.84	2.59	2.92	3.16	2.75	2.60	2.60	2.57	2.20	1.86	1.82
	5	东苏庄	2.21	2.33	2.35	2.61	2.41	2.56										
	6	下伍旗小学	3.61	3.73	2.59	2.85	3.14	3.12	4.33	4.84	4.8	4.41	4.55	4.61	4.85	5.60	5.61	
	7	南四百户	4.60															
	8	大良镇田水铺村	6.05	5.95	4.83	4.74	4.21	4.94	5.79	6.10	7.23	6.71	6.44	6.44	6.61	6.29	6.81	6.91
	9	丁圈	2.07	2.12														
	10	南蔡村郭庄	1.43	1.51	1.44	1.70	1.16	1.75	1.99	2.22	1.85	1.54	2.17	1.91	1.88	1.48	1.74	1.49
	11	小孟庄	1.76	1.81														
	12	大押虎寨	1.24	1.54	1.49	1.47	1.36	1.42	1.60	2.16	1.92	1.41	1.61	1.60	1.57	1.59	1.47	1.35
	13	索庄	2.60															
	14	河西务包楼	5.61	6.60	4.74	5.79	5.9	6.44	7.04	7.37	7.03	6.33	5.73	5.26	5.44	5.95	5.71	5.42
	15	河西务小沙河	5.23	5.96	4.29	5.18	6.82	7.49	8.61	9.27	8.99	11.00	14.00	10.70	10.70	11.40	11.80	11.90
	16	小周庄	5.81															
	17	田古屯	3.45															
	18	水活铺	7.27	8.12	6.80													
	19	东马圈半城	1.40	2.30	2.25	2.35	2.55	2.48	2.31	2.39	2.56	2.53	2.38	2.32	2.19	2.16	1.97	1.88
	20	南双庙	1.17															

续表

分组	序号	名　称	1991 年	1992 年	1996 年	1997 年	1998 年	1999 年	2001 年	2002 年	2003 年	2004 年	2005 年	2006 年	2007 年	2008 年	2009 年	2010 年
Ⅰ组	21	定子务	1.74															
	22	陈嘴大旺村	1.28	1.60	1.54	2.14	2.38	1.53	2.78	2.55	1.96	1.77	2.42	2.12	2.38	1.26	1.74	1.95
	23	后巷		4.57	4.76	4.77												
	24	高村兰城		4.27	3.95	3.32	6.03	6.61			7.54	6.22	5.60	6.18	7.60	7.07	7.9	7.61
	25	石各庄利达		1.95			1.91	2.08	2.06	2.04	1.61	1.32	1.51	1.60	1.60	1.33	1.24	1.49
	26	白古屯小韩村		4.19	3.61	4.01	4.06	4.44	4.46	4.03	3.94	3.34	3.41	3.76	3.60	3.54	3.71	3.84
	27	下伍旗水利							4.84	5.61	5.95	6.04	6.15	6.76	6.02			
	28	河北屯振华							3.59	3.72	4.61	3.84	3.25	2.9	3.81	3.52	3.61	3.61
	29	大王古水利							10.90	8.27	7.78	6.08	6.22	8.52	9.25	10.60	11.20	11.30
	30	大孟庄水利							3.26	3.49		2.91	3.24	3.06	2.97			
	31	高村后侯尚							9.12	9.15								
	32	双树水利							3.60	3.29	2.76	2.51	2.35	2.71	2.70	2.46	2.71	2.60
	年度平均值		3.03	3.46	3.11	3.13	3.13	3.47	4.59	4.604	4.57	4.08	4.26	4.25	4.40	4.31	4.80	4.40
Ⅱ组	1	齐庄	15.35	15.35	16.09	17.10	17.14											
	2	大黄堡	18.60															
	3	勾兆屯	12.15	12.06														
	4	东赵庄	13.78	15.93														
	5	炒米庄	10.23															
	6	双河	17.50															
	7	富强（六道口）	25.80	26.80	46.20	47.60	46.40	45.90	57.60	54.60	50.10	50.30	52.70	60.40	52.30	54.90	55.50	55.80

续表

分组	序号	名　称	1991年	1992年	1996年	1997年	1998年	1999年	2001年	2002年	2003年	2004年	2005年	2006年	2007年	2008年	2009年	2010年
Ⅱ组	8	东马圈油厂							20.60	20.70	20.70	20.00	20.10	20.20	20.40	20.80	21.30	21.60
	年度平均值		16.20	17.50	31.10	32.30	31.80	45.90	39.10	37.60	35.40	35.20	36.40	40.30	36.40	37.80	38.40	38.70
Ⅲ组	1	东柳行	42.90	45.60	54.0													
	2	大黄堡电工室	19.30	20.80	23.20	23.60	23.90	24.10	27.60	27.60	27.80	27.40	29.20	32.70	32.90	33.00	32.90	32.90
	3	小杨庄	7.61	9.09	6.93													
	4	下伍旗苗圃	12.90															
	5	东南街	16.70	21.40														
	6	白古屯科技队	13.60	15.50	15.80	16.40	15.80	16.10	18.00	17.10	16.60	15.90	16.30	16.80	17.10	17.10	16.90	16.80
	7	利尚屯	16.90															
	8	东马圈井队	15.40	17.30	18.40	18.60	15.50	18.60										
	9	石各庄良种场	31.60															
	10	陈嘴	38.10	38.10					40.90	41.80	42.20	42.30	44.40	48.50	49.70	49.90	49.90	49.90
	11	后巷华夏							25.00	28.00	26.40	26.20	29.40	31.20	26.60	28.70	29.40	29.90
	年度平均值		21.50	28.00	23.70	19.50	18.40	19.60	27.90	28.60	28.30	28.00	29.80	32.30	31.60	32.20	32.30	32.30
Ⅳ组	1	杨村五街	61.00	65.20	74.20	75.00												
	2	石油公司	60.30	60.30	70.30	70.40	70.40	70.40										
	3	梅厂服装厂	39.00	39.00	39.10	39.20												
	4	小裕村	30.00	30.80														
	5	太子务	28.30															
	6	泗村店窑上	22.70	24.20	30.10	32.00	32.10	32.00	34.30	34.80	35.70	36.40	37.50	39.60	39.70	39.60	39.90	39.90

续表

分组	序号	名　称	1991 年	1992 年	1996 年	1997 年	1998 年	1999 年	2001 年	2002 年	2003 年	2004 年	2005 年	2006 年	2007 年	2008 年	2009 年	2010 年
Ⅳ组	7	索庄	21.40	21.80														
	8	眷兹	32.40	33.70	26.40	29.60	30.20	31.30										
	9	崔胡营	31.50	32.40														
	10	敖西	33.40	34.10														
	11	王庆坨第二化工厂	50.60	59.70	51.60	51.50												
	12	郑楼	40.20	42.50														
	13	大刘庄	38.90															
	14	宏达食品							72.40	69.90	70.40	68.30	68.70	68.40	60.10			
	15	大碱厂水利							46.70	42.10	42.50	41.50	42.20	43.20	40.10	40.20	40.40	40.80
	16	小世界							61.60	59.50	60.60	58.00	47.00	45.30	47.30	47.70	48.60	48.90
	17	水利中心								62.10	59.90	56.70	57.10	57.90	58.60	57.60	57.90	
	年度平均值					49.60	44.20	44.60	53.70	53.70	53.80	52.20	50.50	50.90	49.20	46.30	46.70	43.20
Ⅴ组	1	化肥厂	53.60	55.00	65.30	71.00	71.10	71.40	84.30						67.40	68.80	70.10	71.40
	2	崔黄口联企毯厂	16.20															
	3	北商村	31.50	31.70														
	4	复兴庄	57.20															
	年度平均值		39.60	43.30	65.30	71.00	71.10	71.40	84.30						67.40	68.80	70.10	71.40

表 2-1-11

1991—2010 年武清区各含水组平均水位表

含水组	1991 年	1992 年	1993 年	1994 年	1995 年	1996 年	1997 年	1998 年	1999 年	2000 年	2001 年	2002 年	2003 年	2004 年	2005 年	2006 年	2007 年	2008 年	2009 年	2010 年
Ⅰ组	−3.03	−3.46	−3.70	−3.40	−3.20	−3.11	−3.13	−3.13	−3.47	−3.72	−4.59	−4.64	−4.57	−4.08	−4.26	−4.25	−4.40	−4.31	−4.80	−4.40
Ⅱ组	−16.2	−17.5	−18.3	−24.8	−24.4	−31.1	−32.3	−31.8	−45.9	−42.2	−39.1	−37.6	−35.4	−35.2	−36.4	−40.3	−36.4	−37.8	−38.4	−38.7
Ⅲ组	−21.5	−28.0	−24.4	−22.8	−23.1	−23.7	−19.5	−18.4	−19.6	−21.3	−27.9	−28.6	−28.3	−28.0	−29.8	−32.3	−31.6	−32.2	−32.3	−32.3
Ⅳ组	−37.7	−40.3	−42.9	−43.2	−47.0	−48.6	−49.6	−44.2	−44.6	−48.2	−53.7	−53.7	−53.8	−52.2	−50.5	−50.9	−49.2	−46.3	−46.7	−43.2
Ⅴ组	−39.6	−43.3	−54.2	−55.1	−61.7	−65.3	−70.9	−71.1	−71.3	−77.3	−84.2	−95.1	−89.8	−81.6	−74.1	−70.6	−67.4	−68.8	−70.1	−71.4

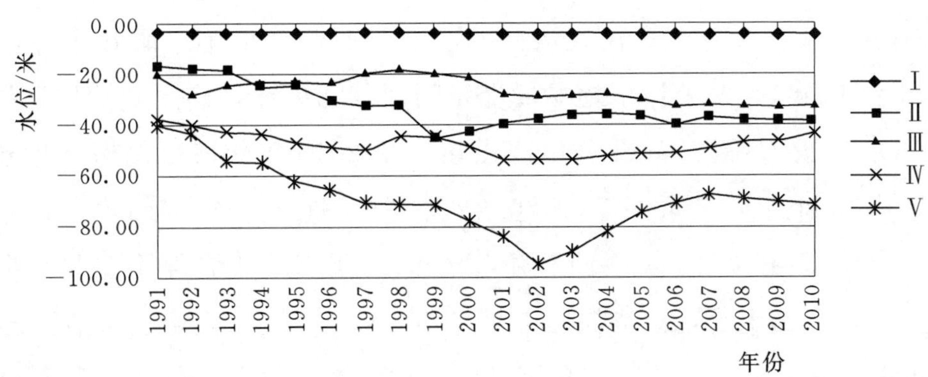

图 2-1-1 1991—2010 年武清区各含水组平均水位曲线图

5 月均优于 10 月。深层地下水质一般为Ⅲ类水质。

（四）地下水位动态

浅层水水位动态。浅层水水位动态属渗入-蒸发-开采型。2—3 月，由于无降水也不开采，水位相对稳定；4 月进入春灌，地下水用量逐渐增大，水位开始下降，4 月、5 月、6 月为低水位期；7 月初进入汛期，地下水用量减少，水位回升，9 月、10 月为地下水高水位期。高低水位变幅 2 米左右。一般年末水位近于年初水位，枯水年则年末水位低于年初水位。地下水年际变化主要受降水影响，1991—2010 年补排平衡，但多年平均水位还是呈下降趋势。

深层水水位动态。深层水水位动态受开采影响，为典型的开采型动态。每年年初为高水位期，年末水位低于年初水位。深层水的年际动态受超采的影响，表现为逐年下降，降幅一般为 0.5～1 米，至 2010 年达到最大值 3 米。

（五）地热水资源

1. 可采资源量

武清区地热资源丰富。1999 年完成《天津市武清县地热资源普查报告》，普查区位于武清城区周围 100 平方千米，查明了武清县馆陶组热储层以上地热地质条件和地热水资源可采储量，总计地热水资源年度可开采量为 1964 万立方米。根据 2004 年天津市地质矿产局编制的《天津市地质环境图集》，全区储藏有馆陶组和明化镇组的地热水资源，并探明王庆坨、汊沽港、陈嘴为地热异常区，适宜开发地热水资源，但除杨村地热井外，其他地区地热水储量未作估算。

2. 地温场特征

武清区盖层地温梯度为 2.5～3.1℃每 100 米。本区基岩埋藏深度大，最深处达 9500 米，在大孟庄一线。王庆坨地区基岩埋深较浅（1400～1700 米），最大地温梯度为 3.2℃每 100 米。

3. 地热水资源开发利用

1992 年，武清开发区总公司在武清开发区农行西侧建成第一眼热水井，井深 2349 米，经天津市水利局专家、天津市地矿局专家的评审和论证，确定武清城区第一眼地热井建设成功，并为开发区总部和部分厂区供热。至 2010 年年底，全区有地热井 36 眼，其中城区范围内有 21 眼，其余的 15 眼坐落在各个乡镇，井深为 1000～3000 米。城区的热水井中，有 15 眼开采井，2 眼回灌井，3 眼尚未启用，1 眼停用。2010 年度开采量约为 200 万立方米，其中明化镇热储层开采量 50 万立方米，馆陶组热储层开采量 150 万立方米，地热水温 48～86℃不等，矿化度 787～1250 毫克每升，单井开采量 60～80 立方米每小时，开采时间大多数在 11 月到次年 3 月。武清城区静水位埋深为 35～69 米不等，动水位在城区范围内已经超过 100 米，水位平均降幅 4～6 米每年，水位历年持续下降，根据地热资源开发利用规范，城区地热水资源被定为限制开采区，禁止新增开采井。

根据《中华人民共和国水法》（简称《水法》）和《中华人民共和国矿产资源法》的相关规定，武清区地热水资源管理权为天津市水利局和天津市国土资源局，建设地热井的单位要先到天津市水务局进行水资源论证后办理取水许可，然后再办理采矿许可证后方可使用，热水主要为洗浴、供热、生产、生活用水。

（六）矿泉水资源

根据现有资料，武清区有两种类型的矿泉水资源：第四系含锶矿泉水和新近系（地热）矿泉水。

武清区开发的饮用天然矿泉水赋存于第四系孔隙含水层（第Ⅱ、Ⅲ含水组）中，为含锶天然饮用矿泉水，锶含量 0.45～0.55 毫克每升，介于国家标准 0.2～5 毫克每升之间，达到了国家饮用天然矿泉水标准。该类型矿泉水主要分布于武清区的北部，水质类型为 $HCO_3 \cdot Cl-Na$ 型，矿化度 1000～1062 毫克每升，pH 值 8.2～9.6。

WK－1 井是区内正在开发的天然矿泉水井，位于武清区双树村，矿泉水井深度 373 米，取水层段 263～363 米，含水层厚度 28 米。该井涌水量为 65 立方米每小时，成井水温 25℃。至 2010 年来一直开采状态良好。

第二节 水资源管理

一、地下水资源管理

武清区水务局是武清区政府水行政主管部门，按照《天津市实施〈中华人民共和国水法〉办法》规定的权限，负责境内的水资源的统一管理和监督工作，武清区水务局地下水资源管理站是具体的执行部门，负责编制武清区地下水资源开发利用节约保护规划及具体实施；负责地下水取水许可的监督管理，发放取水许可证；负责行政管理范围内地下水资源费的征收管理；负责全区的机井建设管理；收集整理水文地质资料及提供相应的服务；负责武清区范围内凿井队伍的资质审核和管理；会同有关部门做好全区乡镇供水。随着武清区经济的快速发展和城区建设进程的加快，区境内的水资源总量减少，水资源需求量逐步加大，水资源供需矛盾不断加剧，只有科学合理地开发利用水资源，节约保护水资源，优化配置水资源，才是保障全区水资源可持续发展利用的关键。

（一）取水许可审批制度

自1995年天津市政府发布《天津市实施〈取水许可制度实施办法〉细则》后，武清县开始实施取水许可审批制度，核发取水许可证，并实行取水许可年检制度和五年期统一换证制度。开始由武清县地下水资源管理办公室具体实施，1995年年底共核发取水许可证1014套，此后，随着乡镇集中供水范围的扩大及乡镇企业的转制，取水许可证数量有所减少。

2004年12月，根据天津市政府的规定，武清区建立了行政许可服务中心，取水许可相关事项也全部进入武清区行政许可服务中心，以方便用户为目的，实行一站式服务，行政许可审批的时限由原来的45天缩短到7天，特殊的急件则当日办结。取水许可审批共有四项：取水许可审批、凿井审批、取水许可延展和取水许可变更。

根据武清区的实际情况，武清区地下水资源管理站在进行地下水取水许可审批时，严格执行地面沉降预审和控沉“一票否决制”。2003年10月以后在武清城区，2009年12月以后在京津城际铁路、京沪高速铁路两侧1千米范围内被划为限采区，没有特殊情况停止批复新打机井的地下水取水许可。根据天津市水务（利）局每年下达的地下水开采总量控制指标，武清地下水的审批实行总量控制的原则，取水总量审批均在总量控制指标范围内。2010年年底共核发取水许可证937套。

（二）征收使用地下水资源费

武清地下水资源管理站按照规定负责征收武清区界内除市管单位以外用水户的地下水资源费。

根据天津市农村工作委员会关于《天津市地下水资源费征收管理实施细则》规定，自1988年，武清县开始收取除农业生产及农民生活用水以外的地下水资源费，标准为乡镇企业用水为0.05元每立方米，其他单位和个人用水为0.0968元每立方米，按计量收费，区直单位和外资企业由区地下水资源管理办公室人员直接征收；各乡镇收费委托各乡镇水利站代为核收，1990年共征收地下水资源费39万元。

1988年地下水资源费征收办法延续到1999年。为了促进水资源的节约与保护，1999年天津市物价局统一上调了地下水资源费收费标准，地下水资源费统一上调至0.5

元每立方米，同年武清县征收地下水资源费 83 万元，比上年增加了 26 万元。

2002 年 12 月 1 日，天津市物价局、天津市财政局下发《关于调整地下水资源费收费标准的通知》，再次上调地下水资源费，武清区城市公共供水范围内的地下水资源费征收标准为 1.9 元每立方米；城市公共供水范围外的地下水资源费征收标准为 1.3 元每立方米，2003 年武清区征收地下水资源费 120 万元，比上年增加了 40 万元。

2007 年 2 月，根据《天津市南水北调工程基金筹集和使用管理实施办法》的规定，天津市主要通过提高水资源费征收标准以及划入现行水资源费部分收入的方式筹集南水北调基金，其中提高地下水资源费标准是筹集南水北调基金的一个方面。根据天津市物价局、天津市财政局《关于调整水资源费收费标准的通知》规定，武清区城市公共供水范围内的地下水资源费征收标准为 2.2 元每立方米；城市公共供水范围外的收费标准为 1.6 元每立方米，新调增的地下水资源费专项用于南水北调工程基金，同年武清区共征收地下水资源费 198 万元，比上年增加了 38 万元。全年缴纳南水北调基金 296.2 万元，所差部分由财政垫付。

2008 年，为了加强地下水资源的管理力度，武清区结束了由乡镇街水利站代征地下水资源费的历史，再次强化按计量收费。2008 年水表总量为 205 块，比上一年新增水表 165 块，企事业单位计量设施安装率达到 95%。2008 年武清区征收地下水资源费 350 万元，同比上年增加了 152 万元。全年缴纳南水北调基金 197.04 万元。

2009 年 3 月，天津市物价局下发《关于调整水资源费征收标准的通知》，武清区城市公共供水范围内的地下水资源费征收标准调整为 2.6 元每立方米；城市公共供水范围外征费标准为 2 元每立方米，新调增的地下水资源费专项用于南水北调工程基金，同年武清区征收地下水资源费 360 万元，比上年增加了 10 万元。全年缴纳南水北调基金 299.6 万元（与表内水费不同）。

2010 年 3 月，天津市物价局下发《关于提高部分水资源费征收标准的通知》，武清区城市公共供水范围内的地下水资源费征收标准调整为 3 元每立方米；城市公共供水范围外的地下水资源费征收标准为 2.4 元每立方米，新调增的地下水资源费专项用于南水北调工程基金，2010 年武清区共征收地下水资源费 401 万元，比上年增加了 41 万元。全年缴纳南水北调基金 399.06 万元。

武清区地下水资源费本着取之于水、用之于水的原则，2007 年以前主要用于地下水资源的保护和管理、引水工程、节水、控制地面沉降、微咸水开发利用、改善城乡居民用水条件、科研、培训、节水奖等。2007 年以后所征地下水资源费基本全部上缴市财政，用于南水北调基金。

1991—2010 年武清区水费征收情况见表 2-2-12。

表 2-2-12　　**1991—2010 年武清区水费征收情况表**

<table>
<tr><th>年份</th><th>收费金额/万元</th><th>收费依据</th><th>地下水资源费收费标准/(元每立方米)</th><th>施行日期</th><th>计量数量/块</th><th>取水许可证数量/份</th><th>备注</th></tr>
<tr><td>1991</td><td>39</td><td rowspan="8">天津市农委《关于天津市地下水资源费征收管理实施细则》</td><td rowspan="8">乡镇企业用地下水，每立方米为 0.05 元。其他单位和个人取用地下水，每立方米为 0.0968 元</td><td rowspan="8">1987 年 6 月 1 日至 1999 年</td><td>72</td><td></td><td rowspan="8">证件有效期 5 年</td></tr>
<tr><td>1992</td><td>43</td><td>67</td><td></td></tr>
<tr><td>1993</td><td>45</td><td>65</td><td></td></tr>
<tr><td>1994</td><td>48</td><td>63</td><td></td></tr>
<tr><td>1995</td><td>50</td><td>60</td><td>1014</td></tr>
<tr><td>1996</td><td>52</td><td>55</td><td>984</td></tr>
<tr><td>1997</td><td>55</td><td>52</td><td>996</td></tr>
<tr><td>1998</td><td>57</td><td>50</td><td>1011</td></tr>
<tr><td>1999</td><td>83</td><td rowspan="3">天津市物价局《关于调查地下水资源费收费标准的通知》</td><td rowspan="3">地下水资源费统一上调整到 0.50 元每立方米</td><td rowspan="3"></td><td>49</td><td>931</td><td rowspan="3"></td></tr>
<tr><td>2000</td><td>69</td><td>46</td><td>942</td></tr>
<tr><td>2001</td><td>80</td><td>45</td><td>951</td></tr>
<tr><td>2002</td><td>80</td><td rowspan="5">天津市物价局、天津市财政局《关于调整地下水资源费收费标准的通知》</td><td rowspan="5">凡已具备自来水水源 1.90 元每立方米；不具备自来水水源的 1.30 元每立方米</td><td rowspan="5">2002 年 12 月 1 日至 2007 年 2 月 28 日</td><td>40</td><td>956</td><td rowspan="5"></td></tr>
<tr><td>2003</td><td>120</td><td>36</td><td>959</td></tr>
<tr><td>2004</td><td>90</td><td>33</td><td>908</td></tr>
<tr><td>2005</td><td>120</td><td>28</td><td>907</td></tr>
<tr><td>2006</td><td>160</td><td>35</td><td>884</td></tr>
<tr><td>2007</td><td>198</td><td rowspan="2">天津市物价局、天津市财政局《关于调整水资源费收费标准的通知》</td><td rowspan="2">城市公共供水范围内 2.20 元每立方米；城市公共供水范围外 1.60 元每立方米</td><td rowspan="2">2007 年 3 月 1 日至 2009 年 3 月 31 日</td><td>40</td><td>894</td><td rowspan="2"></td></tr>
<tr><td>2008</td><td>350</td><td>205</td><td>912</td></tr>
<tr><td>2009</td><td>360</td><td>天津市物价局《关于调整水资源费征收标准的通知》</td><td>城市公共供水范围内 2.60 元每立方米；城市公共供水范围外 2.00 元每立方米</td><td>2009 年 4 月 1 日至 2010 年 3 月 31 日</td><td>218</td><td>925</td><td></td></tr>
<tr><td>2010</td><td>401</td><td>天津市物价局《关于提高部分水资源费征收标准的通知》</td><td>城市公共供水范围内 3 元每立方米；城市公共供水范围外 2.40 元每立方米</td><td>2010 年 4 月 1 日至 2011 年 10 月 30</td><td>235</td><td>937</td><td></td></tr>
</table>

（三）节水工程及防止地下水污染

水资源管理中，兴建取水工程要求同时兴建节水工程，做好尾水处理和重复利用工程，鼓励用水单位节约地下水和防止地下水污染。武清区的工业企业中，有许多生产工艺用水或冷却水，只使用一次后就排掉，这些水经过净化处理后可以重复利用，可以有效减少地下水的开采量，节约生产开支，减少污染。自1990年至2010年年底开始，通过国补及区补等方式武清地下水资源管理站主持并参与完成了14项节水工程，年节水累计达516.5万立方米，节水效果和经济效益、社会效益显著。在1999年、2003年和2004年分别完成了大碱厂、白古屯、大良、下伍旗镇的集中供水工程，在节水的同时，也使广大居民的用水更加方便。

为加强地下水资源保护，防止地下水污染，对失去使用价值的水井，经武清区地下水资源管理站进行专业鉴定后，工业用井由井权人出资、农业用井和农村生活用井由市地资办和区财政共同出资，按照水利工程技术规范的要求进行回填。武清地下水资源管理站派人现场监督封填施工，确保回填质量。1998—2010年，市区两级财政共投资213.2万元，对武清区129眼报废机井进行了回填，回填总深度达17897米，对保护深层地下水资源不被地表污水或咸水层污染取得了良好的效果。废井回填统计见表2-2-13。

表2-2-13 **废井回填统计表**

回填年份	回填井数量/眼	投资/万元	回填量/米
1998	50	28.00	7000
2007	20	15.00	3400
2008	17	43.30	1607
2009	26	78.60	3640
2010	16	48.30	2250
合计	129	213.2	17897

（四）机井建设与管理

1. 机井建设

武清区机井建设是从1958年开始，同年11月，县委机关成立了打井办公室，办公室下属1个专业打井队，有钻井设备1台，主要任务是在全县范围内打井，以打浅水井为主。至1991年武清县机井保有量已达到6660眼。随着农村“税费改革”制度的扩展，农村“两公”款制度的取消和农村“家庭联产承包责任制”的实行，以及打井材料价格的提高，打井建设速度下降，尤其是打深井的越来越少，只有国家农业重点建设项目和经济条件好的村队增打一些机井。2000年武清区对机井进行一次普查，机井数量达到6878眼，经过对这些机井的现场勘察，当年就封堵报废井728眼，这些机井大多数产生于70年代，有的因运行时间过长，还有的因1976年唐山地震以及管材质量等问题进行了报废。报废井是以回填黏泥土球为主，个别的用水泥砂浆封堵。2000年至2010年，武清区机井建设主要以农业“项目区”“示范区”建设为主，还有部分井灌区改造，进行主打机井建设。

2002—2004年，天津市为改善农村生活饮水条件，在全区范围内补打或新打农村人畜饮水井，3年内共完成新打生活饮水井66眼，更新配套老井182眼，维修机井50眼，全区基本上解决了农村饮用水水源等问题。2004—2010年，武清区又进一步解决了农村人畜饮水安全和自来水入户等工程。

1996—2010年新增机井量和减少量详见表2-2-14和表2-2-15。

1991—2010年武清区机电井数统计表2-2-16。

表2-2-14 **1996—2010年新增机井统计表** 单位：眼

年份	生活井				农用井				工业井			
	小计	深井	中井	浅井	小计	深井	中井	浅井	小计	深井	中井	浅井
	1	2	3	4	5	6	7	8	9	10	11	12
1996	7	7	0	0	30	2	20	8	9	9	0	0
1997	20	18	2	0	47	3	44	0	4	4	0	0
1998	7	7	0	0	257	1	119	137	15	15	0	0
1999	13	13	0	0	95	3	64	28	2	2	0	0
2000	24	23	1	0	261	3	109	149	9	2	7	0
2001	37	37	0	0	279	11	138	130	19	19	0	0
2002	109	109	0	0	320	18	248	54	8	2	6	0
2003	89	89	0	0	108	9	89	10	5	5	0	0
2004	67	67	0	0	256	5	17	234	12	12	0	0
2005	7	7	0	0	168	3	165	0	3	3	0	0
2006	13	13	0	0	102	1	101	0	1	1	0	0
2007	3	3	0	0	143	1	92	50	1	1	0	0
2008	15	9	6	0	376	4	372	0	0	0	0	0
2009	3	3	0	0	345	4	330	11	0	0	0	0
2010	3	3	0	0	176	4	116	56	0	0	0	0
合计	417	408	9	0	2963	72	2024	867	88	75	13	0

表 2-2-15 **1996—2010 年机井减少数量统计表** 单位：眼

年份	生活井				农用井				工业井			
	小计	深井	中井	浅井	小计	深井	中井	浅井	小计	深井	中井	浅井
	1	2	3	4	5	6	7	8	9	10	11	12
1996	0	0	0	0	72	5	38	29	2	2	0	0
1997	17	4	12	1	303	48	96	162	3	3	0	0
1998	5	3	2	0	157	1	74	82	4	1	3	0
1999	4	3	1	0	62	1	35	26	3	2	1	0
2000	28	4	20	4	162	9	75	78	0	0	0	0
2001	26	22	3	1	1120	96	255	769	13	4	3	6
2002	70	59	6	5	132	15	82	35	0	0	0	0
2003	23	23	0	0	93	5	37	51	12	4	8	0
2004	63	61	2	0	94	12	9	73	3	3	0	0
2005	25	25	0	0	127	7	32	88	23	23	0	0
2006	9	9	0	0	144	11	20	113	0	0	0	0
2007	12	12	0	0	36	3	24	9	0	0	0	0
2008	17	17	0	0	155	2	108	45	0	0	0	0
2009	15	15	0	0	207	5	23	179	2	2	0	0
2010	16	16	0	0	113	6	22	85	2	2	0	0

表 2-2-16 **1991—2010 年武清区机电井统计表** 单位：眼

年份	生活井				农用井				工业井			
	小计	深井	中井	浅井	小计	深井	中井	浅井	小计	深井	中井	浅井
	1	2	3	4	5	6	7	8	9	10	11	12
1991	614	508	88	18	6046	915	1940	3191	0	0	0	0
1992	639	531	90	18	6122	922	1959	3241	0	0	0	0
1993	607	508	81	18	6178	977	1983	3218	0	0	0	0
1994	608	510	80	18	6105	913	1970	3222	100	83	17	0
1995	650	557	77	16	6097	902	1967	3228	153	126	20	7
1996	657	564	77	16	6055	899	1949	3207	160	133	20	7
1997	660	577	68	15	5799	854	1900	3045	161	132	22	7
1998	662	581	66	15	5899	854	1945	3100	172	146	19	7
1999	671	591	65	15	5932	856	1974	3102	171	146	18	7

续表

年份	生活井				农用井				工业井			
	小计	深井	中井	浅井	小计	深井	中井	浅井	小计	深井	中井	浅井
	1	2	3	4	5	6	7	8	9	10	11	12
2000	667	610	46	11	6031	850	2008	3173	180	148	25	7
2001	678	625	43	10	5286	765	1919	2602	186	163	22	1
2002	738	696	37	5	5474	768	2085	2621	183	154	28	1
2003	804	762	37	5	5489	772	2137	2580	176	155	20	1
2004	808	768	35	5	5651	765	2145	2741	185	164	20	1
2005	790	750	35	5	5692	761	2278	2653	165	144	20	1
2006	794	754	35	5	5650	751	2359	2540	166	145	20	1
2007	785	745	35	5	5757	749	2422	2586	167	146	20	1
2008	783	737	41	5	5978	751	2686	2541	167	146	20	1
2009	771	725	41	5	6116	750	2993	2373	165	144	20	1
2010	763	720	41	5	6140	755	3359	2039	167	141	21	1

2. 机井建设管理

1989 年，武清县水利局按照天津市水利局的指示，组建地下水资源管理办公室。2007 年 12 月，根据武清区机构编制委员会下发的《关于区水务局部分事业单位机构编制调整的通知》，武清区地下水资源管理办公室更名为武清区地下水资源管理站。该单位主要职责是负责武清县辖区内抽取地下水进行管理，包括打井审批管理、机井测试、取水许可、凿井队伍、凿井施工方案、井位、井深的管理，并按照规定收取地下水资源管理费。其中打井审批是由乡、镇、村提出申请，报请武清区地下水资源管理站，该站根据打井地理位置等情况进行审批，审批后方可实施打井建设。成井后，办理相关取水许可证、用水指标等，方可使用。管理使用由建设单位负责。

武清区地下水资源管理站根据地下水逐年下降，个别地区出现取水困难，淡水层受污染现象，加大了全区的机井管理工作，加强对新机井在井距上的控制，各乡镇机井建设要按规定的地点和开采层进行开采取水。同一含水组，井距不得小于 500 米干扰范围。在有咸水区深井需穿透咸水层取水，必须按要求严格封堵咸水层，严把成井质量关，防止咸水泄漏造成机井报废和地下水污染，凿井工程竣工后按照规定进行抽水试验，凿井单位必须报送机井成井报告，主要包括电测曲线图，井深、成井时间、经纬度、所有人信息，井管、滤水管及封井材料的类型、位置、规格、数量，出水量、矿化度、含沙量等基础数据。提供水质分析化验报告等相关资料呈武清地下水资源管理站，经地下水资源管理站验收合格后，安装水表并办理取水许可证方可使用。严格执行《水法》及《武清县地下水管理》有关文件规定，制定了禁采区、限采区管理范围，同时还加强了机井建设质量管理，建立机井建设联络网，健全机井档案管理。

（五）凿井队伍管理

武清区有众多的中井、浅井凿井施工队伍，武清区地下水资源管理站按照市地资办的要求，对凿井队伍逐步进行了规范化的管理，1999 年，依据水法律法规对各级打井队进行了审查、清理和登记，实行统一办证，共发放凿井许可证 20 份。2003 年根据天津市政府抗旱打井办公室《天津市凿井队管理办法》（津井办〔2003〕12 号），凿井施工单位必须具有相应的技术资质等级才能施工，外地井队要经过资质审核登记批准后方可进行凿井作业。此后，每两年对凿井企业进行年审工作，对不按规定凿井的企业，吊销其凿井资质，经过严格的审验管理，至 2010 年年底共有规范化凿井资质的单位 39 个，其中一级资质井队 1 个，为武清区水务局机井队，二级资质井队 4 个，三级资质井队 34 个。

（六）地下水监测

1. 水位观测

1994 年前，武清县的地下水水位观测均为手动观测，根据区域分布情况设有观测点 79 个，分布于全县 70 余村街，观测井根据地下水位埋深分浅井（0～50 米）、中井（50～150 米）、深井（大于 150 米）三种。由各个水利站人员或者雇用当地人员用测量绳到井口直接进行测量观测井的静水位埋深，每 5 天一次，每月底将当月数据上报到武清县地下水资源管理办公室。

1995 年，新安装 5 处半自动水位观测装置，可以每 6 天定时自动记录水位值，工作人员每月提取数据一次，并更换维护观测设备，增加了水位观测时间，提高了观测数据的准确性，减小了劳动强度。2002 年，又安装了 12 套，使半自动水位观测装置增至 17 处。

随着科技的进步，至 2008 年新增 17 套国家级全自动水位观测装置，分布于王庆坨、下朱庄、曹子里、崔黄口、下伍旗 5 个乡镇，通过短信传输的方式，实时进行观测水位的采集、整理、分析、存档等，数据可直接传入武清区地下水资源管理站和天津市地下水资源管理办公室，提高了水位观测的自动化程度和数据的准确性，节省了大量的人力、物力和经费，极大地提高了工作效率。

2. 水位监测

武清区水质监测是根据天津市地下水资源管理办公室的统一安排进行，每年两次即丰水期和枯水期各一次，分别在每年的 4 月和 10 月统一进行。1990 年武清县有水质监测点 50 个，至 2010 年年底武清区有水质监测点 40 个。每年水质监测点的个数和地点由天津市地下水资源管理办公室拟定，由武清区地下水资源管理站人员进行取水采样，天津市地下水资源管理办公室水质监测中心对样品进行40余项的分析化验，资料成果共享。

3. 水量监测

地下水开采量监测主要是通过对各个企事业单位用水情况的年度审核统计得出结果。农业和农村生活用水由于没有计量装置，主要依靠用水定额和实际使用情况，由各乡镇主管水利的工作人员计算和统计后年终一次上报区水务局，见表2-2-17。

二、控制地面沉降

过量开采地下水是造成地面沉降的主要原因，当过量开采地下水时会形成大面积区域性地下水下降漏斗，改变地下水压力、开采含水层和含水层上下滞水层中的应力状况，产生黏性土的释水以及含水层、滞水层的压缩效应，从而导致地面沉降。

（一）组织机构

2004年，武清区水务局根据天津市水利局指示精神，组建天津市武清区控制地面沉降办公室（简称武清区控沉办），挂靠在地下水资源管理办公室，为科级事业单位，人员编制为17人。

武清区控沉办负责全区控沉管理工作，贯彻、执行国家和本区有关控沉工作的各项方针、政策；负责组织编制控沉总体规划和分期实施计划，制定全区控沉工作管理办法，并检查和推动法规、规划的执行；负责下达年度控沉措施计划，协调实施控沉措施各有关部门的关系；负责全区控沉措施专项资金的筹集、安排和使用管理，下达年度专项资金计划；负责组织、推动控沉工作的科研、宣传教育、技术交流、培训及合作事宜；负责对施工中以及建成后的工程和地下建筑的不均匀沉降和稳定性监测工作进行管理；综合、协调、指导和监督全区地下水、地下热水的开发利用管理。有效控制武清区的地面沉降，防止地面沉降灾害的发生。

（二）地面沉降状况

武清地面沉降为不均匀沉降，多年年平均沉降量在20毫米左右，2002—2010年，平均沉降速率始终维持在20毫米每年左右，低于全市平均水平。局部沉降量较大的地区主要发生在南部（下朱庄街、王庆坨镇）与北辰区、西青区交界处。

随着城市发展进程速度的加快，武清城区水资源需求逐年增加，因超量开采地下水使城区地下水位急剧下降，因而造成了城区十分严重的地面沉降，杨村街从1985—1998年累计沉降量达到1107毫米，年均沉降79毫米。在2003年武清城区封井后，城区的地面沉降得到有效控制，2010年年沉降量保持在30毫米以下。

表 2-2-17

1991—2010年武清地下水观测井、水质、开采量监测统计表

年份	自动观测井数量				半自动观测井数量				手动观测井数量				合计观测井数	枯水期水质取样数量		丰水期水质取样数量		合计取样	年度地下水开采量/万立方米			合计开采量/万立方米	年度降水量/毫米
	深井	中井	浅井	小计	深井	中井	浅井	小计	深井	中井	浅井	小计		取样数量/眼	水质等级	取样数量/眼	水质等级		Ⅰ	Ⅱ	Ⅲ		
1991	0	0	0	0	0	0	0	0	27	7	24	58	58	49	—	0	—	49	—	—	—	12038.52	642.60
1992	0	0	0	0	0	0	0	0	20	4	19	43	43	33	—	0	—	33	—	—	—	12351.00	391.50
1995	0	0	0	0	5	0	0	5	26	5	25	56	61	0	—	0	—	0	1050.54	2210.22	8686.15	11946.91	716.80
1996	0	0	0	0	5	0	0	5	26	5	25	56	61	0	—	0	—	0	970.25	2083.07	8269.84	11323.16	763.90
1997	0	0	0	0	4	0	0	4	17	5	21	43	47	11	—	7	—	18	1101.74	3043.61	7414.60	11560.00	327.20
1998	0	0	0	0	3	0	0	3	12	5	18	35	38	0	—	7	—	7	1003.15	2823.83	6916.02	10743.00	512.30
1999	0	0	0	0	3	0	0	3	11	5	16	32	35	12	Ⅳ(5) Ⅴ(7)	0	—	12	1069.79	2691.73	7006.48	10768.00	310.35
2000	0	0	0	0	6	1	4	11	3	1	11	15	26	0	—	7	Ⅳ(3) Ⅴ(4)	7	1104.39	2983.81	7138.35	11226.55	291.10
2001	0	0	0	0	7	2	7	16	1	0	11	12	28	12	Ⅲ(1) Ⅳ(3) Ⅴ(8)	41	Ⅲ(1) Ⅳ(18) Ⅴ(22)	53	1049.81	2762.07	7615.12	11427.00	256.20
2002	0	0	0	0	8	2	7	17	1	0	11	12	29	0	—	0	—	0	1006.19	2671.11	7421.70	11099.00	334.40
2003	0	0	0	0	8	2	7	17	1	0	11	12	29	0	—	0	—	0	1036.03	2724.47	7606.50	11367.00	522.50
2004	0	0	0	0	8	2	7	17	1	0	11	12	29	12	Ⅳ(2) Ⅴ(10)	7	Ⅴ(7)	19	983.44	2561.04	6895.52	10440.00	1349.90

续表

年份	自动观测井数量				半自动观测井数量				手动观测井数量				合计观测井数	枯水期水质取样数量		丰水期水质取样数量		合计取样	年度地下水开采量/万立方米			合计开采量/万立方米	年度降水量/毫米
	深井	中井	浅井	小计	深井	中井	浅井	小计	深井	中井	浅井	小计		取样数量/眼	水质等级	取样数量/眼	水质等级		Ⅰ	Ⅱ	Ⅲ		
2005	0	0	0	0	8	2	7	17	1	0	11	12	29	14	Ⅳ(6) Ⅴ(8)	8	Ⅴ(8)	22	4003	2347.40	3576.60	9927.00	381.00
2006	0	0	0	0	8	2	7	17	1	0	11	12	29	14	Ⅲ(1) Ⅳ(4) Ⅴ(9)	7	Ⅴ(7)	21	3711.42	2477.46	3399.12	9588.00	81.00
2007	0	0	0	0	8	2	7	17	1	0	11	12	29	15	Ⅲ(1) Ⅳ(3) Ⅴ(11)	9	Ⅴ(9)	24	3888.13	3185.74	2056.31	9130.18	433.20
2008	6	5	6	17	7	2	7	16	1	0	10	11	44	16	Ⅳ(1) Ⅴ(15)	9	Ⅴ(9)	25	3339.44	3144.61	2000.57	8484.61	538.80
2009	6	5	6	17	6	2	7	15	1	0	10	11	43	14	Ⅲ(1) Ⅳ(6) Ⅴ(7)	7	Ⅲ(1) Ⅳ(1) Ⅴ(5)	21	3591.33	3012.81	1887.78	8491.91	483.20
2010	6	5	6	17	5	2	7	14	1	0	9	10	41	13	Ⅴ(13)	7	Ⅳ(1) Ⅴ(6)	20	3465.83	2801.55	1655.93	7923.30	353.70

注 1993年、1994年的资料丢失，无从查找。

地下水超采是引发武清区局部地面沉降的主要因素。虽然武清区的地下水2010年开采量比2009年总体减少659万立方米，但南部地下水仍处于超采状态。本区南部地下水位呈下降趋势，最大降幅达1.76～3.91米，导致了局部地面沉降。

地热不合理开发利用对武清区地面沉降有一定影响。地热开采主要集中在城区。城区范围内有21眼，2010年度开采量约在200万立方米，地热开发利用对杨村街周围水位影响比较明显。

（三）控沉管理措施

针对全市的地面沉降形势，2007年天津市人民政府下发《关于划定地下水禁采区和限采区范围，进一步加强地下水资源管理的通知》，其中限采区包括武清区城区范围，在南水北调通水前严禁新打开采井，现有开采井取水量要按计划逐年压采等。南水北调通水后，全部转换为自来水。

2003年对武清城区自来水供水范围内工业生活的51眼用水井进行了封存，有效地控制了城区地下水的开采，防止城区漏斗区的继续扩大。2003—2010年借助撤村建居和城区改造工程封填了107眼机井，使该地区的地面沉降得到了有效地控制。由于节水和控制地面沉降的双重管理，2003年以前发展形成的杨村街地下漏斗已逐步消失，地面沉降速率也控制到30毫米以内。

根据武清区的地面沉降形势，2008—2010年控沉工作的重点放在中心城区、王庆坨汉沽港漏斗区、京津城铁、京沪高铁两侧1千米范围内以及新增工业小区。在高铁两侧1千米范围内严禁新增开采地下水，已有机井的用水户，实行严格的计划用水管理制度，大的用水户实行每年下压3%～10%用水指标的压采工作，2009年起每年制定压采计划并付诸实施。2009年完成压采100.88万立方米，2010年完成压采100.15万立方米，压采区域主要集中于城铁两侧、城区撤村建居街道、王庆坨漏斗区等地。

为了加强控沉的领导工作，2010年年底，武清区水务局成立了控沉领导小组。同时加强地下水取水许可审批管理工作，对新建取水工程项目严格执行地面沉降预审和控沉"一票否决制"。根据武清区的实际情况制定控沉目标，使辖区年度沉降量控制在合理水平。积极推进辖区内的地下水压采和水源转换工作，有效控制地面沉降速度，防止地质灾害的发生。

（四）地面沉降监测网

武清区地面沉降监测网的建设始于2003年，经过近几年的不断完善，2010年地面沉降监测网已覆盖全境，地面沉降水准监测点186个，GPS基准监测站1座，水准测量路线共847千米，其中一等水准测量公里数为55千米，二等水准测量公里数为792千米。武清区水准点呈网状分布，分布于区境内各乡镇，其中城区及王庆坨地区数量较多，分别为18个和12个。

第三节 节 约 用 水

一、节水管理

武清区节约用水办公室成立于2002年3月，挂靠在武清区城乡建设委员会，负责全区节约用水的管理工作。2007年为推进全区水务一体化进程，武清区政府将原有的节约用水办公室挂靠在武清区水务局。2007年11月9日，武清区政府下发《关于成立武清区节水型社会领导小组的通知》，领导小组办公室设在区节水办（区水务局）。2008年1月3日，武清区政府批转武清区水务局成立武清区节约用水办公室，内设节水科，负责全区节约用水管理工作。

（一）三级管理网络

为健全节水管理网络，建立并完善了三级管理网络，即城区节水管理网络，区节水办、用水单位、单位内部节水管理组织及个人；生活用水节水管理网络，区节水办、物业公司、居民个人；各乡镇节水管理网络，区节水办、乡镇水利站、村委会。每个网络都由区节水办牵头，在区节水型社会建设领导小组的指导下，每个网络都有明确的管理责任制，每个层次都有管理机构和专兼职节水人员，并根据不同时期机构、人员变化情况，随时进行调整，以保证工作的连续性和各项任务指标的完成。

（二）计划用水

为提高武清区用水管理水平，区节水办多方调研，汲取先进区县的先进经验，建立了武清区计划用水管理流程，编制了《计划用水业务办事指南》，于2009年8月开展武清区非居民用水户基本信息调查，调查主要针对城区范围内的机关、事业单位、医院和学校等用水大户，调查内容包括各非居民用水户单位基本信息、职工人数、用水性质、近两年年用水量、用水设施情况、水表注册数量等。本次调查共建立非居民用水户基本信息档案60份。同年下半年针对所有调查户进行计划用水管理考核。各非居民用水户向节水办申请下一年度用水总量指标，区节水办根据各单位前三年用水情况，对其申请的指标进行核定，同时向各考核户下达年度计划指标分解通知，由各考核户按实际情况将年度计划用水总量自行分解至每个月，区节水办审核后下发年度计划用水指标通知单。区节水办根据用水计划实行按月考核各非居民生活用户用水，考核水量以供水企业抄表数为准，对超计划用水的，由区节水办发出用水警告通知书，并在武清政务网及《武清资讯》上通报，暂不收取超计划加价水费。2010年，计划用水管理走上正轨，区节水办对计划用水考核范围内的非居民用水户严格按照《计划用水管理流程》(武清区节水办享有最终解释权)进行用水考核。通过计划用水管理，各考核户节水意识进一步提高，节水措施得到有效落实。

(三) 武清节水网

为节约用水，保护环境，2009年8月，武清区水务局创建了“武清节水网”。该网站纳入武清区信息化办公室管理。主要向公众宣传节水知识和节水政策法规，同时介绍节水工作动态，以及向辖区单位提供节水工作指南。

二、节水宣传

武清区节水办结合“世界水日”“中国水周”“全国城市节水宣传周”，围绕每一个宣传主题，定期开展宣传活动，加强对全民的节水及普法宣传教育，提高公众对城市水资源短缺的认识和用水节水意识。

2008年，武清区节水办共举办三次水事节日宣传活动。“中国水周”期间，区节水办组织以“节约用水，从我做起”为主题的宣传活动，活动以问卷调查为主要形式，选择了河西务、大良、石各庄、梅厂4个具有代表性的乡镇有重点、有针对性地开展节水知识问卷调查。问卷内容涵盖节水型社会建设、农村居民饮水安全及农业灌溉节水等与百姓生活密切相关的问题。一部分问卷发放到乡镇中学，由中学生及家长填写，另一部分问卷在乡镇集市设置宣传台，向过往群众现场发放并设立咨询服务台。“全国城市节水宣传周”期间，开展了以“绿色奥运，节水先行”为主题的宣传活动。展台设置在北运河畔的广场前，活动通过宣传册、标语、展板等形式，重点宣传节水型社会建设、依法治水、农村饮水安全、地下水资源管理等方面的内容。“水利科技周”期间，天津市科技处、天津市农田水利管理处及武清区节约用水办公室、武清区水利技术推广中心联合开展了以“建设大都市水利，珍惜节约水资源”为主题的大型宣传活动。活动设置在泉州路市场，通过现场咨询、发放宣传册及宣传品、布设展板标语等形式，重点宣传农业节水灌溉技术、农村饮水安全、节水常识等方面的内容。

2009年“世界水周”期间，开展了以“落实科学发展观，节约保护水资源”为主题的宣传活动。宣传展台设置在杨村镇泉州路市场，活动通过宣传册、标语、展板等形式，重点宣传节水型社会建设、依法治水、农村饮水安全、地下水资源管理等方面的内容。“全国城市节水宣传周”期间，与杨村第八小学合作开展了“惜水、爱水、节水、从我做起”的系列主题教育活动，举行了“奇思妙想话节水”的主题班会，区节水办工作人员向小学生系统地讲解了节约用水知识和生活节水小窍门等，同时还征集了节水相关的绘画作品35幅、征文40篇、手抄报50份。

2010年“中国水周”期间，区节水办与区水务局水政监察科、办公室、城市管理办公室共同参加了武清区市容和园林管理委员会在杨树一中校门前举办的市容环境主题宣传活动。本次活动主要发放以水环境、水法律法规为内容的宣传材料。“全国城市节水宣传周”期间，针对春季西南5省出现的罕见大旱，区节水办开展了以“珍惜水，保护水，让水造福人类”为主题的宣传活动。宣传展台设置在运河音乐喷泉广场，活动通过宣传册、标语、展板等形式，重点宣传节水型社会建设、依法治水、计划用水管理、地下水资源管理等方面的内容，并发出节水倡议：“中国是一个严重缺水的国家，为了我们生存的家园，希望所有的人从自身做起，节约用水，从一点一滴做起，力量虽小，却能积少成多，汇聚成河。”为配合节水创建活动，区节水办邀请区电视台记者采录新闻短片，针对上年获评的节水型企业及小区的优秀节水措施及先进节水技术进行宣传，并在“武清新闻”栏目播放。

三、节水型社会建设

为解决水资源短缺，提高水资源的利用效率和效益，建设节水型社会，促进武清经济可持续发展，区节水办于2004年4月编制了《武清区节水规划》，此规划已纳入武清区总体发展规划中。2006年6月又编制了《武清区节水型社会规划》，并报请武清区人民政府批复实施，同时又在《武清区“十二五”水利规划》中明确了节水目标及任务，全面实行计划用水管理制度，为达到节约用水的目的，区节约用水办公室主要采取总量控制与计划管理相结合的管理方式，对使用供水的单位和居民用水户核定用水指标，对超出部分实行加价收费并按季度、年度进行考核管理。

创建节水型企业（单位）、节水型居民社区是节水宣传和推动的有效载体，通过创建活动，以点带面，推动城区的节水工作。2009—2010年，全区共创建节水型企业（单位）7家，节水型居民社区2个。天津冠芳可乐饮料有限公司在创建节水型企业过程中，建立、建全节水制度体系，制定了《节约用水管理制度》《节约用水巡检查制度》，使节水工程有序开展，保证原始记录和统计台账完整规范。在工程措施上，积极投入资金，通过冷却水循环系统，达到再利用，降低了企业用水成本。全厂年节水量达到15万吨。栖仙西区在创建节水型居民社区的过程中，健全完善了一系列节水用水管理制度，制定了《节约用水管理制度》《节约用水巡检查制度》等多项制度，使节水工程有序开展，保证原始记录和统计台账完整规范。同时，积极开展居民社区节水宣传活动，每年利用“世界水日”“中国水周”等水事节日，开展丰富多彩、形式多样的宣传活动，提高居民社区的节水意识，使社区居民认识到节约用水是每一个公民的责任和义务，从自身做起，以身作则，带动全家共同节约水资源，保护水环境。

（一）生活节水

武清城区包括杨村、黄庄、东蒲洼、下朱庄、徐官屯 5 个街道。2010 年规划面积约 86 平方千米，户籍人口达到 84.7 万人，是全区中心。随着城镇建设速度的加快，用水量逐步增加，因此节约用水势在必行。

根据天津市人民政府和天津市节约用水办公室联合下发的《关于发布天津市节水型产品名录和淘汰非节水器皿的通知》精神，2008 年武清区节约用水办公室在城区范围内开展节水器具的使用调查工作，对居民社区、学校和宾馆进行了重点抽查，共发放、更换节水型水龙头 1000 余个。同时，开展对小区居民生活节水意识的宣传、教育活动，积极推广、普及节水器具，还购置了技术质量高、计量精确的水表，对城区小学校及企事业单位进行更换。2008—2010 年间更换了节水型闸阀 1750 个，城区节水型器具普及率达到 95%以上。

农村居民生活用水自 2007 年开始大范围安装水表，并按照计量收费。截至 2010 年，全区农村用水户约 60%已安装水表。

（二）工业节水

武清区的工业大部分集中在城区，另外还有京滨工业园、自行车王国、崔黄口的地毯园、梅厂汽车园等经济园区，工业生产用水全部采用自备井抽取地下水，因长期开采地下水资源，逐步形成了以武清城区为中心的地下水位下降的“漏斗区”。实施节约用水，控制地下水的开采量，能有效地防止城区及工业园区的地下水面沉降。武清城区自 1993 年启用引滦水，2003 年开辟了下伍旗水源地，使城区水源基本上有所保障。随着城区水源有了新保障，大部分机井进行封存，地下水开采得到控制。

在用水单位兴建取水工程的同时，要兴建节水工程，做好尾水处理和重复利用工程，鼓励用水单位节约地下水和防止地下水污染。武清区的工业企业中，有许多生产工艺用水或冷却水，使用一次后就排掉，这些水经过净化处理后可以重复利用，能有效减少地下水的开采量，节约生产开支，减少污染。武清区地下资源管理站自成立之初就非常重视节水工程的开展，实现了小投入带动大投资的良性循环，1991—2010 年，武清区地下水资源管理站通过国家补助及地区补助等方式主持并参与完成了 14 项节水工程，总投资达 1788.6 万元，年节水累计达 516.5 万立方米。

1991—2010 年武清区（县）工业节水工程情况见表 2-3-18。

（三）农业节水

农业节水主要包括两项内容：农田水利基本建设和农业节水工程建设。在农田水利基本建设上，武清始终坚持标本兼治、综合治理的原则，以节水为中心，以渠道清淤、整平土地、大畦改小畦、中低产田改造和配套工程建设为重点，动员社会力量，组织发动广大人民群众大搞农田水利基本建设。“农业学大寨”之后，1988—1990 年武清县再

表 2-3-18 **1991—2010 年武清区（县）工业节水工程情况表**

序号	节水项目名称	项目年份	投资金额/万元	节水效果	备 注
1	武清区大张庄造纸厂节水改造工程	1991	22.00	年度节水 26 万立方米	
2	武清区植物油厂节水改造工程	1992	21.00	年度节水 10.6 万立方米	
3	武清区水泥厂一期节水改造工程	1992	43.00	年度节水 26 万立方米	
4	武清区糖精厂节水工程	1993	26.00	年度节水 22 万立方米	
5	武清区水泥厂二期节水改造工程	1993	68.00	年度节水 32 万立方米	
6	黄庄纺织器材厂节水工程	1997	55.80	年度节水 20 万立方米	
7	天津万利公司节水工程	1999	95.00	年度节水 45.6 万立方米	
8	津北造纸厂节水工程	1999	68.00	年度节水 80 万立方米	
9	天津万利天然纤维薄膜生产用水零排放节水工程	2005	924.00	年度节水 171 万立方米	项目被评为天津市节水示范工程，在全国造纸企业内推广应用
10	武清区腾飞化工厂节水改造及脱盐水技术升级改造一期工程	2006	192.00	年度节水 52.3 万立方米	
11	亨达地毯厂节水工程	2008	72.00	年度节水 12 万立方米	
12	天津田歌纺织有限公司冷凝水循环利用工程	2009	162.41	年度节水 13.5 万立方米	
13	天津市武清区安全饮用水厂尾水回灌工程	2010	39.40	年度节水 5.5 万立方米	为水厂尾水处理提供了新方法

次掀起农田水利基本建设高潮，全县农业基本形成了渠系成网、田间平整、节水灌溉的格局。1991 年后，随着家庭联产承包制和相关农村政策的实施，大型农田水利基本建设逐步转向了小型农田水利工程建设，在小型农田水利工程建设上以节水示范、推广为主要内容。在原有渠道防渗工程、喷灌工程、滴灌工程建设基础上，随着农村经济的发展和农业结构的调整，井灌区管灌在武清区进行大面积的推广，同时先后引进开发了大

口径混凝土管道、固定式和半固定式喷灌及各类滴灌节水技术，管灌技术已成为武清区节水灌溉的主要形式，并在“十五”和“十一五”期间得到了快速发展。至2010年，全区各类节水工程控制面积达51.24千公顷，其中混凝土明渠控制面积9千公顷，低压管道控制面积41.07千公顷，喷滴灌1.17千公顷。

第三章

供水与排水

1950年10月，武清县政府由城关镇迁至杨村镇，当时杨村大部分居民饮用河水。1957年，杨村打小口径浅层机井抽取地下水供县城大部分居民饮用，供水方式由用户自行取运使用。至1976年为满足杨村镇用水需求，打井、铺设供水管道，使部分居民吃上地下水，并实行定点供应。1981年打深井1眼，河西地区大部分实现自来水入户。1984年由水塔送水改为机械送水，并使河东河西并网运行。1990年建万吨水厂（运河水厂），杨村镇域面积2平方千米。1993年开发区水厂打机井3眼为园区内企业供水。1995年泉兴水厂建成。1997年，县政府实施“引滦入杨”工程，1999年开发区全部使用滦河水，城区饮水由部分滦河水与井水配比后供应。2000年撤县建区后城区面积扩大到10平方千米，此时因引滦水水源不足，只向开发区供水，暂停向主城区供应引滦水，城区三座水厂重新供应地下水。为保护地下水资源，2003年下伍旗龙泉供水公司建成并向城区供水。随着城区发展，至2010年城区规划面积已发展到86平方千米，涵盖了杨村、下朱庄、徐官屯、东蒲洼、黄庄5个街道大部分地区和开发区。供水面积达52.5平方千米（不包括城区自备井小区）。城区建成运河、河西、泉兴、卧龙潭、逸仙园5座水厂，日供水能力达到14万立方米。乡村供水也是由20世纪70年代的水罐取水，至2004年，武清区全部实现了自来水入户。城区排水由农田排水模式向城市排水模式转变，由明渠排水逐步改成明渠与暗管结合，排放模式由混流模式过渡到雨污分流模式，至2010年排水管网75%实现雨污分流。

第一节　城　乡　供　水

一、城区供水

早期杨村河东、河西各有砖井1眼，大部分居民饮用河水。1957年杨村镇打小口径浅层机井6眼（其中1眼当时报废），供居民饮用。最初供水采取定点定时供应，人们以肩挑、人抬、车拉等方式运输。1976年，县政府投资58万元，大力发展自来水供水及入户。1981年建成河西水厂、1990年建成运河水厂、1995年建成泉兴水厂，这三座水厂建成先后并联网，实现了县城区域集中供水，供水水源为地下水。武清开发区于1991年成立，为给开发区创造更好的投资环境，满足招商引资需要，1993年开发区水厂建成向开发区供水，供水能力 0.5 万立方米每日。1997—1999 年，开发区自来水公司增建机井 3 眼，供水能力达到 1 万立方米每日。1999 年 7 月 1 日，为“引滦入杨”建设的卧龙潭净水中心投入使用，向开发区自来水公司供滦河水并向县自来水公司输送部分引滦水。是年，县自来水公司分为河东自来水公司、河西自来水公司，以运河为界分区域供水。2003 年 4 月 19 日，下伍旗龙泉供水公司建成向城区河西自来水公司（河西、泉兴水厂）和河东自来水公司（运河水厂）供水，同时封存两个供水企业的所有地下井。自此，开发区自来水公司向辖区企业供应滦河水，同时废除原机井 6 眼。至 2010 年，武清城区 5 座水厂总供水能力 14 万立方米每日，供水面积 37.5 平方千米，其中城区 19.1 平方千米，开发区 15 平方千米，逸仙园 3.4 平方千米，用水人口 25.6 万人，管道总长 545.6 千米。

1991—2010 年武清城区供水情况统计（地下水源），水厂、加压点建设情况，以及供水厂设备统计见表 3-1-19～表 3-1-21。

表 3-1-19 **1991—2010 年武清城区供水情况统计表（地下水源）**

年份	供水能力/万立方米每日	供水总量/万立方米	高日供水量/万立方米每日	供水面积/平方千米	用水人口/万人
1991	0.90	265.00	1.00	5.00	5.80
1992	1.00	338.00	1.04	6.00	6.10
1993	2.90	442.03	1.30	14.50	6.25
1994	3.20	566.10	2.00	16.93	7.00
1995	3.50	588.18	1.94	17.00	7.55
1996	3.56	591.95	1.96	17.26	14.60
1997	3.73	636.43	2.02	17.35	9.22
1998	6.73	637.71	2.21	18.50	10.22
1999	8.30	521.21	1.58	18.70	11.22
2000	8.30	401.68	1.32	26.50	11.89
2001	8.30	388.76	1.28	28.00	13.10
2002	8.30	378.46	1.25	28.10	13.80
2003	8.30	356.44	1.20	28.30	15.06
2004	8.30	375.34	1.30	28.60	15.70
2005	8.30	408.07	1.47	30.50	16.80
2006	8.30	434.08	1.61	31.80	17.90
2007	11.00	483.01	1.61	32.90	19.10
2008	11.00	531.58	1.98	33.00	20.30
2009	14.00	546.96	2.37	34.60	22.90
2010	14.00	531.86	2.31	37.50	25.60

表 3-1-20 **武清城区水厂、加压点建设情况**

水厂名称	坐落位置	占地面积/平方米	建筑面积/平方米	投产时间	供水能力/立方米每日	蓄水池			水塔		
						数量	投产时间	容量/立方米	数量	投产时间	容量/立方米
常德水点	常德大街	1579	550	1971 年	1800	1	1978 年	500	1	1971 年	60
新华水点	新华路	975	15	1976 年	1200				1	1976 年	100
四街水点	大桥道	933	80	1986 年	1000	1	1986 年	500			
河西水厂	光明道	11846	1589	1981 年 11 月	5500	1	1987 年 1 月	1000			
运河水厂	建国北路	16854	2440	1990 年 12 月	10000	2	1990 年 12 月	2000			
泉兴水厂	泉兴路	13328	2380	1995 年 10 月	12000	2	1995 年 10 月	4000			
开发区水厂	禄源道	10000	5000	1993 年	5000	3	1993 年	3000			
卧龙潭净水中心	泉兴路	112000	5400	1999 年 7 月	30000	2	1999 年 7 月 1 日	4000			
合计					65500			14500			160

表 3-1-21 **武清区供水厂设备统计表**

水厂名称	型号	扬程/米	电机/千瓦	流量/立方米每时	起用年份
运河水厂	8SH-13A	36	37	270	1996
	8SH-13A	36	37	270	1996
	10SH-9A	38.5	75	486	1990
	6SH-9A	40	30	144	1996
河西水厂	IS150-125-315	32	30	200	1996
	IS150-125-400	45.8	37	200	1996
	IS100-80-160	32	15	100	1996
	50A-8×2	40	22	108	1983
泉兴水厂	IS200-150-315	32	55	400	1995
	IS200-150-315	32	55	400	1995

续表

水厂名称	型号	扬程/米	电机/千瓦	流量/立方米每时	起用年份
泉兴水厂	IS150－125－315	32	30	200	1995
	IS150－125－315	32	30	200	1995
开发区自来水公司	350S－44A	36	160	1116	1999
	300S－58B	43	132	684	1999
	350S－44B	43	220	1110	2010
	300S－19	19	55	790	1999
	350S－26	19	132	1260	1999
逸仙园水厂	20SH－28	12.8	110	2016	1997
	20SH－28	12.8	110	2016	1997
	12SH－19	26	45	720	1997
	12SH－19	26	45	720	1997
	12SH－13	32.2	90	792	1997
	12SH－13	32.2	90	792	1997
	12SH－13	32.2	90	792	1997
	300S－58B	43	135	685	1997
	300S－58B	43	135	685	1997
	300S－58B	43	135	685	1997
	300S－58B	43	135	685	1997

（一）水源

武清城区供水水源分为地下水源、引滦水源、下伍旗水源地水源。

1. 地下水源

早期河东天元店（大桥道与常德大街交口，原杨村供销社院内）及河西小鲁庄（光明道与建设路交口，原看守所院内）各有砖井1眼，杨村大部分居民饮用河水。1957年杨村镇人民委员会打井5眼，其中河东3眼、河西2眼供居民饮用。1961年，天津市防疫站补助款390元，由县委、县医院、新华书店、防疫站等受益单位集资在县委会前打简易机井1眼，总投资2300元。1966年12月为解决八街、九街、十街居民和部分机关饮水，县财政拨款7218元铺设该井饮水管道。1971年县财政拨款9万元在常德大街南头路西打300米深井1眼，建筑25米高水塔1座，机房3间。1974年由财政拨款6万元铺设供水管道600米，建供水点6处。1976年县财政先后拨款58万元建自来水供水及入户设施。是年在桥西大街（现新华路）打 400 米深机井 1 眼，建水塔 1 座。翌年，开始铺设供水管道。1981 年在北阁（河西九街北口）打 595 米深机井 1 眼。是年，自来水入户供水面积 3.4 平方千米。1982 年河东、河西实现供水联网。1984 年为解决管网水压不足，改水塔送水为机械强压供水。除用水高峰外，基本保证正常供水。1985 年市投资 25 万元在四街打 420 米深机井 1 眼，1986 年与其并网使用。1987 年扩建工农（北阁）水厂（河西水厂），打 300 米深机井 1 眼，建蓄水池 1 座。1990 年在建国北路建万吨水厂（运河水厂）投资 190 万元（市建委拨款 100 万元，县财政府拨款 60 万元，自筹 30 万元）打 327.5 米和 439.98 米深机井各 1 眼，建 1 千立方米蓄水池 1 座、210 平方米送水泵房 1 座，铺设直径 500 毫米铸铁送水管道 1100 延米。同年 7 月并网，供水能力 3000 立方米每日，成为第五处供水厂点。同年 9 月又投资 70 万元，铺设新华路、雍阳西道送水管道 2650 米。供水管道总长度已达 23881 米，总供水能力为 8600 立方米每日，用水人口达 5.2 万，人均生活用水 94 升每日，用水机关、企事业单位达 137 家。1993 年开发区水厂建成，打机井 3 眼，建清水池 3 座，其中 4000 立方米清水池 1 座，2000 立方米清水池 2 座。水厂设计供水能力 0.5 万立方米每日。1997—1999 年，开发区自来水公司增建机井 3 眼，供水能力达到 1 万立方米每日。1995 年，泉兴水厂建成，打大口径机井 2 眼，1996 年、1997 年又各打机井一眼，总出水量每小时 213 立方米，建 2000 立方米清水池 1 座，水厂设计供水能力 0.8 万立方米每日。

1971—2002 年间，先后建成了常德大街水点、新华水点、四街水点和河西水厂、运河水厂、泉兴水厂、开发区水厂，基本满足城区用水需求，以上 7 座水厂（点）供水水源均为地下水。至 2003 年，城区共有地下取水井 23 眼，其中新华水点 1 眼、常德水点 2 眼、四街水点 1 眼、河西水厂 4 眼、运河水厂 5 眼、泉兴水厂 4 眼、开发区水厂 6 眼，井深 230～722 米，口径 273～325 毫米，总设计出水量 1256 立方米每时。2003 年城区供水改为龙泉供水公司水源，之前城区供水水井全部封存作为备用井。

武清城区供水企业机井一览表见表 3-1-22。

表 3-1-22　**武清城区供水企业机井一览表**

设施编号	坐落位置	井深/米	上口径/毫米	设计出水量/立方米每时	建成时间	投资/万元
Y-1	运河水厂	327.5	325	80	1990 年 6 月	6.88
Y-2	运河水厂	439.98	325	100	1990 年 7 月	9.24
Y-3	运河水厂	230	300	120	1991 年 6 月	15.00
Y-4	运河水厂	353.73	325	58	1994 年 5 月（已报废）	21.22
Y-5	运河水厂	296.98	273	58	2000 年 8 月	21.18

续表

设施编号	坐落位置	井深/米	上口径/毫米	设计出水量/立方米每时	建成时间	投资/万元
H－1	河西水厂	585.87	300	76	1981年11月	6.00
H－2	河西水厂	300	300	40	1986年9月	6.00
H－4	河西水厂	237	325	73	1992年6月	9.48
H－5	河西水厂	447	325	50	1993年5月	21.46
C－1	常德大街水点	300	200	30	1969年	4.00
C－2	常德大街水点	420	300	50	1975年4月	5.40
S－1	四街水点	420	300	50	1985年	7.00
X－1	新华路水点	313.61	300	50	1975年3月	6.00
Q－1	泉兴水厂	260	325	88	1995年4月	15.60
Q－2	泉兴水厂	468	325	120	1995年11月	30.89
Q－3	泉兴水厂	350	325	110	1996年10月	21.54
Q－4	泉兴水厂	722	325	103	1997年4月	41.15
K－1	开发区水厂	480.23	273	52	1992年11月	16.09
K－2	开发区水厂	251	325	83	1992年11月	18.00
K－3	开发区水厂	358.2	273	65	1992年11月	12.00
K－4	开发区水厂	651	325	98	1997年4月	51.82
K－5	开发区水厂	760	325	103	1997年4月	60.50
K－6	开发区水厂	460	325	86	1997年5月	36.62
合　计				1743		

2. 引滦水源

1990年，县政府与天津市泰达集团合资启动引滦入杨工程，从尔王庄水库引水入武清，铺设直径1.2米管道42千米，输水能力为10万立方米每日。1997年在开发区水厂南侧投资7000余万元建设一座地表水厂——武清县卧龙潭净水中心，一期设计能力3万立方米每日。1999年7月1日，净水中心开始运行，标志着“引滦入杨”工程正式竣工通水，向开发区、河东、河西供水企业输送符合《生活饮用水卫生标准》（GB 5749—1985）的滦河水。为满足水源可持续发展的同时提高自来水水质，河东、河西供水企业将滦河水与地下水按比例混合后供应，保证了供水含氟量不超过1毫克每升，从而改善了供水水质。2000年7月，因引滦水水源紧张，用水指标削减，不能满足武清用水需要，武清主城区（除开发区和逸仙园外）全部停用滦河水，重新启用各水厂水源井。

3. 下伍旗水源地水源

武清城区因长期抽取地下水，造成城区地下水水位下降，产生地面沉降，且水体含氟量较高。为解决城区用水需求，武清区委托天津市地质研究所对武清区域内地下水进行综合评价。2001年经天津市地质调查研究所查明，武清区北部下伍旗镇、河北屯镇一带有较好的地下水源，该水源埋深200～400米，含较丰沛的第四系松散沉积层孔隙水，水源满足国家地下水Ⅲ类标准，日开采量可达5万立方米，能满足城区用水需要，并确定为武清城区供水水源。2001年9月经天津市发展计划委员会批准，投资8582万元（其中中央投资3300万元，市财政投资600万元，区自筹4682万元）在下伍旗镇八间房村西建设地下水源厂即龙泉供水公司。在河北屯镇、大良旗、下伍镇3个镇区共打机井8组，每组两眼，深度为200～400米，建加压泵站（建筑面积1909平方米）和清水池（库容量2700立方米）各1座，直径800毫米输水干线25千米，直径500毫米、直径600毫米集水支线11.27千米，配备变压器、开关柜等电气设备，设计日供水能力5万立方米。2003年4月19日，龙泉供水公司建成并向城区供水，城区自来水厂原供水机井全部封存。2007年3月，为解决源水色度超标问题，区政府投资980万元在龙泉供水责任有限公司建设供水处理设施一期工程，设计日处理能力2万立方米，于2008年1月竣工，11月通过天津市供水管理处验收，使水源水质达到《生活饮用水卫生标准》(GB 5749—2006)。

（二）城区水厂

武清城区供水厂经历了供水点、供水水塔、简易水厂、现代水厂的发展过程。至2010年共建成水厂5座，其中城区3座水厂（运河水厂、河西水厂、泉兴水厂）总投资1055.18万元，供水能力5万立方米每日；开发区卧龙潭净水中心水厂供水能力6.0万立方米每日；逸仙科学工业园区水厂供水能力3.0万立方米每日（卧龙潭水厂和逸仙园水厂是开发区出资建设）。城区河西水厂、泉兴水厂负责运河以西8.8平方千米供水，城区运河水厂负责运河以东8平方千米供水，武清开发区卧龙潭净水中心负责开发区15平方千米供水，天津开发区逸仙园水厂负责为逸仙园工业区3.4平方千米供水。1991—2010年武清城区水厂建设投资情况见表3-1-23。

表3-1-23 **1991—2010年武清城区水厂建设投资情况表**

工程名称	建设年份	总投资/万元
运河水厂	1991	15.00
	1994	21.18
	2000	8.00
	2007	101.00

续表

工 程 名 称	建 设 年 份	总投资/万元
河西水厂	1992	40.00
	1993	32.00
	2007	68.00
泉兴水厂	1995	600.00
	1996—1997	120.00
	2007	30.00
	2010	20.00
合计		1055.18

1. 河西水厂

1981 年，河西水厂建成，位于杨村镇建设路以西、光明道南侧，距建设路约 100 米处，面积 1.2 万平方米，打深井 585.87 米 1 眼，设计每小时出水量 76 立方米。1986 年打机井 300 米 1 眼，设计每小时出水量 40 立方米。1992 年打机井 237 米 1 眼，设计每小时出水量 73 立方米，是年建 1000 立方米清水池 1 座，水厂设计供水能力 0.5 万立方米每日，这是武清第一个较为规范的水厂。1993 年河西水厂改造，新打机井 477 米 1 眼，每小时出水量 50 立方米，并加固清水池，修建 400 平方米配电室和二层楼加氯间 80 平方米。2007 年区政府投资对河西水厂进行提升改造，水厂新建 1000 立方米清水池 1 座，将出厂供水管道由直径 250 毫米改造为直径 500 毫米管道 356 米，同时更换了水厂配电柜，使送水能力达到 1 万立方米每日。新华路水点、水井同年废弃。

2. 运河水厂

1990 年，运河水厂建成，位于机场道以北、103 国道东侧，面积 2.03 万平方米，设计供水能力 1 万立方米每日，政府投资打深机井 2 眼，建 1000 立方米清水池 1 座和 200 平方米供水泵房，安装 4 台供水泵。首次铺设和使用直径 500 铸铁管道 1100 米。7 月 31 日一期工程实现并网供水，供水能力 0.24 万立方米每日。1991 年 4 月运河水厂二期工程开工，打 325 毫米大口径机井 1 眼，井深 250 米，建 1000 立方米清水池 1 座。至 10 月竣工，供水能力 0.5 万立方米每日。1994 年打机井 353 米 1 眼，出水量 58 立方米每时，于 2000 年废弃。2000 年打井深 296.98 米大口径机井 1 眼，出水量 58 立方米每时。2003 年河东片区供水水源改为龙泉供水公司地下水，运河水厂供水能力达到 0.5 万立方米每日。2007 年区政府投资对运河水厂进行提升改造，水厂新建 2000 立方米清水池 1 座，新增直径 400 毫米、直径 500 毫米管道 300 米，同时更换 2 套泵组，将液氯消毒工艺改为二氧化氯消毒，供水能力达到 2 万立方米每日。四街水点、常德大街水点、水井同年废弃。

3. 泉兴水厂

1995 年，泉兴水厂建成，位于泉兴路与振华西道交口西南，面积 1.33 万平方米。政府投资打大口径机井 2 眼，建 2000 立方米清水池 1 座，同时建有泵房、配电室、警卫室、围墙，是年 9 月竣工供水。1996 年、1997 年各打机井一眼，两眼井每小时总出水量 213 立方米。建 2000 立方米清水池 1 座，水厂设计供水能力 0.8 万立方米每日。2007 年区政府投资对泉兴水厂进行提升改造，水厂更新一套泵组（90 千瓦），2010 年水厂更新一套泵组（90 千瓦），使供水能力达到 2 万立方米每日。

4. 开发区卧龙潭净水中心

武清开发区于 1991 年 11 月 28 日成立。为解决开发区供水问题，1993 年开发区水厂建成，位于泉兴路 12 号。在禄源道南侧、泉兴路西侧征地 1 万平方米，打机井 3 眼，建清水池 3 座，其中建 4000 立方米清水池 1 座、2000 立方米清水池 2 座。水厂设计供水能力 0.5 万立方米每日。1997—1999 年，开发区自来水公司增建机井 3 眼，供水能力达到 1 万立方米每日。为满足开发区可持续发展用水需求，1997 年县政府实施“引滦入杨”工程，在开发区水厂南侧建一座地表水厂，即卧龙潭净水中心，占地 11.2 万平方米，总投资 7000 余万元。一期设计供水能力 3 万立方米每日，建储水池 30 万吨、沉淀池 10 万吨。2003 年 7 月，为保护地下水资源，将 6 眼机井全部封闭。同时开发区自来水公司与净水中心合并，两块牌子一套机构。自此，开发区自来水公司开始以滦河水为水源向开发区企业供应自来水。因开发区企业用水量增加，卧龙潭净水中心二期扩建工程于 2009 年 6 月 1 日竣工，至此卧龙潭净水中心供水能力达到 6 万立方米每日。为满足开发区和居民用水的需求，2010 年 4 月，在武清开发区三期西区新平路东侧与广源道北侧建加压泵站 1 座，占地面积 8960 平方米，建 3000 立方米清水池 2 座，设计供水能力 4 万立方米每日。同时，在开发区三期北区泉华路和翠源道交口建加压泵站 1 座，占地面积 7700 平方米，建 2300 立方米清水池 2 座，设计供水能力 3.5 万立方米每日。截至 2010 年，开发区自来水公司供水量 845 万立方米每年，供水面积 15 平方千米，供水人口 8 万人。

5. 逸仙园水厂

1997 年，逸仙园水厂建成，位于逸仙园亨远路 12 号。以滦河水为水源，占地 8.5 万平方米，建 4000 立方米清水池 2 座，设计日供水能力 3 万立方米。截至 2010 年，逸仙园水厂供水量 59.26 万立方米每年，供水面积 3.4 平方千米，用水人口 0.5 万人。

（三）市政供水管网

杨村供水管网建设开始于1966年河东开挖水源井铺设引水管道至饮水点，供居民就近取水。1971年常德水点打井并修建水塔，铺设500米管道至杨村百货大楼，这是第一个铺设供水管道工程。之后由该水点铺设供水主干管道辐射河东片区，实现自来水远距离供水。1976年新华路水点打井修建水塔，铺设供水管道3200米实现河西片区远距离供水。1982年河东河西实现联网供水。1983年城区全面实行自来水入户工程，开始了城区供水主支管网全面建设。1984年常德水点供水工艺由水塔自然压力供水改为加压泵供水，实现供水管网压力人工调控。随着城区的发展建设，供水干管150毫米铸铁管已不能满足用水需求，1990年运河水厂建设中首次铺设500毫米铸铁出厂主干管道。2004年龙泉供水有限责任公司为城区提供供水水源，铺设至城区输水管线30千米，其中800毫米混凝土管25千米，400～800毫米球管5千米。水源地16眼机井之间采用600毫米加砂玻璃钢管11.7千米连接。至2010年，城区供水管网总长度571.86千米，其中城区449.9千米、开发区91.26千米、逸仙园30.7千米。供水材质：老城区为铸铁管、熟铁管、塑料管三种，新城区、开发区及逸仙园为球墨铸铁管、塑料管、铸铁管三种。

1991—2010年武清城区市政供水管道长度统计情况见表3-1-24，1992—2010年武清开发区供水管道长度统计情况见表3-1-25。

表3-1-24 **1991—2010年武清城区市政供水管道长度统计表** 单位：千米

年份	新增DN80以上	新增DN80以下	总计	备注
1991	3.9	0	27.8	1990年总计23.9
1992	6.5	4.9	39.2	
1993	6.4	4.6	50.2	
1994	8.1	2.6	60.9	
1995	9.3	10.0	80.2	
1996	14.9	5.8	100.9	
1997	7.0	2.6	110.5	
1998	7.2	10.9	128.6	
1999	11.0	10.5	150.1	
2000	5.2	7.6	162.9	
2001	9.2	17.9	190.0	
2002	10.0	9.1	209.1	
2003	17.0	15.8	241.9	

续表

年份	新增 DN80 以上	新增 DN80 以下	总计	备注
2004	18.6	5.6	266.1	
2005	17.6	8.3	292.0	
2006	22.4	7.5	321.9	
2007	27.6	8.2	357.7	
2008	10.5	10.2	378.4	
2009	7.0	25.6	411.0	
2010	6.3	32.6	449.9	
合计	249.6	200.3	449.9	

表 3-1-25　**1992—2010 年武清开发区供水管道长度统计表**　单位：千米

年份	DN600	DN500	DN400	DN300	DN250	DN200	总计
1992	0	0	0	2.63	0	1.95	4.58
1993	0	0	0	1.13	0	0.30	6.01
1994	0	1.14	0.93	0	0	0.35	8.42
1995	0	0	1.09	3.17	0	1.05	13.72
1996	0	0	0	0.85	0	0.97	15.54
1997	0	0	0	0	0	0.58	16.12
1998	0	0	0	0	0	0	0
1999	0	0.87	3.79	0.46	0	3.54	24.78
2000	0	0	1.32	1.82	0	3.51	31.42
2001	0.39	0.82	0	3.98	0	8.40	45.01
2002	0	0	0	0	0	0	0
2003	0	0	0	0	0	0	0
2004	0	0	0.70	0.41	0	0.41	46.52
2005	0	0	0	0	0	0	0
2006	0	0	0	0	0	0	0
2007	0	0	0	2.80	0	0.97	50.29
2008	0	0	0	0	0	0	0
2009	0	0	0	0	0	0	0
2010	2.01	6.02	5.53	2.90	1.77	22.75	91.26
合计	2.40						91.26

为节约水资源，降低漏损率，对新建和改造管网采用新材质。武清县城铺设供水管道开始于20世纪70年代。1996年以前，管道材质主要为铸铁管、熟铁管、聚氯乙烯塑料管。从1997年开始引进球墨铸铁管、UPVC塑料管用于供水管网材质，随后逐步淘汰了铸铁管、熟铁管及聚氯乙烯塑料管。到2008年，供水主管网全部使用球墨铸铁管和塑料管道（PE管、UPVC管及PP－R管材）。2009年，龙泉供水公司在供水管材上采用玻璃钢夹砂管。新材料的采用使运行更加安全可靠，破损率、漏失率进一步降低，施工维修更加方便。

（四）供水管理

武清区水务局负责武清城区供水统一规划、配套建设、供水设施养护管理、供水服务。供水管理按《中华人民共和国城市供水用水条例》《天津市供水管理规定》《天津市城市供水用水条例》《天津市城市供水水质管理暂行规定》《天津市城镇供水服务标准》执行。武清区水务局主管3家供水单位，分别为河东自来水服务站、河西自来水服务站和龙泉供水公司。开发区自来水公司由水务局监管。各供水单位分区供水，为保证辖区人民生产生活用水，认真履行供水职能，做好安全稳定供水，为武清城区经济、社会发展提供优良的供水环境。

1. 供水水质管理

1992年9月，武清县自来水公司成立化验室，配置专职人员购进检测仪器按照《生活饮用水卫生标准》（GB 5749—1985）对12项指标进行自检。1993—2010年建设的各供水企业均配备专业水质检测部门，制定完整的水质检测规程，使供水水质检测工作越来越科学、规范。2004年为保证水质安全，区政府建立健全了多环节、多层次的水质保证体系：由供水企业实行日检9项，疾控部门实行月检9项，委托天津滨海监测站对36～42项进行年检；龙泉供水有限责任公司和开发区水厂2004—2010年期间，还委托天津滨海监测站对非常规64项指标检测；各供水企业每日对出厂水和管网末梢水的9～17项指标自行取样检测。2010年已形成企业自检、行业抽检、国家监测三级水质保证体系，确保水质符合2007年7月1日起实施的《生活饮用水卫生标准》（GB 5749—2006）。

2. 供水安全管理

武清城区供水管理机构建立于1971年，之后城市供水工作开始有计划、有组织、有落实的开展供水建设。早期供水提出“水好压足”的供水目标，在城市经济、社会发展中，人们对供水质量的要求不断提高，供水安全成为供水工作的重点，成为区域发展建设的重要保障。

（1）供水水源保障、保护。供水水源保障。1999年以前武清城区供水水源为地下水。1999年，卧龙潭净水中心建成向开发区供应引滦水，向城区提供部分引滦水，因此城区供水由引滦水与井水配比供应。至此城区供水水源有两种：地下井水和地表滦河水。因城区供水水源不足，2003 年启用龙泉供水公司地下水源，原城区机井全部封存。为保证城区供水需求，同时为了保护地下水资源，现已形成控制开采城市地下水，合理利用滦河水和龙泉供水公司地下水，超前规划利用引滦和南水北调供水保障体制。此时，城区供水由单一水源逐步向“远近兼顾、多源保障、调控有力、管理科学”的综合水源方面发展。

供水水源保护。龙泉供水公司水源是武清城区重要水源，为保证供水水源安全，建设时期划定水源保护区，在每眼机井 300 米内为一级保护区，1000 米内为二级保护区。并将 16 眼机井的出水口均建在地下，并用 2 吨重水泥覆盖。在 8 座箱站设有监控视频，保证 24 小时有人值守。建立水源井周边及供水主支管线巡查制度，保证管网安全供水。城区引滦水由开发区水厂供应，引滦水预沉池周边安装围栏加强安全防护，定时清理水池及周边杂草，保证供水水源安全。加强供水液氯消毒工艺监控，保证用氯安全。按照国家《生活饮用水卫生标准》（GB 5749—2006），制订严格的水质监测制度，保证供水达标。

（2）供水设施运行维护。水表检定。1986 年武清县自来水管理站自上海购置 SS15－50 水表检验设备 1 台，按照《中华人民共和国计量法》校验水表，并取得县计量局颁发的计量检验许可证，开始为用户定期检验水表。1991 年在运河水厂建立计量室，配备专职人员，经县技术监督局验收达到国家三级计量标准，水表检定进入正规化计量管理。2000 年，计量室迁入河西自来水服务站，购进 LIS15－50 水表检定装置，精度 0.2 级。2005 年新建小区开始安装 IC 卡预付费磁卡表。对用户水表、磁卡表加强强检制度，对机械水表定期校验、更新，巡查发现磁卡表故障及时排除。

水厂供水运行监控。1984 年城区自来水开始实行 24 小时供水。至 2010 年各供水厂泵房均实行工作人员三班倒轮流值班制度。并建立交接班台账、维修养护台账、做好机泵运行记录，保证泵房供水正常运行。为保障管网供水压力，供水单位建立管网测压点，早期实行 24 小时人工测压。1999 年河西片区建成管网自动测压系统，实行合理布局定点测压，建立了管网水压测控网。至 2010 年城区各供水厂均实现变频供水，即高峰高压供水，并采取自动控制管网压力，城区及逸仙园水厂出厂水压力为 0.2～0.26 兆帕，开发区自来水公司出厂水压力为 0.28～0.36 兆帕，管网末梢压力不低于 0.12 兆帕。满足居住楼房用户用水需求。

供水设施巡查维修。1983 年城区供水管网开始全面建设，供水单位安排人员对供水设施进行巡检维护。1999 年城区供水单位均建立了管网巡查制度，设立专门科室负责此项工作，开展消火栓、水表井、检查井及管网日常巡查，及时发现立即维修。依据《城市供水管网漏损控制及评定标准》（CJJ 92—2002），自 2008 年天津市供水处开始实施对供水单位降低管网漏失率考核，要求漏损率达到或低于15.7%的标准。建立并实施供水管网检漏制度，2000年购置测漏仪器，提高测漏效率、降低漏失率。作为城市重要的供水设施——消火栓，至2010年城区共有市政消火栓276座，居民小区消火栓310座，机关企事业单位消火栓122座，开发区市政公共消火栓205座，逸仙园消火栓126座，总计1039座，基本满足城区市政消防需求。

（3）供水应急保障体系。水源调补，互联互通。从20世纪70年代开始，城区供水河东片与河西片由直径150毫米过运河管连接。1999年开发区引滦水源在五支渠北由直径500毫米管道与运河水厂供水管道连接。2002年下伍旗铺设源水管道在财源道开直径500毫米连接管至运河水厂；在光明道开直径400毫米连接管至河西水厂；在泉兴路开直径500毫米管道至泉兴水厂。2007年河东河西原过河管废除，在京津公路至新华路（雍阳桥北60米处）重新铺设直径500毫米过河连接管280米。至此，城区水源与各水厂都有供水管道相连，平时截门关闭，应急时可开启，保证用水区域有充足的水源供应。

2006年，供水管理部门开始制定《城区供水应急预案》，各供水单位根据辖区情况，分别制定区域“供水应急预案”。按照“分级响应，属地为主”的原则，建立“信息互通、应急互助、先期处置、协调配合”的供水应急抢险措施。加强日常抢险保障工作，即物资保障、设施保障、监测保障、通信保障、资金保障。每年至少进行一次专项应急演练，积累抢险经验、锻炼抢险队伍，提高应急抢险能力。每年按时修订“供水应急预案”。

（4）供水服务。1990年城区供水用水人口5.2万人，用水机关、企事业单位137家。截至2010年，用水人口16.8万人，用水户（机关企业事业单位、居民）68184户。为不断满足用户用水需求，从最早提出“水好压足”的供水服务口号，到供水服务依照《天津市供水管理规定》《天津市城镇供水服务标准》，使供水服务工作逐渐规范化，本着“优质供水，人性化服务”开展供水服务建设。营销服务：1999年5月居民实行入户收费，结束了轮抄水表、总表分表不符状况；2002年5月设立供水服务大厅，开通服务热线，为用户提供用水缴费、维修、咨询等供水服务，并实行“首问负责制”“一站式办公”和“一次性告知”服务方式；2004年10月在城区开始使用智能化水表；2007年在城区亨通花园设立长期售水点，开拓了延展收费方式。至此，为方便用户缴纳水费，开通多种缴费渠道：工作人员上门查表收费、机关企事业单位银行托收、供水单位服务大厅收费和社区定点收费。对用水类别进行归档管理，做到抄表到户率100%。维修服务：为保障供水不间断，建立应急抢修机制。在制度建设、人员配备、工具车辆装备等方面不断完善。由原来的自行车、铁锹、钢镐、手锯为代表的传统“四大件”的运输及维修工具转变为汽车、挖掘机、电锯等先进运输及工具，并且建立有组织、反应迅速、处置及时、保障有力的抢修机制。至2010年供水企业已具备快速处理供水突发事件能力，践行“接报后40～60分钟到达现场”“小修不过夜，大修连续干，直至通水”的供水抢险服务规范。

（五）供水价格

自1971年成立自来水站开始，杨村镇居民到各取水点取水，每两桶水收0.1元，机关单位每桶0.5元，没有固定价格，到1974年，在新华路2号打深井机井后，自来水个别区域开始入户，启用水表，价格暂定收提水费0.2元每立方米。到1984年自来水逐步入户后，新建的水厂水价进行了调整：居民用水0.3元每立方米，机关单位用水0.55元每立方米。1993年4月自来水价格调整为居民用水0.4元每立方米，机关单位用水0.7元每立方米；8月水价再次调整为居民用水0.45元每立方米，机关单位用水0.8元每立方米。1996年自来水价格调整为居民用水0.61元每立方米，商用及特殊行业用水1.05元每立方米。1997年9月自来水价格调整为居民用水0.85元每立方米，商业用水1.25元每立方米，特殊行业用水1.6元每立方米。1999年7月因使用滦河水，水价调整为居民用水1.05元每立方米，商业用水1.45元每立方米，特殊行业用水1.8元每立方米。2000年3月自来水价格调整为居民用水1.8元每立方米，商业用水1.98元每立方米，特殊行业用水2.8元每立方米。2000年7月自来水价格调整为居民2.2元每立方米，商业用水2.4元每立方米，特殊行业用水4.8元每立方米。2001年10月1日自来水价格调整为居民用水2.5元每立方米，商业用水2.7元每立方米，特殊行业用水5.1元每立方米。

武清城区自来水水价调整见表3-1-26。

表3-1-26　**武清城区自来水水价调整表**　单位：元每立方米

调价时间	生活用水		工商业及机关单位用水		餐饮洗浴建筑用水	
	提价前	提价后	提价前	提价后	提价前	提价后
1984年以前	—	0.20	—	0.20	—	0.20
1984年	0.20	0.30	0.20	0.55	0.20	0.55
1993年4月	0.30	0.40	0.55	0.70	0.55	0.70
1993年8月	0.40	0.45	0.70	0.80	0.70	0.80
1996年	0.45	0.61	0.80	1.05	0.80	1.05
1997年9月	0.605	0.85	1.05	1.25	1.05	1.60
1999年7月	0.85	1.05	1.25	1.45	1.60	1.80
2000年3月	1.05	1.80	1.45	1.98	1.80	2.80
2000年7月	1.80	2.20	1.98	2.40	2.80	4.80
2001年10月1日	2.20	2.50	2.40	2.70	4.80	5.10

二、农村供水

农村供水是指农村生活饮用水，2010年全部采用地下水。20世纪70年代前期，农村居民饮水一般是人力担、挑，水车、辘轳，开挖土井、砖井、压把井等方式提取地下浅层水饮用。进入70年代后期，有条件的村庄开始打机井用机械动力提取，给水方式有采用水塔、压力罐等形式定时、定点取水。到1985年，武清县农村开始实施农村自来水入户工程，至1990年年底，全区已有697个村实现自来水入户，占全区农户的94%，这大部分村庄主要采用单村水塔或压力罐供水，各村实行了定时定点供水制度；有6%的村庄继续使用砖井、土井、压把井解决生活用水问题。因受定时、定点取水不方便的因素影响，农村生活用水产生了较大的困难。1993年4月，首次天津市乡镇集中供水现场交流会在河西务镇召开，这也是武清县第一个建成乡镇供水的地区，全镇供水人口3万人，实现恒压变频保证24小时供水。2002年，根据天津市第六次市长办公会议研究，决定用3年的时间解决农村饮水困难问题。2005年全区共有24个乡镇实行了乡镇集中供水，占全区乡镇的83.3%。有4个乡镇未实行乡镇集中供水，占全区乡镇的16.7%。2006年起用5年时间解决农村管网老化和人畜饮水安全问题。有482个村实行乡镇集中供水，占全区村庄总数的69.3%，193个村未实行乡镇集中供水，占全区村庄总数的30.7%。武清区农村供水工程建设投资情况见表3-1-27。

表3-1-27　　**武清区农村供水工程建设投资统计表**

序号	工程名称	建设年份	投资/万元
1	农村饮水解困工程	2002—2004	6672.43
2	农村管网入户工程	2006—2012	22060.25
3	农村安全饮水工程	2006—2012	5122.61
	合计		33855.29

（一）乡镇集中供水

武清区第一座乡镇供水厂于1993年在河西务镇建成，1994年、1995年南蔡村、双树乡陆续建成2座乡镇供水厂，受益人口15万人。后因资金等因素未能及时推广应用。到2002年结合人畜饮水解困工程建成集中供水8处，覆盖石各庄、大碱厂、南蔡村等24个乡镇街，共打井27眼，更新井26眼，受益人口16.2万人。2003年建成集中供水6处，覆盖上马台、大良、河北屯等28个乡镇街，共打井25眼，更新井67眼，受益人口19.8万人。2004年建成集中供水8处，覆盖上马台、河西务、下伍旗等26个乡镇街，共打井14眼，更新井53眼，受益人口14.5人。至2010年，全区乡镇集中供水覆盖近 83.3%，其余采用单村供水或其他供水方式。

（二）农村人畜饮水解困工程

2002 年，武清区委、区政府根据天津市政府第六次市长办公会关于“下决心用 3 年时间解决农村人畜饮水困难问题”的指示，决定在全区农村开始人畜饮水解困工程。成立了以区长为组长，主管副区长为副组长，武清区计划委员会、区农业委员会、区水务局、区财政局、区审计局主要领导为成员的农村人畜饮水解困工程领导小组。办公室设在水务局，负责日常工作。工程自 2002 年 1 月 1 日开始，至 2004 年 6 月 25 日全部完工，共完成投资 6672.43 万元，其中国家补助 2896.43 万元、区配套 1434.9 万元、自筹 2341.1 万元。工程建设内容以建集中供水工程、打井、配泵解决饮水水源为主。工程范围涉及 28 个乡镇 482 个村，受益人口 50.5 万人，大牲畜 53136 头。工程于 2004 年 7 月 7 日通过天津市水利局验收，工程合格率达到了 100%。该工程的实施结束了武清区吃砖井水和北部地区吃压把井水的历史。

武清区农村人畜饮水解困工程见表 3-1-28。

表 3-1-28 **武清区农村人畜饮水解困工程一览表** 单位：万元

年份	投资				建设地点	建设内容	受益情况
	总投资	国家补助	地区补助	自筹			
2002	2469.83	1501.53	0	968.30	石各庄、大碱厂、南蔡等 24 个乡镇街	建集中供水工程 8 处，完成新打机井 27 眼，更新机井 62 眼，维修机井 2 眼，更新水泵 4 台套，新井配电 27 处	受益人口 16.2 万人、大牲畜 15714 头
2003	2308.90	763.61	803.61	741.68	上马台、大良、河北屯等 28 个乡镇街	建集中供水工程 6 处，新打机井 25 眼，更新机井 67 眼，维修机井 34 眼，更新水泵 28 台套，新井配电 25 处	受益人口 19.8 万人、大牲畜 22535 头
2004	1893.70	631.23	631.23	631.24	上马台、河西务、下伍旗等 26 个乡镇街	建集中供水工程 8 处，新打机井 14 眼，更新机井 53 眼，维修机井 14 眼，更新水泵 22 台套，新井配电 13 处	受益人口 14.5 万人、大牲畜 14887 头
合计	6672.43	2896.43	1434.90	2341.10	上马台、大良、河北屯等 28 个乡镇街	建集中供水工程 22 处，新打机井 66 眼，更新机井 182 眼，维修机井 50 眼，更新水泵 54 台套，新井配电 65 处	受益人口 50.5 万人、大牲畜 53136 头

（三）农村安全饮水及管网入户改造工程

随着农村经济的发展和城市化进程的加快，农民对农村饮水水质和方便程度提出了更高的要求。为解决武清区农村管网老化失修、跑冒滴漏的问题，武清区全面实施农村管网入户改造工程；因定时限量供水造成的饮水不方便和饮用水质不达标问题，实施农村饮水安全工程。根据天津市水利局解决农村安全饮水及管网改造的指示精神，武清区水务局于2005年研究制定《武清区农村饮水安全及管网改造工程规划方案》，并于2006年开始实施，至2010年年底工程全部竣工，工程5年累计投资27183.02万元，其中中央预算内资金3395.06万元、市级资金10272.54万元、区自筹资金13515.42万元。共新建大型集中除氟水厂2座、乡镇集中供水工程30处、单村供水工程52处，实行分区供水，解决了25个乡镇街436个村、43.56万人饮水不方便问题，同时解决了314个村39.42万人饮水安全问题。

1. 农村管网入户改造工程

2007年，在石各庄、汊沽港、豆张庄、黄花店、大碱厂、南蔡村、崔黄口、东马圈、大王古庄、曹子里、陈嘴等乡镇兴建集中供水厂11座，并网改造5处，12个单村供水管网改造，共完成村连村管道172.16千米，村内管网改造及新铺设1983.14千米，安装变频设备19套，建清水池12座4100立方米，建泵房及管理房1680平方米。总投资6725.37万元，其中市级资金3362.70万元、区自筹资金3362.67万元，受益人口16.16万人。

2008年，在大孟庄镇（亭上、蒙村店）、大王古庄镇（大王古庄村）兴建集中供水工程3处，并网5处，单村供水工程3处。完成铺设管道699.65千米，安装恒压变频设备5套，建泵房及管理房480平方米。共完成投资2057.24万元，其中中央预算内资金224.85万元、市级资金803.77万元、区自筹资金1028.62万元，受益人口4.6万人。

2009年，在崔黄口、白古屯、豆张庄、梅厂、高村、城关、东马圈、泗村店等乡镇182个村建设集中供水工程14处，并网改造9处，单村供水管网改造19处，共安装铺设改造3980.18千米，安装恒压变频29台套，建清水池29座4330立方米，新建泵房及管理房2700平方米。共完成投资10379.30万元，其中中央预算内资金2550万元、市级资金2639.65万元、区自筹5189.65万元，受益人口18.22万人。

2010年，在汊沽港、泗村店建集中供水工程2处，并网改造6处，单村供水工程18处，铺设输水管道894.1千米，安装恒压变频设备20台套，建清水池20座1580立方米，新建泵房及管理房1380平方米。共完成投资2898.50万元，其中市级资金1463.19万元、区自筹资金1435.31万元，受益人口4.58万人。

2. 农村饮水安全工程

武清区政府根据《武清区农村饮水安全及管网改造工程规划方案》，针对39.42万人饮水水质不达标（含氟量高）问题，于2006年收购娃哈哈桶装水有限公司净水厂一处，2008年在豆张庄新建大型净水厂一处，两项工程总投资5122.61万元。其中2006年工程投资2486.68万元，中央预算内资金620.21万元，市级资金685.26万元，区自筹资金1181.21万元；2008年工程投资2635.93万元，市级资金1317.97万元、区自筹资金1317.96万元。

2006年工程启动后，由区政府委托娃哈哈有限公司运营管理，2007年完工，水厂日生产能力1万桶，解决了155个村17.97万人饮水不安全问题。

2008年工程由武清区水务局承建，地点在豆张庄原汛料库院内。运行管理由武清区水务局负责，该水厂日生产能力1万桶，解决了159个村21.45万人饮水不安全问题。

两个安全水厂于2009年正式开始向农村地区供应桶装水。桶装水统一定价1.3元每桶，各供点0.1元管理费，实际出厂桶装为1.2元每桶。2009年豆张庄净水厂注册为“天津市雪格尔饮用水有限公司”，并于2010年年底办理“食品生产加工企业生产许可证”，对外开始销售。

武清区农村饮水安全工程于2012年7月经国家发展改革委、水利部定为全国农村饮水安全工程100个示范县之一。

武清区农村安全饮水工程建设见表3-1-29。

表3-1-29 **武清区农村安全饮水工程建设一览表**

年份	投资/万元				建设形式	建设地点	建设内容	受益人口/万人
	总投资	中央	市级	区级				
2006	2486.68	620.21	685.26	1181.21	除氟改水	大良镇	购置娃哈哈饮水厂1座，购置饮水机53541台，饮水桶107082只	17.97
2007	6725.37	0	3362.70	3362.67	管网入户	石各庄镇、汊沽港镇、豆张庄镇、黄花店镇、大碱厂镇、南蔡村镇、崔黄口镇、东马圈镇、大王古庄镇、曹子里镇、陈嘴镇	建集中供水工程11处，共108个村，与原集中供水工程并网5处，单村改造管网12个村，安装连村管道172.16千米，村内管道1983.14千米，安装变频设备19台套，建清水池12座，建泵房及管理房1680平方米	16.16

续表

年份	投资/万元				建设形式	建设地点	建设内容	受益人口/万人
	总投资	中央	市级	区级				
2008	2635.93	0	1317.97	1317.96	除氟改水	豆张庄镇	购置20吨除氟净水设备1套，建管理房560平方米，建厂房1008平方米，配备饮水机58860台，饮水桶117720只，改造村级配水站159座	21.45
2008	2057.24	224.85	803.77	1028.62	管网入户	大孟庄镇（亭上村、蒙村店村）、大王古庄镇（大王古庄村）	建集中供水工程3处，与原集中供水工程并网5处，单村供水工程3处，铺设输水管道699.65千米，安装恒压变频设备4台套，建泵房及管理房480平方米	4.60
2009	10379.30	2550.00	2639.65	5189.65	管网入户	崔黄口镇（东粮窝村、后巷村）、白古屯镇、豆张庄镇（中双庙村、茨洲村）、梅厂镇（梅厂村、小姚庄村、聂庄子村）、高村镇（高村）、城关镇（沙庄村、大桃元村）、东马圈镇（东马圈村、大谋屯村）、泗村店镇（窑上村）	建集中供水工程14处，与原集中供水工程并网9处，单村供水工程19处，铺设输水管道3980.18千米，安装水表43973块，安装恒压变频设备29台套，建清水池25座，新建泵房及管理房2700平方米	18.22
2010	2898.50	0	1463.19	1435.31	管网入户	汉沽港镇（六道口村）、泗村店镇（前屯村）	建集中供水工程2处，与原集中供水工程并网6处，单村供水工程18处，铺设输水管道894.10千米，安装水表14616块，安装恒压变频设备20台套，消毒设备22套，建清水池20座，新建泵房及管理房1380平方米	4.58
合计	27183.02	3395.06	10272.54	13515.42				82.98

第二节　城　区　排　水

一、排水区域划分

武清城区原指杨村镇，2004年武清区撤乡并镇将原来的下朱庄、黄庄、东蒲洼、徐官屯与杨村镇合并，组成武清新城区，包括武清开发区和天津市逸仙科技园区。武清城区内原无排水设施，自1979年开始铺设排水管道，均为雨污合流制管道。自1995年开始实行雨污分流制建设，合流制管道逐步改造为雨污分流制。至2010年城区排水两种形式仍然同时存在。雨污分流后，雨水经泵站提升排入明渠，污水经泵站提升排入污水处理厂，处理达标后排入明渠。2010年武清城区排水按照《天津市武清新城区排水工程专项规划》重新划分为三个片区，分别为武清中心城区、黄庄片区及下朱庄片区。

（一）武清中心城区

区域范围：北起龙凤河，南至杨北路，东至东外环、京津塘及京津高速公路，西至龙凤河故道。该区域又分为老城区、开发区和逸仙园科技园区三个片区。

1. 老城区

老城区又以运河为界分为运河东和运河西两个分区。

运河以东片区是指北运河以东、机场外壕以西、杨北路以北、运东干渠以南地区，该片区以雍阳西道为界又分为南北两个小片区。1979年在北片区开始铺设排水管道，多采用合流制。1995年随着城区改造，南北两个片区排水管网逐步实现雨污分流制。北片区机场路以南、雍阳东道以北的雨水由镇东泵站排入机场外壕；机场路以北的雨水入运东泵站排入运东干渠；污水由松江泵站、机场外壕泵站提升排入武清第四污水处理厂。南片区的雨水经镇南雨水泵站提升排入机场排河；污水主要靠镇南污水泵站提升排入武清第三污水处理厂。

运河以西片区是指北运河以西、西界渠以东、四支及五支渠道以南、京山铁路以北地区。1991年该片区开始铺设雍阳西道排水管道，采用合流制。2007年雍阳西道改造，排水管道改为雨污分流制，自此后该片区新建、改造道路均采用雨污分流制。该片区雨水经南夹道、北夹道和北郑庄泵站排入北运河；污水经泉达路泵站、西界渠泵站排入第二污水处理厂。

2. 开发区

开发区是指西界渠以东、京津塘高速公路以南、京津公路以西、四支渠以北地区。

该区自1992年开始建设排水管网，均采用雨污分流制，雨水经郑楼、北郑庄泵站排入北运河，污水入第一污水处理厂。

3. 逸仙园科技园区

逸仙园科技园区的排水系统自成一体，雨水排入五支渠，污水排入第一污水处理厂。

（二）下朱庄片区

区域范围：杨北路以南，北运河以东，梅石公路以北，东外环以西。该区域又以京津公路为界分为西侧三角和东侧三角两个片区。

1. 西侧三角片区

西侧三角片区雨水经下朱庄、梅石路泵站排入北运河，污水排入下朱庄污水处理厂。

2. 东侧三角片区

东侧三角片区雨水经郎庄子泵站提升排入机场排河，污水经管道收集进入第三污水处理厂。

（三）黄庄片区

区域范围：京津城际高铁以南，龙凤河故道以北，北运河以西，104国道以东。

黄庄片区雨水通过明沟自然排放，就近排入永定河、北运河和龙凤河故道；该片区没有排水管道及污水集中处理设施，村庄一般建设化粪井，污水经简单处理后就近排入河道和沟渠。

二、排水工程建设

排水工程建设主要是以排水管网、排水泵站和排水明渠建设为主。排水管网建设自1979年至2010年年底铺设管网总长度达到261.4千米，其中河东71.6千米、河西189.8千米。武清开发区、逸仙科技园区排水体制均实现雨污分流制，共铺设排水管网总长186.8千米。排水泵站建设自1956—2010年共建28座，其中运东6座、运西10座、开发区12座。排水明渠建设自1958—2010年共开挖14条，其中河东5条、河西9条。

（一）排水管网工程建设

自1979年5月在常德大街、胜利路铺设排水管道。后又在雍阳东道、大桥道、机场道、育才路、塔园街、车道口街、团结路、雍阳西道、人大西侧及县委、县政府、人民礼堂院内、塔园街经一街村委会院至东沙坑铺设水泥混凝土管、缸瓦管、混凝土砌砖下水道，至1990年年底共铺设管道15条9.821千米。截至2010年，运河以东共铺设排水管网71.6千米。运河以西自1991年开始在雍阳西道、泉州南路、建设路、振华西道等道路铺设排水管网，截至2010年年底共铺设管网长度达189.8千米。

1. 运河东管网建设

1991年对育才路进行改造，将原有旧管道拆除，更新800毫米钢筋混凝土管道2.2千米。1993年对杨崔路徐官屯段进行改造，铺设1800毫米钢筋混凝土管道1.35千米；对机场道进行改造，铺设1800毫米钢筋混凝土管道0.13千米。1995年大桥道改造，铺设1500毫米钢筋混凝土管道4.57千米。1998年振华东道改造，铺设800毫米钢筋混凝土管道0.56千米。1999年新建机场道延长线，铺设500毫米钢筋混凝土管道0.28千米。2000年东斜渠改造，铺设1500毫米钢筋混凝土管道2.29千米；胜利路改造，铺设900毫米钢筋混凝土管道0.82千米。2006年雍阳东道改造，铺设1500毫米钢筋混凝土管道1.88千米。2007年对杨崔路徐官屯路口至君利搅拌站段铺设1650毫米钢筋混凝土管道2.62千米；胜利路运东泵站上游铺设1650毫米钢筋混凝土管道2.62千米；徐官屯至运东干渠明渠改暗管，铺设600毫米钢筋混凝土管道0.39千米；团结路改造，铺设1000毫米钢筋混凝土管道2.38千米；机排河治理，铺设800毫米钢筋混凝土污水管道3.55千米。2008年胜利路增设1000毫米钢筋混凝土配套管网0.11千米；对机场道增铺1500毫米钢筋混凝土管道4.6千米；新建第四污水处理厂，上游铺设1000毫米钢筋混凝土管道2.21千米；东斜渠明渠改暗管，铺设800毫米钢筋混凝土管道0.3千米；团结路铺设1500毫米钢筋混凝土管道4.78千米；机场外壕治理，铺设800毫米钢筋混凝土污水管道1.22千米；镇南泵站改造，铺设800毫米钢筋混凝土管道0.35千米。2009年杨北路改造，铺设2000毫米钢筋混凝土管道15.87千米。2010年建材城片区（污水）配套工程，铺设800毫米钢筋混凝土管道0.15千米。

2. 运河西管网建设

1991年新建雍阳西道，铺设1000毫米钢筋混凝土管道0.51千米，铺设600毫米钢筋混凝土管道3.26千米。1992年雍阳西道铺设1000毫米钢筋混凝土管道0.94千米。1994年泉州南路改造，铺设1500毫米钢筋混凝土管道1.68千米。1995年新建振华西道，铺设800毫米钢筋混凝土管道0.65千米；建设路改造，铺设1200毫米钢筋混凝土管道0.79千米。1996年雍阳西道铺设1500毫米钢筋混凝土管道2.92千米；泉州路改造，铺设600毫米钢筋混凝土管道1.29千米。1997年泉州路铺设1200毫米钢筋混凝土管道1.23千米。1998年振华西道铺设800毫米钢筋混凝土管道0.52千米；光明道改造，铺设1200毫米钢筋混凝土管道2.33千米；前进道改造，铺设1200毫米钢筋混凝土管道6.49千米。1999年雍阳西道铺设1500毫米钢筋混凝土管道6.64千米。1999年光明道铺设1000毫米钢筋混凝土管道1.16千米；泉发路改造，铺设1200毫米钢筋混凝土管道4.12千米；泉兴路改造，铺设1250毫米钢筋混凝土管道1.56千米；泉旺路改造，铺设1800毫米钢筋混凝土管道4.18千米；京津公路改造，铺设800毫米钢筋混凝土管道3.37千米；建国南路改造，铺设1800毫米钢筋混凝土管道0.4千米；新建南财源道，铺设1200毫米钢筋混凝土管道1.92千米；新建来源道，铺设600毫米钢筋混凝土管道1.82千米；三支渠改造，铺设1500毫米钢筋混凝土管道1.12千米。2000年建设路铺设1800毫米钢筋混凝土管道5.2千米；泉州路铺设2200毫米钢筋混凝土管道7.76千米。2001年泉发路铺设600毫米钢筋混凝土管道3.23千米；京津公路铺设1800毫米钢筋混凝土管道15.3千米；来源道铺设600毫米钢筋混凝土管道0.75千米。2003年新建富民道，铺设800毫米钢筋混凝土管道3.76千米；新建强国道，铺设1000毫米钢筋混凝土管道3.24千米。2004年二支渠综合治理，铺设1000毫米钢筋混凝土管道3.12千米。2005年振华西道铺设800毫米钢筋混凝土管道2.73千米；京津公路铺设800毫米钢筋混凝土管道3.37千米。2006年来源道铺设500毫米钢筋混凝土管道0.45千米；新华路改造，铺设900毫米钢筋混凝土管道1.69千米。2007年雍阳西道改造，铺设1800毫米钢筋混凝土管道16.12千米；振华西道铺设2000毫米钢筋混凝土管道5.98千米；前进道铺设400毫米钢筋混凝土管道1.5千米；京津公路铺设600毫米钢筋混凝土管道0.56千米；三支渠铺设1200毫米钢筋混凝土管道1.88千米；二支渠铺设700毫米钢筋混凝土管道2千米；广厦道改造，铺设800毫米钢筋混凝土管道2.64千米；新建翠亨路，铺设1000毫米钢筋混凝土管道4.88千米；新建泉达路，铺设1800毫米钢筋混凝土管道3.88千米；东排渠明渠改造，铺设2000毫米钢筋混凝土管道2.63千米。2008年强国道铺设1400毫米钢筋混凝土管道8.77千米。2009年振华西道铺设1500毫米钢筋混凝土管道0.47千米；翠亨路铺设1500毫米钢筋混凝土管道10千米。2010年实施京津城际高铁武清站（佛罗伦萨小镇）污水配套管网建设，铺设500毫米钢筋混凝土管道0.67千米。

1991—2010年武清城区排水主干管网统计见表3-2-30。

表3-2-30 **1991—2010年武清城区排水主干管网统计表**

地区	道路名称	管道分类	管径/毫米	长度/米	铺设年份	备 注
运东	育才路	雨、污管	200～1800	2213	1991	钢筋混凝土承插口管
	杨崔公路	雨、污管	400～1800	1348	1993	
		雨、污管	300～1650	8440	2007	
	机场道	雨、污管	1800	125	1993	
		雨、污管	200～1500	4668.5	2008	
	大桥道	雨、污管	300～1500	4570	1995	
	振华东道	雨、污管	300～800	563	1998	
	机场道延长线	雨、污管	300～500	276	1999	

续表

地区	道路名称	管道分类	管径/毫米	长度/米	铺设年份	备　注
运东	东斜渠改造	雨、污管	600～1500	2292	2000	钢筋混凝土承插口管
	东斜渠明渠改暗管	雨、污管	800	298	2008	
	胜利路	雨、污管	700～900	819	2000	
	雍阳东道	雨、污管	500～1500	1877	2006	
	团结路	雨、污管	300～1000	2380	2007	
		雨、污管	300～1500	4782	2008	
	运东泵站上游	雨、污管	300～1650	2622	2007	
	机排河污水管道	雨、污管	800	3550	2007	
	徐官屯明渠改暗管	雨、污管	600	385	2007	
	机场外壕污水管道	雨、污管	600～800	1224	2008	
	运东泵站配套管道	雨、污管	1000	112	2008	
	四污上游排水管道	雨、污管	400～1000	2212	2008	
	杨北路	雨、污管	300～2000	15871	2009	
	镇南泵站上游	雨、污管	800	347	2008	
	强国道	雨、污管	400～1000	3998	2010	
	车道口胡同	雨、污管	300～500	615	1979	
	塔园路	雨、污管	600～700	462	1997	
	常德大街	雨、污管	600～800	758	2000	
	富民道	雨、污管	300～2000	2243	2010	
	前进道	雨、污管	300～1200	2385	2007	
	建材城片区（污水）配套	雨、污管	800	150	2010	
合计				71585.5		
运西	雍阳西道	雨、污管	1000	511	1991	钢筋混凝土承插口管
		雨、污管	600	3255	1991	
		雨、污管	800～1000	942	1992	
		雨、污管	600～1500	2919	1996	
		雨、污管	300～1500	6640	1999	
	雍阳西道改造	雨、污管	300～1800	16124	2007	
	泉州南路	雨、污管	1200～1500	1677	1994	
	振华西道	雨、污管	600～800	649	1995	
		雨、污管	600～800	522	1998	

续表

地区	道路名称	管道分类	管径/毫米	长度/米	铺设年份	备　注
运西	振华西道	雨、污管	300～800	2726	2005	钢筋混凝土承插口管
		雨、污管	300～2000	5980	2007	
		雨、污管	1000～1500	467.2	2009	
	建设路	雨、污管	800～1200	788	1995	
		雨、污管	300～1800	5203	2000	
	泉州路	雨、污管	400～600	1285	1996	
		雨、污管	600～1200	1231	1997	
		雨、污管	300～1500	1096	2010	
		雨、污管	300～2200	7755	2000	
	光明道	雨、污管	300～1200	2331	1998	
		雨、污管	200～300	6140	2010	
	前进道	雨、污管	300～1200	6490	1998	
		雨、污管	300～400	1504	2007	
	建国南路	雨、污管	1800	396	1999	
	泉发路	雨、污管	300～1200	2240	2010	
		雨、污管	300～600	3232	2001	
	泉兴路	雨、污管	300～1250	1562	1997	
	泉旺路	雨、污管	300～1800	4189	1999	
	南财源道	雨、污管	300～1200	1919	1999	
	京津公路	雨、污管	300～800	3370	1999	
	京津公路	雨、污管	300～1800	15284	2001	
		雨、污管	300～800	3370	2005	
		雨、污管	400～600	564	2007	
	来源道	雨、污管	300～600	1818	1999	
		雨、污管	300～600	750	2001	
		雨、污管	500	450	2006	
	三支渠	雨、污管	300～1500	1117	1999	
		雨、污管	400～1200	1875	2007	
	富民道	雨、污管	300～800	3755	2003	
	富民道	雨、污管	300～800	2724	2010	
	强国道	雨、污管	800～1000	3244	2003	
		雨、污管	300～1400	8772	2008	

续表

地区	道路名称	管道分类	管径/毫米	长度/米	铺设年份	备　注
运西	二支渠	雨、污管	800～1000	3115	2004	钢筋混凝土承插口管
		雨、污管	400～700	2000	2007	
	新华路	雨、污管	600	1375	1991	
	新华路	雨、污管	600～900	1694	2006	
	广厦道	雨、污管	300～800	2642	2007	
	翠亨路	雨、污管	300～1000	4878	2007	
		雨、污管	1500	10000	2009	
	泉达路	雨、污管	300～1800	3884	2007	
	东排渠明渠	雨、污管	400～2000	12627	2007	
	老干部规划路	雨、污管	300～600	1661	2010	
	文化公园	雨、污管	500～600	785	2010	
	翠通路	雨、污管	300～1000	4120	2007	
	翠通路	雨、污管	300～1000	3354	2010	
	规划南路	雨、污管	300	127	2007	
	京津城际武清站（佛罗伦萨小镇）污水配套管网	雨、污管	500	670	2010	
合　计				189798.2		
总　计				261383.7		

注　管网总长度包括管道新建、改造、明渠治理、泵站配套。

（二）城区排水泵站建设

城区排水泵站始建于1957年的北夹道、1959年的北郑庄、1965年的郑楼、1971年的上湾、1981年的南夹道泵站，主要用于农田排涝。1981年以后，随着城镇化步伐的加快，这些泵站主要用于城区排沥。截至2010年，城区共有雨、污水泵站28座，其中运东6座、运西10座、开发区12座。

1. 运河东排水区泵站建设

上湾泵站：参见第六章。

镇南雨污水泵站：建于1990年，坐落于京津公路东侧、杨北路南侧，占地0.3公顷，总投资130万元，设计流量3立方米每秒。2007年5月，泵站更新改造，安装5台水泵，装机483千瓦，使排水能力达到5.38立方米每秒。该泵站为雨水单排泵站，排沥能力5立方米每秒，将雨水排入机场排河。其服务范围：北运河以东，团结路以西，雍阳东道以南，杨北公路以北、新湾家园片区及京津公路沿线。2010年5月在该址又新建排污泵站1座，排污能力0.125立方米每秒，排水经800毫米钢筋混凝土管道入第三污水处理厂。

镇东雨水泵站：建于1997年，坐落于杨村镇东（部队靶场东南角），占地0.25公顷，总投资100万元。2010年6月该泵站更新改造，安装水泵5台，装机450千瓦，排水能力达到5立方米每秒，系单排站，排水入机排河。其服务范围：196旅主路以东、大桥道以南、雍阳东道以北、外环以西。

运东雨水泵站：建于2008年，坐落于运东干渠以南、第四污水处理厂以西、武宁路以北，占地面积0.2公顷，总投资549万元。安装水泵5台，功率450千瓦，排水能力为5立方米每秒，系单排站。其服务范围：北运河以东、运东干渠以南、机场道以北片区。

机场外壕污水提升泵站：建于2009年，坐落于杨村机场西侧，占地0.27公顷，总投资39.39万元，共3台机组，功率55.5千瓦，排水能力为0.21立方米每秒，该泵站为运东泵站的中间提升泵站。其服务范围：津京公路以东、机场道以南、雍阳东道以北片区。

东斜渠雨水提升泵站：建于2009年，坐落于东斜渠以北、机场外壕以西，占地面积为0.03公顷，总投资39.39万元，共2台机组，功率110千瓦，排水能力为1立方米每秒，该泵站为镇东雨水泵站的中间提升泵站。其服务范围：京津公路以东、机场道以南、机场外壕以西、雍阳东道以北片区。

2. 运河西排水泵站建设

北夹道扬水泵站、郑楼扬水泵站、北郑庄扬水泵站、南夹道扬水泵站参见第九章。

检察院雨水泵站：建于1976年，坐落于东排渠西侧、检察院院内，占地面积0.03公顷，原为雨污泵站。1995年5月更换水泵，共有2台机组，功率110千瓦，排水能力为1立方米每秒，且改为纯雨水泵站。其服务范围：泉州路以东、光明道以南、雍阳西道以北片区。

泉旺路雨水提升泵站：建于2005年5月，位于泉旺路东侧、雍阳西道南200米，占地面积0.03公顷，总投资300万元，共有1台机组，功率55千瓦，排水能力为0.5立方米每秒，系雨水泵站。其服务范围：雍阳西道（泉达路至泉旺路）区政府片区。雨水经泵站排入三支渠管道排出。

强国道污水泵站：建于2008年1月，坐落于西界渠以西、二支渠以南，占地面积0.07公顷，总投资300万元，共有3台机组，功率60千瓦，排水能力为0.45立方米每秒，系污水泵站。其服务范围：武支渠以南、翠亨路以西、前进道以北片区。

西界渠雨污水泵站：建于2007年6月，坐落于西界渠与雍阳西道交口南侧，占地面积0.03公顷，总投资35.6万元，共有2台机组，功率60千瓦，排水能力为0.7立方米每秒。其服务范围：南东路以东、翠亨路以西、雍阳西道两侧片区。

建设路雨水提升泵站：建于2007年12月，坐落于建设路涵洞东侧、铁路南侧，占地面积0.07公顷，总投资200万元，共有3台机组，功率85千瓦，排水能力为0.84立方米每秒，系雨水泵站。其服务范围：建设路涵洞。

泉达路雨污水泵站：建于2007年12月，坐落于泉达路与二支渠交口东侧，占地面积0.07公顷，总投资20.5万元，共有6台机组，功率242千瓦，排水能力为4.2立方米每秒，系雨水提升泵站。其服务范围：翠亨路以东、泉发路以西、雍阳西道以南、二支渠以北片区。雨水经该泵站提升后，排入二支渠。污水经泵站提升排入武清第二污水处理厂。

武清城区排水泵站统计见表3-2-31。

表3-2-31 **武清城区排水泵站统计表**

<table>
<tr><th>地区</th><th>序号</th><th>泵站名称</th><th>泵站类型</th><th>机组数量/台</th><th>装机容量/千瓦</th><th>总排水能力/立方米每秒</th><th>始建年份</th></tr>
<tr><td rowspan="7">运东</td><td>1</td><td>上湾泵站</td><td>雨污泵站</td><td>—</td><td>—</td><td>4.000</td><td>1973（2005年报废）</td></tr>
<tr><td rowspan="2">2</td><td rowspan="2">镇南泵站</td><td>雨水泵站</td><td>5</td><td>450.0</td><td>5.000</td><td rowspan="2">1990</td></tr>
<tr><td>污水泵站</td><td>6</td><td>100.5</td><td>0.333</td></tr>
<tr><td>3</td><td>镇东泵站</td><td>雨水泵站</td><td>5</td><td>450.0</td><td>5.000</td><td>1996</td></tr>
<tr><td>4</td><td>运东泵站</td><td>雨水泵站</td><td>5</td><td>450.0</td><td>5.000</td><td>2008</td></tr>
<tr><td>5</td><td>机场外壕泵站</td><td>污水泵站</td><td>3</td><td>55.5</td><td>0.210</td><td>2007</td></tr>
<tr><td>6</td><td>东斜渠泵站</td><td>雨水泵站</td><td>2</td><td>110.0</td><td>1.000</td><td>2008</td></tr>
<tr><td rowspan="12">运西</td><td>7</td><td>北夹道</td><td>雨水泵站</td><td>4</td><td>155.0</td><td>10.000</td><td>1957</td></tr>
<tr><td>8</td><td>北郑庄</td><td>雨水泵站</td><td>5</td><td>165.0</td><td>12.000</td><td>1959</td></tr>
<tr><td>9</td><td>郑楼</td><td>雨水泵站</td><td>2</td><td>55.0</td><td>2.400</td><td>1965（2000年报废）</td></tr>
<tr><td>10</td><td>检察院泵站</td><td>雨水泵站</td><td>2</td><td>110.0</td><td>1.000</td><td>1976</td></tr>
<tr><td>11</td><td>南夹道</td><td>雨水泵站</td><td>4</td><td>165.0</td><td>8.000</td><td>1981</td></tr>
<tr><td>12</td><td>泉旺路泵站</td><td>雨水泵站</td><td>1</td><td>55.0</td><td>0.500</td><td>2005</td></tr>
<tr><td>13</td><td>强国道泵站</td><td>污水泵站</td><td>3</td><td>60.0</td><td>0.450</td><td>2007</td></tr>
<tr><td rowspan="2">14</td><td rowspan="2">西界渠泵站</td><td>雨水泵站</td><td>2</td><td>60.0</td><td>0.700</td><td rowspan="2">2007</td></tr>
<tr><td>污水泵站</td><td>4</td><td>120.0</td><td>0.550</td></tr>
<tr><td>15</td><td>建设路泵站</td><td>雨水泵站</td><td>3</td><td>85.0</td><td>0.840</td><td>2008</td></tr>
<tr><td rowspan="2">16</td><td rowspan="2">泉达路泵站</td><td>雨水泵站</td><td>4</td><td>220.0</td><td>4.000</td><td rowspan="2">2008</td></tr>
<tr><td>污水泵站</td><td>2</td><td>22.0</td><td>0.200</td></tr>
</table>

3. 开发区泵站建设

1992年经国务院批准建设武清开发区，至2010年共建成排水泵站12座，其中雨水泵站6座、污水泵站6座，共配备水泵43台，排水能力为30.56立方米每秒。

家乐泵站：于2003年建成，坐落于雍阳西道与泉旺路交口（汽车站内），占地面积0.1公顷，共有3台机组，功率97.5千瓦，排水能力为0.43立方米每秒，系污水提升泵站。服务范围：泉旺路以东、泉州北路以西、光明道以南、雍阳西道以北片区。污水经该泵站提升后，排入五支污水泵站。

英华泵站：于2003年前建成，坐落于雍阳西道与泉发路交口，占地面积0.1公顷，共有3台机组，功率22.5千瓦，排水能力为0.18立方米每秒，系污水提升泵站。服务范围：泉发路以东、泉旺路以西、光明道以南、雍阳西道以北片区。污水经该泵站提升后，排入五支污水泵站。

泉达路泵站：建于2007年6月，坐落于雍阳西道与泉达路交口（英华学校西侧），占地面积0.39公顷，共有3台机组，功率9千瓦，排水能力为0.09立方米每秒，系污水提升泵站。服务范围：泉达路以东、泉发路以西、光明道以南、雍阳西道以北片区。污水经该泵站提升后，排入五支污水泵站。

五支泵站：建于2003年4月，坐落于南财源道与泉发路交口（五支渠北侧），占地面积0.76公顷，共有3台机组，功率55.5千瓦，排水能力为0.21立方米每秒，系雨水提升泵站。服务范围：主要是汇合家乐、英华和泉达路三座泵站污水，提升至七支渠泵站。

七支泵站：建于2003年4月，坐落于广源道与泉旺路交口，占地面积1.88公顷，共有4台机组，功率74千瓦，排水能力为2.42万立方米每日，系污水提升泵站。服务范围：主要是汇合五支渠泵站污水，提升至丘比克泵站。

丘比克泵站：建于2003年4月，坐落于广源道与汇丰路交口（丘比克对面），占地面积1.58公顷，共有4台机组，功率74千瓦，排水能力为2.42万立方米每日，系污水提升泵站。服务范围：主要是汇合七支渠泵站污水，提升至第一污水处理厂。

后河淤泵站：建于2003年4月，坐落于第一污水处理厂东侧200米，占地面积2.26公顷，共有4台机组，功率500千瓦，排水能力为31.97万立方米每日，系雨水提升泵站。服务范围：主要是提升七支渠及附近道路雨水进入龙凤河。

五支泵站：建于2003年4月，坐落于南财源道与泉旺路交口（电信大楼对面），占地面积0.36公顷，共有3台机组，功率135千瓦，排水能力为5.18万立方米每日，系雨水提升泵站。服务范围：泉旺路以东、泉州北路以西、南财源道以南、雍阳西道以北片区。雨水经该泵站提升后，排入五支渠。

南玻泵站：建于2003年4月，坐落于南玻院内西南侧，占地面积0.63公顷，共有3台机组，功率55千瓦，排水能力为5.88万立方米每日，系雨水提升泵站。服务范围：

104以东、汇丰路以西、广源道以南、福源道以北片区。雨水经该泵站提升后，排入六支渠。

22伏泵站：建于2003年4月，坐落于汇丰路与福源道交口，占地面积0.63公顷，共有3台机组，功率66千瓦，排水能力为4.41万立方米每日，系雨水提升泵站。服务范围：汇丰路以东、翠亨路以西、广源道以南、福源道以北片区。雨水经该泵站提升后，排入六支渠。

三期北区泵站：建于2010年8月，坐落于翠亨路与保税北路交口东侧80米，占地面积4公顷，共有4台机组，功率800千瓦，排水能力为48.38万立方米每日，系雨水提升泵站。服务范围：翠亨路以东、京津公路以西、龙凤河以南、广源道以北片区。雨水经该泵站提升后，排入龙凤河。

畦疃泵站：建于2010年8月，坐落于工业五路最北端，占地面积4公顷，共有6台机组，功率2130千瓦，排水能力为155.52万立方米每日，系雨水提升泵站。服务范围：主要提取新开路渠至龙凤河。

武清开发区排水泵站统计见表3-2-32。

表3-2-32　**武清开发区排水泵站统计表**

地区	序号	泵站名称	泵站类型	水泵数量/台	功率/千瓦	流量/立方米每秒	始建年份
开发区	1	家乐泵站	污水泵站	3	97.50	0.43	2003年以前
	2	英华泵站	污水泵站	3	22.50	0.18	2003年以前
	3	泉达路泵站	污水泵站	3	9.00	0.09	2007
	4	五支泵站	污水泵站	3	55.50	0.21	2003
	5	七支泵站	污水泵站	4	74.00	0.28	2003
	6	丘比克泵站	污水泵站	4	74.00	0.28	2003
	7	后河淤泵站	雨水泵站	4	500.00	3.70	2003
	8	五支泵站	雨水泵站	3	135.00	0.60	2003
	9	南玻泵站	雨水泵站	3	55.00	0.68	2003
	10	22伏泵站	雨水泵站	3	66.00	0.51	2003
	11	三期北区泵站	雨水泵站	4	800.00	5.60	2010
	12	畦疃泵站	雨水泵站	6	2130.00	18.00	2010
合计				43	4018.50	30.56	

（三）排水渠道

武清城区内二级以下排水干渠有14条，其中运河以东5条：运东干渠、东斜渠、徐官屯明渠、机场外壕、机场排河；运东以西9条：一支渠、二支渠、三支渠、四支渠、五支渠、六支渠、七支渠、东排渠、西界渠。这些干渠承担着已建城区的主要排水任务。

1. 运河以西

自1958年起，杨村镇先后开挖了一至七支渠，原用于农业灌溉，后因城市建设作为景观、排水渠道。根据武清城乡总体规划，对一支、二支、四支、五支、七支渠全部保留，对三支、六支渠保留西界渠以西段，使新城内的雨水就近排入明渠。为配合城区整体环境提升，1999—2008年，对三支渠界渠以东段、东排渠进行了明渠改暗管工程。在此期间，对河西6条明渠综合治理28.07千米。至2010年，二支、四支、五支、六支、七支渠经规划设计已成为景观河，增加城市排水区域，扩大城市水体面积，起到滞洪蓄水和美化环境的作用。为保证排入明渠水体达到环保要求，根据武清排水规划，排水管道逐步实现分流，雨水排入明渠，污水经污水处理厂达到排放标准后排入明渠。至此，明渠污水得到有效治理。

一支渠：位于前进道南侧，起点为南夹道水站，终点为龙凤河故道，全长7.1千米。其中京福公路以东段水经南夹道泵站排出，京福公路以西段水经一支渠泵站排出。1999年对一支渠（南夹道水站至西界渠段）进行清淤疏浚。2008年修建京津城际铁路武清站将西界渠向西850米段进行了明渠改暗管施工。

二支渠：参见第六章第五节。

三支渠：三支渠原是一条明渠，自东排渠至龙凤河故道共6.1千米，1999年3月由武清政府投资，将东排渠至西界渠段明渠改造成暗管，工程分两期完成，一期起点为建设南路至泉旺路，共铺设排水管道1.12千米，1.5米承插管。二期于2007年结合文化公园建设和保利房产开发、公安局、电力公司建设，将明渠填平，埋设管道至西界渠，全长1.88千米。西界渠以西部分也已铺设地下排水管道至104国道。参见第六章第五节。

四支渠：位于光明道南侧，起点为北郑庄水站，终点为龙凤河故道，全长10.5千米。1998年对建设路至泉兴路段进行了明渠改暗管施工（水自西向东，通过北郑庄水站排出）。2010年对翠亨路至龙凤河故道段进行了清淤疏浚、景观提升。泉兴路至龙凤河故道水自东向西通过四支渠泵站排出。

五支渠：参见第六章第五节。

六支渠：位于福源道北侧，起点为103国道，终点为龙凤河故道，全长10.1千米。2012—2013年对103国道至翠亨路段3.3千米进行了明渠改暗管施工。水自东向西流动。

七支渠：位于广源道北侧，起点为103国道，终点为新兴路，全长8.61千米。水自东向西流动。

东排渠：参见第六章第五节。

西界渠：位于翠亨路西侧，连接一至六支渠，全长 4.5 千米。2007 年开挖雍阳西道以北段 500 米渠道。

2. 运河以东

运东干渠：参见第六章第五节。

机场外壕：北至机场路，南至杨北公路，全长 4313 米。

机场排河：参见第六章第五节。

东斜渠：明渠治理工程，管道采用口径 300～2200 毫米钢筋混凝土承插口管，共计 3107 米。东斜渠改暗管工程，从机场道至大桥道，管道采用 800 毫米钢筋混凝土承插口管，共计 298 米。

徐官屯明渠：自上湾泵站至运东干渠共计 385 米，原为明渠，经 1995 年由明渠改暗管，管道采用 600 毫米钢筋混凝土承插口管。

三、城区排水管理

武清城区排水管网建设自 1979 年开始，截至 2010 年共铺设排水管道 260 余千米。

1979 年排水管网建设及管理由武清县房管所管理，到 1999 年，武清县城镇排水管网划归武清县市政园林管理所管理。2000 年，武清区市政园林所改革，组建武清区市政排水所，管辖权归属武清区城乡建设委员会管理，属武清区城乡建设委员会下属的一个基层科室，全所为事业单位，自收自支，工作人员共 21 人，负责全部城区排水管理，其中包括建设及旧网改造等相关事宜。在改革开放形势推动下，武清区深化水务体制改革，推进水务一体化管理。2010 年，市政排水所从城乡建设委员会体制中分离到武清区水务局管理。

排水管网管理自 1979 年开始管护。成立之初主要以人工用小车、木掀、长钩、大勺、竹片清掏为主，管理工作全部由人工完成。清理堵塞的杂物再由车辆外运，工作难度较大。至 2000 年市政排水所对旧的做法、工具进行逐步淘汰，重新购置了柴油机泵组、下水道疏通车、高压水枪、管道拉锚机、柴油翻斗车、真空吸污车、密闭淤泥运输车等设备，提高了工作效率。2003 年按照《天津市城市排水和再生水利用管理条例》专门成立了执法室、管道维修室、工程建设室，相应增加了一些合同制管理人员，对城区管网私接乱改、乱泼乱倒等现象进行监管，保证了排水设施的正常运转，加强了基本设施建设及管理力度。

（一）基础设施管理

随着城区的发展，为满足城区排水的需要，1991—2010 年逐年加大了城区排水管网、泵站、渠道建设力度。

加大泵站建设力度，保证城区排水和防汛排沥畅通。1996 年城区建成第一座雨污分流制泵站——镇南泵站，排水体制由合流制转为分流制。2000 年又对检察院泵站、镇南泵站和镇东泵站进行提升改造，排水体制由合流制转为分流制。2010 年共建成雨水泵站 10 座，提高防汛排沥能力。

排水主支管网建设。2000 年对重点地段、低洼地段、排水不畅地段主支管道有计划更新改造，将原有排水主管网口径 300～500 毫米钢筋混凝土管道逐步更换成口径 1000～2200 毫米钢筋混凝土承插口管，排水支管网采用口径 300～1000 毫米钢筋混凝土承插口管，不断延展至城区各区域。至 2010 年管网总长度（管道新建、改造、明渠治理、泵站配套）为 260 千米。

城区渠道改造。2003 年改造二支渠时将两侧铺设污水分流管道 6 千米。至 2010 年，对城区其他渠道进行清淤、明渠改成暗管、景观绿化等配套工程，整体实现了滞洪蓄水和美化环境的作用。

（二）应急抢险

2001 年，按照城区防汛预案要求，排水所设立排水设施报修服务热线为 29323419，落实 24 小时值班制度，并配备专职维修人员发现问题即时抢修。2007 年按照区防办指示，配备巡查车 1 辆，对武清城区排水设施进行全天候巡查，并做到当日报修当日解决。2010 年购置汛时必备抢险物资，设立防汛物资专库专人保管。建立专业防汛抢险队伍 20 人，为有效提高防汛抢险能力还进行及时检查，并于 6 月 10 日开始实战演练，做到叫得出、打得胜。每年汛前做好防汛抢险预案，落实岗位责任制，排水管网拉锚清淤、泵站运行，执行全员值班制度。并及时发布防汛情况，监控重点地段，做好总结防汛经验，补充完善《防汛应急预案》。

（三）排污费征收

按照区政府 2000 年《关于征收县城污水处理费的通知》文件精神，自 2003 年起按照“取之于民，用之于民”的原则，武清区开始收取排污费，标准为 0.4 元每立方米。其中开发区入区企业由开发区管委会收取；自来水公司供水的单位及个体工商户由自来水公司代收，并按月足额划转市政排水公司（是以供水量为依据）；不属自来水公司供水的单位、个体工商户及因建设施工临时排水的单位由市政排水公司负责收取。到 2005 年城镇居民也开始收取排污费，收费仍以供水量为依据，由自来水公司代收。

第四章

防汛抗旱

武清区防汛主要任务是保证一、二级河道防洪安全，防止农田沥涝和城镇积水。汛期自6月1日至9月15日。区政府在汛期前成立防汛抗旱指挥部，指挥部下设防汛分指挥部，指挥由区（县）长担任，成员由相关委、办、局组成。乡镇街道分别成立防汛组织。区防汛指挥部分别制定岗位责任制度，责任到人、到段，严格落实行政首长负责制度。防汛工作做到层层落实，坚持做好防大汛、除大涝的准备工作。抗旱工作是按照旱情的发展状况，适时采取抗旱措施，制订抗旱计划，加强抗旱的组织领导。水务部门积极协调水源，确保大旱之年不减产。1991—2010年，全区平均降水465毫米，比多年平均少108.8毫米，年降水量最多的一年为1994年，降水量达到668.6毫米，最少的降水量出现在2000年，降水量仅280.5毫米。由于降水量年内分布不均和年际变化大，造成武清多次出现春旱秋涝现象，给农作物生长带来一定的影响。1991—2010年境内洪水和内涝共出现3次，旱灾共发生7次。

第一节 防　汛

一、汛情

（一）雨情

武清区多年平均降水量573.8毫米（1949—2010年），1991—2010年平均降水量为465毫米，汛期平均降水量为371毫米，最大的年降水量为667毫米（1994年），最小的年降水量为281毫米（2000年）。年最大降水量比年最小降水量多386毫米。1991—2010年平均降水量比多年平均降水量少108.8毫米。日降水量超过100毫米的出现3次，平均每6年出现一次。1992年8月3日降雨量134毫米，1994年7月12日降雨量160毫米，1996年8月2日降雨量101毫米。年降水量变化较大，最大年降水量比最小年降水量相差约2.4倍。

（二）水情

1991—1993年降雨量较历年偏少，河道水势平稳，未发生大的洪水，也无沥涝出现。1994—1996年，武清县及上游北京、河北地区连续三年超过历年平均降雨量，造成河道在1994年、1996年出现大洪水，并伴随大面积内涝。1997—2010年，连续14

年干旱，河道时有洪峰出现，但量级偏小，未对全区造成大的威胁；农田积水抢排及时，未出现内涝情况。

1994 年汛期先旱后涝，旱涝急转。7 月 12 日至 13 日凌晨，上游北京地区降雨 256 毫米，武清境内同时普降特大暴雨，昼夜平均降雨量 159.8 毫米。雨量 200 毫米以上有 10 个乡，其中 300 毫米以上有 4 个乡。武清县上游的通县、大厂、三河等市县也普降特大暴雨，降雨量为 350～530 毫米，造成通惠、温榆、凉水、凤港减河等河道洪水暴发，受其影响，武清县境内的青龙湾减河、北运河、龙凤河、凤河西支、新龙河等河道洪水水位达到警戒水位。7 月 13 日 17 时，青龙湾减河流量达 1060 立方米每秒，7 月 14 日 5 时狼尔窝分洪闸水位达到 8.52 米，超分洪水位 0.42 米；7 月 13 日 23 时由庄窝闸向北运河分洪流量达 205 立方米每秒；7 月 15 日 9 时，筐儿港枢纽最大流量 285 立方米每秒，由于永定新河淤积，洪水下泄受到顶托，洪水长时间囤积河内，致使排污河沿线出现历史最高水位，里老闸达 11.5 米，大南宫闸达 8.1 米，防潮闸达 5.6 米，徐庄段洪水位距堤顶仅 0.4 米；8 月 2 日、6 日、13 日，3 次大雨、暴雨袭击武清县，外洪内涝，致使农田积水面积达到 60.33 千公顷，占耕地面积的 65%。

1995 年 7 月 28 日—8 月 6 日，连续降了 5 次大到暴雨或特大暴雨，累计平均降雨 207.1 毫米，雨量最大的上马台乡 328.9 毫米，最小的王庆坨镇 120 毫米，由于连续降雨，造成部分低洼地块反复积水受淹。龙凤河下游防潮闸在 8 月 7 日 21 时水位达到 5.75 米，比 1994 年最高水位高 0.11 米，达到历史最高水位。

1996 年 8 月 2 日 1 时—8 月 13 日 7 时，全县 34 个乡镇累计平均降雨为 319 毫米，由于上游地区也降了大到暴雨，使武清境内的龙凤河、青龙湾减河、北运河水位急剧上涨，特别是龙凤河连续发生 3 次洪峰，水位居高不下。8 月 6 日 16 时，大三庄闸上水位达到 6.1 米，持续了 3 个小时。8 月 7 日 1 时，防潮闸水位达到 5.94 米，接近校核水位，比 1994 年最高水位高 0.22 米。8 月 10 日 12 时，里老闸上水位达到 9.4 米，持续了 24 小时，由于降雨时间短、面积大，加之上游客水急剧下泄，下游河道淤积，排水不畅，沿河两岸多次发生险情，在龙凤河上游来量大、下游出口泄量小的不利情况下，防汛指挥部及时采取限排、错峰等有效措施，避免大堤决口浸溢现象，沿河共限排 3 次，限排量达到 3400 万立方米，保证了武清县人民生命财产的安全，降低了灾害损失。其他河道未超过历史最高水位，水势平稳。8 月 11 日 19 时，韩村闸上水位达到 9.6 米，持续 12 个小时。

1998 年降雨量虽较常年偏少，但雨量分配不均，由于上游北京、河北地区降雨较大，使青龙湾产生了 3 次洪峰。6 月 30 日 19 时，土门楼洪峰流量为 770 立方米每秒；7 月 7 日 2 时，土门楼洪峰流量为 610 立方米每秒；7 月 24 日 11 时，土门楼洪峰流量为 610 立方米每秒。狼尔窝分洪闸闸上水位 7 月 1 日为 6.9 米，7 月 7 日为 6.92 米，7 月

24 日 22 时为 6.72 米。

2000 年 7 月 6 日，青龙湾减河最大一次来水量为 306 立方米每秒，狼尔窝分洪闸水位 7.38 米。

2004 年汛期降雨频繁，雨量分配不均，未发生较大的降雨过程。汛期最大日降雨量为 44.8 毫米（7 月 29 日）。受上游北京地区降雨影响，青龙湾减河产生 2 次洪峰。7 月 11 日 12 时，土门楼最大洪峰流量为 302 立方米每秒；7 月 29 日 22 时 15 分，土门楼最大洪峰流量为 172 立方米每秒。狼尔窝分洪闸闸上水位：7 月 11 日 18 时为 6.04 米，7 月 30 日 1 时为 5.6 米。

2005 年受上游北京地区降雨影响，青龙湾减河产生 3 次洪峰。7 月 25 日 5 时，土门楼最大洪峰流量为 102 立方米每秒；8 月 6 日 6 时，土门楼最大洪峰流量为 119 立方米每秒；8 月 17 日 13 时，土门楼最大洪峰流量为 137 立方米每秒。狼尔窝分洪闸闸上最高水位：7 月 25 日为 5.0 米，8 月 6 日为 5.95 米，8 月 17 日为 6.6 米。

2009 年汛期受北运河上游提闸放水影响，北运河土门楼闸 6 月 9 日 6 时 10 分出现洪峰流量 62.1 立方米每秒。6 月青龙湾减河土门楼闸两次提闸放水，9 日 8 时 26 分提闸最大瞬时流量 243 立方米每秒、17 日 18 时 10 分提闸最大瞬时流量 121 立方米每秒；7 月 18 日 2 时 55 分再次提闸，最大瞬时流量 342 立方米每秒。

2010 年汛期发生 9 次洪峰过程，均在河道警戒水位以下。其中北运河系出现 8 次洪峰过程，洪峰流量 56.2～72.1 立方米每秒，最大洪峰流量出现在 7 月 31 日，狼尔窝分洪闸最高水位达到 6.26 米。永定河系的新龙河出现 1 次洪峰过程，因廊坊地区降雨较大，廊坊市安次区于 7 月 23 日至 8 月 1 日提开东张务闸 1 孔 0.1 米，造成武清区新龙河滩地受淹。

二、防汛组织

（一）防汛抗旱指挥部

武清区委、区政府每年汛前成立防汛抗旱指挥部，负责防汛抗旱工作的指挥决策，担负发动群众和组织、协调、联系社会多方面力量开展防汛抗旱工作。

区防汛抗旱指挥部由区长任指挥；区政府有关领导、人武部部长、防汛办公室负责人任副指挥；区委副书记，公安局长、人武部政委任指挥部政委；区防办、武装部、公安局、气象局、供电公司、交通局、联通公司、石油公司、粮食局、供销社、民政局、卫生局、农业机械发展服务中心、环保局、安全监督管理局、人寿保险公司、教育局等 17 个单位主要领导为成员。

1991—2010 年武清区防汛抗旱指挥部组成人员名单见表 4-1-33。

表 4-1-33 **1991—2010 年武清区防汛抗旱指挥部组成人员名单**

年份	部门名称	职务	姓名	所在单位职务
1991	武清县防汛抗旱指挥部	指挥	梁文忠	县长
		政　委	王成全	县委副书记
		副政委	寇　臣	农村工作部部长
			张序旺	武装部政委
		副指挥	王俊生	副县长
			李乃彦	副县长
			刘春生	武装部部长
			张万桐	农委主任
			杜　江	水利局局长
1992	武清县防汛抗旱指挥部	指　挥	梁文忠	县长
		政　委	邵久武	县委副书记
		副政委	寇　臣	农村工作部部长
			张序旺	武装部政委
		副指挥	王俊生	副县长
			冯祥生	副县长
			李乃彦	副县长
			刘春生	武装部部长
			张万桐	农委主任
			杜　江	水利局局长
1993	武清县防汛抗旱指挥部	指　挥	邵久武	县长
		政　委	李树宏	县委副书记
		副政委	寇　臣	农村工作部部长
			张序旺	武装部政委
		副指挥	李乃彦	副县长
			王俊生	副县长
			钟有龙	副县长
			刘春生	武装部部长
			杜　江	水利局局长

续表

年份	部门名称	职务	姓名	所在单位职务
1994	武清县防汛抗旱指挥部	指　挥	邵久武	县长
		政　委	李树宏	县委副书记
		副政委	寇　臣	农村工作部部长
			张序旺	武装部政委
		副指挥	李乃彦	副县长
			王俊生	副县长
			钟有龙	副县长
			刘春生	武装部部长
			石岩岭	农委主任
			杜　江	水利局局长
1995	武清县防汛抗旱指挥部	指　挥	李树宏	县长
		政　委	李乃彦	县委副书记
		副政委	寇　臣	农村工作部部长
			张序旺	武装部政委
		副指挥	冯祥生	副县长
			钟有龙	副县长
			丁会年	顾问
			刘春生	武装部部长
			石岩岭	农委主任
			杜　江	水利局局长
1996—1997	武清县防汛抗旱指挥部	指　挥	李树宏	县长
		政　委	李乃彦	县委副书记
		副政委	寇　臣	农村工作部部长
			张序旺	武装部政委
		副指挥	冯祥生	副县长
			钟有龙	副县长

续表

年份	部门名称	职务	姓名	所在单位职务
1996—1997	武清县防汛抗旱指挥部	副指挥	丁会年	顾问
			刘春生	武装部部长
			程焕金	建委主任
			石岩岭	农委主任
			杜　江	水利局局长
1998	武清县防汛抗旱指挥部	指　挥	王树培	县长
		政　委	张广连	县委副书记
		副政委	刘文安	公安局局长
			王天友	武装部政委
		副指挥	袁桐利	副县长
			黄艺敏	武装部部长
			吴汉发	电力局局长
			钟有龙	副县长
			程焕金	副县长
			丁会年	顾问
			石岩岭	农委主任
			杜　江	水利局局长
1999	武清县防汛抗旱指挥部	指　挥	王树培	县长
		政　委	张广连	县委副书记
		副政委	刘文安	公安局局长
			徐志礼	武装部政委
		副指挥	李福海	县委副书记
			袁桐利	副县长
			钟有龙	副县长
			程焕金	副县长
			黄艺敏	武装部部长
			石岩岭	农委主任
			胡宝泽	水利局局长
2000	武清区防汛抗旱指挥部	指　挥	王树培	区长
		政　委	张广连	区委副书记
		副政委	刘文安	公安局局长

续表

年份	部门名称	职务	姓名	所在单位职务
2000	武清区防汛抗旱指挥部	副政委	刘静波	武装部政委
		副指挥	李福海	区委副书记
			袁桐利	副区长
			钟有龙	副区长
			程焕金	副区长
			黄艺敏	武装部部长
			李春田	农委主任
			胡宝泽	水利局局长
2001	武清区防汛抗旱指挥部	指　挥	王树培	区长
		政　委	张广连	区委副书记
		副政委	刘文安	公安局局长
			刘静波	武装部政委
		副指挥	李福海	区委副书记
			袁桐利	副区长
			钟有龙	副区长
			程焕金	副区长
			张荣敏	武装部部长
			李春田	农委主任
			胡宝泽	水务局局长
2002	武清区防汛抗旱指挥部	指　挥	王树培	区长
		政　委	张广连	区委副书记
		副政委	刘文安	公安局局长
			路金栋	武装部政委
		副指挥	李福海	区委副书记
			袁桐利	副区长
			钟有龙	副区长
			程焕金	副区长
			甘同泼	武装部部长
			李春田	农委主任
			胡宝泽	水务局局长

续表

年份	部门名称	职务	姓名	所在单位职务
2003	武清区防汛抗旱指挥部	指　挥	袁桐利	区长
		政　委	李福海	区委副书记
		副政委	路金栋	武装部政委
			苗宏伟	公安局局长
		副指挥	副书记	区委副书记
			李学鹏	副区长
			苗玉刚	副区长
			张宗启	副区长
			甘同泼	武装部部长
			李春田	农委主任
			胡宝泽	水务局局长
2004	武清区防汛抗旱指挥部	指　挥	袁桐利	区长
		政　委	李福海	区委副书记
		副政委	路金栋	武装部政委
			苗宏伟	公安局局长
		副指挥	李学鹏	副区长
			苗玉刚	副区长
			张宗启	副区长
			甘同泼	武装部部长
			李春田	农委主任
			胡宝泽	水务局局长
2005—2006	武清区防汛抗旱指挥部	指　挥	袁桐利	区长
		政　委	李福海	区委副书记
		副政委	路金栋	武装部政委
			苗宏伟	公安局局长
		副指挥	李学鹏	副区长
			苗玉刚	副区长
			张宗启	副区长
			朱继业	武装部部长
			李春田	农委主任
			胡宝泽	水务局局长

续表

年份	部门名称	职务	姓名	所在单位职务
2007	武清区防汛抗旱指挥部	指　挥	袁桐利	区长
		政　委	副书记	区委副书记
		副政委	路金栋	武装部政委
			苗宏伟	公安局局长
		副指挥	李学鹏	副区长
			苗玉刚	副区长
			张宗启	副区长
			朱继业	武装部部长
			刘金城	农委主任
			胡宝泽	水务局局长
2008	武清区防汛抗旱指挥部	指　挥	袁桐利	区长
		政　委	副书记	区委副书记
		副政委	苗宏伟	公安局局长
			徐生建	武装部政委
		副指挥	李学鹏	副区长
			苗玉刚	副区长
			张宗启	副区长
			朱继业	武装部部长
			刘金城	农委主任
			胡宝泽	水务局局长
2009	武清区防汛抗旱指挥部	指　挥	副书记	区长
		政　委	韩胜军	区纪委书记
		副政委	苗宏伟	公安局局长
			徐生建	武装部政委
		副指挥	李学鹏	副区长
			苗玉刚	副区长
			张宗启	副区长
			朱继业	武装部部长
			刘金城	农委主任
			胡宝泽	水务局局长

续表

年份	部门名称	职务	姓名	所在单位职务
2010	武清区防汛抗旱指挥部	指　挥	张　勇	区长
		政　委	韩胜军	区委副书记
		副政委	苗宏伟	公安局局长
			刘京朝	武装部政委
		副指挥	苗玉刚	副区长
			张宗启	副区长
			朱继业	武装部部长
			刘金城	农委主任
			胡宝泽	水务局局长

同时，各乡镇政府、街道办事处按照区防汛组织结构成立以乡镇长、街道办主任为指挥的乡镇级防汛抗旱指挥部。

1991—2010 年，武清区防汛抗旱指挥部下设 3 科 1 室、9 个防汛抗旱分指挥部和分滞洪区群众转移抢救指挥部。分滞洪区群众转移抢救指挥部下设 4 个分滞洪区抢救指挥组。1991—2010 年，武清区防汛抗旱分指挥部名单见表 4-1-34。3 科 1 室包括办公室、组宣科、防洪除涝科、后勤供应科；办公室主任由水务局局长兼职。9 个防汛分部包括八孔闸分部、崔黄口分部、黄花店分部、豆张庄分部、河西务分部、城关分部、下伍旗分部、上马台分部、城区排水分部，各防汛分部指挥由各大机关负责人抽调组成。

表 4-1-34　**1991—2010 年武清区防汛抗旱分指挥部名单**

年份	部门名称	职务	姓名	所在单位
1991	八孔闸分部	指　挥	刘广春	物资局
		副指挥	宋印春	农业局
	崔黄口分部	指　挥	崔庆春	民政局
		副指挥	崔汉东	供销社
	黄花店分部	指　挥	张友平	财政局
		副指挥	张友恒	税务局
	豆张庄分部	指　挥	李书奇	外贸局
		副指挥	高振永	粮食局
	河西务分部	指　挥	潘友堂	卫生局
		副指挥	李成志	畜牧局

续表

年份	部门名称	职务	姓名	所在单位
1991	城关分部	指　挥	白相芝	企业局
		副指挥	刘宝申	教育局
	下伍旗分部	指　挥	郭春恒	劳动局
		副指挥	许广义	邮电局
	上马台分部	指　挥	宋玉岭	审计局
		副指挥	李德友	交通局
	城区排水分部	指　挥	李本贵（兼）	城建委
		副指挥	荣进清	农机局
1992	八孔闸分部	指　挥	刘善德	农业局
		副指挥	刘守红	物资局
	崔黄口分部	指　挥	李书奇	外贸局
		副指挥	崔汉东	供销社
	黄花店分部	指　挥	张友平	财政局
		副指挥	张友恒	税务局
	豆张庄分部	指　挥	崔庆春	民政局
		副指挥	高振永	粮食局
	河西务分部	指　挥	侯凤江	卫生局
		副指挥	李成志	畜牧局
	城关分部	指　挥	白相芝	企业局
		副指挥	刘宝森	教育局
	下伍旗分部	指　挥	闫庆森	劳动局
		副指挥	孙树印	邮电局
	上马台分部	指　挥	宋玉岭	审计局
		副指挥	李德友	交通局
	城区排水分部	指　挥	李本贵（兼）	城建委
		副指挥	荣进清	农机局
1993	八孔闸分部	指　挥	宋印春	农业局
		副指挥	刘广春	物资局
	崔黄口分部	指　挥	李书奇	外贸局
		副指挥	崔汉东	供销社

续表

年份	部门名称	职务	姓名	所在单位
1993	黄花店分部	指　挥	张树林	财政局
		副指挥	张友恒	税务局
	豆张庄分部	指　挥	崔庆春	民政局
		副指挥	高振永	粮食局
	河西务分部	指　挥	侯凤江	卫生局
		副指挥	李成志	畜牧局
	城关分部	指　挥	白相芝	企业局
		副指挥	刘宝森	教育局
	下伍旗分部	指　挥	闫庆森	劳动局
		副指挥	孙树印	邮电局
	上马台分部	指　挥	宋玉岭	审计局
		副指挥	杜庆余	交通局
	城区排水分部	指　挥	李本贵（兼）	城建委
		副指挥	党秀华	杨村镇政府
1994	八孔闸分部	指　挥	金福祥	物资局
		副指挥	马秀生	农业局
	崔黄口分部	指　挥	李春田	外贸局
		副指挥	崔汉东	供销社
	黄花店分部	指　挥	张树林	财政局
		副指挥	张友恒	税务局
	豆张庄分部	指　挥	崔庆春	民政局
		副指挥	高振永	粮食局
	河西务分部	指　挥	侯凤江	卫生局
		副指挥	徐振元	畜牧局
	城关分部	指　挥	白相芝	企业局
		副指挥	刘宝森	教育局
	下伍旗分部	指　挥	闫庆森	劳动局
		副指挥	孙树印	邮电局
	上马台分部	指　挥	宋玉岭	审计局
		副指挥	杜庆余	交通局
	城区排水分部	指　挥	李本贵（兼）	城建委
		副指挥	党秀华	镇政府

续表

年份	部门名称	职务	姓名	所在单位
1995	八孔闸分部	指　挥	王明礼	物资局
		副指挥	温允庆	农业局
	崔黄口分部	指　挥	李春田	外贸局
		副指挥	崔汉东	供销社
	黄花店分部	指　挥	张树林	财政局
		副指挥	张友恒	税务局
	豆张庄分部	指　挥	崔庆春	民政局
		副指挥	高振永	粮食局
	河西务分部	指　挥	侯凤江	卫生局
		副指挥	徐振元	畜牧局
	城关分部	指　挥	白相芝	企业局
		副指挥	刘宝森	教育局
	下伍旗分部	指　挥	闫庆森	劳动局
		副指挥	孙树印	邮电局
	上马台分部	指　挥	杜庆余	交通局
		副指挥	王全耀	审计局
	城区排水分部	指　挥	李本贵（兼）	城建委
		副指挥	党秀华	杨村镇政府
1996	八孔闸分部	指　挥	王明礼	物资局
		副指挥	温允庆	农业局
	崔黄口分部	指　挥	李春田	外贸局
		副指挥	李洪启	供销社
	黄花店分部	指　挥	张树林	财政局
		副指挥	张友恒	税务局
	豆张庄分部	指　挥	高振永	粮食局
		副指挥	孟宪亭	民政局
	河西务分部	指　挥	徐振元	畜牧局
		副指挥	吕湘泉	卫生局
	城关分部	指　挥	白相芝	企业局
		副指挥	刘宝森	教育局

续表

年份	部门名称	职务	姓名	所在单位
1996	下伍旗分部	指　挥	闫庆森	劳动局
		副指挥	孙树印	邮电局
	上马台分部	指　挥	杜庆余	交通局
		副指挥	王全耀	审计局
	城区排水分部	指　挥	程焕金（兼）	城建委
		副指挥	姚文霞	杨村镇政府
1997	八孔闸分部	指　挥	王明礼	物资局
		副指挥	温允庆	农业局
	崔黄口分部	指　挥	李春田	外贸局
		副指挥	李洪启	供销社
	黄花店分部	指　挥	张树林	财政局
		副指挥	张友恒	国税局
	豆张庄分部	指　挥	高振永	粮食局
		副指挥	孟宪亭	民政局
	河西务分部	指　挥	徐振元	畜牧局
		副指挥	吕湘泉	卫生局
	城关分部	指　挥	白相芝	企业局
		副指挥	刘宝森	教育局
	下伍旗分部	指　挥	闫庆森	劳动局
		副指挥	孙树印	邮电局
	上马台分部	指　挥	杜庆余	交通局
		副指挥	王全耀	审计局
	城区排水分部	指　挥	程焕金（兼）	城建委
		副指挥	姚文霞	杨村镇政府
1998	八孔闸分部	指　挥	王明礼	物资局
		副指挥	温允庆	农业局
	崔黄口分部	指　挥	常建生	工商局
		副指挥	李洪启	供销社
	黄花店分部	指　挥	张树林	财政局
		副指挥	张友恒	国税局

续表

年份	部门名称	职务	姓名	所在单位
1998	豆张庄分部	指　挥	高振永	粮食局
		副指挥	孟宪亭	民政局
	河西务分部	指　挥	徐振元	畜牧局
		副指挥	吕湘泉	卫生局
	城关分部	指　挥	刘喜峰	农发行
		副指挥	刘宝森	教育局
	下伍旗分部	指　挥	闫庆森	劳动局
		副指挥	许广义	邮电局
	上马台分部	指　挥	杜庆余	交通局
		副指挥	王全耀	审计局
	城区排水分部	指　挥	党秀华	城建委
		副指挥	姚文霞	杨村镇政府
1999	八孔闸分部	指　挥	温允庆	农业局
		副指挥	朱道友	物资公司
	崔黄口分部	指　挥	常建生	工商局
		副指挥	李洪启	供销社
	黄花店分部	指　挥	李树贤	国税局
		副指挥	倪庆恩	财政局
	豆张庄分部	指　挥	孟宪亭	民政局
		副指挥	张广金	粮食局
	河西务分部	指　挥	吕湘泉	卫生局
		副指挥	边凤怀	畜牧局
	城关分部	指　挥	董炳琪	体委
		副指挥	孙克林	教育局
	下伍旗分部	指　挥	许广义	邮电局
		副指挥	肖同福	劳动局
	上马台分部	指　挥	杜庆余	交通局
		副指挥	熊守和	林业局
	城区排水分部	指　挥	党秀华	城建委
		副指挥	姚文霞	杨村镇政府

续表

年份	部门名称	职务	姓名	所在单位
2000	八孔闸分部	指　挥	刘永林	农业局
		副指挥	荣进清	农机局
	崔黄口分部	指　挥	常建生	工商局
		副指挥	屈继生	供销社
	黄花店分部	指　挥	张树林	财政局
		副指挥	李树贤	国税局
	豆张庄分部	指　挥	穆桂江	民政局
		副指挥	张广金	粮食局
	河西务分部	指　挥	吴宝富	卫生局
		副指挥	边凤怀	畜牧局
	城关分部	指　挥	丁玉山	审计局
		副指挥	孙克林	教育局
	下伍旗分部	指　挥	许广义	邮政局
		副指挥	肖同福	劳动局
	上马台分部	指　挥	杜庆余	交通局
		副指挥	熊守和	林业局
	城区排水分部	指　挥	党秀华	城建委
		副指挥	曹占华	杨村镇政府
2001	八孔闸分部	指　挥	刘永林	农业局
		副指挥	荣进清	农机局
	崔黄口分部	指　挥	常建生	工商局
		副指挥	屈继生	供销社
	黄花店分部	指　挥	张树林	财政局
		副指挥	李树贤	国税局
	豆张庄分部	指　挥	穆桂江	民政局
		副指挥	张广金	粮食局
	河西务分部	指　挥	吴宝富	卫生局
		副指挥	边凤怀	畜牧局
	城关分部	指　挥	丁玉山	审计局
		副指挥	孙克林	教育局

续表

年份	部门名称	职务	姓名	所在单位
2001	下伍旗分部	指　挥	许广义	邮政局
		副指挥	肖同福	劳动局
	上马台分部	指　挥	杜庆余	交通局
		副指挥	熊守和	林业局
	城区排水分部	指　挥	党秀华	城建委
		副指挥	张德生	杨村镇政府
2002	八孔闸分部	指　挥	刘永林	农业局
		副指挥	荣进清	农机局
	崔黄口分部	指　挥	常建生	工商局
		副指挥	屈继生	供销社
	黄花店分部	指　挥	张树林	财政局
		副指挥	李树贤	国税局
	豆张庄分部	指　挥	穆桂江	民政局
		副指挥	张广金	粮食局
	河西务分部	指　挥	吴宝富	卫生局
		副指挥	边凤怀	畜牧局
	城关分部	指　挥	丁玉山	审计局
		副指挥	孙克林	教育局
	下伍旗分部	指　挥	许广义	邮政局
		副指挥	肖同福	劳动局
	上马台分部	指　挥	杜庆余	交通局
		副指挥	周振江	林业局
	城区排水分部	指　挥	党秀华	城建委
		副指挥	张德生	杨村镇政府
2003	八孔闸分部	指　挥	刘永林	农业局
		副指挥	荣进清	农机局
	崔黄口分部	指　挥	常建生	工商局
		副指挥	屈继生	供销社
	黄花店分部	指　挥	杨中东	财政局
		副指挥	李树贤	国税局

续表

年份	部门名称	职务	姓名	所在单位
2003	豆张庄分部	指　挥	穆桂江	民政局
		副指挥	张广金	粮食局
	河西务分部	指　挥	金玉河	卫生局
		副指挥	边凤怀	畜牧局
	城关分部	指　挥	丁玉山	审计局
		副指挥	韩忠龄	教育局
	下伍旗分部	指　挥	许广义	邮电局
		副指挥	肖同福	劳动局
	上马台分部	指　挥	杜庆余	交通局
		副指挥	周振江	林业局
	城区排水分部	指　挥	党秀华	城建委
		副指挥	张德生	杨村镇政府
2004	八孔闸分部	指　挥	崔克广	农业局
		副指挥	荣进清	农机局
	崔黄口分部	指　挥	常建生	工商局
		副指挥	马铁林	供销社
	黄花店分部	指　挥	杨中东	财政局
		副指挥	李树贤	国税局
	豆张庄分部	指　挥	穆桂江	民政局
		副指挥	王立华	通信公司
	河西务分部	指　挥	金玉河	卫生局
		副指挥	边凤怀	畜牧局
	城关分部	指　挥	丁玉山	审计局
		副指挥	韩忠龄	教育局
	下伍旗分部	指　挥	许广义	邮电局
		副指挥	王满成	体育局
	上马台分部	指　挥	张振生	交通局
		副指挥	周俊启	林业局
	城区排水分部	指　挥	党秀华	城建委
		副指挥	刘东海	杨村街政府

续表

年份	部门名称	职务	姓名	所在单位
2005	八孔闸分部	指 挥	崔克广	农业局
		副指挥	荣进清	农机局
	崔黄口分部	指 挥	赵连环	工商局
		副指挥	马铁林	供销社
	黄花店分部	指 挥	杨中东	财政局
		副指挥	李树贤	国税局
	豆张庄分部	指 挥	穆桂江	民政局
		副指挥	王立华	通信公司
	河西务分部	指 挥	金玉河	卫生局
		副指挥	史 峰	畜牧局
	城关分部	指 挥	丁玉山	审计局
		副指挥	韩忠龄	教育局
	下伍旗分部	指 挥	王满成	体育局
		副指挥	许广义	邮政局
	上马台分部	指 挥	张振生	交通局
		副指挥	周俊启	林业局
	城区排水分部	指 挥	李建成	建委
		副指挥	刘东海	杨村街政府
2006	八孔闸分部	指 挥	崔克广	农业局
		副指挥	荣进清	农机局
	崔黄口分部	指 挥	张宗福	人防办
		副指挥	姜国栋	供销社
	黄花店分部	指 挥	杨中东	财政局
		副指挥	方秋生	国税局
	豆张庄分部	指 挥	李俊华	民政局
		副指挥	王立华	通信公司
	河西务分部	指 挥	金玉河	卫生局
		副指挥	史 峰	畜牧局
	城关分部	指 挥	丁玉山	审计局
		副指挥	韩忠龄	教育局

续表

年份	部门名称	职务	姓名	所在单位
2006	下伍旗分部	指　挥	王满成	体育局
		副指挥	许广义	邮政局
	上马台分部	指　挥	张振生	交通局
		副指挥	周宝玉	林业局
	城区排水分部	指　挥	李建成	建委
		副指挥	刘东海	杨村街
2007	八孔闸分部	指　挥	崔克广	农业局
		副指挥	荣进清	农机局
	崔黄口分部	指　挥	张宗福	人防办
		副指挥	姜国栋	供销社
	黄花店分部	指　挥	杨中东	财政局
		副指挥	方秋生	国税局
	豆张庄分部	指　挥	李俊华	民政局
		副指挥	王立华	通信公司
	河西务分部	指　挥	李克山	卫生局
		副指挥	史　峰	畜牧局
	城关分部	指　挥	雷永良	审计局
		副指挥	韩忠龄	教育局
	下伍旗分部	指　挥	刘凤辉	体育局
		副指挥	李洪泉	邮政局
	上马台分部	指　挥	周宝玉	林业局
		副指挥	刘玉山	交通局
	城区排水分部	指　挥	尤天成	建委
		副指挥	张俊宝	杨村街政府
2008	八孔闸分部	指　挥	崔克广	农业局
		副指挥	荣进清	农机局
	崔黄口分部	指　挥	张宗福	人防办
		副指挥	姜国栋	供销社
	黄花店分部	指　挥	杨中东	财政局
		副指挥	方秋生	国税局

续表

年份	部门名称	职务	姓名	所在单位
2008	豆张庄分部	指　挥	李俊华	民政局
		副指挥	王立华	通信公司
	河西务分部	指　挥	李克山	卫生局
		副指挥	史　峰	畜牧局
	城关分部	指　挥	雷永良	审计局
		副指挥	韩忠龄	教育局
	下伍旗分部	指　挥	刘凤辉	体育局
		副指挥	孙树印	邮政局
	上马台分部	指　挥	周宝玉	林业局
		副指挥	刘玉山	交通局
	城区排水分部	指　挥	尤天成	建委
		副指挥	张俊宝	杨村街政府
2009	八孔闸分部	指　挥	崔克广	农业局
		副指挥	祁印德	农机局
	崔黄口分部	指　挥	张宗福	人防办
		副指挥	姜国栋	供销社
	黄花店分部	指　挥	杨中东	财政局
		副指挥	王光玉	国税局
	豆张庄分部	指　挥	李俊华	民政局
		副指挥	王立华	通信公司
	河西务分部	指　挥	李克山	卫生局
		副指挥	邵广田	畜牧局
	城关分部	指　挥	雷永良	审计局
		副指挥	韩忠龄	教育局
	下伍旗分部	指　挥	孙树印	邮政局
		副指挥	刘凤辉	体育局
	上马台分部	指　挥	刘玉山	交通局
		副指挥	金德志	林业局
	城区排水分部	指　挥	尤天成	建委
		副指挥	杨来增	杨村街政府

续表

年份	部门名称	职务	姓名	所在单位
2010	八孔闸分部	指　挥	崔克广	农业局
		副指挥	祁印德	农机局
	崔黄口分部	指　挥	张宗福	人防办
		副指挥	姜国栋	供销社
	黄花店分部	指　挥	杨中东	财政局
		副指挥	王光玉	国税局
	豆张庄分部	指　挥	李俊华	民政局
		副指挥	王立华	通信公司
	河西务分部	指　挥	李克山	卫生局
		副指挥	邵广田	畜牧局
	城关分部	指　挥	雷永良	审计局
		副指挥	孙宝福	教育局
	下伍旗分部	指　挥	孙树印	邮政局
		副指挥	刘凤辉	体育局
	上马台分部	指　挥	刘福利	交通局
		副指挥	金德志	林业局
	城区排水分部	指　挥	李荣虎	建委
		副指挥	杨来增	杨村街政府

4个分滞洪区抢救指挥组包括永定河泛区抢救指挥组、三角淀分洪区抢救指挥组、大黄堡洼抢救指挥组、淀北分洪区抢救指挥组。

2008年增新安监局为成员单位，负责监督指挥汛期安全生产工作。

（二）防汛责任制

1991—2010年，武清区防汛责任制实行行政首长负责制、分级分部门负责制、分包责任制，岗位责任制、技术责任制；坚持“属地负责，部门自保”的原则，由区防办制定各项防汛责任制。将一级与二级河道堤防、水库、农田排涝、蓄滞洪区群众转移等任务逐级分解，层层落实责任。经区委、区政府审批后，每年随同区委、区政府成立指挥部的文件以及防汛文件材料下发有关乡镇和区直单位。

防汛责任制包括一级河道堤防、水库和城区排水防汛责任制，分滞洪区群众转移局包村责任制，各乡镇业堤段防守责任制，国有扬水站捞草责任制，各防汛分部责任范围，各防汛分部防守重点，各乡镇防汛物料任务等。武装部民兵按堤分配到段，区级领导任指挥，配备专职负责人。1991—2010 年武清区一级河道堤防责任人员情况见表 4-1-35。

表 4-1-35 **1991—2010 年武清区一级河道堤防责任人员表**

年份	部门名称	职务	姓名	所在单位
1991	永定河左堤堤防责任人	责任领导	王俊生	县政府
			李书奇	外贸局
			杜　江	水利局
		技术负责人	黄松岩	水利局农水科
	永定河右堤堤防责任人	责任领导	寇　臣	农村工作部
			张友平	财政局
		技术负责人	张玉明	水利局工程科
	北运河左堤堤防责任人	责任领导	李树宏	县政府
			郭春恒	劳动局
			刘广春	物资局
		技术负责人	崔绍昌	水利局工程科
	北运河右堤堤防责任人	责任领导	窦树仁	县政府
			潘友堂	卫生局
		技术负责人	胡宝泽	水利局
	龙凤河左堤堤防责任人	责任领导	何俊田	县政府
			李成志	畜牧局
			李德友	交通局
		技术负责人	周玉顺	水利局
	龙凤河右堤堤防责任人	责任领导	冯祥生	县政府
			白相芝	企业局
			宋玉岭	审计局
		技术负责人	郭宝德	水利局工程科
	青龙湾减河右堤堤防责任人	责任领导	李乃彦	县政府
			崔庆春	民政局
		技术负责人	张绍书	水利局工程科
1992	永定河左堤堤防责任人	责任领导	王俊生	县政府
			崔庆春	民政局
			杜　江	水利局
		技术负责人	黄松岩	水利局

续表

年份	部门名称	职务	姓名	所在单位
1992	永定河右堤堤防责任人	责任领导	寇　臣	农村工作部
			张友平	财政局
		技术负责人	张玉明	水利局工程科
	北运河左堤堤防责任人	责任领导	肖继林	县委
			闫庆森	劳动局
			刘善德	农业局
		技术负责人	崔绍昌	水利局工程科
	北运河右堤堤防责任人	责任领导	窦树仁	县政府
			侯凤江	卫生局
			刘宝森	教育局
			肖继林	县委
		技术负责人	胡宝泽	水利局
	龙凤河左堤堤防责任人	责任领导	何俊田	县政府
			李成志	畜牧局
			杜庆余	交通局
		技术负责人	袁桐江	地下水资源管理办公室
	龙凤河右堤堤防责任人	责任领导	冯祥生	县政府
			白相芝	企业局
			宋玉岭	审计局
		技术负责人	郭宝德	水利局工程科
	青龙湾减河右堤堤防责任人	责任领导	李乃彦	县政府
			李书奇	外贸局
			孙树印	邮电局
		技术负责人	蒋金辉	水利局工程科
1993	永定河左堤堤防责任人	责任领导	李乃彦	县政府
			崔庆春	民政局
			杜　江	水利局
		技术负责人	杜　江	水利局
	永定河右堤堤防责任人	责任领导	刘春生	武装部
			张树林	财政局
		技术负责人	王学和	水利局防汛抗旱科

续表

年份	部 门 名 称	职务	姓名	所在单位
1993	北运河左堤堤防责任人	责任领导	闫庆森	劳动局
			宋印春	农业局
			寇 臣	农村工作部
		技术负责人	袁继光	水利局水政科
	北运河右堤堤防责任人	责任领导	侯凤江	卫生局
			肖继林	县委
			刘广春	物资局
		技术负责人	张绍书	水利局工程科
	龙凤河左堤堤防责任人	责任领导	何俊田	县政府
			李成志	畜牧局
			杜庆余	交通局
		技术负责人	袁桐江	地下水资源管理办公室
	龙凤河右堤堤防责任人	责任领导	李树宏	县政府
			白相芝	企业局
			宋玉岭	审计局
		技术负责人	周玉顺	水利局
	青龙湾减河右堤堤防责任人	责任领导	钟有龙	县政府
			孙树印	邮电局
			张序旺	武装部
			李春田	外贸局
		技术负责人	黄松岩	水利局
1994	永定河左堤堤防责任人	责任领导	李乃彦	县政府
			崔庆春	民政局
			杜 江	水利局
		技术负责人	杜 江	水利局
	永定河右堤堤防责任人	责任领导	刘春生	武装部
			张树林	财政局
		技术负责人	张玉明	水利局工程科
	北运河左堤堤防责任人	责任领导	闫庆森	劳动局
			寇 臣	农村工作部
			金福祥	物资局
		技术负责人	袁继光	水利局水政科

续表

年份	部门名称	职务	姓名	所在单位
1994	北运河右堤堤防责任人	责任领导	肖继林	县政府
			侯凤江	卫生局
			马秀生	农业局
		技术负责人	张绍书	水利局工程科
	龙凤河左堤堤防责任人	责任领导	何俊田	县政府
			宋玉岭	审计局
			杜庆余	交通局
		技术负责人	袁桐江	机井建设服务站
	龙凤河右堤堤防责任人	责任领导	李树宏	县政府
			白相芝	企业局
			杜庆余	交通局
		技术负责人	周玉顺	水利局
	青龙湾减河右堤堤防责任人	责任领导	钟有龙	县政府
			孙树印	邮电局
			张序旺	武装部
			李春田	农委
		技术负责人	黄松岩	水利局
1995	永定河左堤堤防责任人	责任领导	李乃彦	县政府
			崔庆春	民政局
			杜　江	水利局
		技术负责人	杜　江	水务局
	永定河右堤堤防责任人	责任领导	刘春生	武装部
			张树林	财政局
		技术负责人	郭宝德	水利局工程科
	北运河左堤堤防责任人	责任领导	王明礼	物资局
			寇　臣	农村工作部
			闫庆森	劳动局
		技术负责人	张玉明	水利局
	北运河右堤堤防责任人	责任领导	侯凤江	卫生局
			马秀生	农业局
		技术负责人	张绍书	水利局工程科

续表

年份	部 门 名 称	职务	姓名	所在单位
1995	龙凤河左堤堤防责任人	责任领导	徐振元	畜牧局
			杜庆余	交通局
		技术负责人	崔玉山	水利局工程科
	龙凤河右堤堤防责任人	责任领导	冯祥生	县政府
			杜庆余	交通局
			白相芝	企业局
		技术负责人	周玉顺	水利局
	青龙湾减河右堤堤防责任人	责任领导	钟有龙	县政府
			李春田	外贸局
			张序旺	武装部
			孙树印	邮电局
		技术负责人	黄松岩	水利局
1996	永定河左堤堤防责任人	责任领导	李乃彦	县委
			高振永	粮食局
			杜　江	水利局
		技术负责人	杜　江	水利局
	永定河右堤堤防责任人	责任领导	刘春生	武装部
			张树林	财政局
			张友恒	税务局
		技术负责人	胡宝泽	水利局
	北运河左堤堤防责任人	责任领导	王明礼	物资局
			寇　臣	农村工作部
			闫庆森	劳动局
		技术负责人	郭宝德	水利局工程科
	北运河右堤堤防责任人	责任领导	温允庆	农业局
		技术负责人	崔玉山	水利局工程科
	龙凤河左堤堤防责任人	责任领导	吕湘泉	卫生局
			杜庆余	交通局
		技术负责人	蒋金辉	水利局工程科
	龙凤河右堤堤防责任人	责任领导	袁桐利	县政府
			白相芝	企业局

续表

年份	部门名称	职务	姓名	所在单位
1996	龙凤河右堤堤防责任人	责任领导	冯祥生	县政府
		技术负责人	刘福平	水利局工程科
	青龙湾减河右堤堤防责任人	责任领导	钟有龙	县政府
			李春田	外贸局
			张序旺	武装部
			孙树印	邮电局
		技术负责人	黄松岩	水利局
1997	永定河左堤堤防责任人	责任领导	李乃彦	县委
			杜　江	水利局
		技术负责人	杜　江	水利局
	永定河右堤堤防责任人	责任领导	刘春生	武装部
			张树林	财政局
			张友恒	税务局
		技术负责人	胡宝泽	水利局
	北运河左堤堤防责任人	责任领导	王明礼	物资局
			寇　臣	农村工作部
			闫庆森	劳动局
		技术负责人	袁桐江	地下水资源管理办公室
	北运河右堤堤防责任人	责任领导	温允庆	农业局
			徐振元	畜牧局
		技术负责人	崔玉山	水利局规划设计科
	龙凤河左堤堤防责任人	责任领导	吕湘泉	卫生局
			杜庆余	交通局
		技术负责人	刘福平	水利局规划设计科
	龙凤河右堤堤防责任人	责任领导	袁桐利	县政府
			冯祥生	县政府
			王金耀	审计局
			白相芝	企业局
		技术负责人	蒋金辉	水利局
	青龙湾减河右堤堤防责任人	责任领导	钟有龙	县政府
			李春田	外贸局
			张序旺	武装部
		技术负责人	刘善德	水利局

续表

年份	部门名称	职务	姓名	所在单位
1998	永定河左堤堤防责任人	责任领导	李乃彦	县委
			张广连	县委
			杜　江	水利局
		技术负责人	杜　江	水利局
	永定河右堤堤防责任人	责任领导	刘春生	武装部
			张树林	财政局
			张友恒	税务局
		技术负责人	胡宝泽	水利局
	北运河左堤堤防责任人	责任领导	杨守旭	县政府
			王明礼	物资局
			闫庆森	劳动局
		技术负责人	袁桐江	地下水资源管理办公室
	北运河右堤堤防责任人	责任领导	夏俊田	县委
			温允庆	农业局
			徐振元	畜牧局
		技术负责人	李果森	水利局规划设计科
	龙凤河左堤堤防责任人	责任领导	王胜林	县政府
			吕湘泉	卫生局
			杜庆余	交通局
		技术负责人	刘福平	水利局规划设计科
	龙凤河右堤堤防责任人	责任领导	袁桐利	县政府
			刘喜峰	农发行
			王金耀	审计局
		技术负责人	蒋金辉	水利局
	青龙湾减河右堤堤防责任人	责任领导	钟有龙	县政府
			许广义	邮电局
			常建生	工商局
		技术负责人	刘善德	水利局
1999	永定河左堤堤防责任人	责任领导	张广连	县委
			胡宝泽	水利局
		技术负责人	胡宝泽	水利局

续表

年份	部门名称	职务	姓名	所在单位
1999	永定河右堤堤防责任人	责任领导	倪庆恩	财政局
			黄艺敏	武装部
			李树贤	国税局
		技术负责人	蒋金辉	水利局
	北运河左堤堤防责任人	责任领导	杨守旭	县政府
			朱道友	物资公司
			肖同福	劳动局
		技术负责人	袁桐江	地下水资源管理办公室
	北运河右堤堤防责任人	责任领导	边风怀	畜牧局
			夏俊田	县委
			温允庆	农业局
		技术负责人	崔玉山	水利局规划设计科
	龙凤河左堤堤防责任人	责任领导	王胜林	县政府
			吕湘泉	卫生局
			杜庆余	交通局
		技术负责人	刘福平	水利局规划设计科
	龙凤河右堤堤防责任人	责任领导	袁桐利	县政府
			熊守和	林业局
			苳炳琪	体育局
		技术负责人	濮春发	上马台水库管理处
	青龙湾减河右堤堤防责任人	责任领导	钟有龙	县政府
			许广义	邮电局
			常建生	工商局
		技术负责人	刘善德	水利局
2000	永定河左堤堤防责任人	责任领导	张广连	区委
			胡宝泽	水利局
		技术负责人	胡宝泽	水利局
	永定河右堤堤防责任人	责任领导	李树贤	国税局
			黄艺敏	武装部
		技术负责人	蒋金辉	水利局

续表

年份	部门名称	职务	姓名	所在单位
2000	北运河左堤堤防责任人	责任领导	杨守旭	区政府
			荣进清	农机局
			肖同福	劳动局
		技术负责人	袁桐江	地下水资源管理办公室
	北运河右堤堤防责任人	责任领导	夏俊田	区委
			边风怀	畜牧局
			温允庆	农业局
		技术负责人	濮春发	上马台水库管理处
	龙凤河左堤堤防责任人	责任领导	王胜林	区政府
			吕湘泉	卫生局
			杜庆余	交通局
		技术负责人	刘福平	水利局规划设计科
	龙凤河右堤堤防责任人	责任领导	袁桐利	区政府
			朱广臣	审计局
			熊守和	林业局
		技术负责人	崔玉山	水利局规划设计科
	青龙湾减河右堤堤防责任人	责任领导	钟有龙	区政府
			许广义	邮电局
			常建生	工商局
		技术负责人	薛连华	河道管理所
2001	永定河左堤堤防责任人	责任领导	穆桂江	民政局
			张广连	区委
			胡宝泽	水务局
		技术负责人	胡宝泽	水务局
	永定河右堤堤防责任人	责任领导	张荣敏	武装部
			李树贤	国税局
		技术负责人	蒋金辉	水务局
	北运河左堤堤防责任人	责任领导	杨守旭	区政府
			荣进清	农机局
			肖同福	劳动局
		技术负责人	张书田	水务局

续表

年份	部门名称	职务	姓名	所在单位
2001	北运河右堤堤防责任人	责任领导	刘永林	农业局
			夏俊田	区委
		技术负责人	濮春发	上马台水库管理处
	龙凤河左堤堤防责任人	责任领导	王胜林	区政府
		技术负责人	刘福平	水务局规划设计科
	龙凤河右堤堤防责任人	责任领导	袁桐利	区政府
			丁玉山	审计局
		技术负责人	崔玉山	水务局规划设计科
	青龙湾减河右堤堤防责任人	责任领导	钟有龙	区政府
			许广义	邮电局
			常建生	工商局
		技术负责人	薛连华	河道管理所
2002	永定河左堤堤防责任人	责任领导	张广连	区委
			穆桂江	民政局
			胡宝泽	水务局
		技术负责人	胡宝泽	水务局
	永定河右堤堤防责任人	责任领导	甘同波	武装部
			李树贤	国税局
		技术负责人	蒋金辉	水务局
	北运河左堤堤防责任人	责任领导	杨守旭	区政府
			荣进清	农机局
			肖同福	劳动局
		技术负责人	张书田	水务局防汛抗旱科
	北运河右堤堤防责任人	责任领导	刘永林	农业局
			夏俊田	区委
		技术负责人	濮春发	上马台水库管理处
	龙凤河左堤堤防责任人	责任领导	王胜林	区政府
		技术负责人	刘福平	水务局规划设计科
	龙凤河右堤堤防责任人	责任领导	周振江	林业局
			丁玉山	审计局
			袁桐利	区政府
		技术负责人	崔玉山	水务局规划设计科

续表

年份	部门名称	职务	姓名	所在单位
2002	青龙湾减河右堤堤防责任人	责任领导	钟有龙	区政府
			许广义	邮电局
			常建生	工商局
		技术负责人	薛连华	河道管理所
2003	永定河左堤堤防责任人	责任领导	刘万明	区人大
			穆桂江	民政局
			胡宝泽	水务局
		技术负责人	胡宝泽	水务局
	永定河右堤堤防责任人	责任领导	甘同波	武装部
			杨中东	财政局
			李树贤	国税局
		技术负责人	蒋金辉	水务局
	北运河左堤堤防责任人	责任领导	副区长	区政府
			荣进清	农机局
			肖同福	劳动局
		技术负责人	李果森	水务局
	北运河右堤堤防责任人	责任领导	副书记	区委
			刘永林	农业局
		技术负责人	濮春发	上马台水库管理处
	龙凤河左堤堤防责任人	责任领导	王胜林	区政府
			金玉河	卫生局
		技术负责人	刘福平	水务局
	龙凤河右堤堤防责任人	责任领导	李学鹏	区政府
			周振江	林业局
			丁玉山	审计局
		技术负责人	崔玉山	水务局水资源规划管理科
	青龙湾减河右堤堤防责任人	责任领导	张宗启	区政府
			许广义	邮电局
			常建生	工商局
		技术负责人	薛连华	河道管理所

续表

年份	部门名称	职务	姓名	所在单位
2004	永定河左堤堤防责任人	责任领导	刘万明	区人大
			穆桂江	民政局
			胡宝泽	水务局
		技术负责人	胡宝泽	水务局
	永定河右堤堤防责任人	责任领导	杨中东	财政局
			甘同波	武装部
			李树贤	国税局
		技术负责人	陈美华	水务局
	北运河左堤堤防责任人	责任领导	副区长	区政府
			荣进清	农机局
			王满成	体育局
		技术负责人	李果森	水务局水资源规划管理科
	北运河右堤堤防责任人	责任领导	副书记	区委
			崔克广	农业局
		技术负责人	王国树	河道管理所
	龙凤河左堤堤防责任人	责任领导	王胜林	区政府
			张振生	交通局
			金玉河	卫生局
		技术负责人	高树华	河道所
	龙凤河右堤堤防责任人	责任领导	李学鹏	区政府
			周俊启	林业局
			丁玉山	审计局
		技术负责人	崔玉山	水务局水资源规划管理科
	青龙湾减河右堤堤防责任人	责任领导	张宗启	区政府
			许广义	邮电局
			常建生	工商局
		技术负责人	薛连华	河道管理所
2005	永定河左堤堤防责任人	责任领导	刘万明	区人大
			胡宝泽	水务局
		技术负责人	胡宝泽	水务局

续表

年份	部门名称	职务	姓名	所在单位
2005	永定河右堤堤防责任人	责任领导	朱继业	武装部
			杨中东	财政局
			李树贤	国税局
		技术负责人	陈美华	水务局
	北运河左堤堤防责任人	责任领导	副区长	区政府
			荣进清	农机局
			王满成	体育局
		技术负责人	李果森	水务局水资源规划管理科
	北运河右堤堤防责任人	责任领导	副书记	区委
			崔克广	农业局
		技术负责人	王国树	河道管理所
	龙凤河左堤堤防责任人	责任领导	王胜林	区政府
			张振生	交通局
			金玉河	卫生局
		技术负责人	高树华	河道所
	龙凤河右堤堤防责任人	责任领导	李学鹏	区政府
			周俊启	林业局
			丁玉山	审计局
		技术负责人	崔玉山	水务局水资源规划管理科
	青龙湾减河右堤堤防责任人	责任领导	张宗启	区政府
			赵连环	工商局
			许广义	邮电局
		技术负责人	薛连华	河道管理所
2006	永定河左堤堤防责任人	责任领导	刘万明	区人大
			胡宝泽	水务局
			李俊华	民政局
		技术负责人	胡宝泽	水务局
	永定河右堤堤防责任人	责任领导	朱继业	武装部
			杨中东	财政局
			李树贤	国税局
		技术负责人	陈美华	水务局

续表

年份	部门名称	职务	姓名	所在单位
2006	北运河左堤堤防责任人	责任领导	副区长	区政府
			荣进清	农机局
			王满成	体育局
		技术负责人	李果森	水务局水资源规划管理科
	北运河右堤堤防责任人	责任领导	副书记	区委
			史　峰	畜牧局
			崔克广	农业局
		技术负责人	黄士福	水务局
	龙凤河左堤堤防责任人	责任领导	王胜林	区政府
			张振生	交通局
			金玉河	卫生局
		技术负责人	高树华	河道所
	龙凤河右堤堤防责任人	责任领导	李学鹏	区政府
			周宝玉	林业局
			丁玉山	审计局
		技术负责人	崔玉山	水务局水资源规划管理科
	青龙湾减河右堤堤防责任人	责任领导	张宗启	区政府
			许广义	邮电局
		技术负责人	薛连华	水利建筑公司
2007	永定河左堤堤防责任人	责任领导	韩胜军	区委
			胡宝泽	水务局
			李俊华	民政局
		技术负责人	胡宝泽	水务局
	永定河右堤堤防责任人	责任领导	朱继业	武装部
			杨中东	财政局
		技术负责人	陈美华	水务局
	北运河左堤堤防责任人	责任领导	副区长	区政府
			刘凤辉	体育局
			荣进清	农机局
		技术负责人	李果森	水务局水资源规划管理科

续表

<table>
<tr><th>年份</th><th>部门名称</th><th>职务</th><th>姓名</th><th>所在单位</th></tr>
<tr><td rowspan="18">2007</td><td rowspan="4">北运河右堤堤防责任人</td><td rowspan="3">责任领导</td><td>副书记</td><td>区委</td></tr>
<tr><td>史　峰</td><td>畜牧局</td></tr>
<tr><td>崔克广</td><td>农业局</td></tr>
<tr><td>技术负责人</td><td>黄士福</td><td>水务局</td></tr>
<tr><td rowspan="4">龙凤河左堤堤防责任人</td><td rowspan="3">责任领导</td><td>李伯怀</td><td>区政府</td></tr>
<tr><td>刘玉山</td><td>交通局</td></tr>
<tr><td>李克山</td><td>卫生局</td></tr>
<tr><td>技术负责人</td><td>高树华</td><td>河道所</td></tr>
<tr><td rowspan="5">龙凤河右堤堤防责任人</td><td rowspan="4">责任领导</td><td>李学鹏</td><td>区政府</td></tr>
<tr><td>雷永良</td><td>审计局</td></tr>
<tr><td>周宝玉</td><td>林业局</td></tr>
<tr><td>丁玉山</td><td>审计局</td></tr>
<tr><td>技术负责人</td><td>崔玉山</td><td>水务局水资源规划管理科</td></tr>
<tr><td rowspan="3">青龙湾减河右堤堤防责任人</td><td rowspan="2">责任领导</td><td>张宗启</td><td>区政府</td></tr>
<tr><td>李洪泉</td><td>邮政局</td></tr>
<tr><td>技术负责人</td><td>薛连华</td><td>水利建筑公司</td></tr>
<tr><td rowspan="14">2008</td><td rowspan="4">永定河左堤堤防责任人</td><td rowspan="3">责任领导</td><td>韩胜军</td><td>区委</td></tr>
<tr><td>胡宝泽</td><td>水务局</td></tr>
<tr><td>李俊华</td><td>民政局</td></tr>
<tr><td>技术负责人</td><td>胡宝泽</td><td>水务局</td></tr>
<tr><td rowspan="4">永定河右堤堤防责任人</td><td rowspan="3">责任领导</td><td>朱继业</td><td>武装部</td></tr>
<tr><td>杨中东</td><td>财政局</td></tr>
<tr><td>方秋生</td><td>国税局</td></tr>
<tr><td>技术负责人</td><td>陈美华</td><td>水务局</td></tr>
<tr><td rowspan="4">北运河左堤堤防责任人</td><td rowspan="3">责任领导</td><td>副区长</td><td>区政府</td></tr>
<tr><td>刘凤辉</td><td>体育局</td></tr>
<tr><td>荣进清</td><td>农机局</td></tr>
<tr><td>技术负责人</td><td>李果森</td><td>水务局水资源规划管理科</td></tr>
<tr><td rowspan="2">北运河右堤堤防责任人</td><td rowspan="2">责任领导</td><td>史　峰</td><td>畜牧局</td></tr>
<tr><td>崔克广</td><td>农业局</td></tr>
</table>

续表

年份	部门名称	职务	姓名	所在单位
2008	北运河右堤堤防责任人	责任领导	副书记	区委
		技术负责人	黄士福	水务局
	龙凤河左堤堤防责任人	责任领导	李伯怀	区政府
			刘玉山	交通局
			李克山	卫生局
		技术负责人	高树华	河道所
	龙凤河右堤堤防责任人	责任领导	李学鹏	区政府
			雷永良	审计局
			周宝玉	林业局
			丁玉山	审计局
		技术负责人	崔玉山	水务局水资源规划管理科
	青龙湾减河右堤堤防责任人	责任领导	张宗启	区政府
		技术负责人	薛连华	水利建筑公司
2009	永定河左堤堤防责任人	责任领导	韩胜军	区委
			胡宝泽	水务局
			李俊华	民政局
		技术负责人	胡宝泽	水务局
	永定河右堤堤防责任人	责任领导	朱继业	武装部
			杨中东	财政局
		技术负责人	陈美华	水务局
	北运河左堤堤防责任人	责任领导	副区长	区政府
			祁印德	农机局
			刘凤辉	体育局
		技术负责人	李果森	水务局水资源规划管理科
	北运河右堤堤防责任人	责任领导	副书记	区委
			郭明华	区政府
			邵广田	畜牧局
			崔克广	农业局
		技术负责人	黄士福	水务局

续表

年份	部门名称	职务	姓名	所在单位
2009	龙凤河左堤堤防责任人	责任领导	李伯怀	区政府
			刘玉山	交通局
			李克山	卫生局
		技术负责人	高树华	河道所
	龙凤河右堤堤防责任人	责任领导	李学鹏	区政府
			金德志	林业局
			雷永良	审计局
			丁玉山	审计局
		技术负责人	崔玉山	水务局水资源规划管理科
	青龙湾减河右堤堤防责任人	责任领导	张宗启	区政府
			徐生建	武装部
		技术负责人	薛连华	水利建筑公司
2010	永定河左堤堤防责任人	责任领导	韩胜军	区委
			胡宝泽	水务局
			李俊华	民政局
		技术负责人	胡宝泽	水务局
	永定河右堤堤防责任人	责任领导	朱继业	武装部
			杨中东	财政局
		技术负责人	陈美华	水务局
	北运河左堤堤防责任人	责任领导	祁印德	农机局
			尤天成	建委
			刘凤辉	体育局
		技术负责人	李果森	水务局水资源规划管理科
	北运河右堤堤防责任人	责任领导	郭明华	区政府
			邵广田	畜牧局
			崔克广	农业局
		技术负责人	黄士福	水务局
	龙凤河左堤堤防责任人	责任领导	李伯怀	区政府
			刘福利	交通局
			李克山	卫生局
		技术负责人	高树华	河道所

续表

年份	部门名称	职务	姓名	所在单位
2010	龙凤河右堤堤防责任人	责任领导	金德志	林业局
			雷永良	审计局
			丁玉山	审计局
		技术负责人	崔玉山	水务局水资源规划管理科
	青龙湾减河右堤堤防责任人	责任领导	张宗启	区政府
			刘京朝	武装部
		技术负责人	薛连华	水利建筑公司

防汛制度。1991—2010 年，对防汛各项制度逐步完善，主要包括防汛值班制度，防汛工作逐级检查督办制度，汛前工程检查、堤防巡查工作制度，汛期气象、汛情、灾情报告制度，防汛经费、防汛物料使用管理办法，洪涝灾害核查工作制度等。

（三）防汛部署与检查

1. 防汛部署

区防汛抗旱指挥部负责防汛抗旱工作，每年汛前召开防汛抗旱指挥部、分指挥部成员会议，统一思想，明确任务，立足于防大汛、抢大险、抗大灾，研究制定全区的防汛抗旱工作，落实各项防汛责任制和行政首长负责制，强化协同作战，畅通情况反馈渠道。

每年汛前召开全区防汛抗旱工作动员会，发动干部群众认清防汛抗旱形势、强化防汛抗旱的责任感和紧迫感，按照实战要求，确实做到组织落实、责任落实、措施落实、物资落实、抢险队伍落实、预案落实。区防汛指挥部及防汛有关单位，根据自身职能，分别召开专题会议进行再动员、再部署、再落实。

2. 防汛检查

区防汛抗旱指挥部有关领导及防汛分部、分滞洪区群众转移抢救指挥部领导每年根据各自责任范围深入一线熟悉情况，从组织、物资、队伍、预案、措施上开展防汛检查，及时发现并解决问题。

区水务局在每年汛前开展专业性质的防汛检查，组织工程管理单位、堤防责任人对所管辖的 11 条行洪排沥河道、21 条堤防和 49 座闸涵泵站等防洪除涝设施进行实际踏查，具体方法为耳听、手摸、脚踩等，巡堤检查迎水坡、背水坡时，要三人同行，一人走水边，一人走坡腰，一人走坡顶，检查有无冲淘、坍塌、洞穴、渗水、漏水等现象，发现问题后要记录位置、做出标识并及时上报。能整改的及时整改，能处理的及时处理，不能立即处理的要制定应急度汛措施。做到汛期不过、检查不止。有条件的闸站汛前进行试车。

各防汛有关单位每年根据自身职责进行防汛检查，在汛前组织电力、通信、卫生等防汛抢险队伍进行培训和演练，修订完善防汛预案，制定各项度汛措施。

各乡镇街道每年对堤防责任段以及乡（镇）管防洪除涝设施进行防汛检查，制订落实各项度汛措施。

（四）防汛抢险队伍与演练

1. 抢险队伍

按照专群结合、军地联防的原则，组建防汛抢险队伍。

民兵、部队抢险队伍。每年汛前，武清区武装部将按照防汛抢险预案在全区范围内组建6.5万人的民兵抢险队和1300人的部队抢险队，负责全区抗洪抢险救灾准备、蓄滞洪区群众疏散转移工作、分洪口门分洪等任务。

区级应急抢险队伍。2010年武清区应急管理办公室、武清区人民武装部在全区范围内组建了165人的区级民兵综合应急分队，负责全区的应急救援任务。

专业抢险队伍。武清区成立专业防汛机动抢险队（即天津市防汛机动抢险队第四分队），负责河道堤防、闸涵、泵站、水库、城区排水管网等重要部位和设施的防汛抢险工作。该抢险队固定抢险队员80名，拥有办公用房2270平方米、场地1296平方米，机械设备有挖掘机3台、10吨自卸车5辆、3立方米装载机2台、东方红75推土机2辆、移山180超湿地推土机1辆、打桩机1台套、75千瓦发电机5台，常备物资有钢管2吨、卡扣1吨。

2. 抢险演练

1999年7月2日，武清县水利局聘请国家防汛抗旱总指挥部牛运光教授，为武清县防汛的水利专业技术人员和抢险队员进行防汛知识培训。

2000年7月2日，武清区水利局组织水利专业技术人员和抢险队成员在于庄水库进行了防汛抢险救护工作实战演练，机关科室、各基层单位参加了观摩。

2003年天津市水利局在西青区中亭堤组织了防汛抢险实战演习，天津市防汛机动抢险队第四分队（武清专业机动抢险队）参加，并完成水上排桩的演习任务。

2009年，区防办和区武装部组织了2次抢险知识培训和演练。7月7日，由区防办组织区水务局机关各科室、各基层单位80人进行了抢险知识培训。7月22—23日，利用2天时间，区防办和区武装部联合组织进行了抢险知识培训和实战演练。演练地点在永定河右堤大旺村口门，共演练了漫溢、管涌、滑坡、漏洞4个科目。天津市第四机动抢险队首先进行示范演习，之后区武装部组织黄花店、豆张庄等6个乡镇街民兵进行现场演练，演练人员共180人。区防办、区武装部、防汛分部正副指挥、各乡镇街武装部部长等80人现场进行观摩学习。

三、防汛预案

1991—2010年，按照天津市防汛指挥部要求，以“预则立，不预则废”的指导思想，先后制定了武清县（区）泛区、分洪区及移民安置预案、非常洪水调度意见、农田除涝区划及重点闸涵运用预案、重点险工险段防汛抢险预案。武清区防汛预案包括：蓄滞洪区群众转移预案，通讯保障、物资供应、交通运输、社会治安保障、生活供应、医疗卫生防疫预案，分洪口门爆破扒除预案，城市防洪应急预案，龙凤河安全度汛预案，水库防洪抢险应急预案，破坏性地震应急预案，抗旱预案等预案。根据防汛工作实际对这些预案逐年修订完善，以提高预案的可操作性、实效性。1991—2010年武清区（县）防汛预案情况见表4-1-36。

表4-1-36　**1991—2010年武清区（县）防汛预案汇总表**

年　份	预　案　名　称
1991—1993	武清县泛区、分洪区移民方案；非常洪水调度意见，关于农田除涝区划及重点闸涵运用方案
1994	在原有基础上增加了重点险工险段防汛抢险预案，粮食局关于泛区、分洪区移民粮食供应方案，卫生局抗洪抢救预案，交通局防汛工作预案，民政局分洪区移民安置救济方案，邮电局汛期抢修抢运预案，供销社关于县内分洪区、滞洪区群众转移后生活物资安排
1995	武清县泛区、分洪区移民方案：非常洪水调度意见，关于农田除涝区划及重点闸涵运用方案，重点险工险段防汛抢险预案。武清区防汛预案包括蓄滞洪区群众转移预案、通信保障预案、物资供应交通运输社会治安保障预案、分洪口门爆破扒除预案、生活供应医疗卫生防疫预案、接收静海移民安置预案
1996	在1995年预案的基础上增加了非常洪水调度意见、关于农田除涝区划及重点闸涵运用方案
1997	在1996年预案的基础上增加了龙凤河安全度汛预案
1998—2001	重点险工险段防汛抢险预案。武清区防汛预案包括蓄滞洪区群众转移预案、通讯保障预案、物资供应交通运输社会治安保障预案、分洪口门爆破扒除预案、生活供应医疗卫生防疫预案、接收静海移民安置预案
2002—2004	非常洪水调度意见。武清区防汛抢险预案包括蓄滞洪区群众转移预案、通信保障预案、物资供应、交通运输、社会治安保障预案、分洪口门爆破扒除预案、生活供应医疗卫生防疫预案、接收静海移民安置预案
2005	比2004年预案增加了农田除涝预案，水库调度运用、防抢预案
2006—2007	比2004年预案增加了城市防洪应急预案
2008—2010	比2004年预案增加了农田除涝预案、水库防洪抢险应急预案、水库调度运用、防抢预案、抗旱预案、城市防洪应急预案、破坏性地震应急预案

四、防汛物资

武清区防汛物资储备是按照防汛的需求和分级储备的原则，采取专业储备和社会储备相结合的方式进行防汛物资储备。储备方式包括乡镇物资储备、专业储备和社会号料。

（一）乡镇物资储备

武清区防汛抗旱指挥部按照防汛抢险预案每年向各乡镇街下达一定数量的物资储备任务，乡级防汛抗旱指挥部负责落实，由区防汛抗旱指挥部统一调配。各乡镇防汛物资储备传统以麦秸、清苇等软料为主，并储备一定数量的桩木、檩条等。自1995年开始逐渐用麻袋、草袋、编织袋替代软料，1997年软料全部被麻袋、草袋、编织袋所取代。

2010年，按照武清区防汛抗旱指挥部《关于下达防汛应急抢险必备物资储备任务的紧急通知》精神，下伍旗镇、河北屯镇、崔黄口镇、大黄堡乡、曹子里乡、上马台镇、大王古庄镇、白古屯乡、东马圈镇、泗村店镇、豆张庄乡等11个乡镇，在自筹资金储备防汛抢险物资的基础上共增加救生圈220个、救生衣220件、铁锹220把、铁镐220把、大锤55把、编织袋3300条。1991—2010年各乡镇防汛物料储存情况见表4-1-37。

表4-1-37 **1991—2010年各乡镇防汛物料储存情况表**

年　份	檩条3～4米/根	桩木/立方米	麻袋、草袋、编织袋/条	青苇软料/吨
1991—1994	18300	18100		970
1995—1996	18300	18100	248000	100
1997—2000	18300	18100	248000	
2001—2010	18910	17800	257000	

（二）专业储备

武清区防办物资储备实行专库储存，统一管理。1991—1996年由县水利局物资科负责储备管理。1997年1月机构改革，改由武清县水利局物资经销站管理。2008年之前储存地点在豆张庄汛库，2008年10月豆张庄汛库改建为豆张庄净水厂，防汛物资仓库迁至海河库。

1990年之前，县防办共储存6～10米桩木405根，8号铅丝1吨，麻袋、草袋编织袋26830条，片石4550立方米，木船14条。

1991年，天津市水利局购置玻璃钢船24条，作为武清县防办物资使用，后调走1

条，剩余 23 条。由物资科维护管理，汛库储存。

1997 年 7 月，武清县政府投资 1.3 万元年购入草袋 6000 条，由物资经销站维护管理、汛库储存。

1999 年 5 月，武清县政府投资 0.7 万元购入草袋 3100 条、编织袋 1000 条，由物资经销站维护管理、汛库储存。

2003 年 7 月，武清区政府投资 5 万元购入草袋 20000 条、编织袋 20000 条。同年 5 月，为天津市防办代存片石 7070 立方米，储存地点：护路沿线储存 549 立方米、护路堤管理站（东洲大桥南）储存 1036 立方米、老米店闸储存 5485 立方米。

2004 年，武清区政府投资 5 万元，购置救生衣 500 件，储存在武清区水务局办公室。

2008 年 9 月，武清区政府投资 2.53 万元购入编织袋 23000 条。其中东汪庄扬水站存草袋 1000 条，陈赵庄扬水站存草袋、编织袋各 1000 条，上马台吴淞河扬水站存草袋、编织袋各 1000 条，其余汛库储存。

2008 年按使用年限的规定，报废处理木船 12 条、草袋 11100 条、编织袋 29830 条；2008 年 6 月经市防办批准报废 405 根桩木。

2010 年，武清区武装部购置橡皮舟 3 艘、漂浮筏 3 个、钢瓶 1 个、抛投器 6 具，由武装部管理，储存在区武装部梅厂基地；区防办购置车载电台 2 部、对讲机 10 部，由区防办管理储存；供销社储存铅丝 5 吨、编织袋 3 万条、铁锹 3000 把、铁锹 3000 把、铁锤 30 把、彩条布 20 捆、板斧 20 把、尼龙绳 1500 米、麻袋线 50 公斤、撬杠 30 根、铁管 5 吨、钢筋钳 10 把、钢钎 30 把、铁钳 20 把，由供销社管理，储存在武清生产公司。

1990—2010 年武清区防汛物料储存情况见表 4-1-38。

表 4-1-38 **1990—2010 年武清区防汛物料储存情况表**

年 份	存 放 物 品	存 放 地 点	所属部门
1990—1991	6～10 米桩木 405 根	豆张庄汛库	天津市防汛抗旱办公室
	8 号铅丝 1 吨		
	麻袋、草袋、编织袋 26830 条		
	片石 4550 立方米		
	木船 14 条		武清县防汛抗旱办公室
	玻璃钢船 23 条		
1997	6～10 米桩木 405 根	豆张庄汛库	天津市防汛抗旱办公室
	8 号铅丝 1 吨		
	草袋 16000 条		

续表

年　份	存 放 物 品	存 放 地 点	所属部门
1997	编织袋 10830 条	豆张庄汛库	天津市防汛抗旱办公室
	木船 12 条		武清县防汛抗旱办公室
	玻璃钢船 17 条		
1998	6～10 米桩木 405 根	豆张庄汛库	天津市防汛抗旱办公室
	8 号铅丝 1 吨		
	草袋 16000 条		
	编织袋 10830 条		
	木船 12 条		武清县防汛抗旱办公室
	草袋子 6000 条		
	玻璃钢船 17 条		
1999—2002	6～10 米桩木 405 根	豆张庄汛库	天津市防汛抗旱办公室
	8 号铅丝 1 吨		
	草袋 16000 条		
	编织袋 10830 条		
	草袋子 9100 条		武清区防汛抗旱办公室
	编织袋 1000 条		
	木船 12 条		
	玻璃钢船 17 条		
2003—2007	6～10 米桩木 405 根	豆张庄汛库	天津市防汛抗旱办公室
	8 号铅丝 1 吨		
	草袋 16000 条		
	编织袋 10830 条		
	片石 7070 立方米	护路堤段存放 549 立方米	
		北遥堤存放 1036 立方米	
		老米店闸存放 5485 立方米	
	草袋子 29100 条	豆张庄汛库	武清区防汛抗旱办公室
	编织袋 21000 条		
	木船 12 条		
	玻璃钢船 17 条		

续表

<table>
<tr><th>年 份</th><th>存 放 物 品</th><th>存 放 地 点</th><th>所属部门</th></tr>
<tr><td rowspan="4">2008</td><td>8 号铅丝 1 吨</td><td rowspan="4">2008 年 10 月由豆张庄汛库搬到八孔闸海河</td><td>天津市防汛抗旱办公室</td></tr>
<tr><td>草袋 30000 条</td><td rowspan="3">武清区防汛抗旱办公室</td></tr>
<tr><td>编织袋 23000 条</td></tr>
<tr><td>玻璃钢船 23 条</td></tr>
<tr><td rowspan="4">2009—2010</td><td>8 号铅丝 1 吨</td><td rowspan="4">八孔闸海河库</td><td>天津市防汛抗旱办公室</td></tr>
<tr><td>草袋 30000 条</td><td rowspan="3">武清区防汛抗旱办公室</td></tr>
<tr><td>编织袋 23000 条</td></tr>
<tr><td>玻璃钢船 23 条</td></tr>
</table>

（三）社会号料

1991 年以前，由物资局、粮食局、区联社等单位负责储备片石、木材、铁锨、铅丝、草袋等必备防汛抢险物资的储存。随着机构改革的深入，这些单位职能改变或消失，已不具备提供充足防汛抢险物资的能力。大部分的物资转入自由市场，受市场经济所左右，难于把握物资提供的时间和数量的多少。进入 90 年代后，仅有粮食局、供销社能够提供一部分的物资储备，但无法满足防汛抢险的需要。

为此，由武清区水务局物资经销站负责，在每年汛前对木材销售市场及编织袋厂家进行了调查摸底，并加强与这些厂家的联系，随时掌握这些厂家的日常生产量、库存量等情况，在有抢险需要时，能够最大限度地调用这些抢险物资。粮食局、供销社也与区外的抢险物资生产厂家做好联系和调研工作，签订临时协议，一旦使用按协议执行。2010 年防汛期间，区水务局与以下企业签订了临时协议。

2010 年社会号料情况见表 4-1-39。

表 4-1-39 **2010 年社会号料情况表**

名 称	联系人	库存周转
后蒲棒编织袋厂	张志凤	约 30 万条
夹道编织袋厂	王立海	约 30 万条
真泰编织袋厂	卢真	约 40 万条
崔黄口木材市场	李长生	约 6000 根

五、蓄滞洪区安全建设

蓄滞洪区安全建设始建于1985年，以建土台为主，后将土台加固改为安全台，1991年后开始建设安全房、修建撤退路。至2010年，共建成安全台36个24001平方米，安全房526座53669平方米，撤退路67条134.996千米，总投资8968.02万元。其中国家补助3890.72万元，自筹5077.3万元。

（一）安全台建设

安全台建设自1985年开始，1989年结束。5年经历了3个阶段，1985—1986年开始建台时，三角淀内群众自发在村外填土碾压建救生台，台顶高于50年一遇洪水位1.0米，经过1个汛期后，台顶和四周都损坏变形，杂草丛生，无法修补；1987—1988年，对原有土台四周和台面进行了浆砌砖包护，墙顶设护栏，汛期过后墙体碱化；1989年根据乡村经济条件，自筹资金修建实心台、台上建平顶房和空心多用台3种结构形式，采用砖石混合结构，砌砖墙体与土壤接触部位加2～3层塑料薄膜的方法防止墙体碱化。安全台在保证分洪后留守人员的安全上效果明显，得到上级有关部门认可并开始规模推广。这期间在永定河泛区、三角淀分洪区的36个行政村共修建安全台36个、24001平方米，其中实心台24处，空心多用台10处，台上建房2处，可使8000人上台避洪。完成土方6.6万立方米，砌砖0.94万立方米，砌石933立方米，钢筋混凝土1059立方米，工程总投资287.54万元。其中国家补助84.47万元，乡村自筹203.07万元。

（二）安全房建设

安全房建设自1989年开始，1998年结束。为便于蓄滞洪区群众就近避洪，解决安全台不能有效避雨问题，安全房建设取代了救生台建设。由蓄滞洪区内居民按照安全房标准自筹资金、自找施工队伍修建，乡镇水利站负责监管，区防办负责监督检查验收，验收合格后，给予适当补助，标准为80～100元每平方米。

安全房区别于一般民房：安全房基础比一般民房基础深84厘米，基础及墙体为水泥砂浆或混合砂浆砌砖，还要设钢筋混凝土圈梁、地梁和构造柱。屋顶可采用木结构、空心板或现浇钢筋混凝土3种形式，但仅能起小脊，屋顶四周设铁管护栏和上房用的爬梯。屋顶要高于50年一遇设计洪水位线1米以上。

1989—1998年，在永定河泛区、三角淀分洪区、大黄堡分洪区的48个行政村共修建安全房526处，53699平方米，可安置1.8万人。总投资2938.28万元，其中国家补助491.18万元，自筹2447.1万元，见表4-1-40。

表 4－1－40 **1989—1998 年安全房建设**

年份	合计		集体		个人		投资/万元		
	处	面积/平方米	处	面积/平方米	处	面积/平方米	合计	国家补助	自筹
合计	526	53699	57	15777	469	37922	2938.28	491.18	2447.10
1989	124	4974	16	2309	108	2665	259.50	20.70	238.80
1990	31	3161	6	1829	25	1332	158.66	13.16	145.50
1991	66	7419	7	2041	59	5378	415.19	74.19	341.00
1992	22	2262	3	792	19	1470	123.00	19.00	104.00
1994	75	6571	4	1746	71	4825	387.73	85.43	302.30
1995	89	10000	5	1960	84	8040	520.00	84.10	435.90
1996	93	13152	13	4608	80	8544	726.20	131.50	594.70
1998	26	6160	3	492	23	5668	348.00	63.10	284.90

（三）撤退路建设

按照武清县 1991 年蓄滞洪区运行预案，蓄滞洪区群众需要部分转移、部分留守，但防疫等工作的要求较高、难度较大，蓄滞洪区群众转移安置思路由最初的 2/3 群众转移、1/3 群众留守，发展到了全部转移。自 1991 年在安全房建设的同时，适当修建了一些撤退路。至 1995 年蓄滞洪区防汛又有了新的思路，就是要求全部撤出，达到撤得出搬得进，因此开始大规模修建撤退路。至 2008 年，撤退路共修建 67 条 134.996 千米，可转移 7.1 万人。总投资 5742.2 万元，其中国家补助 3315.07 万元、自筹 2427.13 万元，见表 4－1－41。

表 4－1－41 **1991—2008 年撤退路建设**

年份	条数	长度/千米	国家补助/万元	自筹/万元	合计/万元
合计	67	138.99	3315.07	2427.13	5742.2
1991	1	4.00	31.50	82.10	113.60
1995	3	10.00	54.00	198.00	252.00
1996	10	15.30	114.75	191.25	306.00
1997—1998	13	18.70	168.94	332.00	500.94
1999	1	4.00	31.50	82.10	113.60
2000	1	2.22	52.72	26.35	79.07
2001	1	3.94	140.00	70.00	210.00
2002	2	4.97	171.29	85.65	256.94
2003	8	16.49	419.40	226.90	646.30
2004	11	18.26	660.40	330.20	990.60

续表

年份	条数	长度/千米	国家补助/万元	自筹/万元	合计/万元
2005	7	15.11	632.10	314.90	947.00
2006	3	7.64	285.00	173.00	458.00
2007	4	14.79	374.42	224.63	599.05
2008	2	3.57	179.05	90.05	269.10

六、抗洪除涝

1991—2010年武清区共出现较大洪涝灾害2次，其中一次是在1994年，另一次在1996年。1998年长江和松花江流域出现较大的洪涝灾害，武清区支援抗洪抢险。其余年份也有涝灾现象，其间扬水站共开车166645台时，排水134744.9万立方米。1991—2010年武清区国有扬水站开车情况统计见表4-1-42。

表4-1-42 **1991—2010年武清区国有扬水站开车情况统计表**

年份	排水开车/台时	排水量/万立方米	年份	排水开车/台时	排水量/万立方米
1991	4963	4278.3	2002	49	99.4
1992	2965	2206.7	2003	6763	5549.4
1993	1304	1022.4	2004	7186	5940
1994	21065	17376.4	2005	3621	2941.2
1995	19749	16155.5	2006	10462	7818
1996	26101	21338.3	2007	10506	7339.7
1997	947	743.3	2008	12900	10261
1998	3272	2672.3	2009	10178	8592.7
1999	525	423.5	2010	11077	9644
2000	240	250.60	合计	166645	134744.9
2001	262	195.60			

（一）1994年抗洪

7月12日8时至13日5时，武清县普降大到暴雨，高村、城关、白古屯、大王古庄4个乡降雨量达到332毫米，上游北京地区也普降大雨。时任县委书记邵久武乘车前往高村一带察看雨情。7月13日1时，县委、县政府召开紧急联席会议，对武清县抗洪救灾工作进行了全面分析和安排部署。防汛指挥部派车拉运草袋300条送往抗洪现场。县委、政府主要领导及县防汛指挥部成员连夜赶赴青龙湾、北运河、龙凤河、凤河西支4条重点行洪河道和重点受灾乡镇，现场指挥抗洪。武清县622座扬水站点全部及时排水。县乡村三级干部群众在抗洪一线，查灾情、定措施、抢险段、除沥涝，并对重灾户进行了妥善安置。7月13日3—5时，青龙湾减河水势猛涨，过流量660立方米每秒。5时，时任代理县长李树宏、副县长钟有龙率水利局、农业局、林业局、农机局、畜牧局领导赴防汛一线检查，指导有关乡镇及时组织干部群众上堤抢险，同时组织群众抢排积水。17时过流量高达1060立方米每秒，狼尔窝分洪闸上水位达到8.52米，超警戒水位0.42米，同时北运河土门楼闸过流量达205立方米每秒。20时，北运河、龙凤河水位居高不下，防潮闸水位5.76米，倒虹吸闸上水位7.54米，韩村闸上水位10.05米，位于龙凤河上游、大王古庄镇利尚屯村北龙凤河低水桥被水淹没，两侧堤防出现溢水现象。由于武清县汛情严峻，天津市副市长朱连康、市水利局副局长刘振邦赶到狼尔窝分洪闸指挥调度。

7月14日，天津市市长张立昌到武清县狼尔窝分洪闸察看洪水情况，县委书记邵久武陪同，沿途下伍旗、河北屯、崔黄口3个乡镇组织人员上堤护防。为确保行洪安全，全区组织1.7万基层民兵组成护堤大军（青龙湾大堤10000人，龙凤河、凤河西支5000人，北运河2000人），责任到人到段，昼夜把守，疏通渠道，加固险工险段，按市防汛指挥部的分洪预案要求，及时将蓄滞洪区内大黄堡乡八里庄、四马营两个村的群众转移到安全地带。7月16日，武清县农田积水基本排除，第一次洪峰通过。

7月26日，天津市市长张立昌、副市长朱连康及市有关部门的负责人来武清察看灾情，慰问受灾群众，送来物资和资金。

8月，武清县又连续降雨10次，累计降雨量247毫米，其中8月3日有8个乡镇雨量超过100毫米，8月6日有4个乡镇雨量超过100毫米，最大雨量在东马圈乡达到198毫米。加之上游客水，形成外洪内涝，致使农田积水面积达6033.34公顷。通过扬水站、临时泵点及时开车，快速组织群众深入田间开挖排水沟，才把灾害损失降至最低程度。

（二）1996年抗洪

7月31日16时30分，青龙湾减河下泄430立方米每秒，洪水冲刷荒凌庄险工堤脚处，塌滑速度很快，易发大堤决口，情况危急，县防办决定采取挂柳这一临时措施加以保护。河道所所长薛连华带领抢险队员30名，冒雨奋战两昼夜，完成8道挂柳。8月2日6时，河道行洪751立方米每秒，狼尔窝分洪闸分洪水位达到7.88米时，第一次洪峰通过，险情得到缓解。

8月2日1时至3日7时，境内34个乡累计降雨319毫米，与上游地区大到暴雨形成洪水下泄叠加，使青龙湾减河、北运河、龙凤河3条一级河道水位急剧上升，特别是龙凤河连续发生3次洪峰，由于下游地区河道淤积排水不畅，水位居高不下使得两岸堤防多处发生险情。5日23时30分，县防汛指挥部下达1号令，责令下伍旗、崔黄口防汛分部和下伍旗、河北屯、崔黄口乡镇防汛指挥部，严格执行行政首长负责制，确保青龙湾减河堤防不出问题。

8 月 6 日 16 时，龙凤河大三庄闸上水位达到 6.1 米，持续了 3 个半小时。洪庄子扬水站水位达到 6.1 米，几乎与出水口两堤齐平，多处出险。在洪庄子扬水站出水闸需要紧急闭闸时，因手摇闸门启闭速度慢，县防办决定，将手摇闸门换成倒链设备。副局长陈美华带领由排灌站、河道所抽调的 20 多名干部职工联合作战，经过一夜的艰苦奋战，顺利完成 4 条倒链安装，减轻了洪水压力，为排除堤岸险情争得了时间。鉴于龙凤河水位暴涨，17 时 30 分，县防汛指挥部下达 2 号令，责令上马台、八孔闸、城关、河西务防汛分部和上马台、大黄堡、曹子里、东蒲洼、南蔡村、泗村店、白古屯、河西务、大沙河、高村、大王古、大孟庄乡镇防汛指挥部，严格执行行政首长负责制确保龙凤河堤不出问题。23 时 40 分，县防汛指挥部下达 3 号令：责令上马台、八孔闸、城关、河西务防汛分部和上马台、大黄堡、曹子里、东蒲洼、南蔡村、泗村店、东马圈、白古屯、河西务、大沙河、高村、大王古、大孟庄乡镇防汛指挥部，要立即组织群众上堤防守，按行政首长负责制，切实负起责任，确保堤防安全。

8 月 7 日 1 时，防潮闸上水位 5.94 米，接近校核水位 5.96 米，比 1994 年洪水水位高 0.22 米。10 日 12 时，里老闸上水位 9.4 米，持续 12 个小时。11 日 9 时 40 分，县防汛指挥部下达 4 号令，责令上马台、八孔闸、城关、河西务、豆张庄防汛分部和上马台、大黄堡、曹子里、东蒲洼、南蔡村、泗村店、东马圈、白古屯、河西务、大沙河、高村、大王古、大孟庄、豆张庄乡镇防汛指挥部，认真落实行政首长负责制和岗位责任制。立即组织民兵抢险队和防汛物料上堤防抢，薄堤段和危险建筑物要设专人防守，确保堤防万无一失。各乡镇要对责任堤段进行全面检查，特别是薄弱堤段和建筑物，要利用白天时间封堵，提前做好迎战大洪水的准备。沿河乡镇加强防守，严阵以待，确保万无一失，避免了灾情和险情的发生。

8 月 11 日 19 时，小韩村闸上水位达 9.6 米，持续 12 个小时。

8 月 16 日 16 时，龙凤河下游防潮闸水位达 5.76 米，再次超过历史最高水位，两岸堤防多次发生险情。县防汛指挥部采取错峰排水，沿河两岸共限排 3 次，限排水量达 3400 万立方米，从而确保了河道未出现决口等重大险情。由于个别地块未能及时排除积水，致使武清县受灾农田 253.3 千公顷，成灾面积 1313.3 千公顷，绝收面积为 346.7 千公顷。此次武清县灾害造成的总经济损失达 1.21 亿元。

（三）1998 年支援抗洪

长江、松花江流域遭遇 100 年一遇的特大洪水，县委、县政府明确提出："灾区需要什么，我们就不惜一切代价支援什么"。8 月 6 日 22 时 20 分，接到国家防总内部传真电报，要求紧急调运 60 万条编织袋，送往湖北省武汉市水利厅物资仓库，县防汛抗旱指挥部立即责成副县长钟有龙连夜组织货源，安排车辆，当日 24 时，由 12 辆车 17 人组成的车队装车完毕，8 月 7 日 10 时，由副局长陈美华带队出发，8 月 9 日送达。8 月 19 日 0 时，县防汛抗旱指挥部再次接到国家防总紧急调运 30 万条编织袋支援黑龙江省抗洪的传真，武清县立即组织货物装 6 辆车，安排 14 人的车队，副局长陈美华带队再次出征，于 8 月 21 日将 30 万条编织袋送达黑龙江省肇源县的抗洪大堤。

第二节 抗　　旱

一、抗旱服务组织

区级抗旱服务组织。武清县抗旱服务组织自 1992 年开始筹建，到 1995 年经县政府批准成立了抗旱服务站，由排灌管理站（自收自支事业单位）人员兼职，是一套人马、两套班子。有人员 14 人，其中站长 1 人、副站长 1 人、财务管理 2 人、保管 1 人、技术人员 4 人、警卫 1 人、司机 1 人、其他管理人员 3 人。抗旱服务站主要职责是服务农村抗旱、抗旱设备的维修、产品销售、技术指导及抗旱调水。至 1996 年共为农村维修水泵 1500 多台，销售水泵 465 台，向路南地区调水 1.5 亿立方米，2002 年之后，随着旱情有所好转，大的抗旱活动逐步减少，抗旱服务组织也逐步削弱，服务站 43 台潜水泵、7 台柴油机、3 台发电机等抗旱设备也逐年报废。

乡镇、村级抗旱服务组织。乡镇水利管理站是抗旱服务主体，协调村街组织抗旱工作，家庭联产承包制之后，乡镇水利管理站负责协调骨干渠调水、蓄水、闸涵运用，村民委员会负责组织群众抗旱活动。2006 年水利技术推广中心结合节水工程建设，开始组建部分农村用水者协会，负责农田灌排、饮水以及相关的水利设施维护等事务。截至 2010 年，共组建农村用水者协会 25 个，涉及 11 个乡镇 25 个村，5721 户 19316 人；共有会员 13856 人；管理面积 2166.87 公顷，其中节水灌溉面积 1585.2 公顷；机井 218 眼，小型水闸 14 座，灌溉泵站 32 座；其余水利设施仍由乡镇水利站管理服务于抗旱工作。

二、抗旱措施

抗旱工作按年度旱情的发展，区政府分管农业的主要领导负责组织协调，乡镇负责人包村、包片组织抗旱工作。做到组织落实、措施到位。家庭联产承包后，乡镇村负责一级提水到干支渠后，由每户自行提水灌溉抗旱。2006 年，区防汛抗旱指挥部采取主要领导分工包乡镇，乡镇负责人分工包村，责任到人。为增强抗旱应变能力和指导抗旱工作，区防汛抗旱指挥部2008年开始编制全区抗旱预案并逐年修订。主要内容如下：

(1) 坚持春旱冬抗。积极与上游友邻地区协调，引调水源进行冬灌，年均冬灌麦田40千公顷，冬灌白地13.33千公顷。

(2) 加强与上游友邻地区的协调联系，千方百计引调水源。年均调蓄水在2.8亿立方米左右，其中向路南地区调水年均1706万立方米。并抓住时机做好汛末蓄水工作，充分利用雨洪资源将河道、深渠水库等蓄水工程蓄足蓄满。

(3) 春季对农用机井、蓄水闸涵进行检修、维修，做到合闸出水；加强对防渗明渠、低压输水塑料管道、大口径管道、喷滴灌等节水设施的检查维护，使其充分发挥节水功能；大力推行防渗明渠、大口径塑料管道、低压输水管道；采取开挖河中河、坑中坑、渠中渠、打井等措施挖掘一切可用的水源。

武清区属地下水资源贫乏区，主要体现在路南地区，这个地区旱情时有发生。自1991年，黄花店泵站坚持为路南地区石各庄、汊沽港等乡镇进行冬灌送水，每年从冬灌到小麦返青、拔节，运行时间历时几个月，秋季种麦，遇干旱年带青浇地，利用率比较高。1999年是自1972年以来最为严重的干旱年，因主汛期降雨量小、强度小，没有形成径流，河道无洪沥水发生。干旱造成农作物大面积受灾，面对如此严重旱情，武清县政府紧急调入各种物资支援抗旱，为缓解路南地区严重缺水问题，兴建了五支泵站，于2000年8月初建成投入使用，至2000年年底向路南地区送水2200万立方米。此后，五支、黄花店2座泵站联合运用，为路南地区的抗旱工作发挥了重要作用。1991—2010年两座泵站共向路南地区送水154135万立方米。

1991—2010年武清区为路南地区抗旱调水量统计见表4-2-43。

表4-2-43 **1991—2010年武清区为路南地区抗旱调水量统计表**

年份	为路南地区抗旱调水/万立方米	年份	为路南地区抗旱调水/万立方米
1991	4963	2002	49
1992	2965	2003	6763
1993	1304	2004	7186
1994	21065	2005	3621
1995	19749	2006	10462
1996	26101	2007	10506
1997	947	2008	12900
1998	3272	2009	10178
1999	525	2010	11077
2000	240	合计	154135
2001	262		

三、抗旱经费投入

1991年投入抗旱补助资金50万元，其中国家补助25万元，自筹25万元。工程项目为建混凝土明渠2.2千米，打“大尾巴”井2眼，涉及3个乡镇：聂庄子、黄花店、豆张庄，工程建成后增加节水灌溉面积120公顷。

1997年利用特大抗旱费，在泗村店乡建混凝土明渠2.4千米，石各庄镇建输水管道8.1千米。工程总投资29.6万元，其中国家补助12.5万元，自筹17.1万元，工程建成后增加节水灌溉面积133.33公顷。

1998年，利用1997年特大抗旱、1998年抗旱费两项专项资金，修建输水管25千米，混凝土明渠12千米，工程涉及2个乡镇：聂庄子、南蔡村。国家补助资金43万元。工程建成后增加节水灌溉面积402公顷。

1999年利用特大抗旱费专项资金，在王庆坨一街、王庆坨七街、王庆坨八街建输水管道20千米，汉沽港建混凝土明渠5千米。国家补助资金20万元。工程建成后增加节水灌溉面积333.33公顷。

2000年利用特大抗旱补助费，建输水管道53千米，混凝土明渠26.2千米，半固定式喷灌180公顷，工程项目涉及8个乡镇：河北屯、大黄堡，大王古庄、豆张庄、北蔡村、上马台、石各庄、王庆坨。工程总投资610万元，其中国家补助149万元，自筹461万元。工程建成后增加节水灌溉面积1280公顷。

2001年，针对武清区旱情出现的部分地区人畜饮水困难问题，天津市下达武清区人畜饮水专项补助资金75万元，用于人畜饮水应急工程建设。区配套补助资金75万元，乡村自筹160.5万元，市商委捐款40万元，共投入此项工程350.5万元。打配深机井34眼，涉及19个乡镇，49个村，44744人受益。

2002年，武清区投入抗旱资金50万元，其中购置抗旱机具25万元，另25万元用于城关镇节水工程建设，新打中井6眼，铺设低压管道12千米，新增节水面积133.33公顷。

2006年，市水利局下达武清区抗旱费50万元。为保证此项费用能够最大限度的发挥作用，提高节水抗旱能力，又由有关乡镇自筹50万元，在大王古、上马台、河北屯3个镇新打机井5眼，新建泵站2座，埋设低压管道10.2千米，新开挖防渗明渠7.7千米。新增节水灌溉面积共计173.33公顷，解决1559人的饮水问题。

2008年，中央特大抗旱补助费共计2项内容，总投资168万元（国家补助101万元，自筹67万元）。其中崔黄口镇节水工程投资70万元，曹子里乡节水工程投资98万元，主要建设内容为修建防渗明渠3千米，铺设低压管道22千米，新建泵点4座，新增节水面积160.33公顷。

第五章

农村水利

武清区农村水利工程建设始终坚持标本兼治、综合治理的原则，全面开展以节水为中心、以改造农田基础设施为重点的农村水利工程建设，包括渠道清淤、整平土地、改土治碱、节水示范、水利技术推广应用、农村闸涵桥建设、机井建设、粮食自给专项工程等内容。进入 20 世纪 90 年代，因受到家庭联产承包制的影响，农田水利基本建设的积极性有所减弱。到了 2000 年以后，农村取消“两公款”，公益工程实行税费改革，一般性工程采取“一事一议”完成。小型农田水利工程投资以国家补助为主、自筹为辅，重点用于节水、示范工程建设，以后又逐步向水利科技推广型迈进。结合国家高速公路、铁路以及武清区境内的“九横”“九纵”路网工程建设，重点清淤开挖了骨干渠道。农田重点工程也由点改片，达到治理一片成一片，为保证粮食稳产高产打下良好的基础。

第一节 农田水利基本建设

农田水利基本建设主要是指农村土地整平、改土治碱、开挖和清淤干支斗渠等。1991—2010 年期间，基本上是遵循“旱涝兼治，排蓄结合，以蓄代排，综合治理”的方针。

一、改土治碱、平整土地

1991—2006 年武清区（县）共改造中低产田 9424.3 公顷，开发荒地 2479.5 公顷，整平土地 19185.1 公顷，集中连片治理 6327.6 公顷。改土治碱、平整土地工程起源于 20 世纪 50—60 年代的“大跃进时代”，从那时起全区人民在政府的领导下采取了统一组织劳动力，统一规划布局，大搞兴修水利，改土治碱、平整土地、改造洼地等大型活动。进入 70 年代，农田水利工程建设又经过了“农业学大寨”的建设浪潮。1979 年改革开放后，农田实行“农村家庭联产承包制”，农田水利工程有所减弱。1988 年全县经过大涝以后，县政府认真总结经验教训，提出三年恢复、五年提高的目标，即用三年时间恢复到涝灾前的水平，再用五年时间使武清农业生产提高到一个新的水平。同年 10 月，县政府成立了农田基本建设指挥部，指挥部由县政府主要领导牵头，同时各乡镇也相应成立了农田基本建设组织。县直机关单位采取包乡包镇的形式，落实抓重点、抓规划、抓进度的责任承包制。全面发动组织群众改土治碱、整平土地，掀起以深挖排蓄渠道为中心的农田水利建设的高潮。1989 年武清县获天津市首届农田水利基本建设“大禹杯”竞赛活动的第一名，1991 年获第三名。春秋两季共动土 239 万立方米。改造开发荒地 620 公顷，菜田改造面积 95 公顷。1992 年开发改造荒地 226 公顷，平整土地 1841 公顷，菜田及果园改造 1390 公顷。

二、开挖清淤渠道

1991—2006 年武清区（县）共计开挖清淤渠道 74472 条，长度 26708 千米，完成土方 8348 万立方米。其中干渠 364 条，长度 686 千米，完成土方 1995 万立方米；支渠 1793 条，长度 3941 千米，完成土方 3885 万立方米；斗渠 72315 条，长度 22081 千米，完成土方 2468 万立方米。干支渠主要形成于 1991 年以前，之后干支斗渠主要以清淤疏通为主。由于受农田承包到户的影响，主要干支渠清淤疏通出现了人员组织难、工程自筹资金难的情况，因此国家出台了《农民承担费用和劳务管理条例》（1991 年 12 月 7 日国务院令 92 号文发布）。其第十条规定：农村义务工主要用于植树造林、防汛、公路建勤、修缮校舍等。按标准工日计算，每个农村劳动力每年承担 5～10 个农村义务工。因抢险救灾，需要增加农村义务工的由当地人民政府统筹安排。第十一条规定：劳动积累工主要用于农田水利基本建设和植树造林。按标准工日计算，每个农村劳动力每年承担 10～20 个劳动积累工。有条件的地方，经县级以上人民政府批准，可以适当增加。1982 年，武清县政府规定每年冬春农田水利基本建设每个家庭劳动力出 10 个“义务工”，或以资抵工，每工折合人民币 20 元，也可以以物折资、个人捐资、企事业赞助等多种形式开展农田水利基本建设。全年共使用义务工 353.25 万工日，投入水利资金 418.85 万元。当年秋季共完成清淤斗渠 37 条，长度 76 千米，动土 210 万立方米；清淤支渠 94 条，长度 135 千米，土方 183 万立方米。2000 年以后农村逐步取消“两公款”，农村实行税费改革，将“费”改成“税”，取消农民“义务工”，停止一切向农民收费现象，农村公共事业采取“一事一议”财政奖补政策，政府实行种粮直补。水利工程建设投资一般为集体出资、政府出资和国家补助等形式。农田水利基本建设逐步受到制约，2004—2007 年，结合国家高速公路、铁路以及武清区境内的“九横”“九纵”路网工程建设，清淤、拓挖了一些大型骨干渠道和水柜等。2007 年以后农田基本建设基本没有较大的活动。1991—2006 年农田基本建设完成情况见表5-1-44。

表 5-1-44

1991—2006 年农田基本建设完成情况

项目 年份	干渠			支渠			斗渠			吨粮田		中低产田	
	条数	长度/千米	土方/万立方米	条数	长度/千米	土方/万立方米	条数	长度/千米	土方/万立方米	面积/公顷	土方/万立方米	面积/公顷	土方/万立方米
总计	364	686	1995	1793	3941	3885	72315	22081	2468	3475.1	45	9424.4	686
1991	37	76	210	94	135	183	5200	2300	239	2135.1	26	2371.7	65
1992	24	44	126	100	1270	157	8504	2150	227	733.3	9	1966.8	111
1993	21	42	101	107	159	294	6125	1784	177	606.7	10	2044.5	123
1994	23	31	120	186	190	432	10014	2612	361			218.3	19
1995	25	76	163	106	269	306	4905	2358	272			206.7	38
1996	37	77	242	258	254	372	10137	2740	499			2192.7	237
1997	30	47	108	138	716	272	7496	2170	203			77.0	79
1998	22	40	130	146	148	359	8005	2837	226				
1999	39	70	170	128	142	255	5955	1644	182				
2000	55	87	226	120	152	221	5974	1486	82			346.7	14
2001	21	35	79	72	107	222							
2002	15	17	82	43	47	150							
2003	5	15	37	26	54	115							
2004	2	5	10	88	40	158							
2005	6	18	134	53	58	156							
2006	2	6	57	128	200	233							

续表

项目 年份	开发荒地		整平土地		菜田改造		果园改造		鱼　池		连片治理		合计 /万立方米
	面积 /公顷	土方 /万立方米	面积 /公顷	土方 /万立方米	面积 /公顷	土方 /万立方米	面积 /公顷	土方 /万立方米	面积 /公顷	土方 /万立方米	面积 /公顷	土方 /万立方米	
总计	2479.5	1363	19185.0	1037	1261.3	62	1429.3	70	354.60	242	6327.6	433	12278
1991	620.3	72			94.7	3	50.0	2					799
1992	225.9	120	1842.1	115	610.1	17	781.2	19					900
1993	742.4	267	363.9	40	556.5	42	598.1	49					1102
1994			5865.7	160					104.50	156			1247
1995			2342.0	145							2866.7	118	1041
1996	92.1	34	1749.3	215									1597
1997			614.5	18					173.40	58	927.3	75	813
1998			97.0	11					76.00	24	2533.6	241	990
1999			2296.7	123									731
2000	292.5	59	1266.1	75									677
2001	169.3	60	450.7	45									406
2002	135.9	76	539.7	24									331
2003			300.0	5									157
2004	74.0	269	200.0	22									459
2005	127.1	406	440.0	14									710
2006			817.3	25					0.70	4			318

第二节　小型农田水利工程建设

1991—1995年，国家对小型农田水利工程建设资金由建设型逐步转向建设示范型，小型农田水利工程建设以节水示范为主要内容。1994年，在黄庄乡老米店村进行了1000米“PVC大口径肋式卷绕管道”试验获得成功。1996年由节水技术示范到节水技术推广，水利建设投入资金逐步加大，建设的形式以地下管道为主、防渗明渠为辅，其中在武清区北部建成了河西务、大王古庄、河北屯、大良、下伍旗、高村6个井灌区，井灌区以地下水源为主，以地下管道输水的形式进行灌溉，达到节水、节地的目的；武清区南部则以混灌的形式进行灌溉，输水形式以防渗明渠为主。自2001年，小型农田水利工程又逐步走向科技推广型；国家对农业的投入进一步加大，投资的重点是粮食自给工程、节水示范工程、综合开发工程，建设重点则以地下防渗管道和棚室滴灌建设为主，防渗明渠逐步减少。武清区在做好农业节水工程建设的同时，不断加强农田基础设施配套工程建设，从小型农田水利工程建设的资金中提取部分资金用于农田桥闸涵配套工程建设，以满足广大农民生产生活的需要。全区各类节水工程控制面积由1991年的19806.67公顷增加到2010年的51253.33公顷，净增31446.67公顷，其中渠道防渗工程控制面积50066.67公顷，喷灌1136公顷，滴灌50.67公顷，新建泵点782座，维修泵点189座，新建生产桥89座，维修生产桥44座，新建闸120座，维修闸175座，新建过路涵1294座，新建橡胶坝7座，新建渡槽30座。

通过20年的小型农田水利工程（不包括农业综合开发工程）建设，农田基本建成了渠相通、路相连，农田遇旱能浇、遇涝能排的农田水利体系，使武清粮食增产、农民增收，为社会主义新农村建设提供了强有力的支持。

一、井灌区

武清区井灌区始建于1984年。截至1990年年底，井灌区拥有机井3720眼，防渗渠道532.41千米，其中明渠178.9千米、暗管353.51千米。1990年以后，井灌区建设由分散性向集约型转化，以重点建设为主。

1991—1994年，武清县水利局对河西务井灌区进行了重点建设，共打机井255眼，其中深井76眼、中井78眼、浅井101眼。同时建成中部万亩井灌区和东部533.33公顷蔬菜基地。

1994—1998年，武清县水利局对河北屯、大良井灌区进行了重点建设，共打机井234眼，其中深井5眼、中井139眼、浅井90眼。同时建成井灌区管灌，河北屯建设533.33公顷，大良建设800公顷。

1998年后，由于井灌区基本建成，对其建设投资规模相对减少。

截至2010年年底，全区井灌区拥有农用机井3599眼，明渠控制面积493.33公顷，暗管控制面积18.4千公顷，喷灌733.33公顷。

二、节水工程

（一）渠道防渗工程

1. 混凝土明渠

1979年首次在梅厂镇灰锅口村杨北公路两侧建成现浇混凝土明渠，长9.1千米，控制面积414公顷。与大水漫灌比节水40%，缩短了浇地周期，效果显著。之后又开发了混凝土U形和平板组装预制件等明渠形式，并进行了大规模推广，至1990年年底全县明渠达到420.38千米。

1991年以后，混凝土明渠仍为节水灌溉工程主要形式之一，并且对混凝土明渠施工工艺进行了改进和发展。1991年，大孟庄水利站顾书江针对土膜工艺中受地形施工条件的限制容易造成跑浆，而采用下铺塑料薄膜分段现浇混凝土明渠施工工艺，减少跑浆，降低了造价，增强了防渗效果，提高了混凝土明渠质量，取得明显效果并进行了推广，是年建成明渠8.3千米。针对混凝土明渠现场浇注施工速度慢的缺点，1999年，水利技术推广中心引进了U形混凝土成型机，每年约完成5000米混凝土U形板，使混凝土明渠不仅质量有了保证，而且施工更加快捷。这项混凝土明渠技术应用持续到2003年。之后，由于渠灌区管灌技术的研制成功和推广，混凝土明渠逐渐被管灌取代，到“十一五”期间不再发展。随着早期使用的混凝土明渠逐年报废，至2010年年底，混凝土明渠尚存465.03千米，控制面积8.99千公顷。

2. 大口径混凝土管道

1990年，首次在大黄堡乡代庄子村建成大口径混凝土输水管道工程，管道采用800～1000毫米混凝土管，为半地下形式，管道与固定泵点相连，代替一级土渠输水。投资20.4万元，铺设长度1530米，控制面积100公顷。此项技术节水率为40%、节电率为12%，灌水周期缩短了60%，效果显著。较混凝土防渗明渠更容易维护，使用寿命长，适合于渠灌区应用。但由于其造价偏高，影响耕作，又只是解决了一级节水，故之后只在少数乡镇发展，1991—2005年仅建设13.6千米。

2007年以后，由于水资源日益短缺，抢水灌溉现象较为突出，大口径混凝土管道又进入了一个发展波峰期。先后在白古屯、泗村店等乡镇推广，截至2009年年底，全区共建设大口径混凝土管道89.893千米，但其仍为落后的节水形式，水利部、天津市水务局均不提倡大面积推广。

3. 管灌

1996年以前，小口径低压塑料输水管道技术普遍用于地下水源较好的井灌区。

1997—2000年，天津市"九五"攻关项目"渠灌区大口径管灌技术关键技术"研究成功，在梅厂镇100公顷试区上进行试验示范，取得良好效果。它是以大口径塑料管道（口径110～315毫米）代替土渠输水，二级管网采用口径110～125毫米PVC管道，出水口采用铸铁出水栓，按行距50米、间距50米设置，亩投资300～400元。与土渠灌溉相比，可节水33%～50%、节地3%～5%、增产10%～22%。这项技术适用于地上水灌溉。

1999年试验期间，用此技术建成水利部示范项目"武清县东马圈镇节水灌溉示范工程"，投资394.3万元，其中国家补助130万元、地方财政130万元、镇村自筹134.3万元。项目节水控制面积600公顷，涉及6个村庄：东马圈、安标堡、常庄、刘庄、小南旺、董标堡。建设内容：铺设大口径管道70.5千米，配套塑料软管12千米，新建扬水点16座，建过涵11座，架设高压线95千米、低压线93.6千米，以及配备增容变压器6台等设施。工程质量达到验收标准。工程建成后，亩均增产粮食200千克，节地1.5%，节水100立方米每亩，灌溉水利用率系数由0.7%提高到0.9%。之后相继在南蔡村、石各庄、曹子里等乡镇进行了大面积的推广，取得了显著的经济效益。2001年5月，武清区水务局获水利部"全国节水重点县建设先进集体"荣誉称号。

在推广当中又研发了与其配套的恒压变频供水技术和袖式出水口地面闸管系统。2000年，在泗村店镇齐庄村进行恒压变频供水技术实验取得成功。2002年，袖式出水口地面闸管系统研制成功，是年在徐官屯段庄村使用10处，效果良好，使渠灌区管灌技术不断完善。2008年在曹子里乡大高口村，投资98万元（国家补助59万元、自筹39万元，属于中央特大抗旱补助费项目）。新建泵点3座，铺设口径110～250毫米PVC管道21.6千米，建成98.67公顷集中变频供水管灌系统，年节水15万立方米、节电2.36万千瓦时、节工1850工日、节地2.67公顷，年效益30万元。

截至2010年年底，武清区管道长度已达3742.58千米，控制面积41.07千公顷。

（二）喷灌工程

1977年4月，首次在豆张庄村及北蔡村进行麦田喷灌试验试点工程，采用移动式喷灌，试验田各为3.33公顷（50亩），经测算年用水量为30立方米每亩，与渠灌相比可节水50%，亩增产20～50千克。到1985年发展至顶峰，全县共有移动式喷灌机1284台套，控制面积6.33千公顷。1988年以后受家庭联产承包责任制影响，移动式喷灌不适应一家一户的生产方式，不断淘汰，到1990年底尚存喷灌689台套，控制面积3.73千公顷。

1991年投资17万元，在杨村镇十街建成半固定式喷灌系统46.67公顷，这项技术采用喷灌与管灌结合设计，喷灌旨在保苗，管灌压碱，使用效果良好。1992年7月在河西务镇、石各庄乡、杨村镇又推广了126.67公顷。1998年投资300万元建成双村乡万亩喷灌示范区，建半固定式喷灌系统45台套，年节水300万立方米。

受种植多样化的影响，2000年以后没有再发展喷灌，而且原建喷灌设施也逐渐报废。至2010年年底还有喷灌1.14千公顷。

（三）滴灌工程

滴灌就是通过塑料管将灌溉水源输送到植物根部的灌溉方式。1986年武清县引进燕山滴灌技术，在王庆坨乡郑楼村建成第一处果树滴灌工程，采用发丝滴头，投资2.76万元，建设面积12公顷，节水效果显著。与土渠灌溉相比，节水75%、节电63%。

第二年又分别在曹场村和小范口村建成果树滴灌工程16公顷、22.67公顷。之后由于发丝滴头容易堵塞、施工复杂、适用范围有局限性，很难大面积推广。截至1990年年底，共建设滴灌工程50.67公顷。

1991年后，又对微灌工程进行不断的探索。1992年，引进膜下滴灌（在塑料薄膜下方埋设塑料管，将水输送到植物根部）对试验场0.33公顷西瓜进行试验，品质和增产效果显著，优点是减少蒸发，缺点是灌水不均匀。2002年，在试验场1.67公顷大棚引进内镶式滴灌带式滴灌，节水效果很好，但不适合单棚生产（2005年试验场试验用地被政府征收）。2003年，在陈嘴镇渔四村8.33公顷引进了重力式滴灌，但高位水罐供水不方便。是年，在豆张庄镇6.67公顷花卉基地建成变频供水内镶式滴灌带式滴灌工程，使用效果良好，解决了规模与单棚生产的问题。但由于造价高，还不适合当时的经济条件，没有大面积推广。

“十一五”末随着经济条件大幅度改善，滴灌在设施农业上得到较好的推广。2009年，在黄花店镇的甄营、包营村以及梅厂镇的灰锅口村，建成棚外管灌供水的重力式滴灌工程7.33公顷；2010年又在大良镇双树村和下朱庄街下朱庄村建成22公顷变频供水内镶式滴灌工程，都取得良好的节水、节电和增产增收效果。但由于原有技术不完善和建设占地影响，至2010年全区累计建设滴灌面积仅44.30公顷。

1991—2010年武清区节水工程建设累计情况见表5-2-45。

表5-2-45 **1991—2010年武清区节水工程建设累计情况表**

年份	混凝土明渠/千米	暗管/千米	喷灌/公顷	微滴灌/公顷	节水工程控制面积/公顷
1991	391.24	638.50	3002.50		15613.60
1992	371.70	677.86	2784.20		15861.80

续表

年份	混凝土明渠/千米	暗管/千米	喷灌/公顷	微滴灌/公顷	节水工程控制面积/公顷
1993	394.06	719.94	2352.80		16421.50
1994	423.26	738.55	2352.80		16783.30
1995	365.55	872.61	1689.70		17582.30
1996	347.13	1033.58	1505.10		20192.90
1997	315.49	1035.02	1299.90		19313.20
1998	374.47	1200.42	1770.90		21280.30
1999	401.76	1337.31	1770.90		27823.10
2000	427.02	1509.49	1770.90		30310.30
2001	502.23	1708.03	1245.20		30126.30
2002	472.31	1822.75	1231.90		33264.90
2003	460.41	2005.93	1218.50	15.00	34336.10
2004	521.01	2217.83	1183.40	15.00	36877.60
2005	502.60	2478.59	1030.10	15.00	39178.30
2006	478.44	2628.52	1030.10	15.00	40458.30
2007	488.14	2961.21	1030.10	15.00	43411.00
2008	497.94	3362.12	1030.10	15.00	47122.30
2009	497.94	3592.42	1104.10	22.30	49829.60
2010	465.03	3742.58	1136.00	44.30	51251.10

三、农业专项资金建设工程

（一）粮食自给工程

国家粮食专项资金是用于改善农业生产条件，增强农业生产后劲，最终达到增产粮食为目的的专项资金。通过水利措施、工程措施和生物措施，综合治理使农业条件得到改善，以提高土地的综合生产能力，达到增产粮食的目的。武清县水利局为充分运用好国家这一专项资金，1991—2001年间有6年开展农田水利建设，提高了全区粮食产量。

1991年，铺设农田输水管道51.39千米、修建混凝土明渠12.8千米，涉及8个乡镇、31个村，即大孟庄乡大王庄、蒙村店、刘庄村；双树乡前爬寺村、后爬寺村、双树村、蔡各庄、小河、赵庄、九百户、二百户、田水铺村；大沙河乡全乡14个村；下伍旗乡小金庄村；河北屯乡李各庄、李辛庄、王马街、李大人、南口哨、北口哨、河北屯村；崔黄口镇坨泥寺村；大良镇小营村；北蔡村乡张羊坊村。工程总投资74.3万元，其中国家补助38.5万元、县筹6.5万元、自筹29.3万元。工程建成后，增加节水灌溉面积706.67公顷。

1995年，铺设农田低压输水管道86千米，修建混凝土明渠21.6千米、固定式喷灌96.67公顷。涉及5个乡镇51个村，有崔黄口镇白庄子、一街、四街、周辛庄、店子、南三、中三、北三、陈向庄、北辛庄、草地村；河北屯乡小崔庄、杨家街、刘家街、王马街、小黄庄、冯庄、肖赶庄、南口哨、武洞上、桐高、后洞上、张辛庄、河北屯村；大良镇北小良、北小营村；下伍旗乡东王庄、田辛庄、高辛庄、丁庄、柴庄、李胡庄、马神庙、良官屯、红寺、三百户、褚庄村；双树乡蔡各庄、前迤寺、中迤寺、后迤寺、田水铺、二百户、小十百户、北四百户、九百户、大十百户、双树、小河、辛庄、付官屯村。工程总投资173.9万元，其中国家补助152万元、县筹49.14万元、自筹72.76万元。工程建成后，增加节水灌溉面积1226.67公顷。

1996年，铺设农田输水管道116千米、修建混凝土明渠16.2千米、半固定喷灌83.33公顷。涉及11个乡镇64个村，有下伍旗乡太平庄、大兴庄、北闫庄、八间房、忠义、下伍旗、孟辛庄、田辛庄、高辛庄、三百户、红寺村；双树乡前迤寺、中迤寺、双树、小河、北赵庄、小十百户、大十百户、上九百户、二百户、南四百户、北四百户、田水铺、蒙村、蒙辛庄村；河北屯乡河北屯、石薄庄、冯庄、三里屯、李各庄、小杨庄、武洞上、李辛庄、北口哨、塔元、东苏庄、西楼、甄马庄、亢家庄、艾家庄村；大良镇北小营、后赶庄、后沙坨、后营；后巷乡东吕、大东队、北勒庄、西曹庄村；大碱厂乡胡辛庄、西粮窝、勾兆屯、黄官屯、杨凤庄、年辛庄、筐儿港村；北蔡村乡南勒庄村；崔黄口镇北三、中三、店子、黄辛庄、四街、白庄子；大王古庄、高村、黄庄3个乡。工程总投资356万元，其中国家补助186万元、县筹60万元、自筹110万元。工程建成后，增加节水灌溉面积486.67公顷，改善灌溉面积1000公顷。

1998年，铺设农田输水管道140.8千米、修建混凝土明渠5.9千米。涉及4个乡镇21个村，有高村乡牛一、牛二、牛三、牛四、前侯尚、兰城村；大王古庄乡小王古庄、刘庄、枣林、大营、陈各庄、巨城堡、丁辛庄、聂营、韩营村；城关镇的小屯、南桃园、无梁庙村；白古屯乡黄辛庄、邱古庄、东马坊村。工程总投资375.11万元，其中国家补助131.22万元、县筹56.02万元、自筹187.87万元。工程建成后，增加节水灌溉面积333.33公顷，改善灌溉面积1333.33公顷。

1999年，铺设农田输水管道18千米、修建混凝土明渠21.5千米。涉及石各庄、王庆坨、豆张庄3个乡镇。工程总投资131万元，其中国家补助51万元、自筹80万元。工程建成后，增加节水灌溉面积326.67公顷。

2000年，铺设农田输水管道78.5千米、修建混凝土明渠61.6千米。涉及大良、崔黄口、后巷、大碱厂、北蔡村5个乡镇。工程总投资469万元，其中国家补助170.35万元、县筹70.6万元、自筹228.05万元。工程建成后，增加节水灌溉面积1333.33公顷。

2001年后，国家取消了粮食自给专项资金。

（二）节水增效示范工程

武清区自1998年开始实施节水灌溉增效示范项目建设，利用5年时间在全区6个乡镇实施了节水增效示范工程。2005年8月，国家计委、水利部联合颁布了《节水灌溉增效示范项目建设管理办法》，按照《节水灌溉增效示范项目建设管理办法》要求，加强全区节水灌溉增效示范项目建后管护，使节水灌溉成效显著。

1998年，节水增效示范项目在双树乡进行，涉及9个村：中迤寺、双树、田水铺、北四百户、九百户、二百户、小十百户、小河、北赵庄，耕地面积10000公顷。工程总投资419.28万元，其中中央预算内专项资金100万元、地方财政135万元、镇村自筹184.28万元。工程建设内容：铺设地下管道2240米，新打中深井17眼，更新中深井10眼，架设高压线3000米，低压线18400米，变压器12台，购置铝合金4640根，支架1413套，上下阀体1305个，喷头1615个，配套潜水泵45台，井台井帽45个，闸箱45个，共完成喷灌系统45套。工程于1998年10月15日开工，1999年3月25日竣工，工程质量达到验收标准。工程建成后，亩均增产粮食200公斤，节地3%、节水143立方米每亩，灌溉水利用系数由0.7%提高到0.9%。

2000年，水利部批准东马圈乡节水增效示范项目，工程总投资394.3万元，其中中央预算内专项资金130万元、地方财政130万元、镇村自筹134.3万元。工程于2000年3月18日开工，2000年8月30日竣工。涉及6个村：东马圈、安标堡、常庄、刘庄、小南旺、董标堡，耕地面积600公顷。工程建设内容包括铺设大口径管道70.5千米、配套塑料软管12千米及其他配套设施。工程质量达到验收标准。工程建成后，亩均增产粮食200千克，节地1.5%、节水100立方米每亩，灌溉水利用系数由0.7%提高到0.9%。

2002年，节水增效示范项目在高村乡小周庄、大周村、里老3个村进行，投资300万元，其中中央预算内专项资金100万元、区级项目单位自筹200万元。工程建设内容包括安装固定PVC管道44.4千米、软管6.6千米、新增及更新潜水泵46台、新打机井8眼、维修机井17眼、配套100千伏安变压器5台、高低压线路8.6千米，节水控制面积423公顷。工程于2002年3月15日开工，2002年11月15日竣工，2004年9月通过验收，工程质量验收评定综合得分9.12分，工程等级为优良。

2003年，节水增效示范项目在上马台镇西安子村、大康庄、肖家庄进行，实际完成投资300.56万元，其中中央预算内专项资金100万元、区级项目单位自筹200.56万元。工程建设内容包括规划建设面积253.33公顷，新建虹吸水站1座、新建泵点3座、混凝土明渠39.9千米、大口径钢筋混凝土管道1.12千米。工程于2003年10月15日开工，2004年6月30日竣工，2005年4月2日通过验收。工程完成后，灌溉水利用系数由0.54提高到0.83。工程建设由武清区水利技术推广中心负责技术管理，严格执行“四制”原则，验收综合得分9.08分，达到合格工程项目。建成后经济效益明显，达到了节水增效的目的。

2006年，节水增效示范项目投资为600万元，其中中央预算内专项资金200万元、区级项目单位自筹400万元。工程项目分为崔黄口镇节水增效示范项目和城关镇节水增效示范项目。两个项目分别投资300万元，其中中央预算内专项资金100万元、区级项目单位自筹200万元。工程于2006年2月开工建设，7月竣工，2006年8月通过验收。工程建设实行“四制”原则，技术管理由武清区水利技术推广中心负责，工程质量全部合格。

崔黄口镇项目区为西曹庄、王杜庄、小宫城3个村，工程建设内容为新建泵点4座、安装大口径混凝土管道4.48千米、衬砌混凝土防渗明渠14.28千米、新建分水口301个、新增80千伏安变压器2台、架设高压线路0.4千米，节水控制面积为233.33公顷。

城关镇项目为新增低压管道节水灌溉控制面积233.33公顷，新打深井2眼、新建泵点9座、节制闸1座、涵桥3座、安装低压输水管道29.1千米、软管80米、渠道清淤1.2万立方米、新增200千伏安变压器1台、架设高压线3千米。

两项工程竣工后交由地方乡镇政府管理使用，达到了示范增效的目的。

（三）农业综合开发项目

农业综合开发项目由武清区农业综合开发办公室负责组织实施，自1994年开始，主要建设任务是中低产田的改造。建设的主要内容包括新建节水工程、修建农用桥闸涵、渠道清淤、田间道路、植树等。已累计改造中低产田4.99万公顷（占全区耕地面积的56.7%），总投资已达4.16亿元。项目区累计开挖疏浚渠道2965.7千米，修建小水库1座，排灌站587座，打配机电井1870眼，衬砌渠道99.4千米，埋设管道1682.5千米，修建桥、闸、涵等渠系建筑物4274座，架设输变电线路506千米，增加灌溉面积2.39万公顷，除涝面积0.69万公顷，节水灌溉面积1.98万公顷，灌溉保证率提高到90%，节水率提高到30%。

第三节 机井建设

农村机井可分为农业用井、生活用井和工业用井三部分。农业用井主要指以灌溉农田为主的机井，生活用井涵盖农村居民人畜饮水、日常生活用水，工业用井主要包括各乡、镇村工副业和城区企业用井。1991年全县农业、生活机井数量达到6660眼，其中生活井614眼，包括深井508眼、中井88眼、浅井18眼；农业用井6046眼，包括深井915眼、中井1940眼、浅井3191眼。截至2010年，武清区机井数量达到7070眼，其中生活井763眼，包括深井717眼、中井41眼、浅井5眼；农业用井6140眼，包括深井755眼、中井3346眼、浅井2039眼。1991—1993年的工副业用井于1994年后改为工业用井，数量达到100眼，其中深井83眼、中井17眼；2010年工业用井达到167眼，其中深井145眼、中井21眼、浅井1眼。

一、农用机井

1991—2010年期间，农用机井发展速度比20世纪80年代缓慢，其原因：一是国家减少机井专项补助资金；二是地下水浇地成本高，群众不认可；三是大量抽取地下水使地面沉降。1997年武清地区出现特大干旱，为解决干旱严重地区用水问题，1998年，武清县政府根据旱情的发展，向天津市政府申请拨付抗旱专项资金519万元，用于全县29个乡镇实施“一抗三保”等措施，机井在抗旱过程中发挥了重要的作用。随着农业旱情的发展，天津市政府每年都拨付一定比例的建设资金用于农用机井建设。截至2010年年底，农用机井累计达到6140眼，其中深井755眼、中井3346眼、浅井2039眼，农业净增机井94眼，见表5-3-46。

表5-3-46 **1991—2010年武清区农用机井统计表** 单位：眼

年份	年末实有农用机井			
	小计	深井	中井	浅井
1991	6046	915	1940	3191
1992	6122	922	1959	3241
1993	6178	977	1983	3218
1994	6105	913	1970	3222
1995	6097	902	1967	3228
1996	6055	899	1949	3207
1997	5799	854	1900	3045
1998	5899	854	1945	3100
1999	5932	856	1974	3102
2000	6031	850	2008	3173
2001	5286	765	1919	2602
2002	5474	768	2085	2621
2003	5489	772	2137	2580
2004	5651	765	2145	2741
2005	5692	761	2278	2653
2006	5650	751	2359	2540
2007	5757	749	2422	2586
2008	5978	751	2686	2541
2009	6116	750	2993	2373
2010	6140	755	3346	2039

二、生活用井

武清区农村居民饮用水除杨村城区部分可饮用引滦水外，大部分村街居民饮用地下水。1991—2001 年，生活用井更新改造多，新打机井少，原因是部分机井运行时间长、材质差、提水设备老化陈旧，且地下水位逐年下降，因此有大部分村街发生饮水困难等问题。2002 年天津市政府提出用 3～5 年时间彻底解决农村饮用水困难、不方便和饮水不安全等问题，武清区采取国家补助、区级配套、农民自筹的方法筹措资金，三年共打井 248 眼，维修机井 50 眼，更新水泵 54 台套，新井配电 65 处。至 2010 年，农村生活用机井达到 763 眼，其中深井 717 眼、中井 41 眼、浅井 5 眼，见表 5-3-47。

表 5-3-47　**1991—2010 年武清区生活用井统计表**　单位：眼

年份	年末实有生活用井			
	小计	深井	中井	浅井
1991	614	508	88	18
1992	639	531	90	18
1993	607	508	81	18
1994	608	510	80	18
1995	650	557	77	16
1996	657	564	77	16
1997	660	577	68	15
1998	662	581	66	15
1999	671	591	65	15
2000	667	610	46	11
2001	678	625	43	10
2002	738	696	37	5
2003	804	762	37	5
2004	808	768	35	5
2005	790	750	35	5
2006	794	754	35	5
2007	785	745	35	5
2008	783	737	41	5
2009	771	725	41	5
2010	763	717	41	5

三、工业用井

工业用井主要包括各乡、镇村工副业和武清城区企业用井。1991—1993 年的工副业用井未作统计，自 1994 年开始按工业用井统计，是年工业井总数为 100 眼，其中深井 83 眼、中井 17 眼，至 2001 年工业用井多达 186 眼。由于武清城区范围内长期大量超采地下水，造成了严重的地面沉降，2003 年对城区自来水供水范围内的 46 眼工业用井进行了封存。2005 年由于城区改造，部分原有封存机井彻底报废并被回填，工业用井数量降为 165 眼。之后报废井数量与新增机井数量接近，全区工业用井数量没有太大变化，至 2010 年工业用井为 167 眼，其中深井 145 眼、中井 21 眼、浅井 1 眼，见表 5-3-48。

表 5-3-48　**1994—2010 年武清区工业用井统计表**　单位：眼

年份	年末实有工业用井			
	小计	深井	中井	浅井
1994	100	83	17	
1995	153	126	20	7
1996	160	133	20	7
1997	161	132	22	7
1998	172	146	19	7
1999	171	146	18	7
2000	180	148	25	7
2001	186	163	22	1
2002	183	154	28	1
2003	176	155	20	1
2004	185	164	20	1
2005	165	144	20	1
2006	166	145	20	1
2007	167	146	20	1
2008	167	146	20	1
2009	165	144	20	1
2010	167	145	21	1

第四节　农用桥闸涵维修改造

2007 年 1 月，按照天津市财政局、天津市水利局将武清区列为全市小型农田水利工程规划试点区（县）的指示精神，武清区对现有的农用生产桥、闸、涵进行了调查。通过调查全区共有农用生产桥 1449 座，其中完好 701 座、轻损 249 座、重损 499 座；闸 686 座，其中完好 198 座、轻损 273 座、重损 215 座；涵 992 座，其中完好 502 座、轻损 312 座、重损 178 座。由于农用桥闸涵大部分建于 20 世纪 60—70 年代，运行时间较长，年久失修，损坏严重，严重影响了农民群众的生产生活。根据调查做了相关规划，规划的原则是以干渠重损的桥闸和支渠上部分损坏严重与农民生产生活紧密相关的桥闸为改造重点。该工程自2007年1月开工建设，计划用5年时间完成325座病危桥闸涵的改造任务（其中桥261座、闸涵64座），总投资为1亿元。资金来源由市、区、受益镇村三级筹措。市级财政2007—2011年每年安排1000万元、区财政2007年安排700万元、受益镇村自筹300万元；2008—2011年区财政每年安排1000万元。在工程建设过程中武清区水务局严格执行合同管理制、招投标制、建设监理制、竣工验收制和资金区级报账制，合格率达到了100%。验收合格后，及时移交给乡镇政府并投入使用。竣工后，此项工程有效地恢复和改善了农田水利设施，灌排能力得到提高，有效提升综合生产能力，保障了农民生产出行安全，促进了农村社会稳定，经济效益、社会效益显著，为社会主义新农村建设提供了强有力的支撑。

2007年，拆除重建桥闸74座，其中桥63座、闸11座，工程于2007年10月开工，2008年5月竣工。共涉及上马台、大良等25个乡镇，王三庄、大良村等69个村，所兴建的桥闸全部达到优质工程。其中投资55万元兴建的上马台镇王三庄桥，建设规模长40米、宽6米、5孔，结构形式为井柱板梁；投资22万元兴建的大良镇大良村工字闸，建设规模为长2米、宽2米、2孔，为浆砌石结构。

2008年，修建桥闸57座，其中桥45座、闸12座。工程于2008年10月开工，2009年5月竣工。共涉及23个乡镇、53个村，所兴建的桥闸全部达到优质工程。其中投资98万元兴建的汊沽港镇汊沽港村桥，坐落于中泓故道上，建设规模为长55米、宽7米、6孔，为井柱板梁结构；投资42万元兴建的曹子里乡大高口村的涵闸，坐落于拾梅引渠上，建设规模为长2.5米、宽2米、1孔，为涵闸结构。

2009年，修建桥闸56座，其中桥42座、闸14座。工程于2009年10月开工，2010年5月竣工。共涉及23个乡镇、53个村，所兴建的桥闸全部达到优质工程。其中投资28万元兴建的豆张庄乡豆张庄村桥，坐落于二支渠上，建设规模为长28米、宽7米、1孔，结构形式为砌石板梁；投资45万元兴建的梅厂镇董河村的中干闸，坐落于中干渠上，建设规模为长2米、宽3米、1孔，为涵闸结构。

2010年，修建桥闸59座，其中桥53座、6座。工程于2010年10月开工，2011年5月竣工。共涉及21个乡镇、56个村，所兴建的桥闸全部达到优质工程。其中投资28万元兴建的大王古庄镇丁辛庄村公路桥，坐落于中排干渠上，建设规模为长22米、宽7米、1孔，为砌石板梁结构；投资45万元兴建的南蔡村镇马棚洼村桥闸，坐落于六支渠上，桥建设规模为长22米、宽6米、1孔，闸建设规模为长2米、宽2米、1孔，为砌石板梁结构。

2007—2010年武清区农用桥闸涵维修改造工程完成情况和2007—2010年农用桥闸涵工程统计见表5-4-49～表5-4-53。

表 5-4-49

2007 年武清区农用桥闸涵维修改造工程完成情况表

序号	项目名称	坐落位置		建设规模（长×宽×孔）/米×米×孔	结构型式	工程投资/万元				备注
		乡镇	村			总投资	市财政	区财政	镇村自筹	
1	王三庄桥维修改造工程	上马台镇	王三庄村	40×6×5	井柱板梁	55	55	0	0	拆除重建
2	东良庄桥维修改造工程	梅厂镇	东良庄村	30×7×3	井柱板梁	48	48	0	0	拆除重建
3	代庄子桥维修改造工程	大黄堡乡	代庄子村	30×7×3	井柱板梁	48	48	0	0	拆除重建
4	东吕村桥维修改造工程	崔黄口镇	东吕村	30×7×3	井柱板梁	48	48	0	0	拆除重建
5	北商村桥维修改造工程	南蔡村镇	北商村	30×7×3	井柱板梁	48	48	0	0	拆除重建
6	陈庄桥维修改造工程	河西务镇	陈庄村	30×7×3	井柱板梁	48	48	0	0	拆除重建
7	兰城桥维修改造工程	高村乡	兰城村	30×7×3	井柱板梁	48	48	0	0	拆除重建
8	大谋屯桥维修改造工程	东马圈镇	大谋屯村	30×7×3	井柱板梁	48	48	0	0	拆除重建
9	西南庄桥维修改造工程	石各庄镇	西南庄村	30×7×3	井柱板梁	48	48	0	0	拆除重建
10	安武桥维修改造工程	石各庄镇	安武村	30×7×3	井柱板梁	48	48	0	0	拆除重建
11	东街桥维修改造工程	城关镇	东街村	30×6×1	砌石板梁	42	42	0	0	拆除重建
12	蒋庄子桥维修改造工程	大黄堡乡	蒋庄子村	24×6×3	井柱板梁	33	33	0	0	拆除重建
13	庞庄子桥维修改造工程	陈嘴镇	庞庄子村	24×6×3	井柱板梁	33	33	0	0	拆除重建
14	王庆坨桥维修改造工程	王庆坨镇	王庆坨村	24×6×3	井柱板梁	33	33	0	0	拆除重建
15	小营桥维修改造工程	黄庄乡	小营村	20×7×2	井柱板梁	32	32	0	0	拆除重建
16	南掘河桥维修改造工程	曹子里乡	南掘河村	20×7×2	井柱板梁	32	32	0	0	拆除重建
17	北五村桥维修改造工程	上马台镇	北五村	20×7×1	砌石板梁	28	28	0	0	拆除重建
18	肖庄桥维修改造工程	上马台镇	肖庄村	20×7×2	砌石板梁	28	28	0	0	拆除重建

续表

序号	项 目 名 称	坐落位置		建设规模（长×宽×孔）/米×米×孔	结构型式	工程投资/万元				备 注
		乡镇	村			总投资	市财政	区财政	镇村自筹	
19	小空城桥维修改造工程	崔黄口镇	小空城村	20×7×1	砌石板梁	28	28	0	0	拆除重建
20	蔡各庄桥维修改造工程	大良镇	蔡各庄村	20×7×1	砌石板梁	28	28	0	0	拆除重建
21	孟辛庄桥维修改造工程	下伍旗镇	孟辛庄村	20×7×1	砌石板梁	28	28	0	0	拆除重建
22	小押虎寨桥维修改造工程	大孟庄镇	小押虎寨村	20×7×1	砌石板梁	28	28	0	0	拆除重建
23	杨店桥维修改造工程	大孟庄镇	杨店村	20×7×1	砌石板梁	28	28	0	0	拆除重建
24	齐庄桥维修改造工程	泗村店镇	齐庄村	20×7×1	砌石板梁	28	28	0	0	拆除重建
25	前屯桥维修改造工程	泗村店镇	前屯村	20×7×1	砌石板梁	28	28	0	0	拆除重建
26	孝力桥维修改造工程	河西务镇	孝力村	20×7×1	砌石板梁	28	28	0	0	拆除重建
27	柳林屯桥维修改造工程	城关镇	柳林屯村	20×7×1	砌石板梁	28	28	0	0	拆除重建
28	杨仲河桥维修改造工程	城关镇	杨仲河村	20×7×1	砌石板梁	28	0	20	8	拆除重建
29	韩村西桥维修改造工程	白古屯乡	韩村	20×7×1	砌石板梁	28	0	20	8	拆除重建
30	富村桥维修改造工程	白古屯乡	富村	20×7×1	砌石板梁	28	0	20	8	拆除重建
31	利尚屯东桥维修改造工程	大王古庄镇	利尚屯村	20×7×1	砌石板梁	28	0	20	8	拆除重建
32	利尚屯西桥维修改造工程	大王古庄镇	利尚屯村	20×7×1	砌石板梁	28	0	20	8	拆除重建
33	三分干桥维修改造工程	梅厂镇	杨恒庄村	20×5×1	砌石板梁	20	0	14	6	拆除重建
34	五分干桥维修改造工程	梅厂镇	稗店村	20×5×1	砌石板梁	20	0	14	6	拆除重建
35	后苏庄桥维修改造工程	曹子里乡	后苏庄村	20×5×1	砌石板梁	20	0	14	6	拆除重建
36	千户庄桥维修改造工程	大黄堡乡	千户庄村	20×5×1	砌石板梁	20	0	14	6	拆除重建

续表

序号	项目名称	坐落位置		建设规模（长×宽×孔）/米×米×孔	结构型式	工程投资/万元				备注
		乡镇	村			总投资	市财政	区财政	镇村自筹	
37	勾兆屯桥维修改造工程	大碱厂镇	勾兆屯村	20×5×1	砌石板梁	20	0	14	6	拆除重建
38	西粮窝桥维修改造工程	大碱厂镇	西粮窝村	20×5×1	砌石板梁	20	0	14	6	拆除重建
39	西粮窝五支渠桥维修改造工程	大碱厂镇	西粮窝村	20×5×1	砌石板梁	20	0	14	6	拆除重建
40	西粮窝四支渠桥维修改造工程	大碱厂镇	西粮窝村	20×5×1	砌石板梁	20	0	14	6	拆除重建
41	黄官屯桥维修改造工程	大碱厂镇	黄官屯村	20×5×1	砌石板梁	20	0	14	6	拆除重建
42	西曹庄桥维修改造工程	崔黄口镇	西曹庄村	20×5×1	砌石板梁	20	0	14	6	拆除重建
43	小河桥维修改造工程	大良镇	小河村	20×5×1	砌石板梁	20	0	14	6	拆除重建
44	马辛庄桥维修改造工程	大良镇	马辛庄村	20×5×1	砌石板梁	20	0	14	6	拆除重建
45	南口哨桥维修改造工程	河北屯镇	南口哨村	20×5×1	砌石板梁	20	0	14	6	拆除重建
46	杨家场桥维修改造工程	河北屯镇	杨家场村	20×5×1	砌石板梁	20	0	14	6	拆除重建
47	下伍旗东桥维修改造工程	下伍旗镇	下伍旗村	20×5×2	砌石板梁	20	0	14	6	拆除重建
48	翁羊坊桥维修改造工程	南蔡村镇	翁羊坊村	20×5×1	砌石板梁	20	0	14	6	拆除重建
49	马庄桥维修改造工程	南蔡村镇	马庄村	20×5×1	砌石板梁	20	0	14	6	拆除重建
50	后所东桥维修改造工程	泗村店镇	后所村	20×5×1	砌石板梁	20	0	14	6	拆除重建
51	庆子坑桥维修改造工程	河西务镇	庆子坑村	20×5×1	砌石板梁	20	0	14	6	拆除重建
52	西排渠桥维修改造工程	高村乡	西排渠	20×5×1	砌石板梁	20	0	14	6	拆除重建
53	杨庄桥维修改造工程	城关镇	杨庄村	20×5×1	砌石板梁	20	0	14	6	拆除重建
54	田古屯桥维修改造工程	城关镇	田古屯村	20×5×1	砌石板梁	20	0	14	6	拆除重建
55	袁辛庄桥维修改造工程	城关镇	袁辛庄村	20×5×1	砌石板梁	20	0	14	6	拆除重建
56	韩村南桥维修改造工程	白古屯乡	韩村	20×5×1	砌石板梁	20	0	14	6	拆除重建

续表

序号	项目名称	坐落位置		建设规模（长×宽×孔）/米×米×孔	结构型式	工程投资/万元				备注
		乡镇	村			总投资	市财政	区财政	镇村自筹	
57	韩村西桥维修改造工程	白古屯乡	韩村	20×5×1	砌石板梁	20	0	14	6	拆除重建
58	枣林东桥维修改造工程	大王古庄镇	枣林村	20×5×1	砌石板梁	20	0	14	6	拆除重建
59	小王古东桥维修改造工程	大王古庄镇	小王古村	20×5×1	砌石板梁	20	0	14	6	拆除重建
60	大辛庄桥维修改造工程	上马台镇	大辛庄村	15×6×2	砌石板梁	18	0	12	6	拆除重建
61	一支桥维修改造工程	崔黄口镇	大周庄村	15×6×1	砌石板梁	18	0	12	6	拆除重建
62	张辛庄桥维修改造工程	南蔡村镇	张辛庄村	15×6×1	砌石板梁	18	0	12	6	拆除重建
63	盖模闸维修改造工程	梅厂镇	盖模村	2.7×3.5×3	浆砌石	24	0	16	8	维修
64	新开渠闸维修改造工程	上马台镇	大辛庄村	2.0×2.0×1	浆砌石	18	0	12	6	拆除重建
65	大杨庄闸维修改造工程	大黄堡乡	大杨庄村	2.0×2.0×1	浆砌石	18	0	12	6	拆除重建
66	刘五庄闸维修改造工程	大碱厂镇	刘五庄村	2.0×2.0×1	浆砌石	18	0	12	6	拆除重建
67	三支首闸维修改造工程	大碱厂镇	大碱厂村	2.0×2.0×1	浆砌石	18	0	12	6	拆除重建
68	东柳店闸维修改造工程	曹子里乡	东柳店村	2.0×2.5×3	浆砌石	30	0	21	9	拆除重建
69	南排干首闸维修改造工程	石各庄镇	石各庄村	2.0×2.5×3	浆砌石	30	0	21	9	拆除重建
70	公字闸维修改造工程	大良镇	大良村	2.0×2.0×2	浆砌石	22	0	16	6	拆除重建
71	太平庄节制闸维修改造工程	下伍旗镇	太平庄村	2.0×2.0×2	浆砌石	22	0	16	6	拆除重建
72	东一支首闸维修改造工程	泗村店镇	泗村店村	2.0×2.0×2	浆砌石	22	0	16	6	拆除重建
73	东四支首闸维修改造工程	高村乡	高村	2.0×2.0×2	浆砌石	22	0	16	6	拆除重建
74	东一支首闸维修改造工程	大王古庄镇	大王古村	2.0×2.0×2	浆砌石	22	0	16	6	拆除重建
合计						2000	1000	700	300	

表 5-4-50

2008年武清区农用桥闸涵维修改造工程完成情况表

序号	工程项目名称	坐落位置			建设规模（长×宽×孔）/米×米×孔	结构型式	工程投资/万元			受益人口/人	备注
		乡镇	村	渠系			总投资	市财政	区财政		
1	汉沽港桥	汉沽港镇	汉沽港村	中泓故道	55×7×6	井柱板梁	98	98		502	拆除重建
2	董庄桥	上马台镇	董庄村	运东干渠	45×7×4	井柱板梁	91	91		1809	拆除重建
3	城上桥	黄庄街	城上村	增产河	45×7×4	井柱板梁	91	91		2334	拆除重建
4	眷兹桥	豆张庄乡	眷兹村	新龙河	55×8×4	井柱板梁	65	65		1794	维修
5	齐东营桥	泗村店镇	齐东营村	北干渠	52×8×3	井柱板梁	60	60		949	维修
6	九街林业北桥	王庆坨镇	九街村	菜籽河	28×7×3	井柱板梁	56	56		3180	拆除重建
7	政府路去万亩田桥	王庆坨镇	王庆坨村	幸福渠	28×7×3	井柱板梁	56	56		21658	拆除重建
8	西崔庄桥	南蔡村镇	西崔庄村	万德渠	30×7×1	砌石板梁	28	28		531	拆除重建
9	屈刘庄桥	白古屯乡	屈刘庄村	四干渠	30×7×1	砌石板梁	28	28		482	拆除重建
10	砖厂桥	南蔡村镇	砖厂村	村排渠	30×7×1	砌石板梁	28	28		1472	拆除重建
11	袁辛庄南口桥	城关镇	袁辛庄村	袁辛庄排渠	28×7×1	砌石板梁	28	28		874	拆除重建
12	拾棉庄桥	曹子里乡	拾棉庄村	二干	28×7×1	砌石板梁	28	28		959	拆除重建
13	六支四号路桥	汉沽港镇	汉沽港村	六支渠	28×7×1	砌石板梁	28	28		502	拆除重建
14	西小良桥	南蔡村镇	西小良村	五、六支连接渠	28×7×1	砌石板梁	28	28		1411	拆除重建
15	草茨北口桥	城关镇	草茨村	田古屯排渠	28×7×1	砌石板梁	28	28		1095	拆除重建
16	小高庄桥	下朱庄街	小高庄村	机场排河	28×7×1	砌石板梁	28	28		809	拆除重建
17	张辛安庄桥	大黄堡乡	张辛安庄村	普济河	28×7×1	砌石板梁	28	28		354	拆除重建
18	大黄堡中干西桥	大黄堡乡	大黄堡村	中干渠	24×7×1	砌石板梁	28	28		1275	拆除重建
19	东干渠桥	梅厂镇	小雷庄村	东干渠	24×7×1	砌石板梁	28	28		269	拆除重建
20	坨泥寺南口桥	崔黄口镇	坨泥寺村	三分支渠	24×7×1	砌石板梁	28	28		794	拆除重建

续表

序号	工程项目名称	坐落位置			建设规模（长×宽×孔）/米×米×孔	结构型式	工程投资/万元			受益人口/人	备注
		乡镇	村	渠系			总投资	市财政	区财政		
21	南陈庄桥	南蔡村镇	南陈庄村	青年渠	24×7×1	砌石板梁	28	28		1890	拆除重建
22	四支渠桥	石各庄镇	梁各庄村	四支渠	24×7×1	砌石板梁	28	28		1977	拆除重建
23	一支渠桥	大碱厂镇	兰庄子村	一支渠	24×7×1	砌石板梁	28		28	804	拆除重建
24	前幼庄西排渠桥	大孟庄镇	前幼庄村	西排渠渠	24×7×1	砌石板梁	28		28	518	拆除重建
25	前迤寺村东桥	大良镇	前迤寺村	黄辛庄排渠	22×7×1	砌石板梁	28		28	986	拆除重建
26	高河公路桥	高村乡	牛镇村	东排渠	22×7×1	砌石板梁	28		28	4242	拆除重建
27	修庄子1号桥	崔黄口镇	修庄子村	三支渠	22×7×1	砌石板梁	28		28	1349	拆除重建
28	刘庄西排桥	大孟庄镇	刘庄村	西排渠	22×7×1	砌石板梁	28		28	422	拆除重建
29	二光中心工作路桥	汉沽港镇	二光村	南排干	22×7×1	砌石板梁	28		28	2252	拆除重建
30	西大刘桥	崔黄口镇	西大刘村	七支排渠	22×7×1	砌石板梁	28		28	477	拆除重建
31	一街二支桥	崔黄口镇	一街村	铁路边沟	20×10×1	砌石板梁	28		28	1304	拆除重建
32	稍子营西口桥	白古屯乡	稍子营村	青年渠	20×7×1	砌石板梁	28		28	917	拆除重建
33	郭罗庄桥	梅厂镇	郭罗庄村	东干渠	20×7×1	砌石板梁	28		28	717	拆除重建
34	庞各庄村西南桥	大良镇	庞各庄村	东三支	20×7×1	砌石板梁	28		28	854	拆除重建
35	太子务村中桥	泗村店镇	太子务村	西一支渠渠	20×7×1	砌石板梁	28		28	3083	拆除重建
36	东马圈村中桥	东马圈镇	东马圈村	后河	20×7×1	砌石板梁	28		28	2767	拆除重建
37	藕甸村生产桥	下朱庄街	藕甸村	六支渠	20×7×1	砌石板梁	28		28	701	拆除重建
38	南四百户村东桥	大良镇	南四百户村	村东排渠	18×7×1	砌石板梁	28		28	621	拆除重建
39	桐高村南一支桥	河北屯镇	桐高村	一支渠	18×7×1	砌石板梁	28		28	1467	拆除重建

续表

序号	工程项目名称	坐落位置			建设规模（长×宽×孔）/米×米×孔	结构型式	工程投资/万元			受益人口/人	备注
		乡镇	村	渠系			总投资	市财政	区财政		
40	董庄村桥5	上马台镇	董庄村	五分干	18×7×1	砌石板梁	28		28	1809	拆除重建
41	董庄村桥6	上马台镇	董庄村	五分干	18×7×1	砌石板梁	28		28	1809	拆除重建
42	李大人村南一支桥	河北屯镇	李大人村	一支渠	18×7×1	砌石板梁	28		28	1592	拆除重建
43	董庄至利尚屯生产桥	大王古镇	董庄村	中排干	18×7×1	砌石板梁	28		28	372	拆除重建
44	枣林村门前生产桥	大王古镇	枣林村	东五支	18×7×1	砌石板梁	28		28	1245	拆除重建
45	王庄桥	曹子里乡	王庄村	西排渠	22×8×1×ϕ2	管桥	28		28	116	拆除重建
46	东四支尾闸	大王古镇	小王古村	东四支	2.0×2.5×2	涵闸	61	61		1215	拆除重建
47	桐林闸桥	白古屯乡	桐林村	河里排渠	2.0×2.5×2	涵闸	51	51		1650	拆除重建
48	水库节制闸	黄庄街	黄庄	龙凤河故道	2.0×2.5×2	涵闸	51	51		2978	拆除重建
49	三里屯干渠水闸	黄庄街	三里屯村	三里屯南干渠	3.0×3.0×1	涵闸	22		22	424	拆除重建
50	大高口村闸	曹子里乡	大高口村	拾梅引渠	2.5×2.5×1	涵闸	42		42	685	拆除重建
51	甄营闸	黄花店镇	甄营村	西干渠	2.0×2.5×1	涵闸	40		40	2967	拆除重建
52	泗村店闸	泗村店镇	泗村店村	东四支渠	2.0×2.0×1	涵闸	40		40	1786	拆除重建
53	西五支首闸	大王古镇	韩营村	西五支	2.0×2.0×1	涵闸	40		40	1553	拆除重建
54	六合庄村西闸	黄庄街	六合庄村	永增连接渠	2.0×2.0×1	涵闸	48		48	590	拆除重建
55	四青路闸桥	高村乡	牛镇村	东排渠	2.0×2.0×1	涵闸	39		39	4242	拆除重建
56	安标垡水站闸	东马圈镇	安标垡村	四排干	1.5×1.5×1	涵闸	38		38	739	拆除重建
57	四支闸	黄花店镇	鱼市庄村	鱼市庄东南四支	1.5×1.5×1	涵闸	47		47	1053	拆除重建
合计							2100	1100	1000	93106	

表 5－4－51 **2009 年武清区农用桥闸涵维修改造工程完成情况表**

序号	工程项目名称	坐落位置			建设规模（长×宽×孔）/米×米×孔	结构型式	完成投资/万元			
		乡镇	村	村渠系			总投资	市财政	区财政	完成情况
1	豆张庄桥	豆张庄乡	豆张庄村	二支渠	28×7×1	砌石板梁	28	28		全部完成
2	十九支张眷路桥	豆张庄乡	豆张庄村	十九支渠	35×7×2	砌石板梁	58	58		全部完成
3	年辛庄桥	大碱厂镇	年辛庄	主干渠	24×7×1	砌石板梁	28	28		全部完成
4	一支渠桥	河北屯	河北屯村	一支渠	16×6×1	管桥	25	25		全部完成
5	屯哨渠桥	河北屯	河北屯村	屯哨渠	22×7×1	管桥	28	28		全部完成
6	蔡坊村桥	南蔡村	蔡坊村	万德渠	30×7×1	砌石板梁	28	28		全部完成
7	张岗庄西排桥	大孟庄	张岗庄	西排干渠	24×7×1	砌石板梁	28	28		全部完成
8	白庄桥	河西务	白庄村	武旗路北沟	24×7×1	砌石板梁	28	28		全部完成
9	扶头东口桥	河西务	扶头村	青年路北沟	20×7×1	砌石板梁	28	28		全部完成
10	袁辛庄西口桥	城关	袁辛庄	四干渠	20×6×1	砌石板梁	25	25		全部完成
11	和平庄西口桥	白古屯	和平庄	四干渠	28×7×1	砌石板梁	28	28		全部完成
12	大王古至利尚屯公路桥	大王古庄	利尚屯村	东一支	16×6×1	砌石板梁	25	25		全部完成
13	陈各庄西南口生产桥	大王古庄	陈各庄村	老三干	20×7×1	砌石板梁	28	28		全部完成
14	跃进渠首闸桥	上马台	大辛庄	新开渠	2×3×1	涵闸	45	45		全部完成
15	六分干节制闸	上马台	杨河	六分干	2×2×1	涵闸	40	40		全部完成
16	李各庄北口桥	石各庄	李各庄	李各庄北口渠	20×7×1	砌石板梁	28	28		全部完成
17	旧县闸	泗村店	旧县	东一支	2×2×1	涵闸	40	40		全部完成
18	后屯闸	白古屯	后屯	五干渠	2×2.5×1	涵闸	42	42		全部完成
19	距城铺西口桥闸	大王古庄	距城铺村	老三干	2×2×2	涵闸	45	45		全部完成

续表

序号	工程项目名称	坐落位置			建设规模（长×宽×孔）/米×米×孔	结构型式	完成投资/万元			
		乡镇	村	村渠系			总投资	市财政	区财政	完成情况
20	大谋屯水闸	东马圈	大谋屯	总干渠	1.5×2×1	涵闸	38	38		全部完成
21	甄营闸	黄花店	甄营	永定河北支渠	2×2×1	涵闸	40	40		全部完成
22	南桃园东南口桥	城关	南桃园	南排渠	20×7×1	管桥	28	28		全部完成
23	东狼尔窝桥1	崔黄口	东粮窝	民兵排灌渠	30×7×1	砌石板梁	28	28		全部完成
24	许庄北口桥	城关	许庄	三跃渠	24×7×1	砌石板梁	28	28		全部完成
25	白古屯西北口桥	白古屯	白古屯	大寨渠	30×7×1	砌石板梁	28	28		全部完成
26	大魏庄东口桥	白古屯	大魏庄	三支渠	30×7×1	砌石板梁	28	28		全部完成
27	田户西口桥	高村	田户村	风渠	20×7×1	砌石板梁	28	28		全部完成
28	三支排尾闸	大碱厂	洪家庄	三支排渠	2×3×3	涵闸	73		73	全部完成
29	田辛庄闸	下伍旗镇	田辛庄	柳河	3×3×1	涵闸	22	22		全部完成
30	韩营南口尾闸	大王古庄	韩营	四干渠	3×3×1	涵闸	22	22		全部完成
31	郑庄桥	河西务	郑庄	东三支渠	24×7×1	砌石板梁	28		28	全部完成
32	太子务桥	泗村店	太子务村	三支渠	30×7×4	砌石板梁	85	85		全部完成
33	杨店中干桥	大孟庄	杨店	中干渠	20×7×1	管桥	28		28	全部完成
34	双术村北桥	大良	双术村	东四支渠	24×7×1	砌石板梁	28		28	全部完成
35	后迤寺村北桥	大良	后迤寺村	东五支渠	24×7×1	砌石板梁	28		28	全部完成
36	王三庄桥	上马台	王三庄村	运东干渠	25×7×1	砌石板梁	28		28	全部完成
37	东丝窝桥	大黄堡	东丝窝	柳河	25×7×1	砌石板梁	28		28	全部完成
38	定子务桥	石各庄	定子务	定子务引渠	20×7×2	砌石板梁	56		56	全部完成

续表

序号	工程项目名称	坐落位置			建设规模（长×宽×孔）/米×米×孔	结构型式	完成投资/万元			
		乡镇	村	村渠系			总投资	市财政	区财政	完成情况
39	小王村桥	陈嘴	小王村	三支渠	20×7×1	砌石板梁	28		28	全部完成
40	北寺桥	黄庄	北寺村	永定河	39×7×2	井柱板梁	56		56	全部完成
41	韩庄	大碱厂	韩庄	二支排渠	18×6×1	砌石板梁	25		25	全部完成
42	孟辛庄东桥	下伍旗	孟辛庄	柳河	25×7×1	砌石板梁	28		28	全部完成
43	亭上西排桥	大孟庄	亭上村	西排干渠	30×7×1	砌石板梁	28		28	全部完成
44	太子务家南龙河桥	泗村店	太子务村	龙河	30×7×4	井柱板梁	85		85	全部完成
45	碱厂南口桥	高村	碱厂村	二支渠	30×7×1	砌石板梁	28		28	全部完成
46	杨疙瘩东口桥	白古屯	杨疙瘩	五干渠	20×7×1	砌石板梁	28		28	全部完成
47	五里店南口桥	城关	五里店村	四干渠	24×7×1	砌石板梁	28		28	全部完成
48	中干闸	梅厂	董河村	中干渠	2×3×1	涵闸	45		45	全部完成
49	安武排渠桥	石各庄	定子务	安武排渠	25×7×1	砌石板梁	28		28	全部完成
50	南排干闸桥	石各庄	西南庄	南排干渠	25×7×1	砌石板梁	28		28	全部完成
51	西田庄桥	黄花店	西田庄	南二支渠	18×6×1	砌石板梁	25		25	全部完成
52	中泓故道闸	陈嘴	渔霸口	中泓故道	2×2×6	涵闸	65		65	全部完成
53	幸福渠东闸	王庆坨	王庆坨一街	王庆坨排干	2×3×2	倒虹吸闸	65		65	全部完成
54	田辛庄生产桥	下伍旗	田辛庄	旗良排渠	20×6×1	管桥	25		25	全部完成
55	东马房北口桥	白古屯	东马房	五支渠	25×7×1	管桥	35		35	全部完成
56	东崔庄闸	大良	东崔庄	黄沙河	2×2×4	涵闸	53		53	全部完成
	合计	23	53				2000	1000	1000	

表 5-4-52 **2010 年武清区农用桥闸涵维修改造工程完成情况表**

序号	工程项目名称	坐落位置			建设规模（长×宽×孔）/米×米×孔	结构形式
		乡镇	村	渠系		
1	距城铺至大官地桥维修改造工程	大王古庄镇	距城铺	中干渠	18×6×1	砌石板梁
2	大王古庄东二支南口桥维修改造工程	大王古庄镇	大王古庄	中干渠	18×6×1	砌石板梁
3	大营家东生产桥维修改造工程	大王古庄镇	大营	中干渠	18×6×1	砌石板梁
4	丁辛庄公路桥维修改造工程	大王古庄镇	丁辛庄	中排干渠	22×7×1	砌石板梁
5	利尚屯东口桥	大王古庄镇	利尚屯	环村渠	18×8×1	砌石板梁
6	利尚屯北口桥	大王古庄镇	利尚屯	环村渠	18×6×1	砌石板梁
7	耿庄闸桥维修改造工程	白古屯乡	耿庄	耿庄站排渠	18×7×1、3.0×3.0×1	浆砌石
8	黄辛庄闸维修改造工程	白古屯乡	黄辛庄村	四干渠	2×2.5×2	浆砌石
9	邱古庄南口桥维修改造工程	白古屯乡	邱古庄	耿庄站排渠	18×7×1	砌石板梁
10	白古屯东口桥维修改造工程	白古屯乡	白古屯	四干渠	28×7×1	砌石板梁
11	高场桥维修改造工程	豆张庄乡	高场	2 支渠	22×7×1	砌石板梁
12	眷兹 8 支闸维修改造工程	豆张庄乡	眷兹	8 支渠	2.0×2.0×1	浆砌石
13	马棚洼桥闸维修改造工程	南蔡村镇	马棚洼	六支渠	22×6×1、2×2×1	砌石板梁
14	肖羊坊桥维修改造工程	南蔡村镇	肖羊坊	三支渠	22×7×1	砌石板梁
15	丁家圈桥维修改造工程	南蔡村镇	丁家圈	一分支渠	22×7×1	砌石板梁
16	杨店水站西排闸维修改造工程	大孟庄镇	杨店	西排渠	2×2×2	浆砌石
17	大道张庄东排桥维修改造工程	大孟庄镇	大道张庄	东排渠	20×6×1	砌石板梁
18	大呈庄十二支桥维修改造工程	大孟庄镇	大呈庄	十三支渠	22×7×1	砌石板梁
19	大桃园西口桥闸维修改造工程	城关镇	大桃园	中干渠	35×7×3、2×2×3	井柱板梁
20	小屯公路桥维修改造工程	城关镇	小屯	四干渠	20×7×1	砌石板梁

续表

序号	工程项目名称	坐落位置			建设规模（长×宽×孔）/米×米×孔	结构形式
		乡镇	村	渠系		
21	薄庄南口桥维修改造工程	城关镇	薄庄	二跃渠	18×6×1	砌石板梁
22	后庄北口桥维修改造工程	城关镇	后庄	二跃渠	18×6×1	砌石板梁
23	孙小屯桥维修改造工程	大碱厂镇	孙小屯	二支渠	16×6×1	砌石板梁
24	洪庄子桥维修改造工程	大碱厂镇	洪庄子	三支渠	22×7×1	砌石板梁
25	牛一四支渠桥维修改造工程	高村乡	牛一村北	四支渠	16×7.5×1	管桥
26	侯尚北口桥维修改造工程	高村乡	侯尚	四支渠	25×7×1	砌石板梁
27	四支桥维修改造工程	高村乡	兰城村	中干渠	16×7.5×1	管桥
28	杨恒庄桥维修改造工程	梅厂镇	杨恒庄	拾梅引渠	25×7×1	砌石板梁
29	沿路排渠桥维修改造工程	梅厂镇	鸭徐庄	沿路排渠	20×6×1	砌石板梁
30	王唐庄桥维修改造工程	梅厂镇	王唐庄	王唐庄干渠	25×7×1	砌石板梁
31	王老庄桥维修改造工程	上马台镇	王老庄	新开渠	28×7×1	砌石板梁
32	西安子桥维修改造工程	上马台镇	西安子	新开渠	28×7×1	砌石板梁
33	杜庄桥维修改造工程	上马台镇	杜庄	新开渠	26×7×1	砌石板梁
34	新开渠首闸桥维修改造工程	上马台镇	东薛庄	新开渠	26×7×1、2×2×1	浆砌石
35	辛庄北口桥维修改造工程	大良镇	辛庄村	辛庄引渠	28×7×1	砌石板梁
36	营门照村南桥维修改造工程	大良镇	营门照	连接支渠	14×7.5×1	管桥
37	二百户村南桥维修改造工程	大良镇	二百户	西三支	16×7.5×1	管桥
38	旧县天庙桥维修改造工程	泗村店镇	旧县	北干渠	18×7.5×1	管桥
39	后所东桥维修改造工程	泗村店镇	后所东	路北渠	16×7.5×1	管桥
40	敖西桥维修改造工程	石各庄镇	敖西	南干渠	32×7×1	砌石板梁

续表

序号	工程项目名称	坐落位置			建设规模（长×宽×孔）/米×米×孔	结构形式
		乡镇	村	渠系		
41	敖东桥维修改造工程	石各庄镇	敖东	五支渠	18×6×1	砌石板梁
42	岳庄桥维修改造工程	河西务镇	岳庄	二支渠	21×7×1	砌石板梁
43	扶头东口桥维修改造工程	河西务镇	扶头	西排渠	18×7.5×1	管桥
44	周家务桥维修改造工程	崔黄口镇	周家务	新五排渠	18×7.5×1	管桥
45	北三桥维修改造工程	崔黄口镇	北三	二支渠	14×7.5×1	管桥
46	黄沙河闸维修改造工程	崔黄口镇	后苏庄	连接渠	2×2×5	浆砌石
47	黄沙河东西耳闸维修改造工程	崔黄口镇	后苏庄	连接渠	2×2×4	浆砌石
48	后苏庄桥 1 维修改造工程	曹子里乡	后苏庄	村北排干	20×7×1	砌石板梁
49	邵七堤生产桥维修改造工程	黄花店镇	邵七堤	东排渠	30×7×1	砌石板梁
50	冀营村生产桥维修改造工程	黄花店镇	冀营	生产路	30×7×1	砌石板梁
51	东汪庄桥维修改造工程	大黄堡乡	东汪庄	隔碱沟	16×7×1	砌石板梁
52	前蒲棒千米渠桥维修改造工程	大黄堡乡	前蒲棒	千米渠	25×7×1	砌石板梁
53	李场三支桥维修改造工程	陈嘴镇	李场	三支渠	22×6×1	砌石板梁
54	南排干闸维修改造工程	陈嘴镇	庞庄子	南排干渠	2×2×4	浆砌石
55	中义桥 2 维修改造工程	下伍旗镇	中义	旗民排渠	30×7×1	砌石板梁
56	大兴庄桥维修改造工程	下伍旗镇	大兴庄	旗民排渠	28×6×1	砌石板梁
57	八间房桥维修改造工程	下伍旗镇	八间房	旗民排渠	28×7×1	砌石板梁
58	小王堡闸维修改造工程	汊沽港镇	小王堡	菜籽河	2×2×1	浆砌石
59	七支四号路桥维修改造工程	汊沽港镇	汊沽港	七支排干渠	20×6×1	砌石板梁

表 5-4-53 **2007—2010 年农用桥闸涵工程统计表**

乡镇	2007 年		2008 年		2009 年		2010 年	
	数量/座	投资/万元	数量/座	投资/万元	数量/座	投资/万元	数量/座	投资/万元
上马台镇	5	147	3	147	3	113	4	150
梅厂镇	4	112	2	56	1	45	3	78
大黄堡乡	4	119	2	56	1	28	2	56
崔黄口镇	4	114	4	112	1	28	4	231
南蔡村镇	4	106	4	112	1	28	3	116
河西务镇	3	96	0	0	3	84	2	56
高村乡	3	90	2	67	2	56	3	78
东马圈镇	1	48	2	66	1	38	0	0
石各庄镇	3	126	1	28	4	140	2	48
城关镇	6	158	2	56	4	109	4	158
陈嘴镇	1	33	0	0	2	93	2	107
王庆坨镇	1	33	2	112	1	65	0	0
黄庄街	1	32	4	212	1	56	0	0
曹子里乡	3	82	3	98	0	0	1	28
大良镇	4	90	3	84	3	109	3	84
下伍旗镇	3	70	0	0	3	75	3	78
大孟庄镇	2	56	2	56	3	84	3	95
泗村店镇	4	98	3	128	3	210	2	56
白古屯乡	4	96	3	107	6	189	4	196
大王古庄镇	5	118	4	157	4	120	6	144
大碱厂镇	7	136	1	28	3	126	2	50
河北屯镇	2	40	2	56	2	53	0	0
汊沽港镇	0	0	3	154	0	0	2	57
豆张庄镇	0	0	1	65	2	86	2	63
黄花店镇	0	0	2	87	2	65	2	56
下朱庄街	0	0	2	56	0	0	0	0
工程管理费								15
合计	74	2000	57	2100	56	2000	59	2000

第五节 水 土 保 持

根据《天津市实施〈中华人民共和国水土保持法〉办法》的要求，2006 年 5 月，武清区水务局决定成立武清区水务局水土保持管理站，该站挂靠在天津市武清区水利技术推广中心，负责全区水土保持工作。

一、水土保持宣传

2006 年 6 月，武清区水务局与天津市水利局农田水利管理处在武清城区泉州路市场西侧举行了大型的世界水日宣传活动，重点宣传了水土保持、节约用水相关内容，当天发放宣传材料 3000 余份。

2007 年 6 月，为迎接《中华人民共和国水土保持法》颁布十六周年，天津市水利局在蓟县举行了水保法宣传活动。武清区水务局水土保持工作人员参加了此次活动。

二、水土保持方案编报

2005 年 10 月 17 日，天津市水利局审批通过上马台水库水土保持方案，总投资 27.59 万元，用于水库责任范围内 12.19 公顷土地水土流失综合治理。

2007 年，天津市水利局制订了全市水土保持监督执行专项行动方案，武清区水务局也相应制订了《武清区水土保持监督执行专项行动方案》。

2008 年 1 月，完成上马台水库除险加固和北夹道泵站改扩建工程的水土保持方案的编报工作，并分别收取水土流失补偿费 11.66 万元和 0.12 万元。

三、水土保持监督收费

2008 年 7 月，武清区水务局根据天津市水利局《关于做好京沪高速铁路水土保持监督工作的通知》精神，协同市水利局农田水利管理处对京沪高速铁路工程进行了水土保持监督工作并收取水土流失补偿费 73 万元。

2008年12月，武清区水务局根据天津市水土保持工作站提出《关于收缴京唐秦输气管道工程水土保持设施补偿费的通知》的要求，对京唐秦输气管道工程收取水土保持补偿费86.37万元。该资金上缴市级财政专户。

2010年武清区水务局根据《天津市人民政府关于天津市水土保持三区划分的公告》，将武清区武清港北固沙林自然保护区列为水土保持预防保护区，将武清港北森林公园列为水土保持监督区。

第六章

工程建设

武清区水利工程建设是指国家或地方政府批准的水利工程建设项目，资金来源有国家预算内资金、地方性财政补助资金和自筹资金。1991—2010年，工程建设主要内容为一级、二级河道防洪除涝，堤防除险加固，度汛岁修，泛区分滞洪区安全建设，农村供水，城区排水，水环境治理及农田水利等项工程。这些水利工程的兴建极大地解决了水资源短缺问题，提高了本区域防洪除涝标准，对水环境的改善起到了重要作用。全区共完成水利工程建设534项，总计投资达到14.5353亿元。其中防洪工程122项，投资24161.30万元；堤防岁修工程27项，投资315.92万元；橡胶坝工程8项，投资2963.13万元；扬水泵站工程33项，投资14817.45万元；水环境治理工程8项，投资37002.41万元；农村桥闸涵工程309项，投资10100万元（详见第五章）；小型农田水利工程15项，投资4003.87万元（详见第五章）；农村供水工程3项，投资33855.29万元（详见第三章）；城区供水工程3项，投资1055.18万元（详见第三章）；蓄滞洪区安全建设3项，投资8968.02万元（详见第四章）；水库治理工程3项，投资8110.23万元（详见第一章）。

水利工程建设项目，1991—1996年由各区县水利局自行设计，由各区县水利局报天津市水利局有关处室审批后，施工由各区县水利局自行组织项目的施工。1993年，武清区开始兴建上马台水库工程，在此项工程建设中首次采取招投标的方式选择施工队伍，工程监理由县水利局组织工程技术人员进行质量控制。随着水利工程建设市场的不断规范和完善，到1996年天津市成立水利建设工程招标投标管理站，在此基础上，武清区的水利工程也逐步推行“四制”，即项目法人责任制、招标投标制、工程建设监理制、项目合同管理制。

第一节　防　洪　工　程

武清区防洪工程按投资来源可大致分为国家预算内资金、地方配套资金（市级、区级补助）和群众自筹（镇、村和农民义务公款）等三大类别。防洪工程按工程种类又可分为除险加固、应急度汛，1991—2010年共完成防洪工程项目122项，完成建设投资24161.30万元。

一、除险加固

武清区防洪除险加固工程主要围绕境内的4条一级河道和天津市西部防线以及城区防洪圈建设为主。2007年天津市水利局实施水利工程管理体制改革后组建了河系管理处，除险加固工程改称“大专项”工程。1991—2005年除险加固工程共29项，投资18720.91万元，见表6-1-54，其中本节列举5个重点建设项目进行详细表述。

1991—2005年武清区除险加固工程投资汇总见表6-1-54。

表6-1-54 **1991—2005年武清区除险加固工程投资汇总表**

序号	工　程　名　称	建设年份	总投资/万元
1	永定河泛区左堤工程	1992	420.13
2	永定河泛区左堤加固工程	1993	122.17
3	青龙湾荒凌庄丁坝除险加固	1994	50.00
4	永定河右堤大旺村险工综合治理	1996	447.00
5	排污河行洪河道险工治理	1996	151.87
6	龙凤河除险加固工程	1996—1997	751.87
7	北京排污河治理	1997	613.70
8	水毁修复工程	1997	533.89
9	防洪工程	1997	240.40
10	龙凤河水毁修复工程	1998	452.42
11	永定河泛区右堤加固	1998	2200.00
12	水毁工程	1998	965.34
13	永定河泛区右堤加固	1999	2516.00
14	西部防线	1999	906.37
15	行洪河道除险加固	1999	614.40
16	北京排污河除险加固工程	1999	198.60
17	永定河泛区右堤加固	2000	558.90

续表

序号	工　程　名　称	建设年份	总投资/万元
18	永定新河南遥堤	2000—2001	405.99
19	行洪河道除险加固	2000	404.80
20	城区防洪圈工程	2000—2001	1507.55
21	行洪河道除险加固	2001	915.94
22	永定河高楼险工应急加固	2001	120.00
23	北运河十六孔分洪闸除险加固工程	2001	133.50
24	排污河防潮闸加固工程	2002	323.40
25	西部防线	2003	410.00
26	龙凤河大三庄闸除险加固工程	2003	238.33
27	永定河大旺村险工加固工程	2003	210.00
28	武清区北运河徐官屯除险加固一期工程	2004	748.74
29	北运河徐官屯除险加固二期工程	2005	1559.61
合计			18720.91

（一）西部防线

1999年根据天津市城市防洪规划要求，确定由市区西部的中亭河左堤、九里横堤、方官堤、十里横堤、南遥堤相连形成天津市区的西部防线，大堤全长42.76千米。1999年3月，天津市水利局下发《关于对天津城市防洪堤治理工程西部防线九里横堤段（一期）初步设计的批复》对其初步设计进行了批复：下达投资为906.37万元，其中市水利建设基金806.37万元，武清县农村义务工100万元。工程主要治理内容：九里横堤、十里横堤复堤长12.42千米，整修建筑物8座，一期复堤高程不低于8.10米（1985国家高程基准），顶宽8米，坡比1∶3。工程于1999年5月10日开工，1999年6月30日竣工。2003年，该段增补投资410万元对西部防线的堤顶铺设长11.43千米的沥青混凝土路面，是年6月底全部竣工。

永定新河南遥堤是天津市防洪堤西部防线的重要组成部分，险工加固工程位于武清区汉沽港、王庆坨两镇境内，从大范口至津永公路，全长7.8千米。工程于2000年11月3日开工，2001年6月30日竣工。共完成堤防整治7.8千米，2座涵闸拆除重建，5座穿堤涵闸维修加固，堤顶泥结石路面3.1万平方米，完成植树13700株。工程总投资452.3万元。

（二）永定河除险加固工程

为上保北京市、下保天津市及京山铁路的安全，1992—2001年海委及市政府分5次投资对永定河进行了治理，主要建设内容如下：

（1）1992年3月，经海委批准，对永定河武清段进行除险加固工程，工程共批准投资541.66万元，分两年完成，其中1992年投资280.26万元，封堵老龙闸，永定河左堤堆石；1993年投资261.4万元，完成护路堤灌浆5千米、防浪墙4.6千米。

（2）1995年4月，经市水利局批准，投资215.84万元，完成永定河左堤大堤灌浆0.3千米，堤顶路面硬化26.8千米，于1995年6月完工。

（3）1996年6月，投资447万元对永定河右堤大旺村险工进行综合整治，完成大堤灌浆2千米和东洲扬水站机排闸维修。

（4）1998—2000年，天津市水利局、天津市财政局分别下发《关于下达1998年永定河泛区右堤加固工程基本建设投资计划的通知》《关于下达1999年永定河泛区右堤加固工程基建第一批投资明细计划的通知》《关于下达1999年永定河泛区右堤加固工程基本建设第二批投资计划的通知》《关于下达2000年永定河泛区右堤加固工程基本建设投资计划的投资》，共计下达永定河泛区右堤加固工程基本建设投资5274.9万元，至2001年共完成复堤护岸24.6千米，口门改建24座，重建2座，堤顶公路24.6千米，堤顶排水26千米（每100米设一排水沟）和大堤绿化、埋设公里桩、新建防汛管理房2座等。

工程分三期完成，马家口村南至八里桥村西止，全长24.6千米。第一期1998年10月6日至12月1日，工程内容为复堤24.6千米，主要工程量为土方73.8万立方米。第二期1999年3月5日开工，到7月15日完工，工程内容为口门改建24座，重建2座，主要工程量为浆砌石5280立方米，土方9600立方米，安装闸门启闭机4台套。第三期主要是堤顶硬化24.6千米，宽4米，完成堤顶排水、绿化及公里桩设置、管理房新建等。其中植树投资95.09万元，植树堤防长24.6千米，栽灌木24500株、中林16404棵、沙兰杨26596棵、乔木43000棵。工程于2000年6月20日全部竣工，工程设计标准由50年一遇提高到100年一遇。

（5）2001年天津市水利局、天津市财政局以《关于下达永定河泛区左堤武清段2001年应急加固工程投资明细计划的通知》，下达永定河左堤应急加固工程投资776.72万元，该工程于2001年6月开工，2002年6月竣工。工程地点是安武交界处至西辛庄段，工程内容为筑堤9.52千米，土方11.35万立方米，堤顶沥青混凝土路面10.17千米，维修闸1座及堤顶绿化等。

（三）龙凤河除险加固工程

龙凤河（原北京排污河，2000年改称龙凤河）是一条排泄北京市污水及河北省廊坊市香河县等地部分沥水的河道，兼有分泄北运河超标洪水的功能。1972 年初开挖贯通。该河自开挖以来至 1996 年，未经过治理，因永定新河下游入海河口及河道淤积，受永定新河水顶托，排水不畅，两岸堤防下沉，且八孔闸以下左右两堤达不到设计标准，1996—2002 年共投资 2721.6 万元，对左右两岸堤防、建筑物进行加固。

1996—1997 年，投资 751.87 万元（市投资 526.32 万元，区投资 225.55 万元）对龙凤河 4 座口门进行拆除重建（大、小高口灌排闸，小石庄涵闸，果汪庄涵闸），共复堤 7 段，总长 15.71 千米。其中包括左堤 4＋100～6＋800、10＋000～11＋500、13＋500～14＋100、19＋500～22＋700、25＋900～28＋025，右堤 9＋200～10＋700、25＋200～29＋285；对 10 座口门（渔场排闸、安武污涵闸、上马台涵闸、王污干涵闸、北五村进、出水闸、大辛庄进、出水闸、西安子进水闸、海空桥涵闸）进行了加固。

1998 年，天津市水利局、天津市财政局下发《关于下达一九九八年行洪河道除险加固工程第一批投资计划的通知》，下达武清县龙凤河水毁修复工程 9 项。其中复堤 4 项，口门加固 5 项，总投资 452.42 万元（市投资 271.92 万元，区投资 180.5 万元）。复堤工程包括右堤 10＋700～23，长 12.3 千米，按标准断面复堤，顶宽 5.5 米，边坡 1∶2，高程 5.97～5.76 米。左堤 9＋450～10、11＋500～13＋500、14＋100～19＋500 三段长 7.95 千米，按临时断面复堤，顶宽 5 米，边坡 1∶1.5，高程 5.98～5.82 米。口门加固工程包括东汪庄机排闸和前台泵站闸加固，小高口水站闸、汉百户泵站进水闸、齐庄进水闸维修。该工程于 1998 年 4 月开工，6 月 15 日竣工。共完成土方 26 万立方米，石方 1870 立方米，混凝土 322 立方米，安装闸门、启闭机 9 台套。

1999 年，天津市水利局、天津市财政局下发《关于下达 1999 年行洪河道除险加固工程第一批投资计划的通知》《关于下达 1999 年行洪河道除险加固工程第二批投资计划的通知》，下达武清县北京排污河除险加固工程项目 7 项，共投资 198.6 万元（市投资 155.11 万元，区投资 43.49 万元），完成韩村复堤 305 米，顶高程 12.3 米，顶宽 8 米，边坡 1∶3；甘桥水站东 1.5 千米复堤，顶高程 10.0 米，顶宽 6 米，边坡 1∶3；更新陈赵庄、前台、海空桥、泗村店水站闸门、启闭机 8 台套以及对十一孔分洪闸、大南宫闸等进行维修。

2001 年，天津市水利局、天津市财政局下发《关于下达 2001 年北京排污河治理工程投资计划的通知》，下达龙凤河治理工程投资 886 万元（市水利建设基金 443 万元、武清区自筹 443 万元），用于龙凤河右堤大南宫至京津公路 8.61 千米复堤及 19 座穿堤建筑物的重建、加固。项目包括右堤大南宫至京津公路段复堤 8.61 千米，堤顶高程 11.0（大南宫）～10.0 米（京津公路），顶宽 6 米，内外边坡 1∶3，完成筑堤土方 19.55 万立方米。穿堤建筑物 19 座，其中重建 7 座，维修加固 12 座，完成浆砌石3769立方米、混凝土及钢筋混凝土365立方米。

2002年，龙凤河堤顶路面工程。龙凤河右堤（大南宫至京津公路）7.7千米和龙河故道7.3千米，两段堤防于2000年及2001年完成了复堤整修工作，达到了设计标准。为满足防汛抢险需要，天津市水利局、天津市财政局下发《关于下达2002年武清区北京排污河右堤堤顶路面工程投资计划的通知》，下达工程总投资432.71万元（市水利局由银行贷款340万元，区自筹92.71万元），主要建设内容为新建沥青混凝土路面15千米，路面宽4米，路面两侧设排水槽。工程于2002年9月开工，11月底竣工。

（四）武清城区防洪圈工程

武清城区是全区政治、经济、文化的中心，城区内有武清开发区、逸仙科技园区、两军基地以及京山铁路、京津塘高速公路等，其经济总量占全区的80%。为保证城区内人民生命财产安全，2000年县政府决定启动修建城区防洪圈工程。城区防洪圈由龙凤河右堤（大南宫闸至京津公路）、龙凤河故道左堤（自大南宫闸到京山铁路）组成。2000年4月开工，2001年6月底前全部竣工。城区防洪圈防洪标准达到了50年一遇。该工程主要内容如下：

（1）龙凤河故道左堤复堤长7.3千米，设计堤顶高程10.03米，顶宽5米，边坡系数1：2，土方26.2万立方米，投资403.4万元。穿堤建筑物共11座，闸8座，其中维修加固5座（一支水站闸、进水闸，东南行水站机排闸、进水闸，三支节制闸），拆除重建3座（四、五、六支节制闸）；拆除封堵1处，新建生产桥2座（李楼、大南宫生产桥），投资218.15万元。该工程于2000年4月开工，10月底完工。

（2）龙凤河右堤复堤长8.65千米，设计堤顶高程10.03米，顶宽6米，边坡1：3，土方32.09万立方米。改造穿堤建筑物共12座（大南宫过堤管、绳南宫过堤管、揩南宫过堤管、后辛庄涵管2座、畦坦涵管、后河淤涵管、开发区涵管、大刘庄涵管2座、宋庄子过堤管、孔官屯过堤管），总投资886万元。该工程于2001年6月底完工。

（五）自筹工程

2008年北运河主槽改线及砌石护岸工程（右堤37+000～38+140），河道改线长度1140米，土方47万立方米，浆砌石0.46万立方米，区投资1182万元；2009年高王路穿永定河护路堤恢复工程（左堤9+100～9+287），护路堤堤身恢复长度187米，区投资132.19万元。

二、应急度汛

武清区应急度汛工程主要以防护境内4条一级河道和北水南调工程为主。1991—2010年应急度汛工程93项，总投资5440.39万元，重点建设项目见表6-1-55。

表 6-1-55

1991—2010 年应急度汛工程表

序号	年份	河系	工程名称	开竣工时间	工程投资/万元	主要工程量
1	1991	北京排污河	防潮闸维修工程	1991 年 4 月 15 日—5 月 30 日	10	防潮闸闸门整修 576 平方米
2			一级河道獾洞封堵	1991 年 4 月 1 日—5 月 1 日	3	獾洞封堵（右堤 61+200～63+500），48 处
3		永定河	护路堤灌浆（0+000～3+000）	1991 年 4 月 5 日—5 月 1 日	5	护路堤灌浆 3 千米
4			护路堤灌浆（3+000～6+000）	1991 年 5 月 5 日—6 月 5 日	4.6	护路堤灌浆 3 千米
5	1992	北运河	十一孔闸维修工程	1992 年 4 月 15 日—5 月 20 日	4	十一孔闸购置安装启闭机 2 台
6			獾洞封堵（43+500～45+100）	1992 年 5 月 1—25 日	1	獾洞封堵 15 处
7		北京排污河	大三庄除险加固工程	1992 年 4 月 15 日—5 月 20 日	4	浆砌石 150 立方米，土方 2050 立方米
8			十一孔闸维修工程	1992 年 4 月 20 日—6 月 1 日	22	十一孔闸启闭机购置安装 9 台套
9	1993	北运河	十一孔闸维修工程	1993 年 4 月 10 日—5 月 30 日	30	十一孔闸更换闸门 3 扇
10		永定河	河道堤防灌浆	1993 年 5 月 1—20 日	1	护路堤灌浆（6+000～6+600）
11	1994	永定河	河道堤防灌浆	1994 年 4 月 20 日—5 月 15 日	2	护路堤灌浆 1.5 千米（12+070～13+570）
12		青龙湾减河	马神庙后戗复堤	1994 年 4 月 15 日—5 月 20 日	15	浆砌石 300 立方米，土方 5000 立方米
13		北运河	十一孔闸维修工程	1994 年 5 月 10—20 日	35	十一孔闸更换闸门 4 扇
14	1995	永定河	护路堤灌浆工程	1995 年 4 月 20 日—5 月 10 日	3	护路堤灌浆（13+570～15+070），1.5 千米
15			护路堤灌浆工程	1995 年 4 月 1 日—5 月 30 日	10	护路堤灌浆（15+070～21+170），6.1 千米
16			泛区清障		20.3	
17		青龙湾减河	荒凌庄井柱坝工程	1995 年 4 月 15 日—5 月 15 日	30	土方开挖 3000 立方米，土方回填 2000 立方米，混凝土灌注桩 400 立方米
18			荒凌庄井柱坝工程	1995 年 5 月 15 日—6 月 15 日	30	土方开挖 3000 立方米，土方回填 2300 立方米，混凝土灌注桩 400 立方米

续表

序号	年份	河系	工程名称	开竣工时间	工程投资/万元	主要工程量
19	1995	青龙湾减河	荒凌庄抛石工程	1995年5月15—30日	3	荒凌庄抛石护险60米
20			荒凌庄顺水坝工程	1995年4月10日—5月20日	20	荒凌庄干砌石顺水坝8道，370米，石方1500立方米
21			獾洞处理	1995年5月1—30日	10	桩号（17＋500～21＋400），獾洞处理38处
22		北运河	十一孔闸维修工程	1995年4月1—30日	27	更换闸门3扇
23			十一孔闸维修工程	1995年4月30日—5月15日	10	更换闸门1扇
24			徐官屯闸维修工程	1995年4月10日—5月30日	10	徐官屯更换启闭机（2台套）
25			秦营闸维修工程	1995年5月30日—6月15日	28	浆砌石520立方米，土方4000立方米
26			导流闸护砌	1995年4月15日—5月15日	10	浆砌石320立方米，土方1500立方米
27			六孔闸维修工程	1995年5月15—30日	13.3	六孔闸涮漆360平方米
28	1996	永定河	獾洞处理	1996年5月10日—6月20日	13	右堤（20＋000～23＋700），48处
29	1997	龙凤河	北京排污河防潮闸下游土坝清除应急度汛工程	1997年6月1—15日	5	土方3470立方米
30			北京排污河西部防线津霸公路至北小堤应急度汛工程	1997年6月1—15日	7.5	桩号（0＋000～1＋000），土方4970立方米
31			北京排污河穿堤闸涵除险维修工程	1997年5月1日—6年1日	60.15	土方0.7万立方米，石方822立方米，混凝土14立方米
32		北运河	北运河西王庄险工护砌应急度汛工程	1997年5月1日—6月1日	30	土方0.55万立方米，石方963立方米
33		青龙湾减河	右堤丁庄险工加固工程	1997年4月15日—5月15日	64.18	土方1.24万立方米，石方945立方米

续表

序号	年份	河系	工程名称	开竣工时间	工程投资/万元	主要工程量
34	1998	龙凤河	右堤复堤工程	1998年5月1日—6月1日	183.07	桩号（10+700～23+000），土方273179立方米
35		北运河	西王庄闸维修加固	1998年5月15日—6月1日	22.05	土方560立方米，混凝土9.0立方米
36			筐儿港进水闸维修加固	1998年5月15日—6月1日	5.98	闸门、启闭机1台套
37			黄庄三眼闸维修加固	1998年5月15日—6月1日	21.35	闸门、启闭机3台套
38			霍屯险工修复	1998年5月1日—6月1日	78.61	土方15250立方米，砌石2668立方米
39			老米店闸门更新	1998年5月15日—6月1日	23.44	闸门6扇，混凝土31.1立方米
40		永定河	东洲闸维修		17.31	闸门2扇
41	1999	北运河	杨村险工护砌	1999年5月1日—7月15日	172.8	土方开挖11000立方米，土方回填8200立方米，浆砌石2476立方米
42			太平庄险工护砌	1999年5月1日—6月15日	86.7	土方开挖3900立方米，土方回填120立方米，浆砌石2222立方米
43	2000	北运河	北郑庄险工护砌	1999年5月17日—7月12日	214.29	土方22400立方米，砌石4064立方米
44		龙凤河	里老闸维修工程	1999年6月9日—7月13日	61.42	回填土280立方米、浆砌石508立方米、完成投资54.5万元
45	2000	龙凤河	杨宝公路桥下复堤工程	1999年6月13日—7月14日	35.8	土方开挖5580立方米，土方回填11346立方米
46		永定河	右堤管理段汛房建设	1999年9月28日—11月17日	40	168平方米
47	2001	青龙湾减河	荒凌庄井柱坝工程	2000年5月8日—6月14日	155.9	土方开挖2800立方米，土方回填3640立方米，混凝土373立方米

续表

序号	年份	河系	工程名称	开竣工时间	工程投资/万元	主要工程量
48	2001	北运河	北郑庄险工护砌二期	2000年2月14日—5月28日	264.6	土方开挖46140立方米，浆砌石4089立方米
49			六孔闸维修工程	2000年5月16日—6月11日	52.5	土方开挖800立方米，浆砌石458立方米
50			筐儿港险工护砌工程	2000年5月16日—6月18日	82.3	土方开挖6848立方米，土方回填315立方米，浆砌石1556立方米
51			大道张庄险工护砌工程	2000年5月18日—6月21日	182.7	土方开挖10866立方米，土方回填1570立方米，浆砌石4408立方米
52	2002	青龙湾减河	神机马坊薄堤段复堤工程	2000年4月10日—5月22日	129.6	土方49689立方米
53		北运河	小王庄应急度汛工程	2002年9月2日—10月2日	103	土方开挖5142立方米，土方回填1238立方米，浆砌石22778立方米
54		青龙湾减河	狼尔窝分洪闸前清淤工程	2002年11月17日—12月17日	29	清淤开挖22000立方米
55	2003	青龙湾减河	狼尔窝分洪闸溢洪道护砌工程	2003年9月7—22日	35	土方开挖7400立方米，浆砌石1076立方米
56	2004	北运河	九百户应急度汛工程	2004年9月1—30日	76	土方4910立方米，浆砌石1006立方米
57	2004	北运河	秦营闸及渠道改造工程	2004年4月18日—6月30日	770.48	土方13.816立方米；混凝土0.21万立方米；石方0.13万立方米
58	2005	北运河	八孔闸枢纽管理房重建工程	2004年8月30日—2005年4月30日	237.72	建筑面积2276平方米
59			筐儿港枢纽维修加固	2005年6月1—28日	30	土方3800立方米
60		青龙湾减河	堤顶硬化	2005年8月2—25日	65.08	桩号（8＋500～12＋500），三七灰土拌和碾压7200立方米
61		北运河	土城险工护砌	2005年9月1日—10月1日	50	土方4048立方米，浆砌石1803立方米

续表

序号	年份	河系	工程名称	开竣工时间	工程投资/万元	主要工程量
62	2006	青龙湾减河	吴打庄段应急度汛工程	2006年6月18日—7月30日	248.08	土方开挖3300立方米，土方回填6015立方米，混凝土灌注桩1200立方米
63	2006	龙凤河	闸涵维修工程	2006年8月—12月	525.16	16座闸涵维修
64	2007	青龙湾减河	堤顶硬化工程	2007年4月1—30日	87.86	桩号（12＋500～17＋500），三七灰土填筑9000立方米
65			堤顶硬化工程	2007年9月15日—10月15日	75.56	桩号（17＋500～21＋000），三七灰土填筑6300立方米
66		龙凤河	左堤复堤工程	2007年4月20日—5月20日	86.48	清基土方8242立方米，回填土方31490立方米
67		北运河	八孔闸枢纽导流渠护砌工程	2007年5月1—30日	71.87	挖土方3226立方米，回填土755立方米，石方1972立方米
68		永定河	左堤西辛庄段应急度汛工程	2007年8月1日—9月15日	164.64	土方开挖27449立方米，土方回填28964立方米
69	2008	龙凤河	大三庄节制闸维修工程	2008年3月1日—4月1日	12.9	盔甲电缆更新100米；钢筋混凝土24立方米；浆砌石
70			防潮闸维修工程	2008年4月18日—5月7日	10.51	启闭机罩制安12台；盔甲电缆更新120米；机架桥栏杆防腐140平方米
71		北运河	筐儿港分洪闸维修工程	2008年3月15日—4月15日	11.55	闸门除锈刷漆360平方米；启闭机罩除锈刷漆105平方米；浆砌石60立方米；钢管栏杆制安8吨；混凝土4立方米
72			筐儿港节制闸维修工程	2008年3月28日—4月28日	13.75	盔甲电缆更新120米；止水结构更新1.8吨；浆砌石160立方米；钢丝绳更新600米

续表

序号	年份	河系	工程名称	开竣工时间	工程投资/万元	主要工程量
73	2008	北运河	新三孔节制闸维修工程	2008年3月20日—4月18日	13.52	浆砌石120立方米；干砌石300立方米；盔甲电缆更新250米；钢丝绳更新300米
74	2008	龙凤河	右堤堤防维修加固	2008年8月25日—9月23日	38.43	桩号（19＋000～21＋000），回填土方14000立方米，堤肩修整2300立方米
75	2008	龙凤河	左堤堤顶整治	2008年8月25日—9月23日	14.94	桩号（41＋500～42＋800），回填土方5200立方米，土方压实5200立方米
76	2008	北运河	左堤堤防加固堤顶维修	2008年8月1—30日	21.28	桩号（23＋000～31＋000），回填土方8100立方米，土方压实8000立方米
77	2008	青龙湾减河	右堤堤防维修泥石路修补	2008年10月18日—11月23日	12.55	回填土方3600立方米，土方压实3600立方米
78	2009	北运河	新三孔节制闸维修工程	2009年10月23日—11月8日	19.91	止水结构更新0.4吨；钢丝绳更换1.8吨；混凝土修复8立方米
79	2009	龙凤河	节制闸维修工程	2009年5月1—30日	26.07	止水结构更新0.4吨；浆砌石30立方米；混凝土修复5立方米；闸门除锈刷漆300平方米
80	2009	龙凤河	十一孔闸维修工程	2009年5月1—30日	22.38	止水结构更新0.9吨；浆砌石修复30立方米；混凝土修复5立方米；闸门除锈刷漆560平方米
81	2009	一级河道	堤防闸涵巡更仪安装工程	2009年10月15日—11月10日	6	4条一级河道共安装25座
82	2009	北运河	左堤段堤防维修工程	2009年4月1—30日	21.49	桩号（23＋000～31＋000），堤顶整平2400立方米；堤肩养护土方980立方米
83	2009	龙凤河	左堤段堤防维护工程	2009年5月1—30日	20.18	桩号（29＋300～38＋500），堤顶整平1800立方米；堤肩养护土方1000立方米

续表

序号	年份	河系	工程名称	开竣工时间	工程投资/万元	主要工程量
84	2009	龙凤河	右堤段堤防维修工程	2009年10月15日—11月10日	21.49	桩号（41＋000～64＋900），堤顶整平2000立方米，堤肩养护土方1800立方米
85	2009	青龙湾减河	右堤段堤肩修整工程	2009年5月1—30日	60.84	桩号（8＋500～27＋660），堤顶整平5000立方米；堤肩养护土方1500立方米
86	2010		闸涵维修工程	2010年5月1日—6月1日	47.9	12座市管闸涵
87	2010	北运河	左堤维修养护工程	2010年1月1日—12月30日	3.37	桩号（0＋000～48＋137），养护长度48137米
88	2010	北运河	右堤维修养护工程	2010年1月1日—12月30日	4.09	桩号（0＋000～58＋450），养护长度58450米
89	2010	青龙湾减河	右堤维修养护工程	2010年1月1日—12月30日	1.8	桩号（5＋900～32＋260），养护长度26360米
90	2010	龙凤河	左堤维修养护工程	2010年1月1日—12月30日	3.7	桩号（0＋000～63＋400），养护长度63400米
91	2010	龙凤河	左堤维修养护工程	2010年1月1日—12月30日	0.2	桩号（66＋600～69＋850），养护长度3250米
92	2010	龙凤河	右堤维修养护工程	2010年1月1日—12月30日	3.89	桩号（0＋000～64＋900），养护长度64900米
93	2010	龙凤河	右堤维修养护工程	2010年1月1日—12月30日	0.27	桩号（67＋100～71＋600），养护长度4500米
合计					5440.39	

第二节 岁 修 工 程

岁修工程（2007年后改称小专项工程）包括堤防岁修和闸涵岁修。

一、堤防岁修工程

武清区堤防岁修工程主要是对境内的4条一级河道进行工程建设。1991—2006年堤防岁修工程共85项，投资204.78万元，重点建设项目见表6-2-56。

表6-2-56 **1991—2006年堤防岁修工程汇总表**

序号	年份	河系	工程地址及名称	开竣工时间	工程投资/万元	主要工程量养护长度（鼠洞封堵数）/千米（处）
1	1991	北运河、龙凤河、永定河、青龙湾减河	北运河左堤（0+000～18+000），龙凤河左堤（0+000～0+18+000），永定河护路堤（0+000～21+170），青龙湾减河右堤（5+900～32+260）堤顶、堤坡整平养护工程	1991年9月15日—10月15日	8.8	83.43
			北运河右堤（0+000～30+00），龙凤河右堤（28+000～58+000），永定河护路堤（0+000～21+170），青龙湾减河右堤（5+900～32+260）堤顶、堤坡整平养护工程	1991年9月1日—10月20日	11.2	104.53
2	1993	北运河、龙凤河、永定河、青龙湾减河	北运河左堤（18+000～28+000），龙凤河左堤（18+000～28+000），永定河护路堤（11+000～21+000），青龙湾减河右堤（5+900～32.260）堤顶、堤坡整平养护工程	1993年9月15日—10月15日	5.4	56.26

续表

序号	年份	河系	工程地址及名称	开竣工时间	工程投资/万元	主要工程量 养护长度（鼠洞封堵数）/千米（处）
3	1994	北运河、龙凤河、永定河、青龙湾减河	北运河左堤（20＋000～35＋000），龙凤河左堤（20＋000～35＋000），永定河护路堤（0＋000～15＋000），青龙湾减河右堤（5＋900～26＋000）堤顶、堤坡整平养护工程	1994年9月1日—10月5日	7	60.10
4	1995	北运河、龙凤河、永定河、青龙湾减河	北运河右堤（30＋000～50＋000），龙凤河右堤（30＋000～50＋000），永定河护路堤（5＋000～15＋000），青龙湾减河右堤（5＋900～15＋900）堤顶、堤坡整平养护工程	1995年9月15日—10月15日	7	60.00
5	1996	北运河、龙凤河、永定河、青龙湾减河	北运河左堤（28＋000～48＋000），龙凤河左堤（35＋000～55＋000），永定河护路堤（11＋000～21＋000），青龙湾减河右堤（15＋000～25＋000）堤顶、堤坡整平养护工程	1996年9月1—30日	7	60.00
6	1997	北运河、龙凤河、永定河、青龙湾减河	北运河右堤（0＋000～20＋000），龙凤河右堤(40＋000～60＋000)，永定河护路堤(0＋000～10＋000)，青龙湾减河右堤（22＋000～32＋000）堤顶、堤坡整平养护工程	1997年9月15日—10月20日	7	60.00
7	1998	龙凤河、永定河、青龙湾减河	龙凤河左堤（0＋000～68＋900）、右堤（0＋000～71＋600），永定河护路堤（0＋000～21＋170），青龙湾减河右堤（5＋900～32＋260）堤顶、堤坡整平养护工程	1998年4月1日—6月1日	15	188.03
		龙凤河	管理设施维修和建立工程	1998年4月15日—5月15日	2.5	公里桩139座

续表

序号	年份	河系	工程地址及名称	开竣工时间	工程投资/万元	主要工程量养护长度（鼠洞封堵数）/千米（处）
8	2000	青龙湾减河	右堤香武界至南口哨水站5+900～24+065段堤防养护工程	2000年4月1日—5月1日	2.72	18.16
		永定河	右堤八里桥至六合庄0+000～24+700段堤防养护工程	2000年5月1日—6月1日	3.71	24.70
			左堤落阀至老龙凤闸0+000～21+170段堤防养护工程	2000年5月1日—6月1日	3.18	21.17
			右堤八里桥至六合庄0+000～24+700段堤防养护工程	2000年5月1日—6月1日	2.51	16.72
		龙凤河	左堤小董庄至王三庄村东北66+600～69+850段堤防养护工程	2000年4月15日—5月15日	0.49	3.25
			右堤里老闸至东安47+800～64+900段堤防养护工程	2000年4月1日—5月1日	2.27	17.10
			右堤小董庄至韩盛庄水厂67+100～71+600段堤防养护工程	2000年5月1日—6月1日	0.61	4.50
		北运河	左堤老米店闸至武清北辰界38+037～43+087段堤防养护工程	2000年5月1日—6月1日	0.76	48.14
9	2001	青龙湾减河	右堤香武界至南口哨水站5+900～24+065段堤防养护工程	2001年4月1日—5月1日	2.72	18.17
			右堤24+065～32+260段堤防养护工程	2001年5月1日—6月1日	1.22	8.20
		永定河	左堤落阀至老龙凤闸0+000～21+170段堤防养护工程	2001年4月1日—5月1日	3.18	21.17

续表

序号	年份	河系	工程地址及名称	开竣工时间	工程投资/万元	主要工程量养护长度（鼠洞封堵数）/千米（处）
9	2001	永定河	右堤八里桥至六合庄0＋000～24＋700段堤防养护工程	2001年4月1日—5月1日	3.71	24.70
		龙凤河	左堤里老闸至东安46＋680～63＋400段堤防养护工程	2001年5月1日—6月1日	2.51	16.72
			左堤小董庄至王三庄村东北66＋600～69＋850段堤防养护工程	2001年5月1—15日	0.49	3.25
			右堤里老闸至东安47＋800～64＋900段堤防养护工程	2001年4月1—15日	2.57	17.10
			右堤小董庄至韩盛庄水厂67＋100～71＋600段堤防养护工程	2001年4月1—15日	0.61	4.50
			左堤36＋500～38＋700段堤防养护工程	2001年5月1—15日	0.33	2.20
			左堤43＋500～46＋500段堤防养护工程	2001年5月20日—6月1日	0.45	3.00
			左堤40＋800～41＋520段堤防养护工程	2001年6月1日—7月1日	0.11	0.72
		北运河	左堤老米店闸至武清北辰界38＋037～43＋087段堤防养护工程	2001年5月1日—6月1日	0.76	48.14
10	2002	青龙湾减河	坨泥寺、南口哨段獾窝鼠洞封堵工程	2002年4月1—10日	2.2	20处
		龙凤河	北商村、长屯、大南宫、前台、北五村段獾窝鼠洞封堵	2002年4月1—10日	3.1	30处
11	2003	龙凤河	左堤36＋500～41＋520段维修养护工程	2003年9月1—15日	0.75	5.02
			左堤43＋500～46＋500段维修养护工程	2003年9月1—15日	0.45	3.00
			左堤46＋680～63＋400段维修养护工程	2003年9月1—15日	2.51	16.72

续表

序号	年份	河系	工程地址及名称	开竣工时间	工程投资/万元	主要工程量养护长度（鼠洞封堵数）/千米（处）
11	2003	龙凤河	左堤小董庄至王三庄村东北66＋600～69＋850段维修养护工程	2003年9月15—30日	0.49	3.25
			右堤32＋700～41＋800段维修养护工程	2003年9月15—30日	1.37	9.10
			右堤47＋800～64＋900段维修养护工程	2003年9月15—30日	2.57	17.10
			右堤小董庄至韩盛庄水站67＋100～71＋600段维修养护工程	2003年9月1—15日	0.61	4.50
		北运河	左堤18＋500～22＋500段维修养护工程	2003年9月1—15日	0.6	4.00
			左堤南辛庄至薛庄29＋500～33＋500段维修养护工程	2003年9月15—30日	0.76	35.09
			右堤32＋000～51＋015段维修养护工程	2003年9月15—30日	2.85	19.02
			左堤南辛庄至薛庄29＋500～33＋500段维修养护工程	2003年9月15—30日	0.6	4.00
			左堤老米店闸至武清北辰界43＋087～48＋137段维修养护工程	2003年9月1—15日	0.76	5.05
			右堤三里屯至马家口51＋015～58＋450段维修养护工程	2003年9月15—30日	1.12	7.44
12	2004	北运河	左堤18＋500～22＋500段维修养护工程	2004年8月1日—9月1日	0.60	4.00
			左堤29＋500～33＋500段维修养护工程	2004年8月1—10日	0.60	4.00
			左堤38＋037～48＋137段维修养护工程	2004年8月1—15日	1.52	40.14
			右堤32＋000～58＋450段维修养护工程	2004年8月1—9月1日	3.97	26.45

续表

序号	年份	河系	工程地址及名称	开竣工时间	工程投资/万元	主要工程量养护长度（鼠洞封堵数）/千米（处）
12	2004	青龙湾减河	右堤5+900～32+260段维修养护工程	2004年8月1日—9月1日	3.95	26.36
		永定河	左堤落阀至老龙凤闸段维修养护工程	2004年8月1日—9月1日	3.18	21.17
			右堤0+000～24+700段维修养护工程	2004年8月1日—9月1日	3.71	24.70
		龙凤河	左堤36+500～41+520段维修养护工程	2004年8月1日—9月1日	0.75	5.02
			左堤43+500～46+500段维修养护工程	2004年8月1—10日	0.45	3.00
			左堤46+680～63+400段维修养护工程	2004年8月1日—9月1日	2.51	16.72
			左堤66+600～69+850段维修养护工程	2004年8月1—10日	0.49	3.25
			右堤32+700～41+800段维修养护工程	2004年8月1—15日	1.37	9.10
			右堤47+800～64+900段维修养护工程	2004年8月1日—9月1日	2.57	17.10
			右堤67+100～71+600段维修养护工程	2004年8月1—10日	0.61	4.50
13	2005	北运河	左堤18+500～22+500段维修养护工程	2005年9月1—15日	0.60	4.00
			左堤29+500～33+500段维修养护工程	2005年9月1—15日	0.60	4.00
			左堤38+037～48+137段维修养护工程	2005年10月1—15日	1.52	40.14
			右堤32+000～58+450段维修养护工程	2005年9月1—15日	3.97	26.45
		青龙湾减河	右堤5+900～32+260段维修养护工程	2005年9月1—15日	3.95	26.36

续表

序号	年份	河系	工程地址及名称	开竣工时间	工程投资/万元	主要工程量养护长度（鼠洞封堵数）/千米（处）
13	2005	永定河	左堤 0+000～21+170 段维修养护工程	2005 年 9 月 1—15 日	3.18	21.17
			右堤 0+000～24+700 段维修养护工程	2005 年 10 月 1—15 日	3.71	24.70
		龙凤河	左堤 36+500～41+520 段维修养护工程	2005 年 9 月 1—15 日	0.75	5.02
			左堤 43+500～46+500 段维修养护工程	2005 年 9 月 1 日—10 月 1 日	0.45	3.00
			左堤 46+680～63+400 段维修养护工程	2005 年 9 月 1—15 日	2.51	16.72
			左堤 66+600～69+850 段维修养护工程	2005 年 9 月 1—15 日	0.49	3.25
			右堤 32+700～41+800 段维修养护工程	2005 年 10 月 1—15 日	1.37	9.10
			右堤 47+800～64+900 段维修养护工程	2005 年 9 月 1—15 日	2.57	17.10
14	2006	青龙湾减河	右堤 5+900～32+260 段维修养护工程	2006 年 8 月 1 日—9 月 1 日	3.95	26.36
		永定河	左堤 0+000～21+170 段维修养护工程	2006 年 8 月 1 日—9 月 1 日	3.18	21.17
			右堤 0+000～24+700 段维修养护工程	2006 年 8 月 1 日—9 月 1 日	3.71	24.70
		龙凤河	左堤 36+500～41+520 段维修养护工程	2006 年 8 月 1—15 日	0.75	5.02
			左堤 43+500～46+500 段维修养护工程	2006 年 8 月 1—10 日	0.45	3.00
			左堤 46+680～63+400 段维修养护工程	2006 年 8 月 1 日—9 月 1 日	2.51	16.72
			左堤 66+600～69+850 段维修养护工程	2006 年 8 月 1—15 日	0.49	3.25

续表

序号	年份	河系	工程地址及名称	开竣工时间	工程投资/万元	主要工程量养护长度（鼠洞封堵数）/千米（处）
14	2006	龙凤河	右堤 32＋700～41＋800 段维修养护工程	2006 年 8 月 1 日—9 月 1 日	1.37	9.10
			右堤 47＋800～64＋900 段维修养护工程	2006 年 8 月 1—15 日	2.57	17.10
			右堤 67＋100～71＋600 段维修养护工程	2006 年 8 月 1—10 日	0.61	4.50
		北运河	左堤 18＋500～22＋500 段维修养护工程	2006 年 8 月 1 日—9 月 1 日	0.60	4.00
			左堤 29＋500～33＋500 段维修养护工程	2006 年 8 月 1—15 日	0.60	4.00
			左堤 38＋037～48＋137 段维修养护工程	2006 年 8 月 1 日—9 月 1 日	1.52	40.14
			右堤 32＋000～58＋450 段维修养护工程	2006 年 8 月 1—15 日	3.97	26.45

注　1998 年龙凤河筐儿港以上段公里桩建立，以下段公里桩补齐；2002 年青龙湾减河、龙凤河主要工程量分别为土方 2200 立方米、3100 立方米。

二、闸涵岁修工程

武清区闸涵岁修工程主要是对境内的 4 条一级河道的闸涵进行维修养护。1991—2010 年闸涵岁修工程按年度分共 12 项，总投资 111.14 万元，重点建设项目见表 6－2－57。

表 6－2－57　**1991—2010 年闸涵岁修工程汇总表**

序号	年份	河　系	工程名称	开竣工时间	工程投资/万元	主要工程量
1	1991	北运河、龙凤河、青龙湾减河	12 座市管闸涵正常维修养护工程	1991 年 5 月 1 日—6 月 1 日	3	市管闸涵维修养护 12 座
2	1992	北运河、龙凤河、青龙湾减河	12 座市管闸涵正常维修养护工程	1992 年 5 月 1 日—6 月 1 日	3	市管闸涵维修养护 12 座
3	1993	北运河、龙凤河、青龙湾减河	12 座市管闸涵正常维修养护工程	1993 年 5 月 1 日—6 月 1 日	3.5	市管闸涵维修养护 12 座
4	1994	北运河、龙凤河、青龙湾减河	12 座市管闸涵正常维修养护工程	1994 年 5 月 1 日—6 月 1 日	3.7	市管闸涵维修养护 12 座

续表

序号	年份	河系	工程名称	开竣工时间	工程投资/万元	主要工程量
5	1995	北运河、龙凤河、青龙湾减河	12座市管闸涵正常维修养护工程	1995年5月1日—6月1日	3.7	市管闸涵维修养护12座
6	1996	北运河、龙凤河、青龙湾减河	12座市管闸涵正常维修养护工程	1996年5月1日—6月1日	35.14	市管闸涵维修养护12座，更换盔甲电缆
7	1997	北运河、龙凤河、青龙湾减河	12座市管闸涵正常维修养护工程	1997年5月1日—6月1日	4.5	市管闸涵维修养护12座
8	1998	北运河、龙凤河、青龙湾减河	闸涵机电设备维修、保养工程	1998年5月1日—6月1日	7	市管闸涵12座
			狼尔窝分洪闸管理用房屋顶翻修工程		3.2	160平方米
			青龙湾狼尔窝分洪闸裹头砌石维修工程		1.1	土方72立方米，石方32立方米
9	2002	北运河、龙凤河、青龙湾减河	12座市管闸涵正常维修养护工程	2002年4月1日—5月15日	4.8	市管闸涵维修养护12座
		永定河	永定河管理段汛房维修工程	2002年4月1日—5月15日	6.8	建筑面积130平方米，维修7间
		北运河	北运河管理段汛房屋顶维修工程	2002年4月15日—5月10日	2.4	130平方米
		青龙湾减河	青龙湾减河狼尔窝分洪闸工作桥、交通桥栏杆更换工程	2002年4月15日—5月10日	1.6	青龙湾减河狼尔窝分洪闸工作桥、交通桥栏杆更换
10	2003	龙凤河	龙凤河大南宫汛房翻建工程	2003年4月15日—6月15日	12.7	大南宫闸汛房翻建5间100平方米，厕所、配电室各15平方米
11	2004	北运河	老米店汛房拆除重建工程	2004年5月1日—6月15日	8.5	房屋5间，100平方米
12	2005	北运河	北运河三孔、六孔、十一孔闸更换盔甲电缆工程	2005年9月1日—10月1日	6.5	三孔、六孔、十一孔闸更换盔甲电缆

第三节　橡胶坝工程

1991—2010年橡胶坝工程共完成8项，完成投资2963.13万元，见表6-3-58。

表6-3-58　**1991—2010年武清区橡胶坝工程投资汇总表**

序号	工程名称	建设年份	总投资/万元
1	蒙村橡胶坝	1991	188.13
2	西安子橡胶坝	1996	380.00
3	小韩村橡胶坝	2000	110.00
4	新房子橡胶坝	2005	301.00
5	马道桥橡胶坝	2006	710.00
6	前进桥橡胶坝	2006	346.00
7	八孔闸橡胶坝	2008	521.00
8	南蔡村橡胶坝	2008	407.00
合计			2963.13

一、蒙村橡胶坝

蒙村橡胶坝位于北运河上游，大孟庄乡蒙村店村以东，双树乡辛庄扬水站西侧，是武清县境内修建的第一座橡胶坝，又称大良镇辛庄橡胶坝，该坝坐落在两村中间的北运河主河槽上。1991年4月，经天津市水利局批准，兴建北运河蒙村橡胶坝1座，总投资188.13万元，其中市补91.57万元，县自筹96.56万元。1991年4月18日破土动工，8月14日主体工程完工。工程采用双锚固充水式斜坡结构挡水坝，坝长52米，坝底40米，底高程7.0米，高3米，采用“二布二胶”的尼龙坝袋，1992年5月通过市水利局验收。该工程是武清县“八五”水利规划重点建设工程，工程完工后可使北运河实现梯级蓄水，武清县港北地区下伍旗、河北屯、双树、大良、后巷5个乡镇8600多公顷农田受益。设计蓄水能力达到421万立方米，其中主河槽蓄水170万立方米、黄沙河136万立方米、柳河107万立方米、旗良渠8万立方米。

二、西安子橡胶坝

西安子橡胶坝位于龙凤河狼尔窝引河退水闸下游西安子村北（桩号65＋100），总投资380万元，其中国补152万元，自筹228万元。橡胶坝底板高程0.0米，坝高3米，坝底长52米，顶长72米，坝袋采用斜坡岸墙式螺栓锚固，栈桥高程6.0米。工程于1996年5月12日开工，1997年6月底竣工，是武清县“大黄堡洼地区低荒资源农业综合开发”项目中的重要工程，是连接大黄堡洼和运东地区的纽带，可通过橡胶坝将青龙湾减河汛后洪水和大黄堡洼退蓄水输送到运东及上马台水库，还可将上马台水库水源输送到大黄堡，增加上马台水库蓄水保证率，扩大大黄堡地区灌溉效益。附属工程有管理房81平方米，泵房18平方米，栈桥1座、长130米；机井和水塔1座，输变电线路3.2千米。

三、小韩村橡胶坝

小韩村橡胶坝工程位于凤河西支小韩村闸上白古屯乡小韩村村北，总投资110万元，为区自筹。坝体采用斜坡岸墙式螺栓锚固溢流挡水，坝高3米，坝长47.7米，底板高程6.3米，顶高程9.3米，采用双点锚固形式。工程于2000年3月15日开工，6月10日竣工。建成后保障城关地区大王古庄镇2330公顷、城关镇333.33公顷、白古屯乡833.33公顷农田的灌溉用水，改善白古屯乡766.67公顷、城关333.33公顷农田灌溉面积。

四、新房子橡胶坝

新房子橡胶坝位于白古屯镇新房子村北，龙凤河西支上。总投资301万元，其中市级补助150万元，区自筹151万元。坝体结构采用斜坡式，为“二布三胶”8毫米厚充水坝袋，坝底板高程5.2米，坝顶8.2米，挡水3米，坝长48米。工程于2005年5月16日开工，8月18日竣工，是武清区沿龙凤河两岸地区共6个乡镇的蓄水工程，该地区地势较高，多年来水源缺乏，而龙凤河从里老闸至大南宫闸29千米，中间无一节制工程，其中里老闸底设计高程7.2米，当大南宫闸蓄水位达到6.5米时，新房子处只有1.3米水深，不能充分利用河道蓄水。该工程建成后，可实现龙凤河梯级蓄水，一次可增加蓄水275万立方米，并通过调剂引蓄可达2000万立方米，用于解决京津公路两侧和城关地区农业和生态水源。

五、马道桥橡胶坝

马道桥橡胶坝位于龙凤河京津高速二线桥下游200米处，总投资710万元，其中市水利建设基金200万元，区自筹510万元。工程于2006年3月15日开工，6月30日竣工。该坝为双锚固线充水式单向运用斜坡式橡胶坝，坝上正常蓄水位为6.0米，坝高为4.0米，坝顶长度74米。附属工程有管理所办公用房建筑面积为200平方米，管理所院内设150米深水井1眼，混凝土路140米。该坝提高了龙凤河城区段调蓄能力，实现雨洪资源化，抬高水位，增加水面宽度，为城区创造了一个美丽、清新、怡人的滨河环境，以满足城镇居民休闲、观光、旅游的需求，同时为龙凤河八孔闸节点的综合开发起到积极促进作用。

六、前进桥橡胶坝

前进桥橡胶坝位于北运河前进桥下游主河槽1千米处。总投资346万元，其中市级补助100万元、区自筹246万元。工程于2006年6月25日开工，9月30日完工。坝体采用枕式螺栓双锚固直墙型式，为充水坝袋。坝底板高程2.8米，挡水3米，坝顶5.8米，坝长57米，附属工程有新打机井1眼（300米深），管理房360平方米。武清区自2002年启动北运河水环境治理工程以来，先后完成北运河双龙公园及北运河一、二期京津公路桥至京津塘高速路桥治理工程，为提高北运河城区段河道蓄水保证率，使景观水位达到5.5米，充分发挥北运河城区段的景观效果。

七、八孔闸橡胶坝

八孔闸橡胶坝位于北运河六孔闸下游，龙凤河十一孔闸与六孔闸南侧50米处。总投资521万元，其中市水利建设基金180万元，区自筹341万元。橡胶坝采用双向挡水枕式充水橡胶坝，坝长57米，坝顶高程7.5米，底板高程3.5米，挡水高度4米。工程于2008年3月15日开工，6月15日竣工。根据武清城区总体规划，武清区已将城区段北运河规划治理为景观河道。由于北运河与龙凤河在八孔闸枢纽处平交，当龙凤河排放的污水流量超过穿北运河的倒虹吸设计过流50立方米每秒，污水将流入北运河城区段，使城区水质受到污染，达不到设计的景观效果；当龙凤河排放洪沥水时，部分洪水进入北运河城区段，会增加城区防洪的压力。因此，为防止龙凤河雨污水进入城区，确保雨污水直接通过十一孔分洪闸下泄，维持城区良好的生态环境，新建此橡胶坝。

八、南蔡村橡胶坝

南蔡村橡胶坝位于南蔡村镇定福庄村东北运河主河槽上，总投资407万元，为区自筹，工程于2008年5月开工，8月底竣工。该坝为双锚固充水式单向斜坡橡胶坝，坝顶高程8.3米，底板5.3米，最大挡水高度3.0米，坝长59.8米。其主要功能是解决京津公路两侧南蔡村、大孟庄两镇3.87千公顷农田用水困难和水环境问题，该项目的建设实现了北运河梯级蓄水，减少地下水的消耗量，改善农业种植结构，有利于旅游事业和经济发展。

第四节 扬水泵站工程

1957年武清县建成第一座北夹道扬水站，至2010年，共有大、中、小型扬水站点1032座，其中国有国管扬水站25座、国有乡管扬水站18座、乡有乡管扬水站319座、乡村管固定扬水点670座。总设计排灌能力达到784.25立方米每秒，其中国有国管扬水站359.0立方米每秒、国有乡管扬水站84.28立方米每秒、乡有乡管扬水站218.6立方米每秒、乡有乡管扬水点122.37立方米每秒。全区扬水站担负着境内1312.05平方千米的土地面积排灌任务，为武清区工、农业增长和水环境的提升发挥了巨大的作用。由于各级扬水站大多数建于20世纪60、70年代，经长期运行，工程老化失修严重，泵站不能正常运行，保障能力下降。到80年代后期问题逐渐显露。1991—2010年，区水务局根据《农村国有扬水站更新改造专项规划》，先后对国有国管扬水站新建2座，报废1座，更新改造9座，维修加固23座，对国有乡管站报废1座，更新改造2座。

一、国有国管扬水站

（一）新建国有国管扬水站

上马台水库泵站建于1994年，坐落在上马台水库西围堤，设计流量21立方米每秒，安装7台水泵，立式轴流泵，单机280千瓦，总装机1960千瓦。2009年该泵站进行了更新改造，更新水泵7台套，总功率未变，更新节能变压器1台，站前闸、前池、进水闸及主付厂房全部进行了更新。该工程投资包含在上马台水库工程建设总投资中。

五支泵站建于1999年，位于永定河右堤、黄王公路东侧，与黄花店扬水站相距约500米，设计流量4立方米每秒，为灌溉泵站，解决了武清县路南地区3.67千公顷农田灌溉问题，为该片区农业的丰产、丰收奠定了基础。工程为区粮食自给工程项目，4月动工，8月竣工，投资340万元。

（二）报废国有国管扬水站

郑楼扬水站建于1964年，位于北运河右岸、京津公路东侧，设计流量1.2立方米每秒。经多年运用，土建及机电设备均已老化，不能运用。南夹道扬水站建成以后，与北夹道、北郑庄扬水站三站联合运用，承担了郑楼扬水站的受益范围，1991年，郑楼扬水站废弃，2000年拆除，仅存1座自排闸。

（三）更新改造国有国管扬水站

王三庄扬水站建于1975年，位于王三庄村南、龙凤河右岸，设计流量20立方米每秒。1991年9月更新改造，更新机泵10台套，改造后设计流量24立方米每秒，维修了机排闸和宿办室，总投资148.7万元（市级拨款50%，区自筹50%）。工程于翌年6月竣工。

庞艾扬水站建于1961年，位于庞艾村东、永定河增产堤上，设计流量1.6立方米每秒。1999年4月拆除重建，更新为潜水轴流泵2台，设计流量2.4立方米每秒。该工程为区粮食自给工程项目，8月底竣工，总投资120万元。

拾梅扬水站建于1974年，位于大高口村东北、龙凤河右岸、津围公路西侧。1999年更新机泵12台套，设计流量25.2立方米每秒，更新开关柜17面、1250千伏安变压器2台和站前闸，主付厂房上顶，门窗更新，恢复了该站原设计能力。总投资634万元（市级拨款50%，区自筹50%），其中机电设备及安装费用506万元、土建工程施工费用128万元。工程于1999年汛后开始施工，翌年6月竣工。

陈赵庄扬水站建于1977年，位于陈赵庄村南、龙凤河左岸，设计流量20立方米每秒。2000年3月更新改造，更新机泵10台套，设计流量24立方米每秒，更新开关柜15面、宿办室维修7间、柳河进水闸门更新改造3孔、狼尔窝进水闸门更新2面，修建进水池墙、主副厂房上顶门窗，提高了该站原设计能力。总投资527万元（市级补助50%，区自筹50%）。工程于汛前竣工生效。

大谋屯扬水站建于1979年，位于大谋屯村南、龙河左岸，设计流量14立方米每秒。2002年，更新机泵7台套，设计流量16.8立方米每秒，更新开关柜10面、50千伏安变压器1台、1800千伏安变压器1台，副厂房拆除重建，主厂房上顶、门窗拆除重建，增建电容室2间，机泵梁和进出水闸更新，宿办室维修加固等，提高了该站原设计能力。工程投资566万元（市级补助50%，区自筹50%）。4月动工，翌年6月完工。

北夹道扬水站建于1957年，位于夹道村南、北运河右岸。1965年拆除重建，设计流量4立方米每秒，5台卧式机组。2009年7月拆除重建，原卧式泵改为立式轴流泵，重建4台机组，规模为10立方米每秒。工程总投资1134.51万元，其中市水利建设基金453.8万元，武清区自筹680.71万元。12月31日竣工。工程由河北省水利水电勘测设计研究院设计，武清区水利建筑工程公司承建，天津市金帆工程建设监理有限公司负责监理。

洪庄子扬水站建于1959年，位于大碱厂镇洪庄子村东、筐儿港新北堤上，设计流量20立方米每秒。2009年9月原址拆除重建，新建站前涵闸、前池、进水池、主厂房、副厂房、出水管道、出水池及出水涵闸等建筑物，安装8台机组，总装机容量1480千瓦。设计流量25立方米每秒，设计扬程3.7米，排涝标准为10年一遇，建筑面积700平方米。作为国家拉动内需工程，该工程总投资3601.31万元（中央预算内投资1185万元、市级资金615万元、区自筹1801.31万元）。该工程设计单位为河北省水利水电勘测设计研究院，武清区水利建筑工程公司为施工单位，天津市金帆工程建设监理有限公司为监理单位。工程于翌年6月竣工生效。

东汪庄扬水站原建于1976年，位于大黄堡乡东汪庄村南，设计流量16立方米每秒。1989年经天津市水利局批准，进行机电设备更新改造，设计流量19.2立方米每秒。2010年12月拆除重建，包括主副厂房、站前闸、进水池、出水池、立交涵闸、穿堤涵闸及其他功能闸涵等项工程。安装立式轴流泵8台套，恢复了该站原设计能力，总装机容量1480千瓦。工程投资2131.02万元（其中中央投资696万元，市级补助370万元，区级配套1065.02万元）。由河北省水利水电勘测设计研究院设计、武清区水利建筑工程公司承建，翌年6月竣工。

1991—2010年国有国管扬水站更新改造工程见表6-4-59。

（四）维修加固国有国管扬水站

泗村店扬水站建于1963年，位于齐东营村南、龙凤河右堤，设计流量18立方米每秒。1989年，经天津市水利局批准，进行机电设备更新改造，设计流量16.8立方米每秒，投资114万元，为单排站。该扬水站主要担负城关地区、泗村大洼等除涝任务，受益范围为龙河以北、龙凤河以西、三干以东、廊良路以南，排水面积7.17千公顷。2007年，更新厂房上顶及门窗、拦污栅，对进水池及泵室清淤。

高坑扬水站建于1975年，位于高坑村西南、筐儿港新北堤上，设计流量26立方米每秒，是武清最大排灌两用站，受益范围为柳河、杨武排干以西，青龙湾减河以南，旗良排渠、黄沙河以东，筐儿港北堤以北地区。泵站引大黄堡洼水经扬水站立交涵洞导入柳河，灌两岸农田，排水面积9.33千公顷，灌溉面积3.33千公顷。该扬水站因1976年地震的影响，1977年进行了抗震加固。1980年，经天津市水利局批准，进行设备更新改造，设计流量31.2立方米每秒。2005年，将厂房、宿办室屋顶进行了改造。

表 6-4-59　**1991—2010 年国有国管扬水站更新改造工程表**

<table>
<tr><th>年份</th><th>泵站名称</th><th>改造内容及规模</th><th>机泵台数</th><th>改造前流量/立方米每秒</th><th>改造后流量/立方米每秒</th><th>总投资/万元</th><th>国补/万元</th><th>市补/万元</th><th>区自筹/万元</th><th>开竣工日期</th></tr>
<tr><td>1992</td><td>王三庄</td><td>更新机泵 10 台，机排闸和宿办室维修加固</td><td>10</td><td>20.0</td><td>24.0</td><td>148.70</td><td>0</td><td>74.35</td><td>74.35</td><td>9 月至翌年 6 月</td></tr>
<tr><td rowspan="3">1999</td><td>庞艾</td><td>拆除重建，更新潜水轴流泵 2 台</td><td>2</td><td>1.6</td><td>2.4</td><td>120.00</td><td>0</td><td>0</td><td>120</td><td>4—8 月</td></tr>
<tr><td rowspan="2">拾梅</td><td rowspan="2">更新机泵 12 台套、开关柜 17 面、1250 千伏安变压器 2 台、站前闸、主付厂房上顶、门窗等</td><td>8</td><td>16.0</td><td>19.2</td><td rowspan="2">634.00</td><td rowspan="2">0</td><td rowspan="2">317</td><td rowspan="2">317</td><td rowspan="2">9 月至翌年 6 月</td></tr>
<tr><td>4</td><td>5.4</td><td>6.0</td></tr>
<tr><td>2000</td><td>陈赵庄</td><td>更新机泵 10 台套、开关柜 15 面、进水池墙、主付厂房上顶门窗、宿办室维修 7 间、柳河进水闸门 3 孔、狼尔窝进水闸闸门 2 面等</td><td>10</td><td>20.0</td><td>24.0</td><td>527.00</td><td>0</td><td>263.5</td><td>263.5</td><td>3 月至汛前</td></tr>
<tr><td>2002</td><td>大谋屯</td><td>更新机泵 7 台套、开关柜 10 面、50 千伏安变压器 1 台、1800 千伏安变压器 1 台，主付厂房屋顶拆除重建、增建电容室 2 间，出水闸 1 座</td><td>7</td><td>14.0</td><td>16.8</td><td>566.00</td><td>0</td><td>283</td><td>283</td><td>4—6 月</td></tr>
<tr><td rowspan="2">2009</td><td>北夹道</td><td>拆除重建，原卧式泵 5 台改为立式轴流泵 4 台，重建 4 台机组</td><td>4</td><td>4.0</td><td>10.0</td><td>1134.51</td><td>0</td><td>453.8</td><td>680.71</td><td>7—12 月</td></tr>
<tr><td>洪庄子</td><td>原址拆除新建站前涵闸、前池、进水池、主厂房、副厂房、出水管道、出水池及出水涵闸等建筑物，原卧式泵 10 台改为立式泵 8 台，总装机容量 1480 千瓦</td><td>8</td><td>20.0</td><td>25.0</td><td>3601.31</td><td>1185</td><td>615</td><td>1801.31</td><td>9 月至翌年 6 月</td></tr>
<tr><td>2010</td><td>东汪庄</td><td>更新改造，包括主副厂房、站前闸、进水池、出水池、立交涵闸、穿堤涵闸及其立交涵闸、穿堤涵闸及其他功能闸涵等项工程</td><td>8</td><td>16.0</td><td>19.2</td><td>2131.02</td><td>696</td><td>370</td><td>1065.02</td><td>12 月至翌年 6 月</td></tr>
<tr><td colspan="2">合计</td><td></td><td></td><td></td><td></td><td>8862.54</td><td>1881</td><td>2376.65</td><td>4604.89</td><td></td></tr>
</table>

小谋屯扬水站建于1974年，位于小谋屯村东、龙河左岸，设计流量20立方米每秒。1990年，经天津市水利局批准进行设备更新改造，设计流量24立方米每秒。系排灌两用站，排水范围为中干以西、龙凤河以南、龙北新河以东地区、龙河以北，排水面积5.54千公顷、灌溉面积1千公顷。2005年，更新了厂房屋顶、门窗。2010年，进行了副厂房上顶防水层更新。

北郑庄扬水站建于1959年，位于北郑庄村北、京津公路西侧。设计流量10立方米每秒，担负夹道洼排水任务。建成后与南夹道扬水站联合应用，承担四支以北到京津塘一线以南地区排水任务，总排涝面积约1千公顷，无灌溉任务。1986年，经天津市水利局批准，进行机电设备更新改造，设计流量12立方米每秒。2000年，更新了出水闸门。2006年，分二期完成主副厂房屋顶、门窗、闸门更新和出水池及渠道改造。2010年，进行机电设备维修，并更换部分零件。

甘桥扬水站建于1956年，位于龙凤河左堤、甘桥村东。1960年，经天津市水利局批准进行拆除重建，重建后设计流量8立方米每秒，结构为卧式900泵4台套。1977年，进行了震后修复，受益范围为龙凤河以北、京津公路以西、北起大孟庄及龙凤河以东到京津公路的狭长地带。排涝面积为5.33千公顷，1996年进行进水闸门更新。

黄花店扬水站建于1977年，位于黄花店村南、永定河右岸、黄王公路东侧，设计流量6.4立方米每秒，系排灌两用站。受益范围为石各庄及大寨渠以北、安武排干以东、原老四支以西、永定河以南地区。此站为废除临时泵站，原址重建，是武清县北水南调途径之一。排涝面积1.93千公顷，灌溉面积6千公顷。1994年进行了站前闸改造、闸门及启闭机更新工程。

拾梅扬水站建于1974年，位于大高口村东北、龙凤河右岸、津围公路西侧，设计流量5.4立方米每秒，系排灌两用站。1979年，老拾梅扬水站东侧又进行扩建，为现在的拾梅扬水站，流量为16立方米每秒，与原站并用，将梅厂以西沥水改入拾梅站排入龙凤河，总流量21.4立方米每秒，受益范围为龙凤河以南、津蓟铁路以东、拾梅引渠以西、杨北公路以北地区，新老两座扬水站总排水面积6.8千公顷，灌溉面积2.67千公顷。1996年进行了机排闸门更新。2008年进行了围墙整修粉刷和地面硬化。

陈赵庄扬水站建于1977年，位于陈赵庄村南、龙凤河左岸、黄王公路东侧，设计流量20立方米每秒，系排灌两用站，受益范围为柳河排干以东、筐儿港新北堤以南、大尔路以西、龙凤河以北地区，既可排涝又可引龙凤河水灌溉。排水面积1.94千公顷，灌溉面积4千公顷。1996年进行了柳河闸门和狼尔窝引河退水闸门更新。2007年进行部分拦污栅更换。

东肖庄扬水站原建于1966年，位于东肖庄村南、永定河右岸，设计流量12立方米每秒，原系单排站，1973年增建枢纽闸故改为排灌两用站，受益范围为永定河以南、增产堤以西、中泓故道以北、石各庄村以东地区。因本区域在四干渠的东端增产堤上有2孔闸1座，受安次县客水的影响，且排水能力有限，故修建此站，该站能引排永定河。排水面积10千公顷，灌溉面积2千公顷。1977年进行了抗震加固，设备有卧式900泵6台套。1996年进行了机排闸门更新。1998年进行了自排闸门、机排闸门更新，翌年完工。2006年进行了厂房屋顶防水、门窗和宿办室更新工程。

南排干扬水站建于1980年，位于东肖庄村东南、南排干渠出口处、永定河增产堤右岸，设计流量16立方米每秒，系单排站。受益范围为四支以东、南排干渠两侧、陈嘴斜排以南、增产堤以西地区。此站与东肖庄扬水站联合使用，提高永南地区的排涝标准，排水面积5.5千公顷。1996年进行了自排闸门更新，1998年进行了机排闸门、自排闸门更新工程，翌年完工。2005年进行了厂房屋顶及门窗维修工程。2007年进行了避雷器更新。

洪庄子扬水站建于1959年，位于大碱厂镇洪庄子村东、筐儿港新北堤，设计流量20立方米每秒，系排灌两用站。该站主要是排除港北堤以北、北运河以东大碱厂和后巷等地沥水并可引用大黄堡洼滞洪区蓄水，灌港北南部地区。1966年，改排入龙凤河，排水面积18.91千公顷，灌溉面积5.47千公顷。1996年进行了出水闸门更新工程。

王三庄扬水站建于1975年，位于王三庄村东南、龙凤河右岸，设计流量20立方米每秒。该扬水站受1976年地震的影响，1977年主厂房进行了震后修复加固，系排灌两用站。受益范围为津围公路以东、杨北公路以北、龙凤河以西、龙凤河以西以南地区。排水面积3.07千公顷，灌溉面积666.67公顷。1997年进行了机排闸更新。2006年进行了厂房屋顶防水、门窗和宿办室更新。2007年进行了拦污栅更新并对泵室进行清淤改造。

东汪庄扬水站建于1976年，位于东汪庄村南、龙凤河左岸、黄沙河排干渠下游，设计流量16立方米每秒，系排灌两用站。受益范围为蔡各庄闸至下游。可排黄沙河两侧的沥水、大黄堡洼鱼苇区退水。除涝面积7.13千公顷，灌溉面积2.8千公顷。1998年进行了机排闸改造、闸门更新工程。2005年将厂房屋顶及门窗进行维修。2006年进行了厂房屋顶防水、门窗修补，宿办室进行了维修加固。2010年，汛前进行了机电设备维修，更换了部分零件。

东洲扬水站（曾用名东州扬水站）建于1965年，位于东洲村西永定河护路堤上，设计流量8.0立方米每秒，系排灌两用站（已改为单排站）。受益范围为高场洼、永定河泛区部分地区，灌溉泛区和永南部分地区，引水于龙凤河故道，排涝面积6.67千公顷，灌溉面积6.67千公顷。1998年进行了机排闸除险加固工程。2010年进行了机电设备维修，更换部分零件工程。

南夹道扬水站建于1981年，位于夹道村南、北运河右岸，靠近京津铁路，设计流量8立方米每秒。该扬水站主要与北夹道扬水站联合使用，设备有立式900泵4台套，受益范围参照北夹道扬水站。1998 年，新建宿办楼，建筑面积 310 平方米。2000 年，进行了机排闸门更新。2004 年进行了厂房上顶、门窗、进水闸、拦污栅更新，前池及泵室清淤等工程。2005 年进行了 4 台水泵大修及站前闸、连接闸等维修工程。2007 年将开关柜更新。2010 年进行了站前闸启闭机更新。

辛庄扬水站建于 1979 年，位于辛庄村北、蒙村村南、北运河左岸，设计流量 10 立方米每秒，系单排站。受益范围为北运河以东、孟良路以北、王庄干渠以南、黄沙河以西，就近排入北运河，排水面积 2.99 千公顷。2000 年进行了自排闸门更新。2007 年进行了避雷器更新。2010 年进行了机电设备维修，更换了部分零件。

北夹道扬水站建于 1957 年，位于夹道村南、北运河右岸，该站因排涝能力小，1965 年拆除重建，设计流量 4 立方米每秒，具有排灌两用能力，引排北运河水。受益范围为北运河以西、京山铁路以北、龙凤河故道以东、龙凤河以南地区，排水面积 3.4 千公顷，灌溉面积 2.67 千公顷。2000 年进行了机排闸门更新、自排闸拆除重建工程。

五支扬水站建于 1999 年，位于永定河右堤、黄花店扬水站东约 500 米，设计流量 4 立方米每秒，为灌溉泵站。担负着武清县路南地区 3.67 千公顷农田灌溉任务，2005 年进行了 2 台机组大修。

茨州扬水站建于 1979 年，位于茨州村西南、永定河前卫埝北侧，设计流量 8 立方米每秒，系排灌两用站。受益范围为永定河前卫埝以北、眷营闸以东、永定河护路堤以南、东洲扬水站以西地区。在灌溉上利用该站一级提水送到陈嘴三支扬水站、黄花店扬水站。排水面积 2.4 千公顷，灌溉面积 5.33 千公顷。2006 年进行了厂房屋顶防水、门窗和宿办室更新。2007 年进行了部分拦污栅更新。

耿庄扬水站建于 1978 年，位于耿庄村东、龙凤河右岸，设计流量 6 立方米每秒，系单排站。受益范围为龙凤河以西、廊良路以北、新房子引水渠以南、城关中干渠以东，排水面积 3.47 千公顷。2006 年进行了厂房屋顶防水、门窗和宿办室更新。2010 年进行了机电设备维修，更换了部分零件。

大谋屯扬水站建于 1979 年，位于大谋屯村南、龙河左岸，设计流量 14 立方米每秒，系单排站。受益范围为四干以西、凤河西支以南、城关镇域三干渠及龙北新河以东、龙河以北地区，同时还可分担城关部分地区排水，提高了本地区的除涝标准，排水面积 5.33 千公顷。2010 年进行了厂房上顶防水层修补。

大宫城扬水站建于 1979 年，位于大宫城村东南、筐儿港堤北侧，设计流量 6 立方米每秒，系单排站。受益范围为筐儿港堤以北、黄沙河以东、柳河排干以西地区，排水面积 1.67 千公顷，排于鱼苇区内。2007 年进行了北侧院墙更新工程。

庞艾扬水站建于 1961 年，位于庞艾村东北永定河增产堤，设计流量 1.6 立方米每秒，系单排站。受益范围为增产堤以西以南、黄庄斜排渠以北、104 国道以东地区，排涝面积 333.33 公顷。1998 年自排闸更新。

1994—2010 年国有扬水站维修加固工程见表 6-4-60。

表 6-4-60 **1994—2010 年国有扬水站维修加固工程表**

<table>
<tr><th>年份</th><th>泵站名称</th><th>改造内容及规模</th><th>投资/万元</th><th>开竣工时间</th><th>备注</th></tr>
<tr><td>1994</td><td>黄花店</td><td>站前闸维修改造，闸门及启闭机更新</td><td>10</td><td>3—6 月</td><td></td></tr>
<tr><td rowspan="6">1996</td><td>甘桥</td><td>机排闸更新、自排闸门更新</td><td rowspan="6">141</td><td rowspan="6">1995 年 3 月—1996 年 6 月</td><td rowspan="6">国有扬水站防洪工程</td></tr>
<tr><td>拾梅</td><td>机排闸门更新</td></tr>
<tr><td>陈赵庄</td><td>柳河闸门更新、狼尔窝引河退水闸门更新</td></tr>
<tr><td>东肖庄</td><td>机排闸门更新</td></tr>
<tr><td>南排干</td><td>自排闸门更新</td></tr>
<tr><td>洪庄子</td><td>出水闸门更新</td></tr>
<tr><td>1997</td><td>王三庄</td><td>机排闸更新</td><td>65</td><td>3—7 月</td><td></td></tr>
<tr><td rowspan="6">1998</td><td>东汪庄</td><td>机排闸改造、闸门更新</td><td>45.83</td><td>3 月</td><td></td></tr>
<tr><td>东洲</td><td>机排闸除险加固</td><td></td><td>4—6 月</td><td></td></tr>
<tr><td>南夹道</td><td>新建宿办楼，建筑面积 310 平方米</td><td>21.5</td><td>8 月</td><td></td></tr>
<tr><td>庞艾</td><td>自排闸拆除重建</td><td rowspan="3">75</td><td rowspan="3">10 月至翌年完工</td><td rowspan="3">永定河右堤加固工程</td></tr>
<tr><td>东肖庄</td><td>自排闸门、机排闸门更新</td></tr>
<tr><td>南排干</td><td>机排闸门、自排闸门更新</td></tr>
<tr><td rowspan="4">2000</td><td>辛庄</td><td>自排闸门更新</td><td rowspan="4">199</td><td rowspan="4">3—6 月</td><td rowspan="4">北水南调工程</td></tr>
<tr><td>北夹道</td><td>机排闸门更新、自排闸拆除重建</td></tr>
<tr><td>北郑庄</td><td>出水闸门更新</td></tr>
<tr><td>南夹道</td><td>机排闸门更新</td></tr>
<tr><td>2004</td><td>南夹道</td><td>厂房上顶、门窗、进水闸更新，拦污栅更新，前池及泵室清淤</td><td>75</td><td>3—5 月</td><td></td></tr>
<tr><td rowspan="7">2005</td><td>南夹道</td><td>4 台水泵大修及站前闸、连接闸等工程维修</td><td rowspan="7">60</td><td rowspan="7">6—9 月</td><td rowspan="7"></td></tr>
<tr><td>东汪庄</td><td rowspan="4">厂房屋顶及门窗维修</td></tr>
<tr><td>高坑</td></tr>
<tr><td>南排干</td></tr>
<tr><td>小谋屯</td></tr>
<tr><td>陈赵庄</td><td>换泵 6 台</td></tr>
<tr><td>五支</td><td>2 台机组大修</td></tr>
</table>

续表

<table>
<tr><th>年份</th><th>泵站名称</th><th>改造内容及规模</th><th>投资/万元</th><th>开竣工时间</th><th>备注</th></tr>
<tr><td rowspan="7">2006</td><td rowspan="2">北郑庄</td><td>出水渠道改造</td><td>260</td><td>5月7日—6月16日</td><td>一期工程</td></tr>
<tr><td>完成了主副厂房上顶、门窗更新，进、出水池维修加固，进水渠道清淤护砌160米，两座进水闸拆除重建，开发区进水管道改建，院区地面硬化、围墙改造等工程</td><td>470</td><td>9月20日—11月15日</td><td>二期工程</td></tr>
<tr><td>王三庄</td><td rowspan="5">厂房屋顶防水、门窗和宿办室更新改造</td><td rowspan="5">50</td><td rowspan="5">6月</td><td rowspan="5"></td></tr>
<tr><td>东汪庄</td></tr>
<tr><td>茨州</td></tr>
<tr><td>耿庄</td></tr>
<tr><td>东肖庄</td></tr>
<tr><td rowspan="10">2007</td><td>南夹道</td><td>开关柜更新</td><td>60</td><td>5月</td><td></td></tr>
<tr><td>泗村店</td><td>厂房上顶及门窗更新、拦污栅更新，进水池及泵室清淤等</td><td rowspan="9">30</td><td rowspan="9">6月</td><td rowspan="9">8座扬水站除险加固应急度汛工程</td></tr>
<tr><td>小谋屯</td><td rowspan="3">避雷器更新</td></tr>
<tr><td>辛庄</td></tr>
<tr><td>南排干</td></tr>
<tr><td>王三庄</td><td>拦污栅更新一道，泵室清淤</td></tr>
<tr><td>陈赵庄</td><td rowspan="2">部分拦污栅更新</td></tr>
<tr><td>茨州</td></tr>
<tr><td>大宫城</td><td>北侧院墙更新</td></tr>
<tr style="display:none"><td></td></tr>
<tr><td>2008</td><td>路网沿线泵站</td><td>种植花草并对破旧围墙进行整修和粉刷，对院区地面进行硬化，对院内菜园进行规划种植</td><td>40</td><td>2—4月</td><td>迎奥运环境整治</td></tr>
<tr><td rowspan="8">2010</td><td>大谋屯</td><td>主厂房上顶防水层维修</td><td rowspan="8">10</td><td rowspan="8">3—6月</td><td rowspan="8">自筹资金</td></tr>
<tr><td>小谋屯</td><td>副厂房上顶防水层更新</td></tr>
<tr><td>南夹道</td><td>站前闸启闭机更新</td></tr>
<tr><td>东洲</td><td rowspan="5">机电设备维修，更换部分零件</td></tr>
<tr><td>耿庄</td></tr>
<tr><td>东汪庄</td></tr>
<tr><td>北郑庄</td></tr>
<tr><td>辛庄</td></tr>
<tr><td colspan="3">合计</td><td>1612.33</td><td></td><td></td></tr>
</table>

二、国有乡管扬水站

（一）报废国有乡管扬水站

上湾泵站建于1972年，位于杨村镇北、北运河（故道）弯道处。1973年建成运行，总建筑面积204平方米。其中主厂房96平方米、配电室24平方米、前池31.5平方米、压力池52.5平方米，设计流量4立方米每秒，系排灌两用的扬水站。受益范围为北运河以东、龙凤河以南、津蓟铁路以西、杨村机场以北地区。由于运东干渠开挖后，运东干渠以南排入此站，其余大部分水排入运东干渠，排水面积为1千公顷，1991年泵站失去灌溉功能。2005年因旧城改造报废。该排涝区域由新建运东水站承担。

（二）更新改造国有乡管扬水站

新房子泵站。建于1971年，位于龙凤河右堤、新房子村南，设计流量4.86立方米每秒，4台机组，其中直径700立水泵2台，直径600卧水泵1台，直径900卧水泵1台，总装机380千瓦。1989年对机泵进行更新改造，恢复原有设计标准，同时对厂房上顶进行维修加固，总投资20万元。受益范围为龙凤河以西、凤河西支以南、新房子引水渠以北、城关中干渠以东，排水面积3.47千公顷。

蜈蚣河扬水站。建于1974年，位于上马台村北、龙凤河右岸，总建筑面积1134平方米，设计流量6.4立方米每秒，系灌排两用站。受益范围为龙凤河以南、王上路以东、王三庄干渠以北、毁民壕以西地区。1994年上马台水库建成后，该扬水站受益范围减少，但它仍然是上马台水库的配套扬水站。2006年，天津市水利局批准蜈蚣河扬水站进行了更新改造，改造后流量达到原设计标准，扬水站8台卧式轴流泵机组，设计流量6.4立方米每秒。2010年12月，该扬水站进行了拆除重建，包括主副厂房、站前闸、进水池、出水池、穿堤涵闸等项工程，设计流量6.4立方米每秒，总装机容量480千瓦，立式轴流泵3台套。由河北省水利水电勘测设计研究院设计、武清区水利建筑工程公司承建。工程投资1887.95万元，其中中央投资617万元，市级补助327万元，区县配套943.95万元，次年6月竣工。

三、乡有乡管扬水站

武清区乡有乡管扬水站指流量在0.5立方米每秒以上（含0.5立方米每秒）的扬水站，这部分扬水站是由国家补助投资，乡、镇负责兴建，管理维修也由乡、镇负责。武清区自20世纪50年代开始兴建扬水站，至2010年年底，共有319座，设计能力218.6立方米每秒，比1991年末增加了129座。单排站排水面积11.24千公顷；单灌站灌溉面积 22.52 千公顷；排灌两用的扬水站，排水面积 16.14 千公顷，灌水面积 13.05 千公顷。乡有乡管扬水站一般受益范围在本区之内，各乡镇也分别提高了排、灌标准，大部分地区达到了 10 年一遇以上。少部分地区还在 5 年以下，有待治理。

至 2010 年，乡有乡管扬水站在建工程仅有郎庄子扬水站 1 座。郎庄子扬水站隶属下朱庄街，建于 1971 年，位于下朱庄街郎庄子村东南、于庄水库东南角，原排涝设计流量为 3.2 立方米每秒，4 台卧式机组。受益范围为京津公路以东、机场排河以南、津蓟铁路以西、京津唐高速公路以西地区。重建工程由武清区排灌管理站负责建设管理，工程包括进水渠道、前池、进水池、主付厂房、出水池、站后节制闸、出水渠道及管理房等。新装 3 台机组，设计流量 6 立方米每秒。总投资 842.84 万元，其中市级投资 337.14 万元，区级自筹 505.7 万元。工程于 2009 年 7 月动工，12 月 31 日竣工。由河北省水利水电勘测设计研究院设计，武清区水利建筑工程公司承建，天津市金帆工程建设监理有限公司监理。

2010 年乡有乡管扬水站基本情况见表 6-4-61。

表 6-4-61　　**2010 年乡有乡管扬水站基本情况表**

乡镇名	座数	流量/立方米每秒	排水面积/公顷	灌溉面积/公顷	排/灌面积/公顷
杨村镇	4	1.500		86.7	
徐官屯	1	0.500		75.7	
东蒲洼	18	9.200	1000.0	600.0	
黄　庄	14	7.500		1200.0	1000/1000
下朱庄	15	15.100	1173.4	1173.4	
豆张庄	10	7.100	1133.3	133.3	640.0/354.4
梅　厂	15	6.600			1328.9/1128.9
上马台	18	7.900	1280.0	66.7	1426.0/733.3
曹子里	25	18.000	733.3	933.3	933.3/933.3
大黄堡	31	17.700	400.0	2742.1	
大碱厂	14	7.000		1033.3	
崔黄口	16	11.200			2400.0/693.3
大　良	5	5.500	495.0		1046.7/1046.7
河北屯	8	6.400	1133.3		
南蔡村	11	8.700	1033.3	182.5	266.7/300.0
大孟庄	10	13.400	335.7	2696.7	100.0/140.0
泗村店	14	7.600			666.7/880.0

续表

乡镇名	座数	流量/立方米每秒	排水面积/公顷	灌溉面积/公顷	排/灌面积/公顷
河西务	7	3.500	166.7	1400.0	
高　村	14	7.604		66.7	1633.3/973.3
城　关	7	7.120	533.3	2200.0	33.3/0
白古屯	9	9.020	1533.3	1200.0	1200/1200
大王古	8	5.500		633.3	400/600
东马圈	5	3.000			1200/1200
黄花店	14	11.000	237.7	919.5	1642.8/1642.8
陈　嘴	7	8.250		1713.3	
王庆坨	7	3.500	53.3	1600.0	
汊沽港	12	9.200		1866.7	226.7/226.7
合计	319	218.594	11241.6	22523.2	16144.3/13052.7

四、固定扬水点

固定扬水点是指流量 0.5 立方米每秒以下（不含 0.5 立方米每秒）且有固定厂房设备有水源的扬水点。自兴建至 2010 年累计建成 670 处，总设计排涝能力达 122.37 立方米每秒。纯排面积 610 公顷，纯灌面积 21561.9 千公顷，排灌两用面积 2473.5 公顷。由乡、镇、村自筹资金兴建，小部分扬水点是由国家补助兴建的。这些扬水点一般坐落在骨干渠道上，大多数由村队管理，起到补充配套、小型洼淀治理等作用。同时也是武清区排、灌工程中的重要组成部分。由于近年来干旱较多，河道水位下降，大型扬水站排灌能力减弱，小型扬水点在农田灌溉中发挥了应有的作用，特别是大旱之年效益更为突出。2010 年乡有乡管扬水点（固定扬水点）情况见表 6-4-62。

表 6-4-62　**2010 年乡有乡管扬水点（固定扬水点）情况表**

乡镇名	流量/立方米每秒		受益面积/公顷				配套动力		水点座数
	设计流量	现有流量	纯排面积	纯灌面积	排灌面积		电机/千瓦	电机台数	
					排灌面积	灌溉面积			
杨村镇	2.540	2.540		178.7					14
徐官屯	2.550	2.550		273.3			317	19	19
东蒲洼	2.740	2.740	53.3	293.3	186.7	186.7			15

续表

乡镇名	流量/立方米每秒		受益面积/公顷				配套动力		水点座数
	设计流量	现有流量	纯排面积	纯灌面积	排灌面积		电机/千瓦	电机台数	
					排灌面积	灌溉面积			
下朱庄	6.270	6.270		334.0					22
黄　庄	8.300	8.300		974.3					34
豆张庄	0.800	0.700		193.3					3
梅　厂	17.060	17.060		2614.1	376.7	376.7	2027	112	77
上马台	13.341	13.341		2656.0	206.7	193.3	1655	90	65
曹子里	6.400	6.400	66.7	846.7			700	36	22
大黄堡	6.280	6.280		1141.4					23
大碱厂	3.400	3.400		636.0			489	42	32
崔黄口	5.200	5.200		1277.5			675	39	35
大　良	1.050	1.050		150.0			116	7	4
南蔡村	9.060	9.060		1416.7			2054	104	79
大孟庄	0.867	0.867		316.7			111	7	7
泗村店	8.950	8.950	253.3	666.7	580	366.7	1215	53	43
河西务	1.430	1.430	70.0	613.3			296	14	12
高　村	0.420	0.420		173.3					2
城　关	5.050	5.050		1660.0					51
白古屯	4.320	4.320	166.7	982.0			442.5	34	30
东马圈	1.000	1.000		400.0			140	5	4
黄花店	2.900	2.900		460.0			241	17	14
石各庄	5.980	5.980		1831.3			799	31	29
陈　嘴	3.280	3.280		1013.3			216	15	11
王庆坨	2.260	2.260		46.7					13
汊沽港	0.920	0.920		413.3			212	10	10
合计	122.368	122.268	610.0	21561.9	1350.1	1123.4	11705.5	635	670

第五节　水环境治理工程

武清城区河网密布、水系丰富，河渠道总长近100千米，形成了“四纵、五湖、六河、七横”的水系结构。随着城区建设和经济的快速发展，城区河道普遍存在的水质差、过流能力不足、水环境恶劣等问题逐渐凸显出来，严重地影响了居民的生产生活，同时也制约着武清区经济的发展。

依据《城区环境总体规划》，在2003—2007年对城区河渠改造治理基础上，2008年区委、区政府下决心再用3～5年的时间对城区内的各级河道进行综合整治，改善水环境污染问题，使武清城区水系动起来，靓起来，达到水清、岸绿、景美、游畅的城区水景线。

2003—2010年，武清城区用7年的时间完成了北运河城区段、龙凤河及龙凤河故道、城区东排渠、机场排渠、二支渠、三支渠、五支渠、运东干渠等城区河道的综合治理，河道改造总长度达60千米，工程总投资达3.7亿元（表6-5-63）。

表6-5-63　**1991—2010年武清区水环境综合治理工程投资汇总表**

工　程　名　称	建设年份	总投资/万元
二支渠改造工程	2003—2004	4530
北运河京津塘高速公路桥至北郑庄桥	2004	2500
北运河北郑庄桥至振华桥段	2006	6300
东排渠综合治理工程	2007	2516.2
机场排河城区段治理工程	2007	1181.15
三支渠综合治理工程	2007—2008	720
五支渠综合治理工程	2007—2008	1255.06
运东干渠综合治理工程	2009	3000
龙凤河及龙凤河故道进行综合治理	2009—2010	15000
合计		37002.41

一、二支渠改造工程

二支渠东起武清城区的东排渠、西至104国道，长6.1千米，两侧是武清城区居民区最密集的地方。治理前河道淤积严重，污水横溢，臭味难闻，群众反映强烈。为此，武清区委、区政府下决心对二支渠进行改造。工程于2003年12月开始动工，利用一冬的时间将淤泥土方完成。该工程列为2004年区级重点工程。2004年4月，开始护岸及景观建设，改造工程包括3.2千米明渠清淤护砌，6.5千米排污管道，5.9千米供水管道，4.4万平方米的北岸绿化，新建泉发路桥、泉兴路桥及3座观赏桥（彩虹桥、吊桥、折线桥）。8月底竣工。工程投资4530万元。西界渠以西3千米渠道治理，工程于2004年年底开工，2005年9月中旬竣工。改造后的二支渠实现了青石护坡、雨污分流，不仅提高了城区的排涝能力，而且净化美化了环境。

二、北运河城区段综合治理工程

北运河自北向南穿越武清全境，境内河道长 62.3 千米。其中武清城区段长 15.5 千米（八孔闸至老米店闸），千年流淌的运河不仅给武清带来无尽的繁荣，同时也积淀下了深厚的运河文化。为提高武清城区整体形象，武清区政府于 2002 年着手研究制定了五年城区发展规划，在建设改造中充分体现运河特色，使之真正成为展示武清经济、文化的对外窗口，从前期规划阶段，水务部门就在广泛征求国内外有关专家学者意见的基础上，确定了将北运河城区段打造成以旅游、景观、商务活动、文化休闲、生态居住为主的多功能河道的治理思路。北运河城区段改造工程于 2004 年春正式启动。

（一）高速公路桥至北郑庄桥段河道治理

2004 年 3 月至 2005 年 7 月，区水务局对京津塘高速公路桥至北郑庄桥 3 千米的北运河河道进行了清淤治理改造，总投资 2500 万元。这段运河的治理改造主要是为了进一步提高运河的防洪除涝功能，河道设计流量 104 立方米每秒，水面宽 57 米，采用浆砌石直墙式护岸，水深 2.5～3 米。治理后的河道不仅满足了防洪除涝的要求，还防止了险工加剧的问题，同时根据河道特点建设了亲水平台、观景台，丰富了运河的滨水景观。更为重要的是将原有两堤之间大量的河滩地释放出来，为今后的城市开发建设提供了土地资源。

（二）北郑庄桥至振华桥段河道治理

北运河北郑庄桥至振华桥段长 2.6 千米，位于武清城区的核心区域，是整个运河治理改造的重点区域。区政府成立了运河改造领导小组，2006 年 1 月 26 日该工程开工，先后完成了河道清淤、护岸改造、滨水景观、人文景观和配套工程建设 5 项内容，共投资 6300 万元。

1. 河道清淤

区水务局组织人员动用机械进行打坝、排水和清淤。施工单位放弃春节休息时间投入施工，经过近两个月的日夜奋战，清淤工程 3 月 20 日完成。共清运淤泥 20.3 万立方米。

2. 护岸改造

工程主要建设内容包括光明桥北侧运河东岸原有 410 米干砌石护坡拆除重建，光明桥至振华桥段两岸 3.2 千米干砌石护坡拆除，新建浆砌石直墙式护岸。工程于 2006 年 3 月底开工，6 月 15 日竣工。累计完成土方开挖 20.56 万立方米，土方回填 15.28 万立方米，混凝土 1.1 万立方米，浆砌石 2.5 万立方米，景观石铺设 500 立方米。通过对护岸的改造，北运河的直墙上口达到 57 米宽。

3. 滨水景观建设

滨水景观建设主要是对 2.6 千米的运河两岸进行景观建设，建设范围为东到 103 国道、西到新华路。主要建设内容分为土建工程、绿化工程和灯光工程。

土建工程的设计充分体现休闲、娱乐、亲水、便利等功用，建设内容包括河岸栏杆、滨水道路、多道景观墙、景观亭、观景平台、亲水平台、各种休闲广场、雕塑、3座厕所和2座服务部等。此项工程累计开挖土方4.2万立方米，砌毛石墙5600立方米；块石砌筑770立方米；砌体拆除1200立方米，安装花岗岩栏杆5200米，花岗岩铺装2.2万平方米，水泥砖铺装8600平方米。整个土建部分于2006年10月底完工。

绿化工程。领导小组和设计部门对河道两侧的景观绿化进行了精心布置，根据植物季节特性，搭配种植百余种乔灌木和花草，力争体现四季景观特色分明的绿化效果。两岸共完成绿化5.6万平方米，种植乔木6000余棵，花灌木1.3万平方米。

灯光工程。灯光作为景观河道的一个重要元素，按照武清区“河湖水系”规划要求，北运河的灯光采用了大量的太阳能灯和节能LED灯带，在两岸直墙内侧镶嵌了LED彩色灯带，甬路两侧安装了太阳能庭院灯，草坪中放置了太阳能草坪灯，重要景观墙和广场处安装了投光灯，厕所和服务部等建筑物顶部都挂设了灯带。两岸累计安装了侧壁灯744盏，LED灯带5200米，太阳能灯及庭院灯459盏。

4. 配套工程建设

北运河城区段的综合整治完工后，按照“河湖水系规划”要求，为加强对城区河道水源的调控能力，2008年武清区水务局组织修建了八孔闸和前进道两处橡胶坝（参见橡胶坝工程），有效保证了城区北运河的景观水体水位，使其发挥更好的景观效果。

三、东排渠综合治理工程

东排渠北起光明道、南至南夹道泵站，长3.1千米，自北向南贯穿于杨村街的九街、八街、七街、六街、五街和夹道村，其主要功能是排放夹道洼排水区的沥水以及城区西区光明道以南区域的雨污水，也是北郑庄扬水站与南北夹道扬水站联合渠道。由于多年未经治理，再加上近些年无较大沥水冲刷及周边环境的影响，东排渠淤积严重，两岸垃圾成堆，水面存留大量漂浮物，环境极其恶劣，是武清区典型的脏、乱、差场所，与武清新城建设极不协调。

针对上述问题，区水务局按照“武清区河湖水系规划”，于2007年4月对东排渠进行了综合治理，具体建设内容包括将东排渠光明道至二支渠段2160米渠道清淤填埋，铺设2000毫米管道，渠道填平后进行景观绿化；二支渠至南夹道泵站段1000米渠道保持现状不动，对渠道进行清淤，两坡进行清整；新建五支闸、西界渠闸各1座及小世界过路涵洞1座，将西界渠与三支渠至四支渠段800米渠道开挖贯通。

该项工程于2007年4月25日开工，6月30日竣工，工程总投资2516.2万元。

经治理后的东排渠绿树成荫、花草丛丛，现有绿化面积5.4万平方米，改善了城区水环境和周边居民的居住环境，成为周边居民休闲放松的好去处。

四、机场排河城区段治理工程

机场排河是武清区的二级河道，担负着两军基地、北运河以东城区及下朱庄街部分地区的雨污水排泄及沿线两岸农田的灌溉排涝任务，流域面积65.5平方千米。河道在武清境内全长8.5千米。由于国家重点工程城际铁路从西北向东南穿越武清区，沿线部分桥墩需占压或穿越机场排河，严重影响了河道的正常排泄。为确保国家重点工程实施，结合《武清城区水环境体系规划》，武清区对机场排河镇南泵站以下4.357千米河道进行综合治理。主要建设内容包括河道改线护砌4.357千米，埋设800毫米承插口混凝土污水管线3.55千米，化肥厂桥和小高庄村南桥拆除重建，两侧河坡绿化37101平方米。该工程于2007年1月5日进场，6月30日主体工程竣工，9月30日绿化完成，工程投资1181.15万元。

五、三支渠综合治理工程

城区三支渠治理工程是区政府列入“迎奥运民心工程”的工程之一。该工程的治理范围是泉州路至泉旺路，渠道长830米。原渠道两侧大多为七街村民平房，两岸垃圾成堆，水污染严重。为彻底改善这种恶劣环境，自2007年11月4日至12月31日，区水务局用2个月的时间对三支渠进行综合治理，治理内容包括将渠道清淤，并铺设填埋830米长直径1200毫米的合流管道。2008年年初，考虑到泉州路市场西侧车辆多、交通秩序差的现状，又在2007年治理的基础上对填平的渠道进行了进一步建设，主要建设内容包括泉州路至泉兴路段，东半段修建停车场7800平方米，停车场以西至泉旺路全部进行绿化，绿化面积10500平方米。整个工程于2008年6月初全部竣工。该项工程分两期建设共投资720万元。经治理后的三支渠，不仅实现城区雨污分流，而且还解决了泉州路市场的交通问题，而且给城区又增添了一条绿色廊道。

泉旺路至翠亨路段1千米渠道在2008年年底由房地产开发公司垫平，现已建成高层居住区。

六、五支渠综合治理工程

五支渠综合治理工程是“迎奥运民心工程”，也是区级重点工程之一。五支渠泉兴路以西段，已对开发区进行了治理，只剩下泉兴路至北郑庄桥段1.4千米渠道尚未治理。该段渠道两岸原为自然土坡，因污水管网和卫生设施尚未健全，两岸居民和企业产生的污水直接排入五支渠，生活垃圾堆积在渠坡两侧，形成了垃圾成堆、污水横流的局面。为改善城区水环境和居民居住环境，2007年12月初，对该段渠道实施治理，建设内容包括对泉兴路至北郑庄桥段渠道进行清淤，并铺设污水管道，实施雨污分流，对两坡进行护砌绿化，渠道两侧修建沥青路面。主要工程量为清淤28000立方米、清运渠坡垃圾26400立方米、浆砌石护砌13439立方米、铺设沥青路面10000平方米、绿化18000平方米。该项工程于2008年6月中旬全部完工，工程总投资1255.06万元。

七、运东干渠

天津市政府为全面恢复改善本市城乡水环境，建设生态宜居城市，2008年10月，天津市启动全市水环境专项治理工程，其中环外河道治理工程计划利用2年时间，对10个区县建成区29条、268千米河道进行水环境综合治理。作为环外29条河道水环境治理工程的重要组成部分，运东干渠位于武清城区东部，紧邻徐官屯经济开发区，承担着武清城区和徐官屯、梅厂、上马台3个街镇的排沥和农业灌溉任务。由于年久失修，该河道淤积严重，水恶化现象日益加剧，严重影响了周边区域的排沥和周边居民生产生活。按照《天津市环外29条河道水环境治理工程实施方案》部署，在天津市水务局的大力支持下，武清区水务局积极落实资金，启动运东干渠徐官屯闸至京蓟铁路段5千米河道综合治理工程。该工程主要包括河道清淤整治5千米，清淤土方17万立方米；渠道实行雨污分流，铺设800毫米混凝土管道铺设1.2千米，400毫米管道铺设300米；新建污水处理站1座；徐官屯闸至第四污水处理厂段1.3千米渠道两岸砌筑浆砌石直墙；徐官屯闸至杨宝公路段渠底干抛石护底；渠道两岸景观绿化，绿化面积6.58万平方米。该工程于2009年6月开工，12月底竣工。工程投资3000万元。该渠道治理后，增强了河道功能性，实现了生态修复，达到了“水清、岸绿、景美”。

八、龙凤河及龙凤河故道综合治理工程

按照武清城区综合治理总体规划要求，2009年对龙凤河及龙凤河故道进行综合治理。两条河道是武清城区外环水系的重要组成部分，也是武清城区防洪的主要设防之一。两条河道地处城区西北部，紧邻开发区西区和北区，由于长期缺乏必要的治理，河道淤积严重，河道功能不能充分发挥，加之景观效果差，与周边开发建设不协调，直接影响开发区的投资环境和居住环境。为改善开发区的开发和投资环境，加强基础设施建

设力度，急需对该河道进行治理。

龙凤河及龙凤河故道改造工程，是沟通龙凤河及其故道与北运河，形成完整的环状水系，让城区的河水流动起来。治理范围为：龙凤河大南宫闸至八孔闸段，长 12.5 千米；龙凤河故道大南宫闸至京山铁路段，长 7.3 千米。

这项工程的主要建设内容包括对两条河道主槽进行清淤拓宽，开挖出的土方堆放在主槽两侧滩地，营造出微隆地形，在地形上进行绿化种植和景观建设，绿化以水生植物和花灌木为主，局部点缀景观石，景观建设包括休闲广场和木栈道等。2000 年 10 月完成了大南宫闸至京山铁路段堤防加固，使堤防防洪能力达到 50 年一遇。整个建设工程分两步实施，一期是河道清淤及地形整理工程，二期是河道绿化及景观建设工程。

2009 年 10 月，一期工程进场施工，区水务局组织施工单位昼夜施工，4 个月完成清淤拓宽工程，共清淤 130 万立方米，为二期工程打下了基础。

2010 年 3 月，实施二期河道滨水景观建设工程。滨水景观建设是龙凤河及其故道改造的关键，是提升整个河道环境的一个标志性工程，主要包括景观绿化、堤顶路面改造和配套水工建筑物改造三项内容。

景观绿化主要是对河道两侧滩地及堤坡进行绿化种植和景观建设，绿化总面积 100 万平方米，各种铺装 3 万平方米。堤顶路面铺设主要是将龙凤河两堤和龙凤河故道左堤的原有路面拆除，提高路基标准，重新铺设沥青路面，总长 25.7 千米，路面宽 6 米，共计 15.5 万平方米。配套水工建筑物改造主要是对两条河道原有的 41 座水工建筑物进行更新改造，其中拆除重建 11 座、维修改造 19 座、拆除封堵 11 座。在龙凤河大南宫闸北侧修建大南宫会所 1 座，占地面积 20000 平方米，主要建筑包括四合院、体育场、红土网球场，总建筑面积 6100 平方米，绿化及院区面积 13900 平方米。

3—7 月，完成以上三项建设内容。由于工期紧、工程量大，且交叉施工，区水务局成立专门工程指挥部，一名副局长任指挥，下设工程部和综合协调部，聘请了有资质的施工监理单位对工程全过程进行监理，又从全局抽调了 30 多名技术人员对工程进行现场监督。为确保工程按质按量按期完成，指挥部制定了严格的施工计划，严肃施工纪律，严格按照施工进度进行施工。工程于 7 月底竣工。

龙凤河及龙凤河故道改造过程中，区水务局按照武清区“河湖水系规划”思路，总结借鉴近年来武清河道综合治理的经验，成功地体现了河道改造要向生态治理方面转变的理念，以重塑自然风光为主旨，营建生态滨河景观，形成适宜休闲游憩的延展空间。通过工程建设使整个河道引入生态湿地的概念，其最大限度地减少水利工程的人工痕迹，尽量还原河道的生态原貌。龙凤河及龙凤河故道生态治理客观地改善了河道的环境，并与周边环境有机的结合，美化了河道，净化了水质。工程总投资 1.5 亿元。

第七章

规划设计

编制水利发展规划，是做好水利工作的基础，是水利事业的保障，也是加快水利改革，促进对国民经济和社会发展的支撑作用。武清区水务局按照上级的工作部署结合工作实际，每五年编制一次“五年规划”，即“八五”规划、“九五”规划、“十五”规划、“十一五”规划和“十二五”规划，同时还根据水务事业发展需要制定专项规划，这些规划的制定与实施对武清水务建设和促进武清经济发展起到了关键性的指导作用，为全区发展奠定了基础。

水利勘测设计是水利部门重要职责。1991—1994 年，小型工程设计由水利部门专业技术人员自行设计、勘测；1994—2010 年，基建工程或较大的水利工程委托有资质的设计部门设计，采取招投标方式确定施工队伍。小型农田水利工程延续自行设计，上报审批，施工由工程所在乡镇水利站负责。

第一节 规　划

20 世纪 90 年代，在大环境的影响下，逐渐转变观念，坚持先规划后实施的原则，对水利发展进行总体考虑，明确水利发展的方向，科学制定水利发展战略，努力实现水利事业的科学、有效、可持续发展。在此期间，全区按照国家及天津市发展的总体目标，结合武清的实际情况，制定了一系列的“五年”规划和水利专项规划。水利规划对武清区水利事业的改革发展提供了科学的指导。

一、“五年”规划

1991—2010 年，共编制了“八五”“九五”“十五”“十一五”规划，其中“八五”规划主要以农村水利建设为主，重点提升农田灌溉能力；“九五”规划的重点是改善水利设施和河道行洪排涝能力，同时做好抗旱节水工作；“十五”规划的重点是做好城镇建设服务，不断提高城区及重点园区的防洪排沥标准；“十一五”“十二五”规划主要是在做好传统水利的同时，实现从传统的水利建设向现代化水利建设的转变。

（一）“八五”规划（1991—1995 年）

1. 规划原则

“一个中心、两个并重、四个结合”。“一个中心”即以经济建设为中心；“两个并重”即抗旱与除涝并重、开源与节流并重；“四个结合”即水利建设与水土资源条件相结合，与城郊型农业相结合，与发展粮食生产相结合，与水利中长期科学技术发展相结合。

2. 规划的总体目标

从“七五”期间的情况来看，武清县各规划区在水利方面存在的主要共性问题是水资源不足和用水浪费的现象。因此，“八五”期间必须以解决水资源为中心，带动全面工作。根据这一要求，全局制定出各规划区的目标。

港北区：本区北部大良、河北屯、下伍旗一带地下水资源比较丰富，南部大碱厂、北蔡村地下水资源则较差，地表水可用量仅 800 万立米，解决水资源的途径有：①建蒙村橡胶坝，蓄水 420 万立方米；②大搞节水工程；③搞一至几座乡办小型水库；④大搞深渠增加蓄水；⑤在青龙湾河有水时利用现有水利设施尽量多引一些河水。

运东区：本地区地下水和地表水条件都比较差。解决水资源的途径有：①1991 年新建王三庄泵站，“八五”期间计划每年引水 3000 万立方米；②计划修建上马台水库，库容 1800 万立方米；③建西安子橡胶坝，蓄水 400 万立方米；④做好相应的灌区建设，首先是王三庄泵站 3333.33 公顷菜田的灌区建设。

运西区：地下水和地表水条件都比较好。解决水资源的途径有：①争取修建新房子橡胶坝和一至几座乡办小型水库；②在京津公路和京福公路两侧建高产田；③在节水方面下工夫。

路南区：本区水源条件最差。解决水资源的途径有：①开挖永南新河搞北水南调；②打通中亭河到中泓故道的连接渠，将中亭河水和引滦水南水北调；③多挖坑塘和深渠，增加自备水源；④京福公路两侧建高产田。

（二）“九五”规划（1996—2000 年）

1. 规划原则

规划的原则和工作重点是改善水利设施和河道行洪排涝能力，同时做好抗旱节水工作，并确定了“旱涝兼治、排蓄结合、以蓄代排、综合治理”的农村水利建设原则。

2. 规划总体目标

（1）防洪方面。针对 1996 年海河流域发生的洪水对水利工程的损坏和以往工程暴露出的问题，要加大河道险工、险段、分滞洪区的投资力度。五年期间计划完成的重点工程包括龙凤河复堤 29.7 千米，穿堤建筑物除险加固 19 座；北运河护砌及穿堤建筑物除险加固 9 处；永定河泛区右堤加固工程，复堤长度 24.6 千米，穿堤建筑物加固 30

座；蓄滞洪区安全建设1.6万平方米，撤退路34千米。

（2）农建方面。根据天津市率先实现农业现代化规划要求，五年期间计划完成的重点项目如下。

蓄水工程。到2000年，计划新增蓄水能力2694.5万立方米，采取的主要措施有：一是开挖路南新河，可增加蓄水量1300万立方米，使路南高上贫水地区的水源缺乏问题得到缓解；二是建设北京排污河新房子节制闸、陈赵庄橡胶坝、大程庄橡胶坝，永定河马家口橡胶坝和机场排河节制闸，可增加蓄水量810万立方米；三是新挖清淤二级河道和骨干渠道6条（龙凤河故道、机场排河、中泓故道、龙河、永南送水渠、港北连接渠），长53.4千米，动土322.5万立方米，增加蓄水量67万立方米；四是清淤开挖支干渠191条，长414.7千米，动土862.5万立方米，增加蓄水量517.5万立方米。

国有扬水站更新改造。根据农村水利工程普查情况，“九五”期间计划对存在问题最为严重的陈赵庄、郑楼、黄花店、拾梅、茨州、大谋屯、庞艾、北夹道、洪庄子、耿庄、辛庄共11座县管扬水站和其中的63台机组全部进行更新改造。

节水工程。“九五”期间计划新增防渗渠道1007千米，其中明渠300千米，暗管707千米，可新增节水灌溉面积13.8千公顷。

中低产田改造。“九五”期间计划高标准改造中低产田10千公顷，即每年2千公顷。宜农荒改2.11千公顷。配套各种建筑物1967座。总动土608.5万立方米。通过改造，达到地面平整，渠系和建筑物配套，能灌能排，实现“两茬平作”。

田间斗排渠清淤。全县现有田间斗排渠16353条，长6300千米，控制面积82.4千公顷。“九五”期间计划把所有田间斗排渠清淤一遍，要够宽够深，满足排碱、排涝、排咸的要求，动土416万立方米。

（三）“十五”规划（2001—2005年）

1. 规划原则

以提高旱涝保收面积为核心，以解决农业水资源短缺为根本，通过水资源的合理调配，开发利用，充分缓解农业水资源的供需矛盾，以发展节水型农业为重点，以科技为先导，深入开展节水技术引进、示范和推广，保证武清县农业快速、健康地发展，并建成多片高标准农业示范区，达到农业综合开发的原则。以建设防洪、除涝工程为保障，以综合治理和改善水环境为配套，抓住机遇，加快发展，使武清县的水利建设总体水平再上一个新台阶，以适应社会主义现代化的需要。

2. 规划总体目标

（1）防洪工程。武清县防洪工程的主要任务：河道整治、泛区及行蓄洪区安全建设等方面。使工程达到安全标准；提高泛区、分滞洪区人民生产、生活安全。

永定河泛区。泛区面积96.65平方千米，泛区人口4.497万人，涉及3个乡镇，31

个村庄。其中黄花店乡大部分农田及村庄在泛区内，整个泛区内自20世纪80年代开始兴建救生台、救生房等避洪工程，但根本出路还有待解决，因此规划在泛区外兴建临时安置楼5万平方米，计划每年1万平方米。

撤退路。武清县泛区、分滞洪区自20世纪80年代开始修建撤退路，经过多年运用，损坏严重，待更新改造，总计113千米。其中三角淀分洪区5千米、大黄堡洼分滞洪区42千米、淀北分洪区66千米，计划到2005年，维修兴建47千米。

县城防洪。主要是兴建县城“防洪圈”，县城防洪圈内包括武清县经济开发区、天津市高新技术产业园区及2个乡的11个村，常住人口9.3万人。该防洪圈防洪标准不足10年一遇，规划标准达到20年一遇，工程设计复堤16.2千米，到2005年完成16.2千米复堤及相应配套建筑物。

中小河道治理。主要是坚持全面恢复、重点提高防洪减灾能力，主要建设内容包括永定河泛区北前卫埝加固18千米，治理标准800立方米每秒；青龙湾大堤包黏土及沥青油路面26.43千米；北运河堤防加固69千米；永定河左堤路面更新及西辛庄以下后戗加固11千米，永定河大旺村分洪口门建分洪闸1座；大黄堡洼分滞洪区东汪庄分洪退水闸1座；北运河八孔闸至老米店闸河道清淤15千米；北京排污河清淤71.1千米，河两堤加固达到50年一遇标准。

(2) 除涝工程。全面提高农田排涝标准，“十五”期间需建扬水站4座，设计能力21立方米每秒。

(3) 灌溉蓄水工程。武清县为解决路南及其他地区灌溉用水问题，计划在“十五”期间兴建路南地区蓄排水工程，即陈嘴、王庆坨水库，总库容3508万立方米，效益面积8.67千公顷；利用现有河道，搞阶梯蓄水工程，兴建北运河北蔡村橡胶坝，增产河马家口橡胶坝、机场排河盖模橡胶坝，增加蓄水200万立方米。

(4) 水资源保护工程。水资源保护是解决水资源利用、水环境保护、合理配置及科学管理与适应经济社会发展的需要，武清县在“十五”及2015年规划期间，计划兴建地下水回灌4处、地下水监测80处、水质监测站2处。

(5) 灌区更新改造。武清县运东灌区更新改造，主要建设内容是以上马台水库、北京排水河西安子橡胶坝为水源条件，设计改造面积5.47千公顷，修建节水防渗渠道541.6千米，建扬水站20座，闸6座。

(6) 中低产田改造。武清县中低产田改造计划在“十五”及2015年期间，改造6.67千公顷。

(7) 治理盐碱地。武清县治理盐碱地面，计划在“十五”期间计划治理5.2千公顷，达到100%。

(8) 发展灌溉面积。计划在“十五”及2015年期间，发展7.73千公顷，达到有效灌溉面积占耕地面积95%。

(9) 调水工程。武清县为解决城关地区缺水问题，计划在“十五”期间调北京排污河水来解决城关地区干旱问题，该调水工程计划兴建韩村橡胶坝，改造更新闸4座，清淤渠道13.46千米。

(10) 节水工程。武清区根据天津市给排水定额估算，是严重缺水的县之一，为使有限的水源得到合理利用，就必须发展节水灌溉，武清县计划在“十五”期间发展节水灌溉面积21.33千公顷，达到占有效灌溉面积的70%。计划修建防渗明渠1320千米，控制面积10.47千公顷，建防渗地下管道1100千米，控制灌溉面积9.93千公顷。建喷灌滴灌工程，控制面积933.33公顷，到2015年节水灌溉面积要达到90%，总节水面积达到82.2千公顷。

(11) 乡、镇供水工程。武清县乡镇集中供水工程计划在“十五”期间发展10处。到2015年要达到30处。

(12) 人畜饮水工程。武清县人畜饮水工程计划在“十五”期间解决3.2万人饮用水，计划打井35眼。到2015年，再增加40眼。

(四)“十一五”规划(2006—2010年)

1. 规划原则

坚持以人为本的原则，着力解决与人民切身利益密切相关的水利问题。

坚持人与自然和谐的原则，促进经济、人口、资源、环境的协调发展，水资源开发要遵循自然规律和经济规律，充分考虑到水资源的承载能力和水环境承载能力，实现可持续利用。

坚持“全面发展、统筹兼顾、综合治理、讲究效益”的原则，正确处理好供水、排水、河道景观、生态环境等方面的问题。

坚持兴利除害、长远规划与近期规划相结合的原则。对于各项工程措施要新旧结合、扩改结合、工程措施与非工程措施相结合，确保重点、兼顾一般，优先考虑人民生活和经济生产相关编制原则。

坚持以改革促发展的原则，通过体制改革和制度创新，提高管理水平，推进全区水务一体化管理进程，探索和建立水权分配机制，促进全面建设节水型社会，为全区现代化建设营造良好的水环境。

坚持三个约束和五个统筹的原则。三个约束即资源约束、生态约束、公平约束；五个统筹即城乡统筹，区域统筹，经济发展和社会进步、社会管理的统筹，人与自然的统筹，国内国外统筹。

2. 规划总体目标

按照中央提出的“以人为本、全面、协调、可持续的发展观”，坚持从传统水利向现代化水利、可持续发展水利转变，建立节水防污型社会，实现人与自然和人与水的和谐，根据全区水资源现状分析，在水资源保护的前提下，规划十二项目标。

防洪除涝安全体系方面。一级河道防洪标准达到20～50年一遇以上，二级河道防洪标准达到10～20年一遇以上，城区排涝能力达到100年一遇以上标准，农田排水达到10年一遇以上标准等5个目标。要做好蓄滞洪区基础设施建设，制定各项防洪预案，确保人民生命财产安全。

供水保障体系方面。到2010年城区日供水量达到12.7万立方米以上。乡镇、街道所在地全部实现集中供水，全区农村居民饮水符合国家饮用水标准，农村饮水管网入户率达到100%，饮水计量收费率100%，确保农村居民饮水安全两项目标。

水环境治理体系方面。做好北运河城区河道治理及以景观建设为主线并逐步辐射主要干渠的整治工程建设，让水流动起来，实现蓝天碧水的工程要求。随着小城镇建设的不断推进，高起点、高标准做好乡镇水规划建设工作，有效改善了城区水环境，逐步实现污水资源化，加快研究并逐步实现中水利用。

水资源可持续发展体系方面。逐步实现雨洪资源化，使武清区调蓄水能力从7700万立方米提高到2.5亿立方米。增加节水灌溉面积约20千公顷，使全区节水灌溉面积占有效灌溉面积的80%以上。

（五）“十二五”规划（2011—2015年）

2010年武清区水务局制定“十二五”规划并报区政府通过。

1. 规划原则

坚持民生优先。着力解决城乡与人民切身利益密切相关的供水安全、防汛安全和水环境改善问题。

坚持城乡统筹发展。根据生产力布局、经济结构和水务发展需求，合理确定水务发展目标。

坚持资源节约，处理好发展与保护的关系。把水资源的节约、保护、配置放在突出位置，节水为主，治污为先，促进循环经济发展。

坚持突出重点，注重实效。把握好事关区域经济社会发展的水利瓶颈问题，明确水利发展重点，优化配置水利资金，提高水利工程的社会效益和经济效益。

坚持改革创新。有序推进水务管理体制改革创新，破解制约水利发展的体制机制障碍。

2. 规划总体目标

按照《天津市水务发展“十二五”规划》确定的总体思路和基本原则，武清区的“十二五”水务规划提出了“十二五”时期武清区水务发展的目标任务，5个方面共15项任务。

城乡供水安全方面。“十二五”末期，城区和产业园区新增供水能力11.6万立方米每日，全区总供水能力达到28万立方米每日；继续推进农村管网入户工程建设，解决5个乡镇、30个村、1.74万人农村饮水不安全问题，管网入户改造率达到100%，全面改善农村饮用水水质条件。

防洪排涝减灾方面。完成北运河、永定河、龙凤河、青龙湾减河4条一级行洪河道和2个蓄滞洪区的综合治理，全面提高全市防洪能力，治理标准为永定河100年一遇，北运河50年一遇，龙凤河20年一遇，青龙湾减河50年一遇；永定河泛区100年一遇，大黄堡蓄滞洪区50年一遇；完成中小河流综合整治，机场排河行洪能力达到10年一遇；新城区排水达到市政1年一遇标准，新增排水流量71立方米每秒，总排水流量达到146立方米每秒，管网普及率达到85%以上；完成18座国有泵站更新改造和骨干排渠清淤工程，农田排涝达到10年一遇标准。

水生态环境方面。完善城区景观水网，沟通环城水系，重点对“一环、二区、四河渠”进行水环境治理，实现环城河道旅游通航；城区污水总处理能力达到21万立方米每日，城区和产业园区污水处理率达到95%以上，并对产业园区内的河渠进行综合整治；农村生活污水处理率达到30%以上，建设农村坑塘整治示范工程，新增蓄水能力35.5万立方米。

农田水利建设方面。以节水工程建设为重点，新增节水灌溉面积13.53千公顷，更新改造11.6千公顷，全区节水灌溉面积达到64.8千公顷，占有效灌溉面积的88%。水的利用系数从现状0.6提高到0.72；完成重损桥涵闸改造率达到90%以上，小型灌排泵站改造率达到50%以上。

建设节水型社会方面。实行严格的水资源管理制度，明确水资源开发利用、用水效率控制和水功能区限制纳污三条“红线”；建成节水型的区县城市供水管网漏损率控制在12%以下，万元工业增加值取新水量控制在10立方米以下，工业用水重复利用率达到95%，节水型企业（单位）覆盖率达到50%以上。全区地面沉降控制区年平均沉降量控制在30毫米左右，高速铁路沿线两侧1千米范围区域25毫米左右。

二、专项规划

（一）武清城区河湖水系规划

为拓展武清区经济与社会发展空间，实现社会经济跨越式发展，发挥武清城市载体功能，提高城区的综合价值、加强优势强区建设，2008年在武清区委、政府安排下，武清区水务局聘请河北省水利勘测设计研究院编制完成了《武清城区河湖水系规划》，主要内容如下。

规划目标：综合规划武清区范围内的景观水系要素，通过梳理水系、调活水体、改善水质、营造水景，从而提高城市品位，带动相关产业的发展，加快沿岸绿化景观建设，实现“水清、岸绿、景美、游畅”的目标。既满足城市的各项功能，有一个舒适的生活环境，又满足市民的审美需求，更重要的是能够体现一个城市的个性和特征。

规划内容：排沥系统规划、防洪系统规划、景观用水规划（丰水）、水质处理规划（清水）、水系沟通规划（流水）、水系文化规划、岸线控制规划七个分项规划。

规划结构：七横、四纵、五湖、六河。规划面积：129 平方千米。

（二）武清区农村骨干河道水环境治理规划

2008 年，为进一步改善农村骨干河道的行洪排沥能力和水环境，在区委和区政府的安排下，区水务局编制完成了《武清区农村骨干河道水环境治理规划》。规划总投资 51624.86 万元。

规划任务：结合社会主义新农村建设及武清区实际情况，综合考虑河道、渠道的位置、功能及发展前景，合理安排规划方案，以解决河（渠）道的脏乱差现象，恢复改善水生态环境。

规划目标：规划水平年骨干河道、排涝标准达到 10 年一遇，结合雨污分流工程规划，使水质达到阶段功能要求即近期河道水质满足农业用水和景观用水的要求，规划的各项河道治理工程措施与生态环境保护相结合，一般河段恢复自然生态环境，对重要节点进行景观建设，使武清区骨干河道成为防汛排涝安全的生态河道。

规划原则：对距离城镇较近以及区主要干道沿线的河渠进行清淤、护砌、绿化（重点地段需进行园林景观建设）、供水、排水等；对远离城镇和交通干线的河（渠）道，以恢复河道功能为主，只进行清淤、绿化。

总体布置：结合区内现有排水工程总体布局，充分考虑河道未来水文情况及现有工程条件，拟对现有部分二级河道和联乡骨干渠道进行清淤、护砌等水环境治理，包括二级河道 4 条，即龙凤河故道、机场排河、龙北新河、中泓故道；联乡骨干渠道 5 条，即柳河、运东干渠、蜈蚣河干渠、北干渠、七支渠。

（三）武清区分区分质供水规划

针对武清区水资源缺乏问题，在综合分析供需水所存在矛盾的基础上，2008 年，区水务局编制完成《武清区分区分质供水规划》。供水工程预算投资 12.6 亿元。

规划范围：武清城区和乡镇所在地，供水对象主要为规划区域内的生活和工业用水。

规划目标：在充分利用现有水源地供水能力的前提下，通过开源节流，逐步封存自备井。南水北调工程建成后全部封存自备井，在全区实现分质分区供水，并从整体上达到供需平衡，实现水资源统一管理和调度。

规划原则：①开源原则。充分探寻、利用新水源，增加水资源可利用量。②节流原则。合理配置现有水资源，提高水资源利用率。③分级供水原则。按照《天津市武清区城乡总体规划（2008—2020年）》中的城乡总体格局，把全区的供水层次分为三级，即城区供水、中心镇供水和一般乡镇供水。规划原则为首先保证城区用水，其次保证8个中心镇用水，最后保证16个一般建制镇用水。④远期规划和近期实施相结合原则。

（四）武清区重点建设项目供水规划

2009年，区水务局为配合区政府重点工程项目，编制完成了《武清区重点建设项目供水规划》。

规划范围：综合分析全区重点开发建设项目的用水形势，从用水紧迫性、安全性等角度考虑，确定了"四区、一园"，即天津京滨工业园区、天津地毯产业园区、上马台镇区及汽车零配件产业园区、中华自行车王国产业园区及君利农业生态产业园，兼顾新城及新农村建设的供水规划区域。

规划原则：遵循《武清区分质分区供水规划》的分区原则，不打破全区供水平衡；遵循远期规划和近期实施相结合的原则，工程建设结合园区建设分批分期实施；遵循科学、持久、经济、稳定的建设原则，合理布局，减少投入；遵循就进供水，充分利用现有的水源，减少重复及不必要的投资。

规划方案：高村综合试验区总规划面积41.5平方千米，其中起步区4.03平方千米（包括113公顷设施农业标志园、290公顷驿站服务区）；京滨工业园位于武清区大王古庄镇，控制规划30平方千米，总体规划面积9.6平方千米，起步区3.6平方千米。两个园区的供水工程分三期实施，近期在高村综合实验区内打深井，建一座1万立方米每日的供水厂供应该项目区的用水，京滨产业园则由现有水厂自行供给；中期对高村供水厂进行增容扩建，供水能力达到2.6万立方米每日，与京滨产业园的水厂共同供应两个项目区用水；远期在大沙河水源地建成后，与两个园区的水厂联合供应两个项目区的用水。近期估算投资1960万元。

地毯产业园坐落于武清区东北部崔黄口镇，规划面积9.5平方千米，起步区面积3平方千米；翠金湖项目占地200公顷，其中水面106.6公顷、建设用地93.4公顷，规划建筑面积115万平方米；后蒲棒新农村建设包括住宅1310户，别墅105栋，幼儿园、小学和中学各1所；武清汽车零部件产业园坐落于武清区东部上马台和梅厂镇，规划面积9.6平方千米，起步区面积3.6平方千米。四个区域的供水工程分两期实施，近期在上马台引滦管线附近建1座净水厂，引滦水进入水厂处理后分别通入上马台镇区及汽车零配件产业园、梅厂镇区及开发区、翠金湖及后蒲棒等3个项目区，水厂设计供水能力为1万立方米每日，若暂不考虑梅厂区域，供水能力仅为0.6万立方米每日；远期结合天津地毯产业园的建设，对引滦水厂进行增容扩建，供水能力增至3万立方米每日，同时将后蒲棒项目区的管线通至地毯产业园。

中华自行车王国产业园位于汉沽港镇，产业园规划面积10.7平方千米，远景规划21.97平方千米，其中起步区面积6平方千米。该项目的供水工程结合园区自身供水建设分两期实施，近期按照项目区自身的供水工程建设规划，2010年在项目区内打井，建一座1万立方米每日的供水厂，可以满足近期建设的用水需求；远期待南水北调水在武清开口后，与园区水厂联合供应该项目区的用水。

（五）武清区人畜饮水解困工程规划

2001年，根据天津市人民政府批准的《关于我市农村人畜饮水解困的实施方案》，武清区水务局对区农村人口和大牲畜饮水困难的问题进行了调查，由于连年干旱，大部分压把井和部分机井已无水可取，农村人畜饮用水存在着较大的供需矛盾，为了解决这一矛盾，区水务局于当年编制完成了《武清区人畜饮水解困工程规划》。

规划范围：2002—2004年解决全区29个乡镇、484个村、53.79万人的饮用水困难问题。

规划目标：在全区出现人畜饮水困难的村庄计划三年预算总投资7017.1万元，新打机井143眼、更新机井232眼、维修机井56眼、更新水泵153台套、新打井配电143处。其中2002年计划投资2707.4万元，打配机井55眼、更新机井88眼、维修机井15眼、更新水泵55台套；2003年计划投资2318.4万元打配机井39眼、更新机井86眼、维修机井27眼、更新水泵56台套；2004年计划投资1991.3万元打配机井49眼、更新机井58眼、维修机井14眼、更新水泵42台套。

规划原则：①在工程规划上坚持高标准；②坚持从实际出发，实事求是，因地制宜，合理布局；③坚持建设与管理并重，确保规划项目持久发挥效益；④以提高人民群众生活水平为重点。

（六）武清区安全饮水工程规划

2004年6月25日，武清区农村人畜饮水解困工程全部竣工，农村人口和大牲畜饮水困难的问题得到解决，但武清区中南部地区还存在农村人口饮用水水质含氟量严重超标的问题，饮用水水质不安全因素尚存；另外，全区大部分村庄的自来水管网始建于20世纪70—80年代，由于建设时间较长，已严重老化，不能正常供水，造成农村居民饮水不方便。为解决农村居民的饮水不安全问题，根据天津市政府批准的《天津市农村饮水安全及管网入户改造工程规划方案（2006—2010年）》，2004年区水务局编制完成了《武清区安全饮水工程规划》，主要内容如下。

规划范围：2006—2010年解决全区27个乡镇、478个村、49.01万农村居民饮用水水质不达标、农村供水管网老化失修问题。至2010年年末，全区农村居民饮用水水质达到国家农村居民饮用水卫生标准，供水管网老化失修得到改造，供水保证率进一步提高，并建立起工程长效运行机制，确保工程良性运行。

规划目标：预算投资 22418.3 万元，其中申请中央和市级资金 11209.15 万元，申请区资金 6725.49 万元，群众自筹 4483.66 万元。其中购安除氟净水及灌装设备 4522.165 万元，铺设管道及购安水表 14746.335 万元，购安恒压变频设备 935.6 万元，建厂房和管理房投资 904.2 万元。在大良镇和豆张庄乡建设除氟（降盐）供水站 2 处，管网改造工程 127 处，其中集中供水工程 51 处，单村供水工程 76 处。2006 年投资 4522.165 万元建设集中除氟（降盐）供水站 2 处；2007 年投资 4555.485 万元建设管网改造工程 32 处，购安恒压变频设备 27 套，建厂房和管理房 0.168 万平方米，安装水表 3.862 万块；2008 年投资 5985.785 万元建设管网改造工程 51 处，购安恒压变频设备 51 套，建厂房和管理房 0.328 万平方米，安装水表 4.081 万块；2009 年投资 4167.62 万元建设管网改造工程 27 处，购安恒压变频设备 26 套，建厂房和管理房 0.168 万平方米，安装水表 3.32 万块；2010 年投资 3187.245 万元建设管网改造工程 17 处，购安恒压变频设备 17 套，建厂房和管理房 0.158 万平方米，安装水表 2.277 万块。

规划原则：①统筹规划，与各地经济社会发展相协调的原则；②因地制宜，合理工程布局原则；③水源开发与保护并重的原则；④多源并用，节约用水原则。

（七）武清中心城区给水工程专项规划

为保证武清城区的可持续发展，保证城区的供水安全，2009 年，区水务局编制完成了《武清中心城区给水工程专项规划》。

规划范围：武清新城中心区域，即北起龙凤河，南至前进道、杨北公路，东起杨崔公路、京津塘及京津高速公路，西至龙凤河故道。为规划区内的生活和工业供水。

规划目标：根据武清城区供水水源及现状给水设施，结合规划区域用地性质、地形地貌特点，通过合理分配有限的水资源，优化现有给水设施的配置，保证现有给水系统与远期规划的有效结合，以适合城市发展的既安全又节能的供水及输配水系统，着力实现城市给水系统的可靠性、科学性与合理性。

规划原则：①供水基础设施建设。根据城区环境发展，努力实现供水基础设施有序建设、可持续发展。②合理分配水资源，利用现有给水设施。注重给水方案的合理性、可行性及经济性。③充分考虑城市污水再生利用水量与城市新鲜供水水量间的有机结合。④力争城市供水及输配水设施功能齐备、布局合理、运行管理方便。⑤新旧管线合理衔接，降低损耗。按区域人口结合用地性质计算给水量。⑥给水系统在建设过程中具有可操作性强，建成后设施运行安全可靠、方便管理。⑦给水管网采用环状与枝状管网相结合，节省投资。

规划服务人口：根据《天津市武清区城乡总体规划》，规划服务人口为 60 余万人。

规划期限：根据《天津市武清区城乡总体规划》，规划期限为2020年。

（八）武清新城区排水工程专项规划

为解决老城区内水系污染及新城区的污水处理问题，2013年，区水务局委托中国市政工程华北设计研究总院编制完成了《武清新城区排水工程专项规划》。

规划范围：武清中心城区，即北起龙凤河，南至杨北路，东起东外环、京津塘及京津高速公路，西至龙凤河故道；下朱庄片区，即北接杨北路，西至北运河，南至梅石公路，东至东外环，黄庄片区，即北邻京津城际高铁及高铁武清站，南至龙凤河故道，东接京杭大运河，西至104国道。

规划目标：从根本上改善武清新城区内主要河流的水环境，减少城市污水对水系的污染；使整个规划区形成一套完整、合理、符合标准的排水系统；从实际出发，统筹规划，为城区排水系统科学、有序地建设，提供完整、优化的排水管道控制高程系统。

规划原则：①以武清城乡总体规划（2008—2020年）为基础，结合城市排水现状和城市未来发展，将老城区现有的合流制改造成分流制排水管道系统，到2020年最终实现全城区雨污水完全分流制排水体制的彻底转换；②遵循开发建设的时序性，坚持整体规划、分期建设的原则，按远期规模进行排水管道竖向规划；③充分考虑现状，利用和发挥现有排水设施的作用，使规划排水系统与现有排水系统合理地有机结合，彻底杜绝污水污染，解决雨季降雨积水的问题；④实行城市污水综合治理，全面解决城市污水排放对城市地下水造成的污染，改善城区河流水系的水体质量，并为城市污水的再生利用创造条件，达到经济效益、社会效益和环境效益的统一；⑤充分考虑未来发展的新技术、新工艺、新材料对排水系统的影响，节省资金，提高效率。

规划服务人口：根据《天津市武清区城乡总体规划》《天津市武清区下朱庄街总体规划》及《天津市武清区黄庄街道总体规划》，确定规划服务人口为90余万人，其中中心城区60余万人，下朱庄片区17万人，黄庄片区13万人。

规划期限：根据《天津市武清区城乡总体规划》，规划期限为2020年。

第二节 勘测设计

一、勘测

勘测的主要内容：平面高程控制测量、地形测量（含水下地形测量）、纵横断面测量，定线、放线测量；水利工程地质勘察（委托地质勘察部门完成）。含地质测绘、开挖作业、遥感、钻探、水利工程地球物理勘探、岩土试验和观测检测等。

1991—2010 年，武清区水利工程地质勘测委托河北省廊坊市水利勘测设计院、天津市水利勘测设计院、天津市地质勘测研究院和河北省水利水电勘测设计研究院石家庄分院完成。主要完成扬水站、水库、桥梁、闸坝的勘测工作。测绘由武清区水务局、天津市水利勘测设计院完成。

二、设计

设计的主要内容：①水库的设计。包括挡水建筑物（坝、水闸等）、泄水建筑物（溢流坝、泄水隧洞等）、进水建筑物（进水闸、泵站等）、输水建筑物（渡槽、输水管道、渠道等）的设计。②河道的设计、堤防、险工、险段。包括河道纵横断面设计、护坡设计等方面。③农村小型闸桥涵站点，农田节水、灌溉管道设计供排水系统等方面设计。

武清区水利工程设计由自行设计、聘请专业设计院逐步发展到市场招投标进行设计。武清区水利工程设计历经三个阶段：

阶段一：自行设计。1987—1991 年，武清县水利设计全部由本局水利工程技术人员自行完成设计、图纸、工程预算，经会审后报上级业务主管部门审批。

阶段二：1993 年上马台水库设计由武清县水务局技术人员完成。同年，国家要求设计单位必须具备设计资质，1994 年 4 月武清县水务局与天津市水利勘测设计院合作成立天津水利勘测设计院武清水利设计事务所，主要设计仍由武清水务局技术人员完成。1996 年受国家相关政策制约，将武清水利设计事务所撤销。

阶段三：1996—2010 年，水利工程设计全部委托有资质的设计院完成。参加设计的单位有天津市水利勘测设计院、黄河勘测规划设计有限公司天津设计院分院、河北省水利水电勘测设计研究院等。

1991—2010 年武清区水利工程设计情况见表 7-2-64。

表 7-2-64　**1991—2010 年武清区水利工程设计情况表**

项　目　工　程	设　计　单　位	年份
蒙村橡胶坝工程	武清县水利局设计室	1991
上马台水库工程进水闸和办公楼工程	蓟县水利局设计室	1992
西安子橡胶坝工程	武清县水利局	1996
防洪维护工程	武清县水利局	

续表

项 目 工 程	设 计 单 位	年份
龙凤河除险加固	天津市水利勘测设计院	1997
镇东雨水泵站	泰兴市同创建筑设计（咨询）有限公司	
水毁度汛工程	武清县水利局	1998
西部防线（一期）工程建筑物	天津市水利勘测设计院	1999
青龙湾减河除险加固工程	天津市水利勘测设计院武清设计事务所	
小韩村橡胶坝工程	武清县水利局	2000
防洪圈一期工程	武清区水利建筑公司	
永定新河南遥堤加固	天津市水利勘测设计院	
龙凤河复堤工程	天津市水利勘测设计院武清设计事务所	2001
九里横堤至十里横堤抢险路面及排水工程	天津市顺帆工程技术咨询有限公司	2002
第一污水处理厂	广东新晟环保投资集团有限公司	
武清区北运河徐官屯除险加固一期工程	天津市水利勘测设计院	2004
武清区应急供水管网工程	河北省水利水电勘测设计研究院 天津工程咨询分院	
武清区北运河徐官屯除险加固二期工程	天津市水利勘测设计院	
武清区新房子橡胶坝工程	天津市水利勘测设计院	
第二污水处理厂	广东新晟环保投资集团有限公司	2005
北运河武清城区段2006年河道综合整治工程	河北省水利水电勘测设计研究院 天津工程咨询分院	2006
武清区北运河水环境整治工程前进桥 橡胶坝工程	河北省水利水电勘测设计研究院石家庄分院	
北运河武清城区段滨水景观建设工程	北京绿都园林设计有限公司	
机场排河城区段治理工程	天津市水利勘测设计院武清设计事务所	2007
武清城区三支渠治理工程	天津市水利勘测设计院武清设计事务所	
武清城区东排渠综合治理工程	天津市水利勘测设计院武清设计事务所	
西界渠泵站	天津市公路工程设计研究院	
泉达路泵站	天津市公路工程设计研究院	
建设路涵洞泵站	天津市城建设计院	
武清区上马台水库除险加固工程	河北省水利水电勘测设计研究院石家庄分院	2008
武清城区五支渠治理工程	天津市水利勘测设计院武清设计事务所	
武清区八孔闸橡胶坝工程	河北省水利水电勘测设计研究院石家庄分院	

续表

项 目 工 程	设 计 单 位	年份
南蔡村橡胶坝工程	河北省水利水电勘测设计研究院石家庄分院	2008
武清区东外环北运河主槽改线工程	天津市水利勘测设计院武清设计事务所	
北京排污河及龙凤河故道堤顶路面工程	天津市水利勘探设计院武清设计事务所	
强国道污水泵站	天津市市政工程设计研究院	
运东雨水泵站	中信建筑设计（北京）研究院有限公司	
第三污水处理厂	广东新晟环保投资集团有限公司	
第四污水处理厂	天津市联合环保工程设计有限公司	
运东干渠（徐官屯闸至津蓟铁路）工程	黄河勘测规划设计有限公司天津设计院分院	2009
武清区北夹道扬水站更新改造工程	河北省水利水电勘测设计研究院石家庄分院	
武清区郎庄子泵站拆除重建工程	河北省水利水电勘测设计研究院唐山分院	
天津市北运河东泵站更新改造工程洪庄子泵站工程	河北省水利水电勘测设计研究院	
北运河秦营闸及渠道改造工程	河北省水利水电勘测设计研究院石家庄分院	
天津市武清区农村饮水安全工程	河北省水利水电勘测设计研究院天津工程咨询分院	
运东干渠（徐官屯闸至津蓟铁路）工程	黄河勘测规划设计有限公司天津设计院分院	
武清区北夹道扬水站更新改造工程	河北省水利水电勘测设计研究院石家庄分院	
武清区郎庄子泵站拆除重建工程	河北省水利水电勘测设计研究院唐山分院	
天津市北运河东泵站更新改造工程洪庄子泵站工程	河北省水利水电勘测设计研究院	
北运河秦营闸及渠道改造工程	河北省水利水电勘测设计研究院石家庄分院	
天津市武清区农村饮水安全工程	河北省水利水电勘测设计研究院天津工程咨询分院	
武清区龙凤河马道桥橡胶坝工程	河北省水利水电勘测设计研究院石家庄分院	2010
天津市北运河东泵站更新改造工程东汪庄泵站工程	河北省水利水电勘测设计研究院	
天津市北运河东泵站更新改造工程蜈蚣河泵站工程	河北省水利水电勘测设计研究院	
天津市武清区农村管网入户改造工程	河北省水利水电勘测设计研究院天津工程咨询分院	

第三节 水利普查

2010年9月，按照国务院第一次全国水利普查工作的总体要求和天津市水利普查工作的安排部署，武清区水务局开展水利普查工作。按水利普查时间节点要求，完成了前期准备阶段、清查登记阶段、填表上报阶段、成果发布阶段的各项工作任务。

一、普查内容

按照第一次全国水利普查的规定，第一次水利普查的时间为2011年12月31日24时，时期为2011年度。凡是2011年年末资料，如“2011年年末单位人员”等数据，均以普查时点数据为准；凡是年度资料，如“2011年供水量”等数据，均以2011年1月1日—12月31日的全年数据为准。依据普查内容，建立武清区基础水信息平台，进一步完善基础水信息标准和统计调查制度，建立健全基础水信息登记和台账管理系统，建立武清区基础水信息数据库，形成规范、统一、权威的基础水信息平台。

（一）河湖基本情况普查

查清武清区流域面积50平方千米及以上河流的名称位置、长度面积等基本特征，重点普查流域面积100平方千米以上河流比降、多年平均年降雨量和年径流量等水文特征，同时对重要区间流域（河段）进行普查。此专项由市水文中心开展普查，武清区做好协助工作。

（二）水利工程基本情况普查

以独立发挥作用的各类水利工程为普查对象，重点查清一定规模以上的各类水利工程的基本情况、工程特征、作用与效益及管理情况等，对规模以下的工程主要查清数量及规模情况。

水库工程：重点调查总库容为10万立方米及以上的水库工程，10万立方米以下的水库工程简单调查，仅查清其数量和总库容。

水闸工程：重点调查过闸流量5立方米每秒及以上的水闸工程；过闸流量1～5立方米每秒（含1立方米每秒）的水闸工程简单调查，仅查清其数量和过闸流量；过闸流量1立方米每秒以下的水闸工程不调查。

泵站工程：重点调查装机流量1立方米每秒或装机功率50千瓦及以上的泵站工程；装机流量1立方米每秒且装机功率50千瓦以下的泵站工程简单调查，仅查清其数量和规模。

引调水工程：重点调查跨独立水系且跨水资源三级区的引调水工程，不包括应急供水和临时生态补水的引调水工程。

堤防工程：重点调查堤防级别5级及以上的堤防工程，5级以下堤防工程仅查清数量及长度。

农村供水工程：重点调查供水规模200立方米每日及以上或供水人口在2000人及以上的集中式供水工程；供水规模200立方米每日以下且供水人口在2000人以下的集中式供水工程和分散式供水工程以村为单元调查其数量及供水规模。

塘坝工程：调查容积500立方米及以上的塘坝，以村为单元查清其数量、总容积及主要效益。

窖（池）工程：调查容积10立方米及以上、500立方米以下的窖（池）工程，以村为单元查清其数量、容积及主要效益。

（三）经济社会用水情况调查

采取规模以上用水户逐个调查与规模以下用水户典型调查相结合的方式，结合流域和区域经济社会发展主要指标调查，查清各行业用水情况以及生态环境用水状况。

居民生活用水户：以镇、村为单元，采用PPS抽样方法，抽取100个典型居民生活用水户（包含城镇和农村居民用水户）进行调查，主要调查用水人口、用水来源及用水量等。

灌区：重点调查万亩以上的灌区及2000～5000亩的灌区；根据规模及以上灌区灌溉面积占灌区总灌溉面积的百分比和规模以下灌区总数，采用PPS抽样方法，抽取规模以下灌区进行调查；主要调查灌溉面积、取水量及用水量等指标。

规模化畜禽养殖场：重点调查大牲畜大于等于100头（匹）、小牲畜大于等于500头、家禽大于等于15000只的规模化畜禽养殖场，主要调查牲畜存栏数和用水量等。规模以下不调查。

公共供水企业：对所有城镇供水企业和日供水量超过1000吨（或用水人口超过1万人）的农村供水企业进行调查，主要调查供水企业的水源类型、用水人口、取水量、供水量等。

工业用水户：重点调查给定标准以上工业用水大户。根据各地工业企业用水情况将用水大户的确定标准分为年取水量5万立方米以上，用水大户以外的其他工业用水户，区分高用水工业和一般工业，采用PPS抽样方法，抽取典型工业用水户进行调查。主要调查工业总产值、从业人员、主要产品用水量、取水量和排水量等。

建筑业和第三产业用水户：重点调查年取用水量不小于5万立方米的第三产业机关及企事业用水大户，用水大户以外的第三产业用水户抽样调查，采用分层随机系统抽样方法确定；建筑业只选取一定数量的建筑业企业进行典型调查（一般选取5～10个）。主要调查服务领域、主要社会经济指标、用水量和排水量等。

（四）河湖开发治理保护情况普查

重点调查河流取水口及取水量、地表水水源地及供水量、河流湖泊治理及水功能区划、入河湖排污口及入河湖废污水量等情况。

河流取水口：普查范围为河流（含河流上的水库）上的所有取水口，重点调查取水流量0.2立方米每秒及以上的农业取水口和年取水量15万立方米及以上的其他取水用途取水口，主要包括取水口的基本情况、取水用途及取水量、取水许可及管理等；规模以下取水口仅查清数量及取水量。

入河排污口：普查范围为河流上的所有入河排污口。重点普查规模以上（入河废污水量300立方米每日及以上或10万立方米每年及以上）的入河湖排污口基本情况、排污口设置许可情况、污水类型及入河湖废污水量等。规模以下排污口仅查清数量。

（五）水土保持情况普查

查清武清区土壤侵蚀（水蚀类型）的分布、面积和强度，主要水土保持措施的数量、分布及治理等情况。

土壤侵蚀普查：按水蚀侵蚀类型，主要内容包括土壤侵蚀影响因素的基本状况。

水土保持措施普查：以村为单元调查基本农田、水土保持林、经济林、种草、封禁治理等各类措施面积以及淤地坝、坡面水系、小型蓄水保土等工程措施情况。分析各种治理措施的状况、数量及分布情况。

（六）水利行业能力建设情况普查

普查范围为武清区境内从事水利活动的机关、事业单位、企业、社会团体等法人单位以及乡镇水管单位，包含水行政主管部门管理的从事非水利活动的法人单位。重点调查水利系统内各类单位的名称、类型等基本情况，以及主要业务活动、人员情况、供水指标、资产财务状况、资质情况、信息化情况等；水利系统外单位简单调查。

（七）灌区专项普查

以行政村为单元，查清武清区灌溉面积、2011年实际灌溉面积及高效节水灌溉面积等情况。重点调查133.33公顷及以上灌区，主要调查灌区整体情况，包括灌区概况、灌溉面积、管理情况等；调查灌排渠系状况，133.33公顷及以下灌区，主要查清其数量、灌溉水源类型及灌溉面积等情况。

（八）地下水取水井专项普查

全面查清武清区地下水取水井的数量、分布及取水量等情况，查清地下水水源地情况。

取水井分为机电井和人力井。重点调查规模以上机电井（包括井口井管内径200毫米及以上的灌溉机电井、日取水量20立方米及以上的供水机电井），查清水井位置、埋深、水泵型号、地下水类型等基本情况，水源类型、取水用途及取水量等取水状况以及管理情况；规模以下机电井和人力井以村为单元调查，主要查清数量、取水量及供水效益等情况。

调查日取水能力在0.5万立方米及以上的地下水水源地，查清其位置、地下水类型等基本情况，取水用途、取水量等取水状况以及管理情况。

二、普查技术路线及步骤

（一）总体技术路线

本次普查任务按“在地原则”，以镇街为基本工作单元，全区水利普查共划分为30个区级普查分区，即29个乡镇街及1个开发区，各普查分区设普查工作组，以村为基础清查登记、以乡为单元填报复核、以区为整体汇总审查。采取全面调查、抽样调查、典型调查和重点调查等多种调查形式。遵循内外业相结合的原则，充分利用已有的基础资料，积极开展部门之间的协作与交流。分析整理基层的普查数据，以镇街为单元进行填报，并对填报数据进行审核、检查、订正，完成数据录入、转换，逐级上报审核、逐级汇总分析。

（二）普查步骤

本次普查采取“先清查、再全面调查”的方式，分为前期准备、清查登记、填表上报、成果发布4个阶段进行。

前期准备阶段（2010年9—12月）。主要包含成立普查机构、落实普查人员、落实工作经费、编制普查实施方案和相关细则、开展普查培训、数据处理方案及开发普查软件、收集并处理基础数据以及宣传动员等环节。

清查登记阶段（2011年1—12月）。主要包含普查对象清查、建立动态指标台账和全面调查等环节，全面获取普查数据。

填表上报阶段（2012年1—6月）。主要包括普查数据填报、审核、录入及成果汇总协调等环节。

成果发布阶段（2012年7—12月）。主要包括普查成果逐级抽查验收、普查资料分析整理汇编、普查数据管理和空间数据库建设、普查成果验收和成果总结发布等环节。

三、普查阶段及最终成果

（一）前期准备阶段

1. 普查机构

2010年9月，按照市水普办统一安排，成立武清区第一次全国水利普查领导小组，小组成员10人，领导小组下设办公室，办公室设在水务局，具体负责水利普查日常工作。同年11月，武清区第一次全国水利普查领导小组办公室开始工作。

武清区第一次全国水利普查领导小组组成：

组　长：张　勇（区长）

副组长：苗玉刚、张宗启（副区长）

水务、统计、计委、农委、财政、环保、规划、国土等单位主要领导为成员。

武清区第一次全国水利普查领导小组办公室组成：

办公室主任：邵士成（区水务局副局长）

技术总负责人：张月（节水科科长）

河湖开发治理保护专项负责人：李琛（河道管理所）

水工专项负责人：王文波（河道管理所）

经济社会用水专项负责人：张爽（水资源科）

水土保持、灌区和水利行业能力建设专项负责人：陈钊（水利技术推广中心）

地下水取水井专项负责人：郭学芝（地下水资源管理站）

2. 普查队伍

搭建三级普查网络，即区水普办—镇街普查分区工作组—村级普查小区普查员，其中区级普查指导员以水务局基层单位技术骨干为主，还包括统计局、环保局、国土局等成员单位技术骨干，乡镇级普查指导员主要由乡镇统计员、水利管理站人员兼任，普查员由各村村长或会计兼任。至2012年6月，全区水利普查实际参与人数约1016人，其中普查指导员118名，普查员898名。

3. 普查培训

制定培训方案，编制培训教材，组织开展了水利普查第一阶段和第二阶段区级两员培训，督促各普查分区完成了针对村级普查员的培训工作。普查期间全区累计参加培训人员1230人次。其中参加国家级培训14次，共15人次；参加市级培训31次，共129人次；举办区级“两员”培训2次，专业技术培训2次，共360人次；乡镇自行培训20次，共726人次。全区118名普查指导员和688名普查员经过培训全部取得上岗资格，为确保水利普查工作有力、有序推进奠定了基础。

4. 宣传动员

制定宣传计划，利用多种媒体，多方式、多角度地深入宣传。普查期间，共举办了现场宣传6次，接待咨询群众3000余人次，发放宣传材料6000余份。入户宣传，悬挂宣传条幅20幅，张贴宣传画500幅，发放水利普查宣传文件袋3000份。编发水利普查工作简报36期，利用武清政务网及时通报普查工作进展。

（二）清查登记阶段

1. 建立台账

按照《台账建设技术规定》，本着“谁管理，谁填报”的原则，确定台账表填表单位，由各普查分区组织指导取用水单位获取取用水数据，要求相关取用水单位安排专人负责取用水量台账管理。最终全区共确定正式台账对象381个，辅助台账对象7741个。为确保地下水台账数据的准确、真实，组织专业人员开展了典型井测流工作，选取了68种不同类型的取水井，利用超声波流速仪进行测流，区分了用电量法和开泵时数法，获得了第一手的实测数据，为地下水取水井的出水量计算提供了最可靠的依据。

2. 对象清查

制定下发了《武清区第一次全国水利普查清查登记阶段工作计划》《武清区第一次水利普查数据处理工作方案》，在清查中实行技术指导和责任包抓全程跟踪制度，区水普办抽调专业技术骨干，成立了督导检查工作组，对重点普查分区开展清查工作的督导检查，及时督促进度，解决问题。

与统计局、工商局、工经委、农委、建委、环保局等相关单位沟通协调，收集整理第二次全国经济普查、第一次全国污染源普查、第二次全国土地调查、第二次全国农业普查等相关基础资料，按照普查分区编制各类清查对象的初始名录，并分割下发至30个普查分区，作为清查工作的基础。

按照“在地原则”开展“地毯式”清查。根据清查初始名录，内外业相结合，采取实地调查、档案查阅、对象访问、普查工作底图核对等方式进行清查登记。

3. 清查成果

经济社会用水专项：对37个规模以上工业用水大户（用水量5万吨以上的）、106个典型工业用水户、规模以上第三产业用水大户（用水量5万吨以上的）10个、一般第三产业典型用水户95个、建筑项目共挑取5个武清区境内的2011年在建项目；规模化养殖场共计77个；公共供水企业在武清区境内共计19个；居民生活用水按照武清区城市化水平18%规模抽取24个城镇居民用水户和96个农村居民用水户。

河湖开发治理专项：129个取水口，治理保护河段8段214.51千米，排污口53个。

水利工程专项：最终确定清查对象水库2个，水闸310个，泵站495个，引调水工程1处，堤防8段，总长310.4千米，农村供水工程95处，塘坝6个。

水利行业能力专项：填表单位52个，不填表单位18个，清查对象共70个，其中机关3个、事业单位23个、企业27个、非法人单位17个。

地下水专项：机井共计15234眼，其中规模以上6217眼、规模以下9017眼。规模以上地下水水源地只有1个，即下伍旗水源地，设计规模为5万立方米每日。

灌区专项：共计23个，其中规模以上22个、规模以下1个。

水土保持调查单元：5个。

（三）填表上报阶段

普查数据的获取。2012 年 1 月正式进入填表上报阶段，期间完成了各类普查表静态数据的采集、初审、录入，录入工作完成后运用国普办下发的“水利普查数据审核辅助软件”及“汇总审核软件”，对所有数据进行了机审，机审后下发机打表，要求普查指导员对普查底表数据进行复核，复核后各普查分区组织普查指导员及普查员入户进行正式表的填写、盖章、签字。至 4 月 28 日完成普查表正式表的回收，截至 6 月 30 日，完成了各类数据的汇总审核分析工作，并上交了所有专项的审核分析报告及成果报告，填表上报阶段主体工作完成。

空间数据标绘。对 7528 个对象在电子底图上进行标绘，至 6 月 25 日，完成空间数据标绘工作，并按照市水普办要求，将保密机及电子版成果、纸质成果全部上交。

普查成果数据。武清区除河湖基本情况外，最终确定的普查成果为水利工程普查对象 542 个，其中水库 2 座，水闸 112 座，泵站 111 座，引调水工程 1 个，堤防 8 段，农村供水工程 287 处，规模以上 95 处，塘坝窖池 21 处；经济社会用水普查对象 488 个，其中居民用水户 120 户，灌区 23 个，养殖场 77 个，公共供水企业 19 个，工业企业 139 个，建筑业及三产 105 个；河湖开发治理保护 144 个，其中河湖取水口 126 个，治理保护河段 8 段，入河排污口 7 个；水利行业能力 70 个，灌区 22 个，地下水取水井 6217 个，水土保持专项 5 个。

（四）成果发布阶段

2012 年 6 月底上交正式普查表后，国普办对数据成果进行了详细的审核，并提出审核意见，区水普办依据实际情况逐一填写审核说明。按照市水普办统一安排，编制了 7 个专项的《成果分析报告》及《武清区水利普查工作报告》，于 10 月全部上交市水普办。2012 年 10 月开始，安排专人着手整理普查数据档案，包括电子数据、清查纸质表、普查纸质表、标绘地图、汇总分析成果等各种技术类资料及管理类资料，对各种材料进行了分类整理、编码装订、复核、校对等一系列工作，共整理完成管理类档案 23 卷，专业类档案 144 卷，录入目录 3952 条，照片档案 85 张，整理电子文档 23 卷 4 盘。2013 年 1 月通过市水务局普查办档案验收。

第八章

科技教育

1991—2010年，武清区水利科技经历了引进、试验、推广、应用的发展过程。20年来共引进先进技术项目4项，推广应用科技项目5项，试验研究推广项目8项，共获得天津市、武清区科技进步奖5项，特别是推广低压塑料管道节水技术、微喷灌技术在蔬菜棚室中的应用以及修建橡胶坝，为武清获得经济效益和社会效益。截至2010年年底，共兴建低压输水管道长度为3742千米，控制面积41.07千公顷，占节水工程控制面积的80%。水利信息化建设自1993年由一点多址通信的简易塔到2000年建成的400兆集群系统，发展到2005年的800兆集群微波传输系统和雨情传输自动化，实现了防汛信息现代化、办公系统微机网络化。

第一节 科　　技

1991年前，水利技术研究与推广由局业务科室负责。1992年，经武清县编制委员会批准，成立武清县水利技术推广中心，同时各乡镇也成立了水利技术推广服务站，形成了区、镇、村三级水利技术推广服务体系，主要承担武清县内农村水利关键技术的引进、试验示范和推广。

一、科技试验、研究

水厂尾水回灌技术。武清区安全饮用水厂每生产2立方米的纯净水，要排放1立方米的尾水，造成了水资源的极大浪费。通过实地的调查研究，将尾水通过反渗透设备处理达到可回灌地下水标准后，经回灌加压系统，通过回灌井使尾水回灌地下，既节约了宝贵的地下水资源，又有效地改善了周边生态环境，对控制地面沉降也产生积极作用。

渠灌区管道灌溉系统关键技术课题研究。渠灌区管道灌溉系统关键技术就是以大口径塑料管道代替土渠输水的灌溉技术，在研究过程中又与恒压变频供水技术和袖式出水口地面闸管系统相结合，使渠灌区管灌技术得到了进一步完善。1997—1999年在梅厂镇与天津市水利科学研究所合作完成了天津市“九五”科技攻关项目“渠灌区管道灌溉系统关键技术研究”课题，试验田为100公顷，采用直径6英寸大口径PVC塑料管道代替土渠输水，与土渠相比可节水33%～50%、节地3%～5%、增产10%～22%。该项目2000年获"天津市水利局科学技术进步一等奖"，2001年获"天津市科技进步三等奖"（证书编号2000JB3—105）。

高效持续利用污水灌溉新技术。1998—2000年，与以色列水利研究院合作完成"中澳"合作研究项目"高效持续利用污水灌溉新技术"研究课题，试验地点在上马台镇董庄子村西，试验研究场地7公顷，利用运东干渠污水作为污水水源，时间两年。成果表明：该技术处理污水采用物理和生物作用方法，处理效果良好，无二次污染，规模建设可大可小，针对性强，易处理而且投资小，操作方便，运行费用低，其经济效益、环境效益和社会效益非常明显。

高效持续利用污水灌溉新技术研究。1998—2000年，与天津市水利科学研究所、北京市水利科学研究院、澳大利亚合作完成"高效持续利用污水灌溉新技术"研究课题。试验区设在上马台镇董庄村，占地2公顷，基础设施建有污灌泵站、污灌管道以及集水管道、集水井、集水池等，投资20万元。它是对特定区域上的特定植物进行超定额污水灌溉，并将污水有害成分经过土壤过滤、微生物分解以及植物吸收等作用使污水净化达到灌溉水标准，再收集起来，从而使污水得到持续利用的新技术。试验结果表明：该技术对生活污水处理效果良好，对污染物去除率较高，尤其是磷氮去除率在87%以上。其针对性强，易处理，而且投资小、操作方便、运行费低，很适合现阶段社会经济发展的需要，其经济效益、环境效益和社会效益非常显著。

渗灌节水关键技术研究。2003—2008年，武清区水务局与天津市水利科学研究所合作完成天津市水利局科技攻关项目"渗灌节水关键技术研究"课题。"渗灌节水关键技术研究"项目针对保护地蔬菜和果树灌溉的实际应用，首次提出了渗灌管设计流量的计算方法；开发研制出低压大流量渗灌管和具有低压补偿性能的大流量稳流器；提出了果树、保护地蔬菜渗灌的工程建设模式。试验区设在武清区大王古庄镇大营村0.8公顷果园，将新研制的渗灌管环树布置于地下40厘米，采用机井供水，较好地解决了渗灌管易堵问题。与传统漫灌方式相比，渗灌技术可节水约60%，每亩省工9工时，增产25%。该课题2007年获"天津市水利局科技进步二等奖"。2008年1月23日，市科委主持召开了"渗灌节水关键技术研究"项目鉴定会。专家组成的鉴定委员会听取了项目组的研究工作汇报，进行了质疑，经讨论一致认为该项目技术路线正确，鉴定材料完整齐全，研究目的明确，数据可信，符合鉴定要求，成果达到国内领先水平。并获"天津市科技进步三等奖"（图8-1-2）。

农村生活污水土地渗滤处理技术试验示范。2008—2010年，武清区水务局与市水务局农水处、南开大学、日本筑波大学合作完成市农委科技成果转化试验示范项目"农

图 8-1-2 “渗灌节水关键技术研究”项目

村生活污水土地渗滤处理技术试验示范”。工程建设在武清区梅厂镇灰锅口明珠别墅区南，占地面积 400 平方米，建有取水井、调节池、渗滤池、集水井等设施，于 2008 年 10 月投入使用，日处理污水 50 吨。通过两年的观测，效果良好，并于 2010 年年底通过专家组验收。结论为该项目适合天津农村实际，运行过程稳定，出水水质良好，达到了《农田灌溉水质标准》(GB 5084—2005)，得到了土地渗滤处理填料最佳比例为锯末、陶粒、炉渣、土壤为 1∶2∶2∶5。该技术的试验成功，为北方农村分散式处理污水提供了科学依据和示范作用。

棚室滴灌与管灌对比试验。2009—2010 年，与天津市水务局农田水利管理处在武清区大良镇进行了“棚室滴灌与管灌对比试验”，试验面积 15.33 公顷，试验结果表明节水率 60%、节电 30%、节工 70%，亩增效益 400 元。试验过程中，以水表计量方式实施灌溉，达到了精确灌溉的目的，具有极大的推广价值。

玻璃钢给水栓试验。2010 年，与天津市水利科学研究院合作完成“玻璃钢给水栓”研究课题。该项目针对管灌用铁制给水栓易腐蚀、易被盗问题，开发出了浇注外接式玻璃钢给水栓和注塑外接式全转向玻璃钢给水栓。通过田间试验，玻璃钢给水栓具有重量轻、耐腐蚀、使用寿命长、不被盗等特点，并且使用和施工方便，使管灌系统不断得到完善，具有广阔的推广前景。

二、技术引进、推广

(一) 远传计量水表

2010 年，根据中共中央、国务院《关于加大统筹城乡发展力度 进一步夯实农业农村发展基础的若干意见》文件中关于地下水资源管理的有关规定精神，对取水实行最严格的水资源管理制度，确立用水效率控制红线，把节水工作贯穿到经济社会发展和生产生活的全过程，严格计划用水管理与控制地下水开采，突破水资源管理中水量基础数据不翔实的主要问题。对辖区 22 个单位、42 块远传计量水表进行了安装更换。通过安装远传计量水表，可以随时查看用水户的用水情况，发现异常可及时处理，节省了大量的人力、物力，极大地提高了工作效率，提高了开采量统计的准确性及地下水资源费征收率。

（二）全自动水位观测设施

2008年，共计17眼机井安装了新型全自动水位观测系统，分布于武清区崔黄口、下朱庄、曹子里、王庆坨镇和下伍旗水源地。系统运行后，实现了对水位观测数据的实时跟踪，节省了人力、物力，提高了水位观测工作的效率。地下水水位观测地点的增加扩大了地下水水位的观测范围，进一步完善了地下水水位观测系统，为领导决策提供了更为翔实可靠的依据。

（三）供水新技术应用

1999年，在城区河西片建立供水管网测压系统。该技术是在管网上合理布置自动水压记录仪，定时收集测压记录值，作为水量调度和机泵开停的主要参考依据，随时调整出厂压力。2000年在城区河西片建成数据采集通信系统并运行，水厂操作人员可以在水厂控制室监测厂内水池水位、进厂流量、出厂流量、出厂压力等信息及加压泵组运行情况。2005年将管网测压系统升级，除水压系统外增加了管网流量、水质浊度、管网变流的实时监控，并将信息传送至操控室，实现了24小时供水在线管理，使城市供水管理实现自动化和信息化。

推广使用智能水表。2006年，在城区新建小区启用IC卡预付费智能水表，是传统水表的换代产品。IC卡水表以IC智能卡为载体，在管理系统与智能水表间双向传递数据，在水表上能实现购水显示、控制、报警提示等多种功能，使供水计量更加准确，降低供水漏损率。

改进供水消毒工艺。为解决供水消毒液氯在运输、储存、使用过程中危险性大和管网末梢余氯高的问题，2006年城区河西片和2007年城区河东片相继将液氯消毒工艺改为二氧化氯发生器净水技术。二氧化氯作为一种强氧化剂，它能有效破坏水体中的微量有机污染物及有机硫化物氧化有机物时不发生氯代反应，它具有高效、强力、快速、持久、广谱、灭菌、无毒、无刺激、安全、广泛的优点，是国际公认的氯系消毒剂中最理想的更新换代产品。管网末梢余氯达标，并且操作简便。

引滦水制水工艺监控系统。1999年，开发区自来水公司（即逸仙园净水中心）采用制水工艺流程监控系统，主要为两点加氯、一点补氯、一点加药和滤池过滤。在制水工艺模拟大屏上，调度人员可随时观察到整个制水过程中的数据变化，适时调整工艺流程，保证供水水质达标。

（四）棚室微型管灌技术

棚室微型管灌技术就是利用小口径PVC塑料管道代替土渠输水，然后根据作物种植的分布方式在输水管道上设置出水口，出水口与毛管相连，在毛管上安装灌水器，并将水输入渗沟达到灌溉的技术。1997—1998 年，在 32 个乡镇 100 公顷棚室试验“棚室微型管灌技术”创新项目。此项技术解决了传统的土渠灌溉造成的湿度过大、易发生病虫害及微滴灌投资高、维护保养困难等不足。试验结果显示：节水 47.25%、节地 7.7%、增产 15.4%，亩均增值 2000 元，与滴灌相比，投资降低 60%，水源条件等适应性更强。2001 年 3 月，该项目经武清区科学技术委员会专家组认定为科技成果，同时获“武清区科学技术进步三等奖”，论文获“天津市水利学会第九届学术论文优秀奖”。

（五）袖式出水口地面闸管系统

2000 年，在分析国内外地面闸管系统优点、缺点的基础上，水利技术推广中心主持创新了袖式出水口地面闸管系统，主要解决出水栓以下田间配水问题。其系统由身管和袖管组成，身管长 50 米，袖管长 1 米，以间距 5 米附在身管上，材料为防雨绸，重约 6 千克。该系统不仅造价低，而且使用特别方便，作为管灌技术的重要组成部分，无论是井灌区管灌还是渠灌区管灌，全部实现了输水完全管道化，使节水率提高了 3%，节地率增加了 0.6%～1.6%。2001 年 3 月，袖式出水口地面闸管系统经武清区科学技术委员会认定为科技成果，并获“天津市武清区科学技术进步一等奖”。该项目在陈嘴、曹子里等乡镇使用推广 1.07 千公顷，效果良好。

（六）渠灌区管灌技术与恒压变频供水连接技术

2000 年，在泗村店镇齐庄村 46.67 公顷推广“渠灌区管灌技术与恒压变频供水技术”连接技术获得成功。试验结果表明：系统运行可靠，自动化程度高，运行更加节能，管理更加方便。该技术在梅厂镇灰锅口等村进行了推广。

（七）膜下微灌技术

1992 年初，武清县水利技术推广中心引进了膜下微灌技术并在灌溉试验场试验田进行试验，试验的品种为西瓜和葱头，试验田为西瓜 0.13 公顷，葱头 0.02 公顷。膜下微灌技术就是在塑料薄膜的下方埋设 PVC 小管，通过重力作用将水输送到植物根部。此试验历时 5 年，与膜上大水漫灌相比，可节水 181 立方米每年亩，年节水率 45.3%，每亩增加效益 298.2 元。

（八）“旱地龙”抗旱剂技术

旱地龙植物抗旱生长调节剂的主要成分是黄腐植酸，具有较强的抗旱作用，是水利部重点推广项目。1997 年，武清县排灌管理站按照天津市水利局农田水利管理处的要求，进行“旱地龙”抗旱剂的应用试验和推广，主要是在冬小麦和棉花两种作物上进行。到 1998 年这项技术又由武清县水利科技推广中心进行试验推广，农作物又增加了大白菜、黄瓜等蔬菜类。通过与不施用“旱地龙”的作物对比，增产明显。冬小麦增产 9%～15%，夏玉米增长 12%～20%，大白菜增产 20%～30%，黄瓜增产 20%～35%，且各项生产指标均明显优于未使用“旱地龙”抗旱剂的农作物。2001 年“旱地龙”抗旱剂使用面积达到 580 公顷。

（九）橡胶坝

橡胶坝又称橡胶水闸，是用高强度合成纤维织物作受力骨架，内外涂敷橡胶作保护层，加工成胶布，再将其锚固于底板上成封闭状的坝袋，通过充排管路用水（气）将其充胀形成的袋式挡水坝。坝顶可以溢流，并可根据需要调节坝高，控制上游水位，以发挥灌溉、发电、航运、防洪、挡潮等效益。相对于传统的节制闸，它具有修建工期短、投资较小、维修保养方便等优点。橡胶坝作为水位调节的水利工程，近年来在河道上得到了广泛的应用。自 1991—2011 年，武清区内各级河道上修建了 7 座橡胶坝。

（十）低压管道输水灌溉技术

1996 年，天津市“十万亩低压管道输水灌溉技术推广”项目为市农委重点推广项目，由市水利局农水处承担。在武清下伍旗、河西务、大王古、高村 4 个乡镇建设推广 666.67 公顷，铺设低压管道 90 千米。该项目经过天津市水利局验收评比，1997 年获“天津市水利局科技推广一等奖”。

第二节 信息化建设

一、防汛信息化建设

（一）通信建设

武清区防汛抗旱指挥部办公室（简称武清区防办）设在武清区水务局，负责日常防汛工作，同时也兼防汛指挥中心、洪水调度中心、信息采集中心。20 世纪 90 年代初，武清区防汛信息化建设初期是有水利专用线路连通各闸站进行相互联络，便于指挥调度。但受气候条件的限制，影响正常通信联系，设备老化失修，不能正常使用。到了 90 年代初，水利防汛通信改用无线电台联络，之后发展到微波技术的应用。1993 年天津市水利局在武清县水利局（海河大楼原址）后院建成高 15 米的简易通信塔，并建成了一点多址通信系统，大大提高了防汛通信能力。

2000 年 7 月，将 15 米简易通信塔拆除，在原址建 30 米发射塔 1 座，由水利部海河委员会投资，对武清区水利局的一点多址通信系统进行升级，建成 400 兆准集群系统，并配套建设 12 个通信点和 2 个移动车载台。总站设在武清区防办。

2003年，建成使用800兆数字集群通信系统，并配套建设数字微波系统、通信塔，后因与海河委员会通信系统整合，通信塔进行重建。是年4月，由原30米铁塔增至75米，海河委员会与市水务局、武清区共用这座通信塔。

2005年，海河委员会在通信塔上增建数字微波系统，为天津市水利局800兆系统提供链路。

2008年，为满足区防汛要求，武清区防办先后自主投资建设了400兆直呼系统，辐射到相关闸站，主站设在区防办。

2010年，武清区水务局局址拆迁，将通信塔移至东州扬水站，相应的无线通信设备全部拆除。

（二）雨水情自动测报系统

1991—2006年，武清区降雨量和河道水位的测量、采集、上报均采用人工，测报存在着不及时、误差大等不足。为了改变这种状况，提高管理水平，武清区水务局于2006年6月投资200万元初步建成八孔闸水文监测中心1座，防汛会商室1处，21座国有区管闸、涵、橡胶坝和29个乡镇政府所在地安装22部水位自动测报站、32部雨情自动测报站、4个视频监测站，覆盖全区29个乡镇、4条一级河道和7条二级河道的防汛信息化系统，实现了防汛信息现代化，为领导决策提供了科学依据。

武清区第一期雨水情自动测报系统建设内容明细见表8-2-65。

表8-2-65 **武清区第一期雨水情自动测报系统建设内容明细表**

序号	坐落河流	站点名称	建设内容			
			上游水位	下游水位	雨量	视频监控
1		区防汛指挥调度中心			●	
2		八孔闸水文监测中心				
3	龙凤河	筐儿港倒虹吸（上）	●			●
4	北运河	六孔闸	●		●	●
5	北运河	十一孔分洪闸				●
6	龙凤河	里老闸	●		●	
7	龙凤河	防潮闸	●	●		
8	北运河	秦营进水闸	●			
9	青龙湾	狼尔窝分洪闸	●			●
10	凤河西支	韩村橡胶坝	●			
11	北运河	北郑庄水站	●			
12	北运河	南夹道	●			

续表

序号	坐落河流	站点名称	建设内容			
			上游水位	下游水位	雨量	视频监控
13	北运河	辛庄橡胶坝	●		●	
14	龙凤河	大南宫节制闸	●			
15	龙凤河	大三庄节制闸	●			
16	龙北新河	东马圈水利站	●			
17	龙凤河	陈赵庄水站（上）	●	●		
		陈赵庄水站（下）				
18	北运河	徐官屯进水闸	●			
19	龙河	小谋屯水站（上）	●			
20		五支	●			
21		上马台水库		●		
22		北夹道水站		●		
23	龙凤河	新房子	●			
24		28个乡镇街			●	
总计			18	4	32	4

注　1. 防潮闸上下游采用雷达式水位计。

2. ●代表建设内容。

二、机关信息化建设

机关信息化包括三个方面，一是与天津市水利局连接的局域网；二是与武清区政府连接的局域网；三是外网。

2003年，武清区水务局实现与天津市水利局的网络联通，用1台计算机通过电话线连入市水利局，实现了与市水利局收发文件自动化。2011年7月1日联通方式由电话线连入改为联通2兆专用网络光纤。

2004年6月，为达到无纸化办公要求，铺设了2兆光纤，配置1台内网交换机和2台计算机与武清区政府及各乡镇委局相连形成局域网，并安装了OA系统，其中1台用于收发文件，另1台用于下载电子表格及文字电子版。同时配置了1台外网交换机和15台计算机连入外网，用于利用邮箱收发文件、外网宣传、查阅资料等，基本满足了水利业务需求。

2008年10月，开通了武清区水务局信息网和政务信息公开网，作为武清区水务局对外宣传和实施政务公开的重要平台，公开内容包括信息公开目录、基本信息、领导信息、内设机构、主要职责等，通过平台可使公众参与交流并及时解答群众疑惑或解决其遇到的问题。

第三节 职工教育

一、学历教育

1991—2010年，武清区水务局共有职工642人。1991—1993年职工教育是以内部培训为主。1994年选派4名职工挂职参加了天津市水利学校职工中专班学习，学制为全脱产学习三年，并取得中专毕业证书。1995年，5人取得河海大学举办的全国水利专业函授大专班并取得毕业证书。1996—2010年，255名干部职工参加了武清区党校、成人高考、网络教育、电大等举办的大专、本科及研究生班、大学函授班学习，其中研究生学历6人，本科学历60人，大专学历189人。

二、技能培训

武清区水务局为适应社会主义市场经济体制的要求，从1995年5月开始逐步在各基层事业单位中实行人员聘用制，实行定岗、定责，全部职工要进行技能培训，并确定专业技能等级。由于工种等级的不同，参加学习班的内容也不一致，因此，班级时间长短都不统一，最终都取得了结业证书，签订了聘用合同。

河道管理所、排灌管理站两个基层单位每年都要对职工进行一次电气设备、技能培训、考核。培训采取集中授课、现场操作为主，培训2～3天不等，考核及格、补考合格者发给操作证件，特殊工种还要参加武清区人力社保局举办的特殊行业工种培训班，合格者发上岗证。

1991—2010年，每2～3年组织水务局机关干部和基层单位骨干参加在汛前举办防汛抢险知识培训班，每次培训约80人。另外，采取“请进来、走出去”的方式，对干部职工进行安全、法治等其他专业培训。

1991—2010年，区水务局每年组织不少于2次执法人员学习培训，培训以《天津市水政监察培训教材》内容为主；每年选派执法骨干参加市水务局水政处、武清区政府法制办等部门举办的法律法规培训。

三、公务员培训

公务员培训包括公务员初任培训、处级公务员任职培训、公务员岗前培训和在职培训，均由武清区人力社保局组织。1995—2010 年共有 15 人参加了国家公务员初任培训、3 名处级领导干部参加了处级公务员任职培训、3 名军转干部参加了公务员岗前培训和 260 人次参加了机关公务员在职培训，培训考试均为合格，并发结业证书。

第九章

水利工程管理

武清区水利工程管理分为区级以上水利工程管理和乡镇小型农田水利管理。区级以上管理分为区管和区代管，主要由区水务局负责，内容包括河道堤防、大中小型闸涵、骨干渠道、国有国管扬水站、水库的工程维护管理。乡镇小型农田水利管理按行政区划分为乡管、村管，2000年天津市人民政府对小型农田水利工程产权制度进行改革，明确了产权，确定了管理范围及职权，2006年后各村相继成立农民用水者协会，真正把小型农田水利工程管理权交到农民手中。

第一节 乡镇农田水利管理

一、小型农田水利管理

1983年，党的十一届三中全会以后，农村实行家庭联产承包责任制，村集体土地和财务按照农村的人口平均分到农户，进行家庭式耕种，村集体的经济基本不存在，已运行的小型农田水利工程形成了有人用无人管的状况，面对这一日益严重的现象，武清县水务局积极组织乡镇水利站，研究对策，以使水利工程发挥长效。1983年年底，武清县水务局协同大王古庄镇水利站首先在大王古庄镇宋场、张场、董庄3个村进行了“井田制”的试点工作，所谓“井田制”就是以田养井，村集体以出让土地的方式作为管井人员的经济补偿，当时的补偿标准为每眼井0.5～1亩土地，管理人员负责组织灌溉和维修。同时在白古屯乡稍子营村，试点的方式是机井承包制，所谓机井承包制就是所有使用人负责管理和使用，由1人总负责，所有使用人员负责灌溉和维修，村集体不给予任何经济补偿。由于使用者是直接的受益者，对工程的管理积极性较高，同时村集体又甩掉了管理的负担，试点工作取得了成功。武清县水利局按照这一原则，很快在全县进行了管理方式的推广，此方式一直延续到1992年。

1992年，农村土地实行30年不变的承包制度，村集体土地全部分到农户，村集体没有土地出让，加上农业经济增效较慢，农民耕种土地的积极性受到影响，井田制和承包制受到较大冲击，农民对水利工程的管理也不像以前那样尽心尽力。当时的管理制度已不适合工程管理的需要，武清县水利局面对这一现状，积极调整管理方式，运行的水利工程管理权全部收回村委会所有，进行统一管理，各村选派责任心强、懂技术的人员作为本村的管水员，管护经费在每年的两工款（农民不能当农村义务工和劳动积累工而必须上交政府的补偿款）中提取。

2000年两工款取消，管理经费统一由乡镇政府拨付，为了减轻乡镇政府的经费压力，2006年天津市水务局试行开展农民用水者协会制度，水利工程的管理权限归农民用水者协会所有。2006—2010年全区在条件较好的村庄组建农民用水者协会25个，其他村庄仍延续以前的管理方式。2013年全区所有村庄全部实行了农民用水者协会制度。武清区水务局对小型农田工程的管理起到了积极的指导作用，村集体是工程管理的主体。

根据相关规定，农村集体经济组织或者其成员依法在本集体经济组织所有的集体土地或者承包土地上投资、兴建水利工程设施的，按照“谁投资建设谁管理”和“谁受益”的原则，对水利工程设施进行合理使用和管理。农村生活及灌溉用井的井权大多属于各村街，还有一小部分属于出资打井的个人，机井建成后的日常维护管理主要由井权人负责。水务部门定期选择部分机井进行水位测量及水质化验，并对部分农村集体经济组织的报废机井进行回填处理。

二、农民用水者协会

2006年，为探索和推进农民自主参与灌溉管理新模式，按照天津市水务局关于组建农民用水者协会的统一要求，7月，武清区在河西务镇包楼村、梅厂镇张大庄村、下朱庄街藕店村、崔黄口镇西曹庄村组建了4个农民用水者协会，协会旨在确保农村饮水安全，加强水资源管理，优化水资源配置，促进节约用水，协会成立伊始制定了协会章程，选举了会长、副会长、常务理事、会员等。机构成立后，明确了协会管理职责，包括农田灌排、抗旱除涝以及相应的水利设施维护等。是年，4个用水者协会组织了冬灌，灌后对水利工程进行了维护保养。河西务镇包楼村农民用水者协会根据村里的特点将普通电表更换成了磁卡智能电表，从此杜绝了电“字”衔接不清、抢水、拒交电费等情况的发生。改变了原来有人用、无人管的现状，提高了农民共同的管水意识，为水利工程的长久运行打下了坚实的基础，取得了良好的效益。截至2010年年底，相继组建了25个农民用水者协会，共涉及11个乡镇25村、5721户、19316人，管理面积2166.87公顷，机井218眼，节水灌溉面积1585.2公顷，小型水闸14座，灌溉泵站32座。截至2010年年底各协会制度健全，没有进行法人注册，其管理事物主要包括农田灌排、饮水、抗旱，以及相应的水利设施维护等。协会运行改变了原来农民认为建设维护是村集体的意识和浇地是自己的事的用水观念。同时也改善了干群、邻里的关系。

武清区农民用水者协会基本情况汇总见表9-1-66。

表 9-1-66　**武清区农民用水者协会基本情况汇总表**

组建年份	协会名称	村户数	农业人口数	灌溉面积/公顷	水源情况	机井数	泵点	节水面积/公顷	节水模式
2006	河西务镇包楼村农民用水者协会	173	654	74.3	地下	19		985	低压管道
	梅厂镇张大庄村农民用水者协会	574	1688	181.0	地表		4	1230	明渠、低压管道
	下朱庄街藕店村农民用水者协会	283	752	55.9	地表		2	620	明渠
	崔黄口镇西曹庄村农民用水者协会	183	705	82.9	地表		1	480	明渠
2007	河西务镇里庄村农民用水者协会	82	301	40.7	地下	15		541	低压管道
	河西务镇水牛村农民用水者协会	153	476	65.3	地下	20		725	低压管道
	河西务镇陆庄村农民用水者协会	75	214	31.5	地下	12			
	河西务镇瓦屋村农民用水者协会	325	976	131.7	地下	28		1050	低压管道
	河西务镇秦营村农民用水者协会	96	325	31.9	地下	9		300	低压管道
2008	梅厂镇王塘庄村农民用水者协会	329	1055	174.5	地表	1	4	1500	明渠、低压管道
	崔黄口东粮窝村农民用水者协会	434	1727	173.3	地表	3	3	1200	明渠、低压管道
	河西务镇韩庄村农民用水者协会	300	1017	74.7	地下	25			
	大王古庄镇小王古村农民用水者协会	349	1215	159.6	地下	23		1800	低压管道
	大王古庄镇聂营村农民用水者协会	408	1309	146.4	地下	18		2000	低压管道
2009	泗村店镇泗村店村农民用水者协会	704	2500	313.3	地表		7	4200	混凝土管道
	河西务镇五七村农民用水者协会	434	1362	64.0	地表		3	810	管灌
	上马台镇李凤庄村农民用水者协会	120	327	74.7	地表		3	1070	混凝土管道
	下伍旗镇马坊村农民用水者协会	426	1482	136.4	地下	35		860	管灌
	下伍旗镇丁庄村农民用水者协会	158	601	54.0	地下	24		400	管灌
	梅厂镇北王平村农民用水者协会	232	863	66.7	地表		3	1000	管灌
2010	曹子里乡郭家庄村农民用水者协会	389	731	100.0	地表			1500	混凝土管道
	大孟庄镇小王庄村农民用水者协会	261	362	18.7	地表			280	管灌
	大王古庄镇北刘庄村农民用水者协会	442	750	120.0	地下			1800	管灌
	大碱厂镇刘五庄村农民用水者协会	145	278	22.0	地下			330	管灌
	泗村店镇齐庄村农民用水者协会	389	614	80.0	地表			1200	管灌

第二节 骨干水利工程管理

武清区水务局是区政府水行政主管部门，承担着武清区内水利工程建设与管理职能。境内一级河道为市管河道，区水务局代管，2007年根据市政府批准的天津市水利工程管理体制改革实施方案，对本区境内一级河道管理单位进行调整，即北运河、青龙湾减河、龙凤河由天津市北三河管理处管理，永定河由天津市永定河管理处管理，区水务局受两处委托代管。二级河道堤防、国有闸涵、橡胶坝、骨干渠道由武清区河道管理所负责管理，国有国管扬水站由武清区排灌管理站负责管理，两座水库分别由上马台水库管理处、于庄水库管理所负责管理，城区排水泵站及管道由市政排水所管理。

一、河道闸涵、堤防管理

河闸管理所成立于1960年，1972年更名为武清县闸涵管理所；1977年成立武清县水利局河道管理所及闸涵管理所；1979年河道管理所与闸涵管理所合并，更名为武清县水利局河闸管理所；1990年武清县水利局河闸管理所更名为武清县水利局河道管理所；2007年更名为天津市武清区河道管理所。管理范围：代市水利局管理里老闸、大南宫闸、筐儿港节制闸、大三庄节制闸、龙凤河（北京排污河）防潮闸、狼尔窝分洪闸、十六孔分洪闸、老六孔节制闸、新三孔节制闸、倒虹吸、十一孔分洪闸、老米店节制闸12座闸涵，区管小型闸涵9座，穿堤闸、涵、管251座。2008年在堤防管理范围在原基础上又增加了20条主干渠道和天津市西部防线的九里堤、十里堤、方官堤。

河道闸涵、堤防管理模式按年份可分两种模式。

1993年以前管理模式为堤防闸涵联管模式，即以闸涵为中心划定河道堤防责任区进行管理的模式。1993年成立堤防管理站（局内部机制改革）建立水政执法中队，实现对堤防、闸涵分管模式。在堤防管理上，依照《中华人民共和国水法》（简称《水法》）建立健全各项制度，包括《堤防管理岗位责任制》《堤防管理达标制度》《堤防巡视检查制度》《堤防维修养护制度》《堤防技术管理制度》《堤防绿环管理制度》。堤防管理范围：一级河道4条，即北运河、龙凤河、青龙湾减河和永定河，河道全长184.8千米，堤防全长316千米，其中北运河左右堤全长106.587千米、永定河左右堤全长45.87千米、青龙湾减河右堤长26.36千米、龙凤河左右堤全长136.15千米。二级河道7条，即凤河西支、龙河、龙北新河、龙凤河故道、中泓故道、机场排河、狼尔窝引河，堤防全长170.7千米。闸涵管理范围、闸涵管理规定未变，增建了闸涵管理制度，即《闸管人员岗位责任制》《闸涵启闭制度》。制度执行到2007年。

2008—2010年管理模式恢复堤闸联管模式，堤防、闸涵管理人员重新编排，成立六个执法分队，即青龙湾减河段执法队，有成员6人，管理范围：青龙湾减河右堤5+900～32+160、狼尔窝引河、柳河、黄沙河；北运河上游段执法队，有成员7人，管理范围：北运河右堤0+000～39+000、北运河左堤0+000～30+000、黄沙河、秦营干渠、旗良排渠；北运河下游段执法队，有成员6人，管理范围：北运河右堤39+000～58+450，北运河左堤30+000～43+500，城区1支渠、2支渠、3支渠、4支渠、5支渠、6支渠、7支渠，东排渠，西界渠；龙凤河段上游执法队，有成员7人，管理范围：龙凤河右堤0+000～40+000、龙凤河左堤0+000～39+000、凤港引渠、凤河西支、北干渠、城关中干、四干渠、龙河故道；龙凤河段下游执法队，有成员7人，管理范围：龙凤河右堤40+000—71+700、龙凤河左堤39+000～69+850、柳河、运东干渠、拾梅引渠、黄沙河、排污南引渠、港北连接渠；永定河段执法队，有成员8人，管理范围：永定河右堤0+000～24+700、永定河左堤0+000～21+700、南遥堤、南排干、安武排渠、清北干渠、九里、十里横堤、方官堤、中泓故道、龙北新河、新龙河、增产河、龙凤河故道、二十八支渠、永南干渠、永南送水渠、六支渠、七支渠。各执法分队对堤防、闸涵、渠道进行统一管理。河道、堤防继续执行原有的相关制度。闸涵管理制定的新的管理制度为《闸涵管理及维修使用制度》《闸涵岗位责任制度》《闸涵技术管理制度》《闸涵巡视检查制度》《闸涵维修养护制度》《闸涵消防管理制度》。

二、堤防绿化管理

武清区堤防绿化管理主要指境内的一、二级河道堤防，堤防可分为代市管段和区管段、乡镇村管段，堤防总长度达到461.58千米。其中代市管段总长316千米，区以下管段长145.58千米，堤防绿化自20世纪70年代开始，在堤防栽杨树、榆树、柳树、槐树等，随着堤防管理队伍的加强，树木不断采伐更新，至1991年，植树造林活动出现新的高潮，大部分堤防上的“小老树”病死树进行逐步更新，1995年年底统计“小老树”病死树由50％减少到15％。市代管的堤防段树木全部达到更新，消灭了空白段。1999年永定河右堤复堤工程完工后，积极开展绿化植树活动，当年永定河右堤绿化植树5万余株。2008年武清地区爆发大范围的“美国白蛾”，堤防树木受到严重侵害，树木叶片被吃光、咬烂。堤防站管理人员积极组织人力、物力、消灭病虫害，历时一个月的时间，全面控制住“美国白蛾”在堤防上的漫延。1992—2010年，各级河道、堤防植树率达到100％。植树种类大部分以“中林”为主。

在管理上分两种模式：

集体管理模式。永定河右堤全长24.7千米，护路堤（0+000～9+100）9.1千米为市水利局规划绿化任务段。其他国有林堤段为龙凤河左堤（28+500～39+000）10.5千米、龙凤河右堤（30+500～41+000）10.5千米、龙凤河故道7.3千米。2000年归为国有林总量达到23.21万株，栽植、采伐均由河道所直接管理。

个体承包管理模式。1991—2002年，河道所与堤防附近的村委会签订堤防植树合同，由村委会管理堤防树木并办理采伐手续，河道所负责收取分成。2003年开始，树木栽植合同由河道管理所与承包人签订。一级河道合同绿化长度272千米，植树总量45万株，年均采伐量4000株。二级河道堤防绿化长度73.5千米，植树总量达到5.88万株，平均年采伐量500株。树木采伐后由承包人及时补栽。市水利局规定绿化任务段以外的堤段就近承包给堤防段附近的村民，与堤防站都签订了植树合同，合同规定河道所为甲方，承包人为乙方，承包年限为15～20年。2005年以前，树苗由河道所提供，2005年以后，由乙方自行采购。乙方负责堤防树木的栽植、维护、管理，堤防站负责监督指导，以保证树木成活率及绿化工作的正常进行。在承包期内，甲、乙双方均不能擅自砍伐堤防树木，如确实需要更新或成材后需要砍伐时，由乙方提出申请，经甲方同意并报上级主管部门批准后，持砍伐证明书，方可砍伐。砍伐树木时乡（镇）政府、河道所、承包人按1∶2∶7分成。武清区河道所2000年被评为“全国部门造林绿化400佳单位”。1992—2010年武清区一级河道堤防绿化情况见表9-2-67。

表9-2-67 **1992—2010年武清区一级河道堤防绿化一览表**

年份	河道名称	左堤/千米	右堤/千米	长度/千米	数量/株
1992	龙凤河	左堤		0.8	600
	北运河	左堤		0.5	1000
	青龙湾减河		右堤	0.24	350
	永定河	左堤		0.05	150
1994	龙凤河		右堤	5	10000
	龙凤河	左堤		4.5	9000
	北运河		右堤	1.8	4500
	青龙湾减河		右堤	0.607	1000
1995	龙凤河	左堤		3	3000
	龙凤河		右堤	8	8000
	北运河		右堤	1	1500

续表

年份	河道名称	左堤/千米	右堤/千米	长度/千米	数量/株
1996	龙凤河	左堤		3.4	5000
	龙凤河		右堤	1.7	10000
	永定河		右堤	0.604	800
1997	龙凤河	左堤		4	5000
	龙凤河		右堤	1.2	3000
	北运河	左堤		2	5000
	北运河		右堤	1.60	2000
	永定河	左堤		0.604	800
1998	龙凤河	左堤		4	8000
	龙凤河		右堤	2	4000
	北运河	左堤		1	2000
	北运河		右堤	1.5	3000
	青龙湾减河		右堤	0.15	150
1999	龙凤河		右堤	0.4	600
	北运河		右堤	0.2	400
	青龙湾减河		右堤	0.14	350
2000	永定河		右堤	5	50000
2001	龙凤河	左堤		0.60	1200
	龙凤河		右堤	0.7	1400
	北运河	左堤		1.60	8000
	北运河		右堤	2.5	10000
	青龙湾减河		右堤	1	10000
2002	龙凤河	左堤		0.4	1600
	龙凤河		右堤	0.5	1000
	北运河	左堤		1	10000
	北运河		右堤	0.8	8000
	青龙湾减河		右堤	1	10000
2003	龙凤河	左堤		1	10000
	龙凤河		右堤	1	10000
	北运河	左堤		1.3	13000

续表

年份	河道名称	左堤/千米	右堤/千米	长度/千米	数量/株
2003	北运河		右堤	1.2	12000
	青龙湾减河		右堤	3.2	32000
	永定河	左堤		2.8	8500
2004	龙凤河	左堤		1.8	18000
	龙凤河		右堤	1.5	15000
	北运河	左堤		1.1	11000
	北运河		右堤	1.7	17000
	青龙湾减河		右堤	1.4	14000
	永定河	左堤		0.4	1000
2005	龙凤河	左堤		1.4	14000
	龙凤河		右堤	1.6	16000
	北运河	左堤		2.1	21000
	北运河		右堤	2.5	25000
	青龙湾减河		右堤	1.4	14000
	永定河	左堤		3	30000
	永定河		右堤	2	20000
2006	龙凤河	左堤		5	10000
	龙凤河		右堤	3.2	65000
	北运河	左堤		1.2	12000
	北运河		右堤	1.6	16000
	青龙湾减河		右堤	0.12	300
	永定河		右堤	1.3	4100
2007	龙凤河	左堤		1.2	6000
	北运河	左堤		1	4000
	北运河		右堤	1.2	6000
	永定河	左堤		1	10000
2008	龙凤河	左堤		1.5	6000
	龙凤河		右堤	1	4000
	北运河		右堤	1.2	3300
	永定河	左堤		1.4	14000

续表

年份	河道名称	左堤/千米	右堤/千米	长度/千米	数量/株
2009	龙凤河	左堤		1.1	5200
	龙凤河		右堤	2.3	8140
	北运河	左堤		0.48	1210
	北运河		右堤	1.2	3000
	青龙湾减河		右堤	0.8	2500
2010	北运河		右堤	1.4	7695
	龙凤河		右堤	2.1	5200
	青龙湾减河		右堤	1.2	3500

三、扬水站管理

（一）管理范围

武清区农田排水总面积1574平方千米，除高村镇、河西务镇、大孟庄镇承担独立排水任务外，其他都是国有扬水站管理，排涝手段以机排为主。全区划分为四个大的排水区，其中港北排水区面积334.7平方千米，运东排水区面积336.65平方千米，路南排水区面积324.25平方千米，运西排水区面积509.95平方千米，滩地面积68.45平方千米。

武清区从1957年开始建站，到2010年，共有国有国管扬水站26座，排涝能力359立方米每秒，承担灌溉面积为258.08平方千米，排水面积为921.31平方千米；国有乡管扬水站17座，排涝能力84.28立方米每秒，承担灌溉面积126.34平方千米，排水面积为286.75平方千米；乡有乡管扬水站319座，排涝能力218.6立方米每秒，承担灌溉面积225.21平方千米，排水面积112.41平方千米（城区排涝扬水站见第三章第二节城区排水）。机排面积1312.05平方千米，占排水总面积的83%，其中排涝标准达到3～5年一遇的为224平方千米，5～10年一遇的为789.3平方千米，10～20年一遇的为298.75平方千米。自排面积261.95平方千米（含滩地68.45平方千米）。

武清区国有国管扬水站和国有乡管扬水站基本情况见表9-2-68和表9-2-69。

1. 港北地区

北运河以东、筐儿港堤以北、青龙湾减河以南，区域面积为334.7平方千米。区内分布有辛庄、洪庄子、高坑、大宫城、东汪庄5座国有国管扬水站，南口哨、小高坑、狼尔窝3座国有乡管扬水站和果汪庄1座乡有乡管扬水站。

表 9-2-68

武清区国有国管扬水站基本情况表

序号	泵站名称	建站年份	位置名称		流量/立方米每秒		机组台套	电机			水泵		灌溉面积		排水面积		备注
			河流	坐落地点	设计流量	改造后流量		型号/台数	单台容量/千瓦	总容量/千瓦	型号/台数	单台容量/立方米每秒	设计/千公顷	实际/千公顷	设计/千公顷	实际/千公顷	
1	辛庄	1979	北运河	大良	10.0	10.0	5	MDRV-TI/5	165	825	36ZLB-85/5	2.0	2.99		2.99	2.99	
2	郑楼	1964	北运河	杨村	2.4		2	$JOB_3$93-6/2	55	110	PV-50/2	0.6			0.53		2000年拆除
3	北郑庄	1959	北运河	杨村	12.0	12.0	5	JRL14-12/5	165	825	36ZLB-100/5	2.4	3.00	2.00	3.00	3.00	1986年更新水泵4台，投资28.4万元
4	北夹道	1957	北运河	杨村	10.0	10.0	4	JSL14-12	155	620	900ZLB-125	2.5	1.47	1.33	1.67	1.67	2009年更新改造
5	南夹道	1981	北运河	杨村	8.0	8.0	4	JRLB-10/4	165	660	36ZLB-70/4	2.0					
6	泗村店	1963	龙河	泗村店	16.8	16.8	6	JRL15-12/6	280	1680	ZLB2.8-6.7/6	2.8			7.27	7.27	1989年更新机泵6台套，投资166万元
7	小谋屯	1974	龙河	东马圈	24.0	24.0	10	JRL14-12/10	165	1650	36ZLB-100/10	2.4	1.00	1.00	7.15	7.15	1990年更新机泵10台套，投资144.5万元

续表

序号	泵站名称	建站年份	位置名称		流量/立方米每秒		机组台套	电机			水泵		灌溉面积		排水面积		备注
			河流	坐落地点	设计流量	改造后流量		型号/台数	单台容量/千瓦	总容量/千瓦	型号/台数	单台容量/立方米每秒	设计/千公顷	实际/千公顷	设计/千公顷	实际/千公顷	
8	大谋屯	1979	龙河	东马圈	16.8	16.8	7	JRL14-12/7	165	1155	900ZLBC/7	2.4			4.17	4.17	2000年更新，投资566万元
9	耿庄	1978	龙凤河	白古屯	6.0	6.0	3	TSL137	165	495	900ZLB	2.0			3.00	3.00	2013年更新改造
10	甘桥	1956	龙凤河	南蔡村	8.0	8.0	4	JR128-8/4	155	620	36WZ-82/4	2.0	3.33		4.67	4.67	1986年更新机泵5台，投资13.4万元
11	洪庄子	1959	龙凤河	大碱厂	20.0	25.0	8	YL450-12	185	1480	1000ZLB-4	3.15			8.33	8.33	2010年更新改造
12	大宫城	1979	大黄堡Ⅱ区	崔黄口	6.0	6.0	3	MDRV-TI/3	165	495	36ZLB-85/3	2.0			1.67	1.67	
13	高坑	1975	大黄堡Ⅱ区	崔黄口	31.2	31.2	13	JRL14-12/13	165	2145	36ZLB-100/13	2.4	3.33	3.33	8.67	8.67	1987年更新机泵13台套，投资58.4万元

续表

序号	泵站名称	建站年份	位置名称		流量/立方米每秒		机组台套	电机			水泵		灌溉面积		排水面积		备注
			河流	坐落地点	设计流量	改造后流量		型号/台数	单台容量/千瓦	总容量/千瓦	型号/台数	单台容量/立方米每秒	设计/千公顷	实际/千公顷	设计/千公顷	实际/千公顷	
14	拾梅	1974	龙凤河	大黄堡	19.2	19.2	8	JRL14－12/8	165	1320	36ZLB－85/8	2.4	2.40	2.40	5.30	5.30	2000年更新，投资634万元
					6.0	6.0	4	JRL13－8/4	145	580	28ZLB－70/4	1.5					
15	东汪庄	1976	龙凤河	大黄堡	19.2	19.2	8	YL400－12	185	1480	900ZLB－85	2.4	2.80	2.74	7.13	7.13	2011年更新改造
16	陈赵庄	1977	龙凤河	陈赵庄村南	24.0	24.0	10	JRL14－12/10	165	1650	36ZLB－100/B/10	2.4			5.93	5.93	1999年更新，投资527万元
17	王三庄	1975	龙凤河	上马台	24.0	24.0	8	YL450－10	260	2080	900ZLB－100	3.0	0.67	0.67	7.13	7.13	2012年更新改造
18	黄花店	1977	永定河	黄花店	6.4	6.4	8	JR125－8/8	95	760	丰产24寸/8	0.8	6.00	3.67	1.93	1.93	
19	茨州	1979	永定河	豆张庄	8.0	8.0	4	MDRV－TI/4	165	660	36ZLB－85/4	2.0	3.55		2.40	2.40	
20	东洲	1965	永定河	黄庄	8.0	8.0	4	JRQ147－12/4	155	620	36WL－82/4	2.0	6.67	6.67	3.27	3.27	

续表

序号	泵站名称	建站年份	位置名称		流量/立方米每秒		机组台套	电机			水泵		灌溉面积		排水面积		备注
			河流	坐落地点	设计流量	改造后流量		型号/台数	单台容量/千瓦	总容量/千瓦	型号/台数	单台容量/立方米每秒	设计/千公顷	实际/千公顷	设计/千公顷	实际/千公顷	
21	庞艾	1961	永定河	陈嘴	2.4	2.4	2	潜水轴流/2	75	150	700QZ－70D/2	1.2			0.53	0.53	1999年更新，投资200万元
22	东肖庄	1967	永定河	陈嘴	12.0	12.0	6	JR148－12/6	165	990	36WZ－82/6	2.0	2.00	2.00	7.60	7.60	
23	南排干	1980	永定河	陈嘴	16.0	16.0	8	MDRV－TI/8	165	1320	36ZLB－85/8	2.0			5.50	5.50	
24	五支	1999	永定河	黄花店	4.0	4.0	2	潜水轴流/2	185	370	900QZ－70A/2	2.0	3.67	3.67			
25	上马台	1994	蜈蚣河	上马台	21.0	21.0	7	JSL－157－10	260	1820	36ZLB 2.4－4	3			2.82	2.82	
26	于庄	1987	机场排河	下朱庄	15.0	15.0	5	JSL1410－10	260	1300	36ZLB－100	3			2.65	2.65	

表 9-2-69 **武清区国有乡管扬水站基本情况表**

<table>
<tr><th rowspan="2">扬水站名称</th><th rowspan="2">建站年份</th><th rowspan="2">坐落地点</th><th colspan="2">效益/千公顷</th><th colspan="5">水泵</th></tr>
<tr><th>排水</th><th>灌水</th><th>型号</th><th>型式</th><th>数量/台</th><th>总流量/立方米每秒</th><th>改造后流量/立方米每秒</th></tr>
<tr><td rowspan="2">高坑（小）</td><td rowspan="2">1961</td><td rowspan="2">崔黄口镇高坑西南</td><td rowspan="2">1.40</td><td rowspan="2">1.20</td><td rowspan="2">36WZ-82</td><td>卧</td><td>2</td><td>4.00</td><td rowspan="2"></td></tr>
<tr><td>立</td><td>2</td><td>2.40</td></tr>
<tr><td>北场</td><td>1961</td><td>豆张庄乡北场西北</td><td>0.53</td><td></td><td>ZLB-70</td><td>立</td><td>1</td><td>1.00</td><td></td></tr>
<tr><td>牛镇</td><td>1962</td><td>高村乡牛镇村南</td><td>2.33</td><td></td><td>40ZL-90</td><td>立</td><td>3</td><td>6.00</td><td></td></tr>
<tr><td>孝力</td><td>1962</td><td>大沙河乡孝力村南</td><td>2.84</td><td></td><td>40ZL-91</td><td>卧立</td><td>3</td><td>6.00</td><td></td></tr>
<tr><td rowspan="2">小幼庄</td><td rowspan="2">1962</td><td rowspan="2">大孟庄乡小幼庄村西</td><td rowspan="2">0.47</td><td rowspan="2"></td><td>PV-50</td><td>立</td><td>2</td><td>1.00</td><td rowspan="2"></td></tr>
<tr><td>PV-50</td><td>立</td><td>2</td><td>2.00</td></tr>
<tr><td>小耿庄</td><td>1962</td><td>白古屯乡耿庄村东</td><td>0.33</td><td>0.33</td><td>700ZLB1.3-7.2</td><td>立</td><td>2</td><td>2.12</td><td></td></tr>
<tr><td>三里屯</td><td>1962</td><td>河西务镇三里屯村南</td><td>0.87</td><td>1.67</td><td></td><td>立</td><td>3</td><td>2.40</td><td></td></tr>
<tr><td rowspan="2">扶头</td><td rowspan="2">1962</td><td rowspan="2">河西务镇扶头村南</td><td rowspan="2">2.00</td><td rowspan="2"></td><td>20 铁笼混流泵 2 台</td><td>400 立</td><td rowspan="2">3</td><td rowspan="2">1.50</td><td rowspan="2"></td></tr>
<tr><td>20 离心 1 台</td><td>400 卧</td></tr>
<tr><td rowspan="2">杨店</td><td rowspan="2">1965</td><td rowspan="2">大孟庄乡杨店村西</td><td rowspan="2">0.79</td><td rowspan="2"></td><td>PV-50</td><td>立</td><td>3</td><td>1.50</td><td rowspan="2"></td></tr>
<tr><td>36WZ-82</td><td>卧</td><td>1</td><td>2.00</td></tr>
<tr><td>东马圈</td><td>1967</td><td>东马圈乡东马圈村东</td><td>1.33</td><td>1.20</td><td>36WZ-82</td><td>卧</td><td>2</td><td>4.00</td><td></td></tr>
<tr><td>上湾</td><td>1972</td><td>杨村镇村北</td><td>1.00</td><td>1.00</td><td>36WZ-82</td><td>卧</td><td>2</td><td>4.00</td><td></td></tr>
<tr><td>东狼尔窝</td><td>1972</td><td>崔黄口镇东粮窝村东</td><td>3.73</td><td></td><td>20 英寸丰产</td><td>卧</td><td>7</td><td>3.50</td><td></td></tr>
<tr><td>蜈蚣河</td><td>1974</td><td>上马台乡上马台村北</td><td>1.17</td><td></td><td>24 英寸丰产</td><td>立</td><td>8</td><td>6.40</td><td>6.4（2010 年改造）</td></tr>
<tr><td>南口哨</td><td>1974</td><td>河北屯乡南口哨村东南</td><td>2.50</td><td></td><td>24 英寸丰产</td><td>卧</td><td>10</td><td>8.00</td><td></td></tr>
<tr><td>清北</td><td>1974</td><td>王庆坨镇道沟子村南</td><td>3.23</td><td>3.23</td><td>36ZLB-85</td><td>立</td><td>5</td><td>10.0</td><td></td></tr>
<tr><td>渔坝口</td><td>1975</td><td>陈嘴乡渔坝口村东北</td><td>0.80</td><td>0.53</td><td>24WZ-72</td><td>卧</td><td>4</td><td>3.20</td><td></td></tr>
<tr><td rowspan="2">汉沽港</td><td rowspan="2">1978</td><td rowspan="2">汉沽港镇西</td><td rowspan="2">2.27</td><td rowspan="2">1.33</td><td>36ZLB-85</td><td>立</td><td>2</td><td>4.00</td><td rowspan="2"></td></tr>
<tr><td>24WZ-72</td><td>卧</td><td>3</td><td>2.40</td></tr>
</table>

续表

扬水站名称	建站年份	坐落地点	效益/千公顷		水泵				
			排水	灌水	型号	型式	数量/台	总流量/立方米每秒	改造后流量/立方米每秒
渔常路	1978	陈嘴乡渔坝口村西	1.67	0.73	36WZ-82	卧	3	6.00	
新房子	1971	新房子村南	1.2	2.4	700ZLB-85 24WZ-72 36WZ-82	700 立 600 卧 900 卧	2 1 1	2.06 0.80 2.00	
总计		19 座	29.67	13.63				88.28	

南蔡村镇北蔡村四支渠以南沥水，大碱厂镇沥水，崔黄口镇北靳庄、周家务、王杜庄、小空城、西粮窝一带面积为 83.3 平方千米的沥水，由洪庄子扬水站排入龙凤河；旗良排渠以西、王庄干渠蔡各庄闸以下面积为 71.3 平方千米的沥水，由黄沙河入东汪庄扬水站再排入龙凤河；王庄干渠蔡各庄闸以上面积为 29.9 平方千米的沥水入辛庄水站干渠，由辛庄扬水站排入北运河。王庄干渠蔡各庄闸汛期关闭，大良镇不能擅自提开。旗良排渠的西吕村闸汛期提开，崔黄口镇不能擅自启闭。下伍旗镇柳河以北、河北屯镇及旗良排渠以东的面积为 86.7 平方千米的沥水入柳河由高坑扬水站、陈赵庄扬水站排入龙凤河。河北屯镇杨武排渠以东、南口哨排干以北面积为 25 平方千米的沥水由南口哨水站排入青龙湾减河。柳河以东崔黄口镇的面积为 38.5 平方千米的沥水分别由小高坑排入柳河干渠、由东狼尔窝扬水站排入青龙湾减河。柳河、黄沙河的东西耳闸排涝期间原则上不准提开，需要提闸时，由区防汛指挥部决定。

港北地区按除涝标准划分，排涝标准达到 3～5 年一遇面积为 71.3 平方千米，包括东汪庄、果汪庄 2 座扬水站。达到 5 年一遇排涝面积为 83.3 平方千米，包括洪庄子扬水站。达到 5～10 年一遇面积为 180.1 平方千米，包括辛庄、南口哨、高坑、大宫城、小高坑、东狼尔窝 6 座扬水站。

2009 年 9 月洪庄子扬水站更新改造，2010 年 12 月东汪庄扬水站更新改造，将港北地区排涝标准提高到 10 年一遇。

2. 运东地区

运东地区北起港北连接渠右堤，西至北运河左堤，东至宝坻边界，南至北辰边界。除涝面积为 336.65 平方千米。该区分为运东排水区、大黄堡排水区、机场排水区 3 个小区。

北运河以东、运东干渠以南、机场道以北的沥水由上湾泵站排入北运河，2006 年以后，上湾水站不再承担排水任务。2008 年新建成了运东干渠泵站，上湾扬水站的排水任务由运东泵站完成，沥水排入运东干渠。北运河以东、机场外壕以西、机场道以南、雍阳东道南和陆军北边界以北的沥水由镇东泵站排入机场排河；北运河以东、陆军界以西、雍阳东道以南、铁路以北的沥水由镇南泵站排入机场排河；杨北公路以北的两军基地沥水排入机场排河；北运河、空军东边界以东，津围公路以西，龙凤河以南，杨北公路以北的沥水排入运东干渠、拾梅引渠，由拾梅扬水站排入龙凤河；北运河以东、京津公路以西、京山铁路以南、武辰界以北由下朱庄、太平庄2座泵站排入北运河；京津公路以东、津围公路以西、杨北公路以南、武辰界以北的沥水排入机场排河；津围公路以东、杨北公路以北、龙凤河右堤以南的沥水分别由王三庄扬水站、上马台水库泵站、蜈蚣河水站排出。运东干渠灰锅口节制闸、梅厂镇水利站后梅厂节制闸汛期闭死。运东干渠上的董河、张大庄、蔡庄子、甘庄子、董庄子、杨河节制闸和拾梅引渠首闸、唐坊节制闸全部提开，有关乡镇不准私自关闭。梅厂镇聂庄子中干渠进水闸必须关闭，杨北公路以南沥水自排入机场排河，沥水不得流入运东干渠。

（1）运东排水区。运东排水区北起龙凤河右堤，西至北运河左堤，东至宝坻、宁河边界，南至原梅厂与聂庄子分界线。区域面积为138.75平方千米。区内分布有拾梅、王三庄、上马台水库等国有国管扬水站3座；有蜈蚣河国有乡管扬水站1座；有大白马、北五村、大辛庄、西安子、上马台水站、王三庄小水站等乡有乡管扬水站6座。排涝标准均为10～20年一遇。

由于多年运行，机泵老化，有些泵站达不到设计排涝标准，1999年拾梅扬水站更新改造，更新机泵12台套、开关柜17面、1250千伏安变压器2台，站前闸更新，恢复了该站原设计能力。蜈蚣河泵站2010年12月更新改造，将原有8台卧式机组更新为3台立式轴流泵，2座泵站更新改造后将运东地区排涝标准恢复到10～20年一遇。

（2）大黄堡排水区。大黄堡排水区西至柳河，东到大尔路，北起筐儿港新北堤，南到武庄户。区域面积为118.4平方千米。区内有陈赵庄国有国管扬水站1座，设计除涝标准为5～10年一遇，由于多年运行，设备老化，2000年更新机泵10台套、开关柜15面、柳河进水闸门3孔、狼尔窝进水闸闸门2面，将大黄堡地区排涝标准恢复到10年一遇。

（3）机场排水区。机场排水区北起原梅厂与聂庄子分界线，西起北运河左堤，东至运东排水区与北辰交界处，南至太平庄与北辰搭界。区域面积为79.5平方千米。区内分布有于庄水库国有国管扬水站1座；郎庄子、下朱庄、太平庄乡有乡管扬水站3座。

于庄水库泵站原设计排涝标准为10～20年一遇，面积26.5平方千米，2011年11月更新改造，恢复了该地区排涝标准。

郎庄子、下朱庄、太平庄三座扬水站均为5～10年一遇，排涝面积为29平方千米。2009年4月郎庄子扬水站更新改造，原4台卧式机组拆除，新装3台立式机组，恢复了该地区排涝标准。

3. 路南地区

路南地区北起京福路，西至安武排渠、河北省边界，东至龙凤河故道与北运河右堤交界处，南至清北。区域面积为 324.25 平方千米，该区又分为永定河排水区、路南排水区、王庆坨排水区、六道口排水区、三和曾排水区等 5 个小区。

按照规划，安武排渠以西的沥水以定子务为分水岭，分别向六道口、崔胡营闸方向沿渠排泄，崔胡营闸汛期由黄花店镇负责提开，永定河有较大洪水时，由区防汛指挥部决定才能关闭，安武排渠的沥水不得东流，该渠东堤按行政区划由黄花店、石各庄、汊沽港 3 个镇共同防守；黄王公路以西，安武排渠以东，定子务、石各庄以北和大寨渠以北，四支以西面积为 25.6 平方千米的沥水，由黄花店水站排入永定河，六支首闸由石各庄镇负责关闭；石各庄、定子务以南的沥水通过黄王公路涵洞自排入中泓故道；黄王公路以东、大寨渠以南、四支以西、中泓故道以北的沥水由南排干水站排入永定河；北遥堤以南、四支渠以东、增产堤以西、南排干干渠以北的沥水由东肖庄、庞艾水站排入永定河，庞艾、东肖庄、南排干扬水站三站联合运用，除涝面积为 89 平方千米；中泓故道以南、王庆坨北小堤以北面积为 28 平方千米的沥水通过七支和渔常干渠，由七支水站和渔常路水站排入中泓故道，尤张堡闸关闭。

（1）永定河排水区。永定河排水区北起京福路，西至河北省边界，东至北运河右堤，南至马家口。区域面积为 96.65 平方千米，区内有茨州国有国管扬水站 1 座。

（2）路南排水区。路南排水区北起永南送水渠右堤，西至永南干渠，东至南排干，南至菜籽河。区域面积为 150.6 平方千米。区内分布有黄花店、东肖庄、庞艾、南排干 4 座国有国管扬水站。有渔坝口、汊沽港、渔常路 3 座国有乡管扬水站。排涝标准达到 3～5 年一遇面积为 25.6 平方千米，5～10 年一遇面积为 113 平方千米，10～20 年一遇面积为 12 平方千米。1999 年庞艾扬水站拆除重建，更新潜水轴流泵 2 台，将路南排水区排涝标准恢复到 10 年一遇。

（3）王庆坨排水区。王庆坨排水区位于汊沽港乡以南，面积 32 平方千米。区内有清北扬水站 1 座，除涝标准为 5～10 年一遇。

（4）六道口排水区。六道口排水区北起石各庄，西至葛渔城，东至永南干渠，南至大范口，为自排区。面积 21.5 平方千米。

（5）三河曾排水区。三河曾排水区北起菜籽河，西至大范口，东至七支渠，南至津同公路，为自排区。面积 23.5 平方千米。

4. 运西地区

运西地区北起北京市与河北省分界线，西至廊坊边界，东至北运河右堤，南至龙凤河故道与黄庄交汇处。区域面积为 509.95 平方千米。该区又分为高村排水区、京津公路排水区、城关排水区、高场牛角洼排水区、夹道洼排水区。排涝标准达到 3～5 年一遇面积为43.8平方千米，5～10年一遇面积为344.65平方千米，10～20年一遇面积为121.5平方千米。

（1）高村排水区。高村排水区是一个独立的除涝区，北起北京市地界，南至凤河旧北堤，东、西以龙凤河和凉水河四支为界，面积43.2平方千米。区内有牛镇国有乡管扬水站1座，有里老、东四支、二支水点、任庄、侯尚等5座乡管扬水站，除涝标准为5～10年一遇。

（2）京津公路排水区。京津公路排水区北起大沙河乡北界，南至龙凤河，东以北运河，西以龙凤河为界，面积159.8平方千米。该区分为大沙河排水区、河西务排水区、大孟庄排水区、南蔡村排水区等4个小区。大沙河排水区在京津公路两侧地区北部，面积33平方千米。区内有孝力国有乡管扬水站1座，除涝标准为5～10年一遇。河西务排水区在武旗路以北至大沙河乡边界，面积36.5平方千米。区内有扶头国有乡管扬水站1座、大辛庄乡管扬水站1座，除涝标准为5～10年一遇。大孟庄排水区自武旗路至南蔡村排水区，面积46.5平方千米。区内有小幼庄、杨店2座国有乡管扬水站；有大程庄、亭上、小王庄3座乡管扬水站，除涝标准为5～10年一遇。南蔡村排水区在京津公路两侧，南蔡村乡北界以南，面积43.8平方千米。区内有甘桥国有国管扬水站1座、永丰乡管扬水站1座，除涝标准为3～5年一遇。

（3）城关排水区。城关排水区南北以龙河和凤河西支为界，东西以排污河和龙北新河、老三干渠为界，面积204.7平方千米。该区内分布泗村店、耿庄、大谋屯、小谋屯4座国有国管扬水站；有新房子、东马圈、耿庄小站3座国有乡管扬水站；有齐庄、陈庄、后庄、泗村店小站、前屯、太子务、徐庄7座乡管扬水站。除涝标准达到5～10年一遇面积为123.2平方千米，10～20年一遇81.5平方千米。

老三干渠以西沥水入龙北新河，老三干渠以东、四干渠以西面积为46.8平方千米的沥水由大谋屯水站排入龙河；老三干渠东堤由大王古庄、城关两镇负责防守，沥水不得串通；四干渠以东、中干渠以西的面积为47平方千米的沥水由小谋屯水站排入龙河；白古屯乡的沥水由新房子、耿庄水站排入龙凤河；中干渠以东，武孟路以南，城关镇、泗村店镇的沥水由泗村店水站排入龙河；龙北新河以西的沥水由东马圈水站排入龙北新河，龙北新河倒虹吸汛期堵闭；大王古庄镇大寨渠首闸汛期必须闭死，沥水不得进入城关中干渠，城关中干渠北门节制闸汛期必须提开。大谋屯扬水站2002年更新机泵7台套、开关柜10面、50千伏安变压器1台、1800千伏安变压器1台，恢复了原设计能力，将城关排水区排涝标准恢复到10年一遇。

（4）高场、牛角洼排水区。高场洼地区位于龙凤河故道以西，龙河与京山铁路之间的三角地带。牛角洼地区地处京山铁路，龙凤河故道和北运河之间的三角地带。高场、牛角洼排水区区域面积为40平方千米。区内分布有东洲国有国管扬水站1座；北场国有乡管扬水站1座；有牛角洼、龚庄子乡管扬水站2座。除涝标准为10～20年一遇。

(5) 夹道洼排水区。夹道洼排水区位于龙凤新河、京山铁路之间，龙凤河故道以东，北运河以西，区域面积为62.25平方千米。区内有北郑庄、北夹道、南夹道等3座国有扬水站，除涝标准为5～10年一遇。2009年北夹道扬水站更新改造，原卧式泵改为立式轴流泵，重建4台机组，规模为10立方米每秒，将夹道洼地区除涝标准提高到10年一遇。

（二）日常管理

1965年经县人委批准建立中心排灌管理站，各扬水站按受益范围建立管理委员会，各扬水站均设有专职专岗，大型扬水站安排4人，小型安排2人。1971年划归县水利局。中心排灌管理站办公地点设在北郑庄扬水站，设有专线电话，连通水利局机关及各扬水站。1985年，水利局机关增设电台、电话专线。1995年电话专线全部拆除，改用电台、地方电话线路。2000年以后，随着电信的发展，固定电话、移动电话以及互联网的应用，提高了排灌泵站之间的通讯效率，成为促进工作迅速发展的有效助力。日常管理工作的具体做法如下。

1. 汛前检查及预防性试验

1991—2010年，按照国有扬水站管理办法和各级防汛的要求，在区政府和水务局的领导下，坚持汛前检查，做到防汛不停、检查不止，汛前完成设备调试，汛后抓好设备、设施的维护和保养，使其处于良好状态。

坚持春季预防性试验，委托供电部门对所辖的35千伏变电站进行预防性试验，对发现的问题及时解决，保证汛期用电。同时，排灌站从各扬水站抽调技术骨干，组成电气设备预防性试验小组，配备车辆，对所属23座国有扬水站电气设备进行测试、调试，发现故障及时处理，确保机电设备能正常运转，做到涝能排、旱能浇，确保安全度汛。

2. 制度化、规范化管理

1991—2010年，在日常管理工作中，严格执行各项规章制度，全站工作实行制度化、规范化管理。

2006年更新管理机制，排灌站机关内部原有10个部门26人，改为6个部门14人。从机关下来的人员充实到基层扬水站，弥补扬水站人员不足的问题，保证大站4人，小站2人，非汛期每天由2～3人值班，汛期必须全员到岗。并对各组室制定了岗位目标责任制，将全站工作分解落实到人，在楼道壁报专栏内予以公布。每年修改完善扬水站各项制度，并将管理制度和安全操作规程制作成标牌挂在各个扬水站的墙上。狠抓制度的落实，增强检查、监督力度。每月对各扬水站的站容站貌、值班情况、安全生产情况、治安情况进行全面检查，并对重点站进行不定期的抽查、夜查，发现问题及时解决，对个别违反规章制度的同志按规定进行处罚。2010年年底重新完善了百分考核评比标准，将各扬水站的管理评比分数与奖金挂钩。经过一系列改革，排灌站的精神面貌彻底改观，焕发了朝气。

3. 职工岗位培训

2006—2010年组织了六期青年职工技术培训班，培训内容包括从泵站变压器供电到水泵出水的整个运行过程的专业技术知识、安全操作、日常维护和保养等，以北郑庄、北夹道两座泵站的不同泵型进行现场演示开车、停车步骤，并对机泵运行过程中可能出现的各种故障进行分析、判断，并对简单故障的排除进行了讲解。培训后又根据职工所在泵站的泵型进行针对性实际操作考核。通过全面培训，职工的业务理论水平和实际操作技能有了很大的提高。

为了培养在泵站改造工程中能够独挡一面的机电安装技术骨干，2009年以机电设备的安装与调试为培训内容，经过培训的职工在北夹道、郎庄子、洪庄子、东汪庄、蜈蚣河5座泵站更新改造工程的设备安装工作中发挥了重要作用。

（三）水费征收

水费征收是供排水中一项重要的经济活动，主要本着“取之于民，用之于民”的原则。水费征收标准：1991年以前沿用1982年标准，农田排水费1元每亩，机关团体、企事业单位征2～3元每亩。1993年以后农田排水费调整为每年1.5元每亩，机关团体，企事业单位仍按每年2～3元每亩计算。从1993年度开始，农田排水费由财政局农业财政科负责统一代征，年终结算后，转到县水利局排灌管理站。由于种种原因，征收效果始终难以达标。1991—2003年应征金额为1233.4万元，各乡镇拖欠排水费634.7万元。由于排水费征收标准和征收率偏低，造成排灌管理站连年亏损。

2004年，中央给农民减负，决定不再向农民收取排水费，排水费纳入财政预算，区财政水费代征改转移支付，经费每年拨款200万元。2007年1月19日，经区长办公会决定，排灌管理站年运行经费在原有基础上增加100万元，此后每年财政转移拨付300万元。至2011年以后每年财政转移拨付经费提高到350万元。

1991—2003年水费征收情况统计见表9-2-70。

表9-2-70 **1991—2003年水费征收统计表**

年份	征收费用	
	应征/元	欠征/元
1991	605862.5	314908
1992	863827.8	383750
1993	877539.8	43264.25

续表

年份	征收费用	
	应征/元	欠征/元
1994	833411	197852
1995	927790.3	410527
1996	974158	437942
1997	1000712	486251
1998	999261	828357
1999	1050179	975035
2000	1050179	1050179
2001	1050179	670179
2002	1050179	210179
2003	1050179	338624

四、水库管理

（一）上马台水库管理

上马台水库管理机构成立于1994年，依据武清县编制委员会《关于建立武清县水利局上马台水库管理处的通知》文件精神，1995年2月成立武清县水利局上马台水库管理处，为县水利局下属的全民所有制事业单位，实行企业化管理，规格为县属副局级，管理处下设办公室、财务科、工程科、经营科、保卫科。

按照《水库大坝安全管理条例》及水务局实际工作，制定了岗位责任制、安全生产责任制、安全生产责任追究办法、各科室责任制、泵站安全操作规程、闸门启闭机运行及维护制度、堤坝及建筑物的巡视检查制度、调度员岗位责任制度，做到用制度管人，按制度办事，保证了水库各项工作规范有效操作。

安全管理由保卫科负责。按责任要求，对库区采取经常性的巡查，并在库区各处设置了宣传牌、警示牌，保证了水库封闭式管理。

工程管理由工程科负责。按照固定时间、固定检测项、固定仪器、固定人员的“四固定”原则对建筑物观测，观测成果每年汇总一次。

按照巡查制度，安排专职人员定期对堤坝及建筑物进行巡查，并做好记录，防患于未然。在每年汛期前对单位所辖的机电设备进行维护、保养，做到小问题及时处理，大问题及时上报。

上马台水库于1993年4月开始兴建，1994年11月建成生效，水库占地面积563.04公顷，总库容2680万立方米，控制灌溉面积8.67千公顷。上马台水库是一座以蓄代排，灌溉为主，兼顾排涝及水产养殖为一体的综合性平原水库，2006年4月清空库区水，进行上马台水库除险加固工程，2009年10月10日除险加固工程竣工，水库实现再次蓄水，总库容达到2730万立方米。

（二）于庄水库管理

于庄水库于1987年8月建成使用，1988年1月26日，县水利局党委依据武清县编委的批文指示，组建了于庄水库管理所，批准规格为局属科级，全民事业单位，企业化管理，财务实行独立核算，自负盈亏。管理所设所长1名、副所长2名，下设工程组、机电组、办公室、财务组、综合经营组，干部职工分别由水利局内部调剂解决，初定20人。于庄水库管理所成立后，在领导班子的带领下，全体干部职工与水务局党委分别签订了全员劳动生产安全责任书，各生产小组也与所领导班子签订了安全管理责任书。于庄水库管理所根据《中华人民共和国水库大坝安全管理条例》又分别制定了安全保卫制度、大堤巡查检查制度、机电设备维修保养制度、多种经营管理制度。安全保卫制度是坚持每天24小时不间断巡查，在库区内外设置警示牌、宣传牌、旅游观光指示牌、进出人员执证牌、库内水面警示绳。水库实行封闭式管理。

工程管理。定时观测水库水位、渗漏、蒸发、冲刷、冰冻信息，每天保证一次，每周汇报一次，做到日观测、月汇总、年整理存档任务。对机电设备坚持24小时值守，对设备平时保持干净、保养清洁，汛前进行大检查、维修，保证机电设备正常使用。

综合经营管理。水库内养殖一定数量鱼类，做到按时投放鱼苗，定时捕捞，1988—2010年水产品量持续增长，收入年年增加，到2010年累计捕捞鱼类255万千克，蟹类2.35万千克，银鱼5.5万千克，虾类1.4万千克，年收益从1988年的30万元增加到2010年的200万元。收益分配按年度提成，效益与工资奖励挂钩的分配方式。水库于1988年开始创办企业，先后利用水库的闲置厂房、空闲场地兴办了塑料鞋厂、香厂、餐馆、纸箱厂、铁厂、养牛场、葡萄园等，这些企业主要管理模式以个人承包的方式管理，收益按比例分成，至1994年除餐厅、养殖厂等项目正常运转外，其余先后停业。2010年水库管理权移交至下朱庄街道办：

第三节　城区河道管理

2004年年底，北运河城区段治理工程竣工验收后，河道景观带、绿化带需要管理，由施工单位负责三年养护管理，河道所抽调8人组成管理小组，负责监督检查。至2007年2月，施工单位完成三年管护后，移交给武清区水务局，武清区水务局成立了城市管理办公室（临时机构），有职工24名，由各单位抽调，经费由区财政局核拨。负责城区景观河道的运行、保洁、维修和绿化养管工作。

一、管理范围

北运河城区段：北起京津塘高速公路桥下，南至京山铁路桥，全长7.5千米。其中京津塘高速公路桥至北郑庄桥段管理范围至北运河两岸左、右堤脚。北郑庄桥至振华桥段管理范围东至103国道西道牙，西至新华路东道牙。振华桥至京山铁路桥段管理范围为北运河水面及两岸绿地。水面面积42.7万平方米，绿地面积16.2万平方米，临水路及广场面积4.79万平方米，总面积63.61万平方米。

二支渠：东起建设南路，西至西界渠，长3.3千米。管理范围为南至二支渠上口线南侧，北至沿岸各小区南围墙。绿地面积5.8万平方米，临水路及广场面积1.1万平方米，水面面积4.3万平方米，总面积11.8万平方米。

东排渠：北起光明道，南至强国道与二支渠交叉，长1.9千米。经改造后为暗管排水，地上为绿化。管理范围为绿地及两岸硬化路面。绿地面积5.4万平方米，硬化面积1万平方米，总面积6.4万平方米。

三支渠：西起泉旺路，东至泉州路，长0.86千米。管理范围为绿地及两岸硬化路面。绿地面积2.2万平方米，硬化面积0.35万平方米，总面积2.55万平方米。

五支渠：西东起泉兴路，东至新华路，长1.4千米。管理范围为河面及两岸绿地。绿地面积1.8万平方米，水面面积2.3万平方米，总面积4.1万平方米。

运东干渠：西起徐官屯闸，东至津蓟铁路桥，长3.2千米。管理范围为河面及两岸绿地。绿地面积2.1万平方米，水面面积4.2万平方米，总面积6.3万平方米。

一支渠：西起京福公路，东至南夹道扬水站，长4千米。渠道水面面积4万平方米。

西界渠：北起福源道，南至城区外环与一支渠交叉处，长4.6千米。渠道水面面积5万平方米。

至2010年，对未经治理的河道水面漂浮物进行打捞及清运。已治理的河道负责景观河道内各类设施的维护，绿化养护、卫生保洁及垃圾清运、水政巡查等工作。

二、管理模式

管理模式主要有两种：单位自行管理、养护单位承包管理。

（一）单位自行管理

绿化养管。将养护工作细化分项，分为剪草、浇地、树木粉刷、打药、防寒等5个小项单项承包，按项计费。按照养护标准做好绿化的日常养护工作，并安排专人负责检查、督促，对达不到养管要求、影响绿化效果的，按项由养护费中扣除养管金，最终要确保景观绿化效果良好。

卫生保洁。分为绿地保洁、水面保洁两大项。绿地保洁实行分段负责、巡回保洁制度，保洁面积为每人10000平方米，范围包括绿地、硬化路面、临水路、及休闲设施等。并根据单位制定的保洁标准，安排管理人员随时进行检查和抽查，对不达标的保洁员按细则予以扣分，每分按50元在当月工资中扣除。同时结合市市容委、区执法局的抽查及日常巡查，对产生的扣分项目，每分按100元由当月工资内扣除。对连续一年保洁没有扣分的职工，年底给予适当奖励。奖惩制度的实施，使职工的工作积极性、自觉性逐步提高。水面保洁采取人工及打捞船只相结合的方式，窄的渠道采取人工打捞，较宽河道使用打捞船。按照打捞保洁标准，及时将河道内的垃圾及污染物清理干净。在由管理人员检查后，发现不达标的按上述标准执行。

工程设施维护。设施主要分为电力设施和景观工程设施。电力设施维护，每天安排2名电工对城区段所有的电力设施进行检查维护，确保设施正常运行。内容包括夜景灯光、音乐喷泉、太阳能庭院灯等。安排管理人员每周至少进行2次检查，除雨、雪等特殊天气外，对不能正常运行的电力设施视情况对电工予以扣分，并与年底奖金挂钩。景观工程设施维护主要安排巡查人员，加强对设施的巡查，防止破坏现象发生。发现损坏时要及时通知主管领导，安排专人进行维修，并定期进行维护保养，确保景观工程设施完好。

（二）养护单位承包管理

养护单位承包管理即承包单位或个人与河道所按标段签订绿化承包合同，按合同规定的养管标准进行养护工作，河道所安排专人负责巡查，督促养管单位做好养管工作。对检查达不到养管要求的，按合同细则，由承包费中扣除养护费。促使养管单位认真做好养管工作，确保景观河道绿化效果。

绿化树种分为3类：大乔木，包括国槐、千头椿、白蜡、垂柳、杨树、法桐、松树等；观赏树木，包括碧桃、山桃、海棠、木槿、梨树、竹子等；小灌木，包括迎春、金银木、连翘、小檗、女贞、沙地柏等。城区河渠绿化工程见表9-3-71。

三、管理制度

2007年2月，武清区水务局成立城市管理办公室（临时机构），按照《河道安全管理条例》及单位职责，制定了岗位责任制、安全生产责任制、安全生产责任追究办法、人员管理制度、考勤制度、闸门启闭机运行及维护制度、堤坝及建筑物的巡视检查制度、保洁员岗位责任制度，做到用制度管人，按制度办事，有效保证了各项工作有序、规范的开展。

表 9-3-71　　**城区河渠绿化工程表**

年份	范围	面　　积
2007	北运河	绿化 9.6 万平方米，种植乔木 6000 余株，花灌木 1.3 万平方米
	二支渠	绿化 4.4 万平方米，乔木 700 株，花灌木 2280 平方米
2008	北运河	绿化 9.6 万平方米，种植乔木 6000 余株，花灌木 1.3 万平方米
	二支渠	绿化 4.4 万平方米，乔木 700 株，花灌木 2280 平方米
	东排渠	绿化 5.4 万平方米，乔木 3500 株，花灌木 800 平方米
2009	北运河	绿化 9.6 万平方米，种植乔木 6000 余株，花灌木 1.3 万平方米
	二支渠	绿化 4.4 万平方米，乔木 700 株，花灌木 2280 平方米
	东排渠	绿化 5.4 万平方米，乔木 3500 株，花灌木 800 平方米
	五支渠	绿化 1.8 万平方米，乔木 1160 株，花灌木 680 平方米
2010	北运河	绿化 9.6 万平方米，种植乔木 6000 余株，花灌木 1.3 万平方米
	二支渠	绿化 4.4 万平方米，乔木 700 株，花灌木 2280 平方米
	东排渠	绿化 5.4 万平方米，乔木 3500 株，花灌木 800 平方米
	五支渠	绿化 1.8 万平方米，乔木 1160 株，花灌木 680 平方米
	运东干渠	绿化 2.1 万平方米，乔木 640 株，花灌木 1290 平方米

第四节　水利工程确权划界

根据国务院 2006 年《关于开展第二次全国土地调查的通知》和国务院第二次全国土地调查工作电视电话会议精神，2007 年，天津市水利局下发了《关于配合做好第二次全国土地调查暨全市水利工程确权划界工作的通知》，部署全市水利工程用地确权划界和发证工作。通知涉及各区县内容：一是各区县水务（水利）局负责本行政区内河道、水库、泵站等水利工程土地确权划界；二是本市水利工程的土地确权划界工作与市国土部门的总体工作进度同步进行。2008 年年底结束。

武清区水利工程用地调查涉及上马台水库、于庄水库、龙泉供水有限责任公司、国有扬水站 23 座、区管二级河道 7 条及 9 处闸涵。根据天津市水利局下发的通知要求，区水务局组成调查组，于2007年8月12日至2007年9月11日完成了全区水利工程用地情况调查摸底、权属材料搜集、登记造册工作。根据市水利局工管处明确的有无征地审批文件的水利工程用地定界的具体意见，武清区对水利工程用地确权划界主要是按照有征地审批文件的水利工程用地和征地范围确定权属范围；没有征地审批文件的水利管理部门与农村集体就界址达成一致的按照确认的界址办理，有河堤按河堤外坡脚定界，无河堤的按河岸定界。2007年9月15日至2008年年底，完成了全区水利工程用地定界、资料整理等工作，其中上马台水库、于庄水库、龙泉供水有限责任公司、23座国有扬水站、7条区管二级河道和7条联乡骨干渠道、筐儿港堤划为国有用地，13条联乡骨干渠道划为镇街所有。

第十章

水政建设

按照水利部和天津市水利局的总体部署，1989 年 10 月，武清县水利局成立了武清县水利局水政监察科，其主要职责是起草水务管理规范性文件及政策调研工作；查处水事案件及水行政调解、仲裁、复议和诉讼工作；负责《中华人民共和国水法》（简称《水法》）等法律法规的宣传、教育、普及工作；承担水务行政审批职能。1990 年水利部确定武清县水利局为全国第二批水利执法体系建设试点县。1994 年 8 月 1 日与法院协商成立了武清县人民法院水利巡回法庭。1998 年 10 月，经县编委批准成立了水利局水政监察大队，参与制定了《武清县水政组织管理办法》《武清县河道管理办法》《武清县国营扬水站水费征收、使用、管理办法》等相关规范性文件，组织执法宣教工作，先后参加了天津市组织的节水成就巡回展、广播电视等水政宣教活动，共查处各类水事违法案件 170 余起。

第一节 水 政 机 构

1988 年 7 月 1 日，《水法》颁布实施，它标志着水利事业步入依法管理的轨道，依法治水、依法行政有了法律保障。水利部 1989 年 6 月印发《关于建立水利执法体系的通知》，旨在全国水利系统自上而下建立执法体系和执法队伍，确定职责：贯彻水法和法规，维护水事秩序，发现和纠正违法行为，依法追究违法行为人的法律责任，并对下属水利部门或基层单位的执法情况进行监督检查。文件还明确规定水利执法体系是一支专职与兼职相结合的水行政执法队伍，综合管理执法队伍的建设，制定有关规章制度，查处管辖范围内的水事违法案件，同时还要保持与公安、司法部门在执法中的联系，归口管理违法案件的行政复议，对水行政执法队伍进行监督和培训。同时还指出区县以下基层水利管理单位、河道管理单位以及乡镇水利站也要设置专兼职水政执法人员，负责所管辖范围内的执法工作，处理情节较轻的水事案件。

一、水政队伍

1989 年 10 月，武清县水利局成立武清县水利局水政监察科。1990 年 3 月，武清县水利局被水利部确定为全国第二批水利执法体系建设试点县，开始组建水政执法机构，全县的水事活动逐步纳入法制轨道。按照实施方案，武清县成立了由主管副县长任组长的水利执法领导小组，同时在全县水利队伍内部通过选拔、考试等方式，组建了93人的水政监察队伍，涵盖了县、乡两级水政执法体系基本形成。1994年8月1日，武清县水利局与武清县人民法院经过协商，挂牌成立了“武清县人民法院水利巡回法庭”，设在县水利局水政监察科，便于处理水事案件。1998年，为达到执法队伍专职化、执法管理目标化、执法行为合法化、执法文书标准化、考核培训制度化、执法统计规范化、执法装备系列化、执法监督经常化的“八化”具体目标，由武清县水利局以《关于建立水政监察专职执法队伍的请示》上报县编委。1998年10月6日，武清县政府编制委员会批准成立了水利局水政监察大队。监察大队从原有水政监察员中选拔出22名业务素质高、责任心强，有敬业精神的人员为专职执法监察员。其主要职责：根据所在业务单位工作性质按岗定责，及时对管辖区域发生的水事矛盾和水事案件进行调查处理。水政监察大队与水政科合署办公，实行一个机构两块牌子，10月25日正式挂牌成立。截至2010年年底，武清区水利系统包括乡镇水利站全部设置了水政监察员，共有水政监察员91人，其中局系统52人、乡镇水利站39人。在全区范围内形成了上下一体的水政监察管理网络。

水政监察队伍成立后，县水利局始终把执法人员教育培训作为执法队伍的首要任务，选派执法骨干参加上级主管部门法律法规知识培训和学法用法竞赛交流活动，并外请老师和利用执法骨干对本系统内执法人员开展专项培训，一并开展执法证件验证及注册资格培训考试，强化执法人员综合素质和执法能力的提高，使执法人员能够正确理解和运用《水法》及各法律法规，处理水事案件的能力水平得到了提高，有效推进了水利系统依法治水、依法管水的工作进程。1991—2010年，举办执法人员培训班40余期，参加并组织专业法学习交流活动80余次，接受培训人员3000多人次。主要工作方法：一是选派执法骨干参加天津市水利局水政处、武清区政府法制办等部门举办的法律法规培训及学法用法竞赛交流活动；二是组织本系统执法人员分别参加天津市水利局、武清区法制办每两年一次的验证考试，对新申领执法证人员分别进行专业法和公共法律知识培训考试，两项考试合格后获得执法证取得行政执法资格；三是制定本系统水行政执法人员年度学习培训计划，每年组织不少于2次执法人员学习培训，培训以《天津市水政监察培训教材》内容为主；四是开展学法用法交流活动。组织执法骨干参加天津市水利局水政处举办的执法现场观摩、案卷评查及论文研讨活动；组织执法骨干参与各执法单位具体水事违法案件的查处，就案件查处的实际操作及行为规范等环节给予现场指导，并利用“例会”“学习日”等开展经验交流，执法人员依据法律程序查处水事违法案件的能力得到了全面提升。

二、制度建设

为加强水行政执法队伍的建设管理，规范水行政执法行为，树立良好的社会形象，根据有关规定，结合武清工作实际，1991 年武清县水利局制定并发布《武清县水政监察组织管理办法》《武清县实施〈违反水法规行政处罚程序暂行规定〉办法》。1997 年，武清县水利局制定下发《关于实行水行政执法责任制若干制度的通知》（简称《通知》），《通知》中包括《水行政执法责任制度》《水法律、法规学习、宣传制度》《水行政执法监督检查制度》《水行政执法过错责任追究制度》等四项制度和《武清县水政监察人员岗位责任制考核办法》。随着天津市水利系统水政监察规范化制度的建立完善，2000 年后，天津市水利局先后制定下发了《天津市水政监察员行为规范》《天津市水行政执法巡查制度》《天津市水利局查处水事违法案件责任制度》等多项制度，武清区水政监督队伍深入贯彻执行，强化了执法队伍建法和规范了执法行为。

第二节　法　规　建　设

一、主要法规

水法规体系的建立和完善是水资源管理有效实施的法律保障。在依法治水的进程中，水行政执法所适用的法律、法规，经过多年来执法实践的检验在不断地补充和完善，国家对原有的法律法规也进行了多次修改和修订。为保证执法行为规范，使水行政执法人员在执法实践中准确运用法律、法规及规章，武清区水务局于 2006 年 2 月对水行政执法主体、执法依据、执法职权做了认真的梳理汇编，形成较为完整区域水法律法规体系，对日常水行政执法工作起到指导规范作用。

经过梳理汇编后，水务部门适用的法律、法规、规章共 23 部（已通过武清区政务网向社会公示）。截至 2010 年，本市出台的地方性法规、政府规章及各类规范性文件且在执法管理工作中常用的如下。

（一）天津市地方性法规

《天津市实施〈中华人民共和国水法〉办法》1994 年 1 月 26 日由天津市第十二届人大常委会五次会议审议通过，市人大常委会以 1994 年十一号公告公布，自公布之日起施行。2006 年 9 月 7 日由天津市第十四届人大常委会三十一次会议审议通过新修订的

《天津市实施〈中华人民共和国水法〉办法》，市人大常委会以2006年第七十八号公告公布，2006年12月1日正式施行。

《天津市实施〈中华人民共和国水土保持法〉办法》1995年1月18日由天津市第十二届人大常委会十三次会议审议通过，市人大常委会以1995年第三十六号公告公布，自公布之日起施行。

《天津市蓄滞洪区管理办法》1996年10月16日由天津市第十二届人大常委会二十七次会议审议通过，市人大常委会以1996年第六十号公告公布，自公布之日起施行。

《天津市河道管理条例》1998年1月7日由天津市第十二届人大常委会三十九次会议审议通过，市人大常委会以1998年第九十二号公告公布，自公布之日起施行。2005年3月24日天津市第十四届人大常委会十九次会议审议通过了《关于修改〈天津市河道管理条例〉的决定》，市人大常委会以2005年第四十二号公告公布，自公布之日起施行。

《天津市节约用水条例》2002年12月19日由天津市第十三届人大常委会三十七次会议审议通过，市人大常委会以2002年第六十二号公告公布，2003年2月1日起施行。2005年3月24日天津市第十四届人大常委会十九次会议审议通过《关于修改〈天津市节约用水条例〉决定》，市人大常委会以2005年第四十三号公告公布，自公布之日起施行。

《天津市城市排水和再生水利用管理条例》2003年9月10日由天津市第十四届人大常委会五次会议审议通过，并施行。2005年7月19日天津市第十四届人大常委会二十一次会议审议通过《关于修改〈天津市城市排水和再生水利用管理条例〉决定》，市人大常委会以2005年第五十四号公告公布，自公布之日起施行。

《天津市防洪抗旱条例》2007年9月13日，由天津市第十四届人大常委会三十九次会议审议通过，市人大常委会以2007年第九十八号公告公布，2007年12月1日施行。

（二）天津市政府规章

1997年6月10日天津市政府颁发《天津市持证执法管理规定》（73号令）。

1997年6月11日天津市政府颁发《天津市行政处罚听证程序》（74号令）。

1997年12月31日天津市政府颁发《天津市行政罚款管理规定》（121号令）。

1998年1月6日天津市政府颁发《天津市取水许可管理规定》（126号令）。

2004年1月9日天津市政府颁发《天津市水利工程建设管理办法》（15号令）。

2004年6月29日天津市政府颁发《天津市行政许可监督检查规定》（36号令）。

（三）天津市水利局规范性文件

1996年8月6日天津市水利局发布《行政执法错案、过错责任追究》办法。

2000年7月21日天津市水利局发布《天津市水政监察员行为规范》。

2002年3月1日天津市水利局发布《天津市水政监察证件管理办法》。

2002年11月28日天津市水利局发布《天津市水利局查处水事违法案件责任制度（试行）》。

2003年2月17日天津市水利局发布《天津市水行政执法巡查制度》。

2005年9月6日天津市水利局发布《天津市水利局水政工作监督考核办法（试行）》。

（四）武清区规范性文件

1991年发布了《武清县水政组织管理办法》《武清县实施〈违反水法规行政处罚程序暂行规定〉办法》《武清县河道管理办法》《武清县国营扬水站水费征收、使用、管理办法》和《武清县划定水利工程管理暂行办法》（以上5个“办法”均于2008年一并废止）。

1993年发布了《关于调整排灌水费价格和改革征收办法的决定》（2008年废止）。

1998年发布了《关于发布〈强化地下水资源管理暂行办法〉的通知》（已上报区政府建议保留，待新办法出台后，再予以废止）。为合理开发利用地下水资源，促进计划用水、节约用水，保护地下水资源，防止地面沉降和水质污染，依据天津市实施《水法》办法和天津市《取水许可管理规定》，制定该办法。

1999年发布了《武清县地下水资源费征收管理实施细则》（已上报区政府建议保留，待新办法出台后，再予以废止）。为做好地下水资源费的征收管理工作，保护和节约地下水资源，控制地面沉降，特制定该实施细则。

2011年发布了《武清区城区排水管理暂行办法》。为规范城区排水工程建设、加强城区排水管理，确保城区排水设施完好和正常运行，依据《天津市城市排水和再生水利用管理条例》，结合武清区实际，制定该办法。

二、法规宣传

《水法》颁布以后，武清区政府十分重视水利法规的宣传。作为水务职能部门，武清区水务局每年将水法规宣传普及教育工作纳入重要议事日程，在全区范围内层层展开了大规模的水法宣传活动。组织开展法制宣传教育专题活动，大力开展节水型社会建设、取水许可和水资源费征收、河道管理、城区水环境等专题宣传教育活动。同时，围绕“江河治理，防汛减灾”“水与发展”“保障饮水安全，维护生命健康”“实现依法治水，促进社会和谐”“迎奥运、保安全、促和谐”“落实科学发展观，节约水资源，保护水环境”“珍爱水资源，优化水环境，保障水安全”等宣传主题，做好“世界水日”“中国水周”“全国城市节水宣传周”和“12·4”全国法制宣传日的集中宣传活动（每年3

月22日为世界水日，3月22—28日为中国水周)。2006年，武清区水务局获天津市“四五”普法依法治理先进单位称号，水政监察科获武清区“四五”普法依法治理先进集体称号。

1991年《水法》宣传得到了武清县人民政府法制办公室、普法办公室、广播电视局等单位的密切配合，深入到34个乡镇进行宣传。武清区水务局与司法局9次下乡，开展《水法》宣传、法律咨询活动，发放宣传材料200余份，接待群众2万余人次。同年4月，武清区水务局组织人力，精心编排了以体现《水法》为内容，水政建设、典型案例为重点的文艺宣传节目，参加武清区组织的“消夏晚会”演出，取得了良好的效果。7月29日，水利部水政司处长李泽冰、海河水利委员会水政处处长郭锡德、天津市水利局副局长刘振邦、天津市水利局水政处副处长李占才等领导到水利部驻武清单位观看了演出，并对演出给予高度评价，刘振邦当场挥笔写下“民以水为天”以表祝贺。1991年武清县被水利部授予全国水政工作先进单位和全国“二五”普法《水法》普及教育重点县称号。

1992年5月17日，武清县水务局与普法办举办全区普及《水法》知识竞赛，全区各机关、团体选派代表队参加。1992年被天津市水利局评为水法普法教育先进单位。

1993—1995年，在“世界水日”“中国水周”期间，采取多种形式的水法律法规宣传活动，扩大宣传影响覆盖面。1995年3月，武清县水利局在机关召开水政执法工作经验交流会，区政府法制办、司法局有关人员参加了会议。

1996—1999年，水法制宣传以贯彻《中华人民共和国防洪法》《天津市河道管理条例》为主要内容，选择典型案例，利用电视台、广播等媒介广泛宣传，印制宣传材料1200份，“两法”问卷400份，通过走街串户做宣传，让更多人得到普法教育。

2000年3月，武清区水务局购置宣传布标12条，悬挂于街道、住宅小区宣传节水；在区电视台“周末报道”栏目中向公众宣传地下水资源管理相关规定，介绍日常生活用水常识，同时出动宣传车，向排污河沿岸村街发放河道管理宣传材料200余份。

2001—2002年，开展“水与发展”、节约用水、实现水资源可持续利用、依法治水为主题的水法宣传活动。利用广播、电视播放水法专题讲座，在区电视台“城区视点”和“法制校园”栏目中宣传水法律知识和节水新技术推广应用。

2002年5月13日、9月25日、11月5日、12月4日开展水法规集体咨询活动，9月25日“天津市节水成就巡回展”到武清区，市水务局副局长单学仪、区委副书记李福海等领导亲临现场，这次活动共发放宣传材料2万余份，设展牌200余块，取得了良好的宣传效果。

2003年，结合下伍旗水源地建成供水，调查城区水资源状况之际，开展全民提高节水、护水、自觉维护水环境教育活动。3月21日，在局机关举办全系统“新水法及水利知识竞赛”活动，天津市水务局水政处、武清区政府法制办、区法院等单位领导光临比赛。3月24日，在城区开展水法知识及节水知识咨询活动，发放宣传手提袋1500份，在武清电视台播放了节水知识及《天津市节约用水条例》专题片，提高群众的节水意识。

2004—2005年，围绕“保障饮水安全，维护生命健康”主题，在“水周”期间，区水务局组织基层单位在大光明市场开展水法规宣传咨询活动，设置展牌12块，发放《水法》《天津市节约用水条例》宣传材料1000份，节水图画册200张。局机关会同龙泉供水公司深入城区输水管道沿线乡村开展管线安全知识宣传，沿途发放宣传材料2000份，宣传品400件。

2006年，以宣传贯彻水法为主题，在“水周”期间，利用区电视台政务话题栏目，根据武清区水资源现状，展示近年来武清水利建设发展效果。3月25日，在泉州路市场开展了普法宣传活动，重点宣传《取水许可和水资源费征收管理条例》，发放宣传材料2000份。

2007年，围绕饮水安全主题，开展多样性的宣传活动：①在区电视台制作、播放了以实施农村饮水安全工程，保障居民健康、改善生活条件为内容的“政务话题”节目，广泛宣传造福百姓的“民心工程”；②以武清水环境建设为切入点，在区电视台制作、播放、展示水环境建设给武清带来的发展变化的专题节目，提高百姓用水护水意识；③水政科会同地资办、河道所、龙泉公司到输水沿线和居民小区开展宣传咨询活动，发放宣传材料1200份，推进普法和饮水安全知识宣传；④在系统内开展了以相关法律法规和水利常识为主要内容的试题答卷活动，下发试卷40份，通过干部职工积极参与，推动了全员素质的提高和普法工作的开展；⑤利用“科技周”“安全月”宣传活动契机，让普法宣传参与其中，先后到5个乡镇街，将1300份宣传材料、120件宣传品、300本节水小册子发放到群众手中，普法效果良好。

2008年，以“节水型社会建设”为主题，开展有效活动：一是参加市水务局举办的“依法治水”征文和“水之法”汇演活动；区水务局上报的“在新的审批框架下如何做好水行政审批工作的思考”被评为优秀论文并刊登在《天津水利》2008年水法制工作论文专辑中；参演的节目获市水务局一等奖。二是在区电视“民生视点”栏目制作、播放农村管网入户改造工程建设节目，通过贴近百姓、贴近生活的宣传，提高全民的节水、护水和健康意识。三是到河西务镇和大良镇初级中学及在石各庄镇、梅厂镇集市开展问卷调查活动，发放问卷200张，学生、家长及群众参与热情很高，收效明显。四是组织相关科室及基层单位参加“12·4”国家法制宣传日活动，发放地下水资源费征收依据标准、城区河道管理通告、节水器具图片及相关法律法规图册1300份。

2009年，以“依法治水、保护水环境”为主题，先后到豆张庄乡、黄花店镇、杨村街开展法律咨询和主题宣传活动，在活动中播放了节水宣传光盘，发放宣传册450本、宣传品300件、宣传材料1100份，“市民联系卡”200张。在景观河道和居民小区悬挂布标9面、张贴挂图12张，积极营造主题宣传氛围。另外会同有关科室参加区相关部门组织的各类宣传活动，并利用办理取水许可、水资源费征收的时机将相关宣传内容送到用水户、企业手中，以此扩大宣传面。

2010年，以“实施最严格水资源管理制度，创建水生态环境”为主题，主要开展三项活动：①在区电视台“民生视点”栏目制作播出以饮水安全建设、农业节水为内容的专题节目，让百姓更多了解所关心的农业节水示范区、农村饮水安全建设发展情况，提高全民节水意识和保护水环境意识；②以龙凤河城区段综合治理工程建设为契机，多次制作、播放新闻节目，广泛宣传水环境建设成效及给武清城区带来的发展变化，提升沿河单位及全区民众珍惜、保护水环境意识和守法的自觉性；③参加武清区市容和园林管理委员会在杨村一中学校门前举办的市容环境主题宣传活动，发放以水环境、水法律法规为内容的宣传材料300份、小册子200本、手提袋100个、挂图50张。

三、水行政执法队伍行风评议

为树立水行政执法队伍“为民、务实、廉洁、高效”的良好形象，2008年天津市水利局下发《水行政行风评议工作的通知》，评议内容：根据法定职权和程序行使职权，履行法定义务；规范行政行为，建立完善政务公开制度；加强水行政执法人员的教育培训，提高正确适用和熟练掌握相关法律的能力；行政处罚要主体合法、事实清楚、法律法规适用正确；建立健全行政执法责任制度，防止行政权力的缺乏和滥用；强化民主监督措施，发现并解决实际问题。行风评议活动主要形式：征求意见自查自纠；公开评议监督检查，总结整改。

2008年，在北运河、龙凤河沿线村街安装印有联系电话的举报箱25个，全年接收群众举报8起，对群众反映的问题进行调查、核实、依法作出处理并及时反馈意见。地下水资源管理站利用收费时机走访、回访90余人次，针对相关意见、建议改进工作。把行政执法程序、依据、办事时限及收费标准等通过武清政务评分向社会公示，力求执法政务公开透明并接受社会监督。结合天津市水利局水政处、武清区法制办每年的水行政执法案卷评查工作，武清区水务局水政科对河道所、地下水资源管理水行政执法案卷进行检查评查，对照评查标准提出整改意见，推进执法行为规范建设。根据天津市水利局《水行政执法行风评议工作通知》精神，制定“武清区水政监察员年度工作检查考核标准”，按照工作要求每季度对执法单位经过对照工作要求进行自我评定、单位责任考核评定后，报武清区水务局水政科综合评定。

2009 年，接收沿河村街群众举报 11 起，内容全部是河道违法行为，不涉及水政监察员行为问题；收费员走访、回访用水户 80 人次，其中接受咨询 13 人次。向全区 29 个乡镇街印发征求意见信 300 份，就水利服务、水政执法、水工程建设、安全饮水、廉政建设等方面工作，向社会征求意见和建议，反馈的意见中不存在水政执法问题。对《水行政执法巡查制度》《水行政执法责任制度》进行补充完善，并将《水行政执法过错责任追究制度》《武清区水政监察员岗位责任制考核办法》等落实到基层执法单位、执法岗位、执法人员，明确各执法部门岗位职责。先后选派 32 名执法人员参加天津市水利局水政处、区政府法制办等相关部门举办的法律知识培训。武清区水务局水政监察科根据河道管理所执法岗位人员调整的情况，为 41 名河道执法人员、管理人员进行《中华人民共和国水法》《中华人民共和国河道管理条例》《天津市河道管理条例》相关法律法规知识培训，并就执法实践开展经验交流，保证工作人员顺利开展工作。落实《武清区水政监察员年度工作检查考核标准》，对基层执法站点日常抽查检查 12 次，对每个执法单位每季度集中检查 1 次，经年终综合评定，执法人员年终考核全部达到合格。

2010 年，接收沿河村街群众举报 9 起，没有涉及执法人员行为问题，收费员走访、回访用水户 50 人次，其中接受咨询 15 人次。建立行政许可公开制度，按照行政许可事项制作《行政许可办事指南》，并通过武清区政务平台向社会公示，接受社会监督，优化便民服务。全年有 23 名执法人员参加了相关部门培训，水务局水政科安排执法骨干对河道管理所、城区河道管理办、地下水资源管理站等 65 名执法人员进行了法律知识培训，并结合执法实践进行交流，执法人员依法办事能力及执法质量得到了提高。按照《水行政执法行风评议工作的通知》要求，以规范执法行为为重点，武清区水务局水政科对基层执法站点日常抽查检查 14 次，按季度对每个执法单位进行集中检查，了解执法情况，发现并解决实际问题。经年终综合评定，执法人员年终考核全部达到合格。

第三节　水行政执法与行政审批

武清区水务局根据全区水务事业实际确定了水政执法中心工作，对水资源、节水、水利工程等依法进行管理。主要内容：一是强化地下水资源管理，对未经批准擅自取水，非法打井，不安装计量设施，拖欠、拒交水资源费等违反水法律法规的行为进行查处。二是加强节约用水管理，对建筑施工，园林绿化，公共管网的跑、冒、滴、漏情况进行检查，发现问题及时处理，对建筑施工临时用水和用水大户节水器具使用、节水设施“三同时”办理、定额管理和用水计划执行情况进行检查。三是加大执法巡查力度，依法查处河道、蓄滞洪区管理范围内非法采砂取土、挖筑池塘、种植阻碍行洪林木，以及破坏侵占水利工程设施等水事违法行为，确保防洪工程安全和河道行洪畅通，为安全度汛提供可靠保障。水事违法案件的发生不仅影响防洪安全和水利工程设施的正常运行，还破坏水资源的合理开发利用，造成不可估量的经济损失，也会在一定程度上影响当地社会经济的和谐发展。水务局本着“防调结合、预防为主、标本兼治、重在治本”的工作思路，强化巡查督查力度，做到及时发现、及时制止、及时查处，把矛盾和问题化解在萌芽状态。通过多年的严格执法使武清区水事秩序有了明显好转。

一、水事案件查处

1991—2010 年，武清区水务局共查处水事违法案件 170 起，其中河道案件 103 起，水资源案件 67 起。比较有影响的案例如下。

1991 年 3 月 27 日，接群众来信反映下伍旗乡褚庄大队书记马兴的私自砍伐青龙湾大堤树木一事，经过调查，情况属实，依据法律责成当事人补栽 100 棵树，保证成活，给予主要人员行政处罚，并通过广播电视进行通报批评。

1991 年 8 月 19 日，武清县大碱厂乡孙小屯村民刘金亭等 7 人，擅自挖掘二支渠堤取土、垫自家的房台，大碱厂乡水政监察人员对其行为依法进行处理。

1991 年 12 月 9 日，武清县水利局与县公安局、林业局联合查处了武清县豆张庄乡中双庙村村民张某盗伐永定河护路堤眷营闸至北双庙道口段 38 棵树木一案。武清县水利局与县公安局、林业局组成联合调查组，依据《水法》《森林法》《治安管理处罚条例》，作出了对张某治安拘留 10 天，赔偿经济损失 500 元，没收非法所得、补栽 100 棵树的处罚决定，维护了水法的尊严。

1994 年 4 月 9 日，武清县上马台乡上马台村，未经批准擅自在排污河右堤脚处开挖深渠，武清县水利局水政科与武清县河道管理所执法人员对其进行了查处，依法责成当事人限期恢复原状。

2000 年 4 月，武清县水利局对排污河左堤坡脚处鱼池问题进行了处理，涉及堤防长 5 千米，水政执法人员会同沿岸所在乡政府负责人员现场办公，提出整改意见，仅 1 个多月的时间所涉及的鱼池全部得到处理。

2003 年 5 月 26 日，武清区水务局执法人员在巡查青龙湾减河右堤堤防时发现下伍旗镇神机马坊村村民利用农用机动车在河滩内挖沙取土，武清区水务局执法人员当即暂扣了该村民的农用机动车，并依据《天津市河道管理条例》有关条款对违法行为人进行了查处。

2005 年 1 月 12 日，武清区水务局配合市水利局对武清境内不按规定打井取水的单位进行查处，共封存机井 4 眼，区河道管理所执法人员对村民在北运河蒙村段、下朱庄段堤内栽种的阻水树木进行清理。

2007 年 2 月 1 日 17 时 40 分，曹子里乡政府利用车辆、挖掘机在筐儿港堤外坡脚 10 米内取土，武清区水务局水政科与武清区河道管理所 9 名执法人员于 18 时 20 分到达现场，经查取土距堤脚 7 米、深 4 米、长近 5 米，执法人员依法停止取土行为，由曹子里乡政府次日前到河道所办理相关手续，依法恢复原状。2 月 3 日，武清区水务局水政科与武清区河道管理所执法人员现场核实，当事方已按要求办理。

2007 年 4 月 24 日，黄庄街三里屯村民在北运河铁路桥下右堤内坡滩地植树，当日 8 时 30 分，武清区水务局水政科、武清区河道管理所现场执法，在黄庄街道办、三里屯村负责人的协助下，于 16 时 30 分将栽植的 130 棵树全移走，并把 240 多棵树坑全部填平。

2008 年 2 月，执法人员对 104 国道龙凤河故道交口的两家餐馆、北运河南夹道三家修车点的占地经营进行了查处，违法占地经营的摊点全部拆除。

2009 年 2 月 14 日，武清区水务局与大黄堡乡政府、派出所联合对大黄堡乡东丝窝村民在大黄堡蓄滞洪区内开挖堆砌阻水围埝进行查处，经现场调查后，根据《天津市蓄滞洪区管理条例》相关规定，暂扣挖掘机，同时依据法律程序责令停止违法行为、责令限期改正，当事人于同年 3 月 5 日恢复了原状。

2009 年 3 月 23 日，武清区河道管理所执法人员巡查发现大黄堡乡朱槽子村两村民在狼尔窝引河滩地挖筑鱼池 2 处，占地分别约 0.8 公顷和 1.4 公顷，鱼池一旦形成，将阻碍行洪。根据《天津市蓄滞洪区管理条例》相关规定，依据法律程序，经调查核实后，分别向当事人下达相关执法文书，考虑 2 处鱼池在汛期对行洪影响，于 2009 年 4 月 10 日由武清区水务局水政科组织执法人员到现场，安排河道所机械依法予以强制拆除。

2009 年 3 月 25 日，武清区水务局水政科与地下水资源管理站执法人员对天津市德信德工贸有限公司（位于曹子里工业区）在其院内未经批准擅自打井取水行为进行查处。经查打浅井 2 眼且未办理取水许可证。依据《水法》规定，依法调取了该公司基本情况（户卡），下达了相关执法文书。该公司于 2009 年 8 月 10 日，补办取水许可证，安装计量设施，并补交水资源费 10000 元。

2010 年 11 月，北三河管理处、天津市水务局水政处、武清区水务局、天津市公安局治安分局、武清区公安分局联合对青龙湾减河下伍旗镇北褚庄村河段的非法采砂活动进行集中治理。共暂扣挖掘机 1 台、挖沙船 6 条。经过集中治理，非法采砂活动得到了有效遏制。

二、水事纠纷处理

位于机排河的芦新河泵站既为武清杨村机场服务，又为武清区和北辰区机排河两岸农业服务。因天津市建委10万元经费多年不变，农业收益单位不负担电费，加之排水电费价格上涨等原因，该站运营经费不足引发的矛盾越发突出。自1991年开始，市政协提案连续几年召集北辰、武清两区县和有关部门协商；市政府副秘书长刘红升几次出面协调，但因资金难落实，该问题一直没得到彻底解决。

1993—1995年，北辰区内村民在机场排河与武清县交界处搭筑拦河坝，并与武清县村民组织拆坝产生纠纷。天津市水利局就此问题进行多次协调，但机场排河上市管的芦新河泵站运行的维护费、电费等无资金来源，该矛盾无法彻底解决。1999年，为彻底解决机排河芦新河泵站排水问题，天津市政府副秘书长刘红升再次召开协调会，研究芦新河泵站排水经费问题。天津市水利局、天津市财政局根据天津市政府协调会会议要求，就机排河泵站排水经费问题，与有关部门和区县进行反复研究和沟通，经核算，芦新河泵站年运行总费用为95万元。经费来源：一是由天津市建委承担经费20万元，由城市维护费列支；二是两区县承担排水费65万元，其中武清县37万元，北辰区28万元，不足部分由天津市水利局承担，按此办法解决了纠纷。2002年8月30日签订机排河芦新河泵站排水费用协议，每年1月1日和7月1日，各有关部门分两次将所承担费用统交天津市财政局监督使用。

三、行政审批

加快推进水行政管理体制改革，提高水行政主管部门管理工作效能，增强管理工作透明度，是新时期对水务部门提出的要求。2004年12月30日，武清区行政许可服务中心正式挂牌成立，作为区政府职能部门之一，武清区水务局共抽调4名工作人员（2008年3月以后调整为2名），进驻武清区行政许可服务中心水务局窗口，代表武清区水务局受理相关水行政许可事项。涉及水行政审批事项共23项，其中河道管理方面16项、水资源管理方面5项、蓄滞洪区建设管理方面2项。截至2010年年底，共受理行政许可申请1009件，其中水资源方面983件，河道方面26件。

武清区水务局行政审批事项见表10-3-72，2004—2010年武清区水务行政审批事项统计见表10-3-73。

表 10-3-72　**武清区水务局行政审批事项一览表**

序号	行政审批事项名称
1	二级河道工程设施竣工验收
2	二级河道管理范围内堤顶、戗台用作公路、铁路审批
3	二级河道管理范围内建设项目审批
4	二级河道新建、改建排污口的设置或扩大审批
5	二级河道管理范围内排水设施建设、改造、扩建
6	二级河道护堤护岸林木的砍伐审批
7	二级以下河道管理范围内采砂、取土
8	二级以下河道管理范围内修建排水、组水、引水、蓄水工程
9	取水许可
10	取水许可变更
11	取水许可延展（换证）
12	蓄滞洪区避洪设施建设审核
13	蓄滞洪区内新建、改建、扩建建设项目和验收
14	一级河道工程设施竣工验收
15	一级河道管理范围内采砂、取土
16	一级河道管理范围内堤顶、戗台用作公路、铁路审核
17	一级河道管理范围内建设项目审核
18	一级河道管理范围内排污，排水设施建设、改造、扩建审核
19	一级河道管理范围内修建排水、组水、引水、蓄水工程审核
20	一级河道护堤护岸林木的砍伐审核
21	一级河道排污口的设置或扩大审核
22	用水计划指标变更批准
23	凿井审批

表 10-3-73　**2004—2010 年武清区水务行政审批事项统计表**

年份	事项名称	审批件数	初审上报件数
2005	一级河道护堤护岸林木的砍伐审核	1	10
	二级河道护堤护岸林木的砍伐审批	3	
	二级以下河道管理范围内采砂、取土审批	1	
	二级河道管理范围内建设项目立项审批	1	
	取水许可事项	10	

续表

年份	事 项 名 称	审批件数	初审上报件数
2006	取水许可事项	11	
2007	取水许可事项	20	
	二级河道管理范围内建设项目立项审批	5	
	二级河道管理范围内建设项目实施方案审批	4	
	一级河道管理范围内建设项目立项审批	1	
2008	取水许可事项	57	
2009	取水许可事项	479	
2010	取水许可事项	406	
合 计		999	10

第十一章

水利改革

武清区水务局体制改革包括局机关机构设置改革、事业单位人事制度改革、水利工程管理体制改革和纯公益性工程管理单位体制改革。其中局机关机构设置改革从1991—2010年共有三次：第一次是1996年7月，第二次是2001年2月，第三次2010年6月。这三次改革以精简机构，压缩编制，分流人员，定岗、定责、定人，撤销合并科室为主，并将34个水利站划分乡镇管理。2001年3月10日，武清区水利局更名为武清区水务局。2005年9月，武清区水务局按照上级主管部门的指示将10个基层单位进行人事制度改革，所有人员全部采用聘用制、合同制。2007年8月，进行了水资源管理体制改革，将武清区节约用水办公室由武清区城建委划转到武清区水务局。2010年6月，又将武清区城建委管辖的城镇供水和市政排水划归武清区水务局管理。至此，基本上实现了城乡水务一体化。2000年，武清区水务局按照《天津市人民政府批转天津市水利局〈关于小型农田水利工程产权制度改革意见〉的通知》精神，于2001年4月在河西务镇进行小型农田水利改革试点取得了成功。2005年5月，武清区水务局对纯公益性岗位河道管理所、排灌管理站、上马台水库、于庄水库等水管单位进行了改革。2007年天津市水务局组建北三河管理处、永定河管理处，将武清区河道管理所代管的龙凤河、北运河、青龙湾减河划归北三河管理处管理，永定河划归永定河管理处管理。1993年建立县、乡、村三级农村水利技术推广体系。

第一节 机构改革

一、机关机构改革

1991—2010年武清区水务局按照武清区委、区政府指示精神进行了3次机构改革，1996年7月机关科室调整，由原来的11个科室调整为8个科室，人员定编50人，其余人员分流到基层单位。2001年3月，武清区水利局更名为武清区水务局，3月10日揭牌。2002年5月，机关8个科室合并为5个职能科室。2008年1月3日，武清区水务局组建了节水科。2010年6月19日，武清城区供排水职能由武清区建委划归武清区水务局管理，机关增设供排水科，至此实现了水务一体化管理。

（一）第一次机关机构改革

按照武清县委、县政府《关于印发〈武清县水利局职能配置、内设机构和人员编制方案〉的通知》规定，1996年7月17日，武清县水利局实施局机关机构改革，机关内设8个职能科室：办公室、人事科、党委办公室、水政科、规划设计科、防汛抗旱科、财务审计科、综合经营科。撤销了农水科，将职能划入科技中心；撤销了老干部科、工会、妇联，将职能划入党委办公室；将地下水资源管理办公室从机关分流，成为基层单位。

机关行政编制50名，其中局长1名，副局长5名；科长8名，副科长9名。机关工勤事业编制10名。

（二）第二次机关机构改革

根据《国务院关于加强城市供水、节水和水污染防治工作的通知》精神和天津市水利局的有关文件，为切实加强武清区水资源的统一规划和管理，加强改进城区供水、节水和水污染防治工作，促进经济社会的可持续发展，武清区水利局于2001年2月21日呈报武清区编委《关于武清区水利局更名为武清区水务局的请示》（武水字〔2001〕3号）。3月5日，武清机构编制委员会下发《关于天津市武清区水利局更名为天津市武清区水务局的批复》（津武编发〔2001〕1号）文件，同意撤武清区水利局组建武清区水务局，其机关规格、职能、人员编制及经费渠道等暂不变更。3月10日揭牌。

天津市武清区委《关于印发〈天津市武清区水务局职能配置、内设机构和人员编制规定〉的通知》（津武党发〔2002〕38号），明确了区水务局是区政府主管水行政工作的职能部门，规定了主要职责。武清区水务局在2002年5月进行了机构改革。

本着精简、统一、效能的原则，撤销职能单一的科室，组建综合性科室。将原来的8个科室合并成5个科室，分别为党委办公室、行政办公室、水资源规划管理科、水政科、财务审计科。撤销了人事科，将人事科的职能并入行政办公室；将防汛抗旱科、规划设计科合并为水资源规划管理科；撤销了综合经营科，职能并入财务审计科。机构总编制为51人，其中行政编42人，工勤事业编9人。副科长竞争上岗，干部职工定岗定责。

（三）第三次机关机构改革

2010年6月7日，武清区委、区政府下发《关于印发〈天津市武清区人民政府机构改革实施方案〉的通知》，对武清区水务部门机构及职能作了调整，将武清区城乡建设管理委员会城区供水、排水、节水和防汛的职责，整合划入武清区水务局。2011年6月19日，武清区委、区政府下发《关于印发〈天津市武清区水务局主要职责内设机构和人员编制规定〉的通知》，设立供排水管理科。将原水资源规划管理科撤销，设立水资源管理科和工程规划科分别承担原职责。

武清区水务局的主要职责：

（1）贯彻执行国家、市有关水行政工作的方针、政策和法律、法规；结合本区实际，研究水行政工作的规章制度，执行具体办法并组织实施。

（2）负责编制区水利水资源工作发展规划和年度计划并组织实施；参与制订区国民经济计划、发展规划、重大建设项目中的有关水行政业务的论证工作。

（3）负责统一管理全区水资源（含地表水、地下水、中水）；制定水资源中长期利用规划、水量调度方案并监督实施；负责全区供水调度；负责计划用水并组织指导监督节约用水工作；保障水资源供需平衡，组织实施取水许可制度和水资源费征收；以水价为杠杆调控水资源，实现优化配置；实施行业归口管理。

（4）负责防汛抗旱工作，承担区防汛抗旱指挥部的日常工作。

（5）负责节约用水工作，承担区节约用水办公室的日常工作。

（6）负责排水与污水处理设施的建设、管理以及排水费征收工作；组织实施排水调度，负责排水行业的管理。

（7）主管二级河道、堤防及以下人工水道、水库；代管一级河道、堤防和蓄滞洪区。

（8）执行水资源开发利用规划；监测向水库、河道及其他水体污染的水量、水质，提出水环境治理意见并组织实施。

（9）组织、实施水行政监察执法工作；协调部门间和区域间的水事纠纷；负责有关水行政案件的复议受理和诉讼工作。

（10）组织编制水利工作建设项目建议书和可行性研究报告；组织实施国家水利技术的规程、规范；负责组织和协调全区水利建设设施的配套工作。

（11）主管各类水利工程；负责区重要水利工程安全监管工作。

（12）负责区农村水利工作；组织、协调农田水利基本建设；负责农村饮水工作；会同有关部门做好水土保持工作。

（13）负责水利资金使用管理，指导水务行业的多种经营。

（14）负责水利技术推广，组织水利技术培训工作。

（15）承办区委、区政府交办的其他事项。

机关内设8个职能科室：

（1）党委办公室。核定行政编制6名，其中主任1名、副主任1名。

负责监督检查局党委决议的贯彻落实；负责党务文秘、来信来访、纪检、宣传；负责离退休人员管理；负责工会、共青团、妇联等工作。

（2）行政办公室。核定行政编制8名，其中主任1名、副主任1名；工勤事业编制9名。

负责机关行政事务、后勤管理、文秘、档案、会务、内部保卫、安全生产工作；负责人事劳资、劳动和社会保险、职称评定及培训、考核等工作。

（3）水资源管理科。核定行政编制7名，其中科长1名、副科长1名。

负责区防汛抗旱指挥部办公室的日常工作，编制水利年鉴，研究制订水利灾害对策；负责水源工程建设和防汛抗旱、除险加固工程建设的行业管理；检查、监督、落实防汛抗旱工作责任制，提出防汛、抗旱预案，审批有关水利工程设施防汛调度方案，并监督执行；安排落实防汛抗旱物资；加强通信系统建设。

（4）工程规划科。核定行政编制6名，其中科长1名、副科长1名。

编制水利工程中长期及年度建设规划、项目建议书、研究报告及效益评估报告；组织基本建设项目的勘测、设计、工程概算、预算和结算。

（5）供排水管理科。核定行政编制3名，其中科长1名。

负责对城区供水、排水、污水处理等市政设施实行统一归口管理。

（6）节水科（区节约用水办公室）。核定行政编制3名，其中科长1名。

负责节约用水工作，并承担区节约用水办公室的日常工作。

（7）水政监察科（行政审批科）。核定行政编制3名，其中科长1名。

负责起草水务管理规范性文件及政策调研工作；负责查处水事案件及水行政调解、仲裁、复议和诉讼工作；负责《水法》等法律法规的宣传、教育、普及工作；承担水务行政审批职能。

（8）财务审计科。核定行政编制5名，其中科长1名、副科长1名。

负责水务资金管理、划拨，对水务国有资产和专项资金实施监督管理；负责局内部审计；指导行业的多种经营。

二、事业单位人事制度改革

1996年7月17日，武清县委、县政府《关于印发〈武清县水利局职能配置、内设机构和人员编制方案〉的通知》规定，将34个水利站205名职工及资产划归所在乡镇管理，武清县水利局进行业务指导。

2001年，水利机械修造厂被武清区体改办定为事业单位改制试点单位，进行全面改革、改制。按照武清区体改办的要求，2001年11月与厂内的职工采取一次性经济补偿的办法解除劳动合同（参照天津市武清区经济体制改革领导小组办公室《天津市企业经济性裁减人员暂行规定》文件）。截至2004年年底，全厂职工78人，解除合同50

人，退休（退职）24 人，保留在职 4 人。改制后，各车间继续承租给原承包人，保证了职工分流不下岗，改制不失业，鼓励有能力的人员再就业、自主创业。厂留守管理人员改变工作思路，由管理者变成服务者。每年积极做好养老保险的缴纳工作，并且积极筹措资金，开源节流，用厂房租金给全部工人上了医疗保险、工伤保险、失业保险、生育保险。协调社会保险、医疗等相关部门，做好退休、病退、退职的办理工作。拆迁以后该厂无任何经济收入，用厂房、设备残值款维持 2006 年、2007 年的各种开支。2008 年，在武清区水务局领导的协调下，由区财政每年出资 30 万元解决职工的医疗保险、工伤保险、失业保险、生育保险资金及其他问题。

2005 年 9 月，武清区水务局事业单位实施人事制度改革，于 12 月结束。涉及事业人事制度改革的事业单位共 10 个：水利技术推广中心、排灌站、河道管理所、上马台水库管理处、于庄水库管理所、机井建设服务站、灌溉试验站、水利物资供应服务站、地下水资源管理办公室、水利机械修造厂。

本次改革共分四个阶段进行：第一阶段为准备阶段（2005 年 9 月 29 日至 10 月 31 日）。各单位组建工作班子，组织全体工作人员认真学习中央和市、县有关事业单位人事制度改革的文件和会议精神，结合本单位实际情况制定实行人员聘用制工作实施方案等工作。第二阶段为组织实施阶段（2005 年 11 月 1—30 日）。各单位本着因事设岗、精岗高效的原则，根据工作职能、工作任务及事业发展需要，科学合理地设置管理人员、专业技术人员和工勤人员岗位。各单位按照岗位职责要求和资格条件，按照聘用程序，采取与现有职工签订聘用合同的办法，择优聘用人员。第三阶段为组织应聘。事业单位首次实行人员聘用制度，根据岗位要求，按照竞争上岗、择优聘用的原则，从本单位现有人员中选聘并签订聘用合同；根据本单位的实际情况，在严格考核的前提下，单位与现有在岗职工签订聘用合同的予以过渡。人员定岗后，聘用单位与职工按照有关法律、法规，在平等自愿、协商一致的基础上，签订一式三份的聘用合同，确定聘用关系，明确双方的权利和义务，实现用人的公开、公平、公正。同时，加强聘后管理工作。单位合同实施管理，职工依据合同维护自身权益，从合同签订到履行的各个环节都严格执行有关规定，使事业单位人员聘用制工作走上正轨。第四阶段为总结验收阶段（2005 年 12 月 1—31 日）。局聘用制工作领导小组对各单位进行检查验收，总结成功经验，对存在的问题及时予以纠正，确保全局事业单位人员聘用制工作落到实处，为聘后管理奠定基础。

截至 2005 年 12 月 31 日，全局事业单位人事制度改革工作全部完成，共聘用干部职工 498 人，其中干部 137 人，聘干（工人身份在干部岗位）6 人，职工 355 人。

2010 年 6 月 19 日，武清城区供排水职能由武清区城乡建设委员会划归武清区水务局管理，原武清区城乡建设委员会下属的河西自来水服务站、河东自来水服务站、市政排水所3个单位整建制转入水务局，共转入在编在岗189人，退休54人。其中河西自来水服务站转入自收自支事业编制92人，退休26人；河东自来水服务站转入自收自支事业编制76人，退休21人；市政排水所转入自收自支事业编制21人，退休7人。截至2010年12月31日，水务局共有在编在册人员642人。

第二节 水利管理体制改革

一、小型农田水利工程产权制度改革

20世纪90年代，武清县共有各类小型农村水利工程1.3万余个。长期以来，这些小型农村水利工程在抗御水旱灾害、改善农民生产和生活条件、保障农业和农村经济社会发展等方面都发挥了重要的作用。随着农村经济体制改革的深入，小型农村水利工程建设与管理中存在的权责不明、投入不足、发展滞后、管理不善、效益衰减等问题，越来越影响工程效益的发挥和农民兴建小型水利工程的积极性，越来越不能适应现代农业生产和新的农业结构的需要。

随着土地家庭联产承包责任制的实行，小型农村水利工程建设与管理体制改革出现了转机。1987年，大王古庄镇水利站为摆脱农用机井有人用、无人管及收缴电费困难的问题，在小王古庄村实行了“井长制”和“井田制”的管理办法，所谓“井长制”，即个人对机井进行承包，拥有管理、维修、使用的权利，所需资金由用水户集资解决。“井田制”即谁承包机井以后，所需的养护、维修费用以拨付土地补偿的形式解决，每眼机井的补偿土地为0.03公顷。这两种形式的实行有效地解决了机井维修费用的问题。这一新的农田水利工程管理模式引起了武清县水利部门的高度重视。水利部门有针对性地深入农村，了解新情况，培养新典型，有意识地引导这场水利改革朝着良性化、成熟化的方向健康发展。

进入90年代后，武清县水利局在河北屯、大王古庄、高村、河西务、大沙河、双树、大良、下伍旗8个井灌区全部推行了“井长制”和“井田制”，有效缓解了农用机井维修资金短缺的问题，达到了建管并重的原则。

根据《天津市人民政府批转市水利局关于小型水利工程产权制度改革意见的通知》的文件精神，2000年，武清区成立了由水利部门牵头的改革领导小组，切实加强组织领导，把全区29个乡镇水利站作为信息沟通、反馈的中转站，在全区范围内开展了声势浩大的宣传发动和调查研究工作。为了进一步拓展思路，更新观念，积累经验，更好

地指导和推动全区的水利改革，2001 年，改革领导小组先后两次利用两周的时间，深入到河西务镇包楼村实地调查研究，系统地总结出了一套对武清小型农村水利工程建设与管理体制改革具有指导意义、切实可行的改革措施和办法，明确提出了“明晰产权、明确责任、注重实效、惠利群众”的改革目标，以及“把水利作为产业抓，把水作为商品卖，把水利工程作为企业管理”的改革思路，重点解决了渠灌区的小型农田水利工程、节水工程、泵点、单村供水工程小产权管理体制问题。2006 年农民用水者协会管理制度与小产权制度改革同步进行。截至 2010 年年底，全区 6140 眼农用机井、1909 座泵点和 205 处单村供水工程全部实行小产权制度改革，其中承包 6050 处，用水户管理 2204 处，改革率达 55%。

二、水利工程管理体制改革

2007 年 4 月，天津市水利局转发水利部《关于进一步做好水管体制改革有关工作的通知》，标志着天津市水管体制改革的开始。2007 年 10 月，天津市水利局召开水管体制改革推动会，各区县汇报水管体制改革进展、存在问题、推动措施和下一步工作计划等工作内容。2008 年 12 月 5 日，武清区人民政府举行第 5 次区长办公会议，会议研究并同意武清区水务局《关于武清区水利工程管理体制改革实施方案》。

按照 2002 年国务院办公厅转发国务院体改办关于《水利工程管理体制改革实施意见》和 2004 年天津市政府批转市水利局、市发展改革委员会、市财政局、市编制委员会办公室拟定的《天津市水利工程管理体制改革实施方案》文件精神，确定武清区水务局下属的河道管理所、排灌管理站、上马台水库管理处、于庄水库管理所 4 个单位为水管体制改革单位。

根据《天津市水利工程管理体制改革实施方案》，对水管单位类别和性质进行了划分：河道管理所、排灌管理站定性为纯公益性水管单位；上马台水库管理处、于庄水库管理所定性为准公益性水管单位。依据水利部、财政部下发的《水利工程养定额标准》，对涉及的上述水管单位进行了定岗定员和维修养护经费测算，见表 11-2-74。

河道管理所、排灌管理站按部颁标准低测算分别为 224 人和 217 人，现岗人数分别为 107 人和 83 人，属缺编单位；上马台水库管理处、于庄水库管理所按部颁标准上限测算分别为 38 人和 16 人，现岗人数分别为 62 人和 42 人，属超编单位。为妥善安置分流人员，采取把上马台水库管理处、于庄水库管理所超编制人员分流到水利建筑公司、河道管理所等自收自支单位，分流人员共 42 人，被分流人员保留原单位性质不变。对河道管理所、排灌管理站两个缺编单位，2008—2009 年分别向社会公开招录所需人员，河道管理所招收 5 人，排灌管理站招收 4 人。

表 11-2-74 武清区水利工程管理单位岗位定员、维护经费测算表

单位名称	岗位定员人数		工程维护费用/万元
	在岗人员	测算最低限	
河道管理所	144	224	1981
排灌管理站	83	217	547
上马台水库管理处	62	38	83
于庄水库管理所	42	16	58
合计	331	495	2675

按照《事业单位财务制度》和天津市事业单位人员现行工资标准，完成对现岗人员和实际公用经费测算。按要求纯公益事业单位应定为全额拨款单位，但由于排灌管理站的职工已全员缴纳保险多年，如改为全额拨款，原上缴保险将全部作废，因此2008年起排灌管理站维持原有的定额补贴渠道不变，补贴额度由每年200万元增加到300万元。河道管理所原有的差额补贴渠道不变，补贴额度每年160万元。上马台水库管理处、于庄水库管理所仍维护原有的自收自支不变。

根据水利部《水利维修养护定额标准》，完成了4个水管单位维修养护经费测算，总额2675万元。但因区财政现状，水利工程维修养护经费暂不能落实到位。在工程日常养护经费筹措上，大的工程项目积极争取上级资金支持，较小的工程制定年度维修养护项目计划报武清区政府，按武清区政府批复项目安排工程维护建设。2008年水管单位落实工程维护经费260万元。

根据天津市政府办公厅《批转天津市水利局拟定的天津市水利工程管理体制改革验收方案的通知》精神，2009年6月25日，在宝坻区召开了区县水管体制改革第三片区验收会，武清区水务局、编制办、财政局有关负责人参加了会议。会上听取了验收单位的自检汇报、验收组成员分别查阅验收材料、讨论提问并对验收单位评分。上马台水库管理处评定分数89分，于庄水库管理所评定分数84分，河道管理所评定分数83.5分，排灌管理站评定分数82分，上述4个单位被评定为合格。

三、河道管理体制改革

2006年，市管河道管理机构进行调整，由原市水利局委托区县水利管理模式改为

由市直属河道管理处直接管理模式。

2007年，武清区河道所代管的龙凤河、北运河、青龙湾减河河系划归天津市北三河管理处管理，永定河河系划归天津市永定河管理处管理。武清区河道管理所属北三河管理处、永定河管理处代管单位。

第三节 农村水利技术推广体系改革

一、水利技术推广中心

1992年，经武清县编制委员会批准，武清县水利技术推广中心成立，为县属水利技术推广机构，主要职责是承担武清县内农村水利关键技术的引进、试验示范和推广，水资源管理和防汛抗旱技术咨询与服务，水利公共信息及教育培训，乡镇水利技术推广机构的业务指导与培训，编制人数23人，经武清县水利局批准，与灌溉试验站合并办公（一套人马，两块牌子），共计人员36人，两个单位合并后共有工程师2人，助理工程师5人，其余为管理人员和后勤保障人员。经过近20年的发展，2010年水利技术推广中心已拥有高级工程师5人，工程师8人，助理工程师4人，技术人员已占到所属人员的50%。

1991—2010年，共引进先进技术项目3项，推广应用科技项目3项，获得天津市、武清区科技进步奖5项，特别是推广低压塑料管道节水技术、微喷灌技术在蔬菜棚室中的应用，都充分显示了它的经济效益和社会效益。

二、服务体系

20世纪90年代后，武清县干旱缺水日益严重，水利节水技术的应用推广越来越重要。先进的节水技术逐步推广，随着节水工程的建设发展，农村水利技术人员的缺乏日益严重，武清县水利局根据情况，于1992—1993年形成了三级水利技术推广服务体系，即水利中心、34个乡镇作为水利技术推广服务站、741个自然村作为推广服务组，并在此期间被列入全国100个水利技术推广服务体系建设试点县之一。三级水利技术推广服务体系具有各自职能，水利技术推广中心负责全县水利技术人员的技术培训，各乡水利站负责工作上的指导，在各个村庄成立的水利技术推广组，人员全部来自农村（属不脱产人员，每组 2～4 人），负责本村的水利工程设施的使用与维护。由此基本形成了县、乡、村三级水利技术推广服务体系。

1996 年机构改革后，34 个乡镇水利站归属乡镇政府，随着时间推移，因人员退休、技术人员得不到补充，乡镇水利站技术力量逐步削弱。

第十二章

机构与队伍建设

武清区水务局是区政府的水行政主管部门，业务分属天津市水务局指导，为区属处级，1991—2010年，机构经几次调整改革，内设科室也不断变更与完善，使其适应新形势的需要。2000年10月武清撤县建区后，武清县水利局随之改为武清区水利局。2001年3月，为实现水务管理一体化，经武清区政府批准更名为武清区水务局，负责全区水行政一体化管理工作。

第一节　机构设置及人员编制

一、机关机构设置及人员编制

1991年，武清县水利局内设15个科室，分别为办公室、保卫科、人事科、老干部科、共青团、妇联及工会、财务科、审计科、物资科、工程科、水政科、多种经营科、农水科、抗旱除涝科、地下水资源管理办公室。

1994年，武清县水利局精简科室，内设11个科室，分别为办公室、人事科、老干部科、共青团、妇联及工会、财务科、工程科、水政科、多种经营科、抗旱除涝科和地下水资源管理办公室。原保卫科合并到办公室，原审计科、物资科合并到财务科，原农水科从机关分离，改为水利灌溉试验场。

1996年7月17日，武清县委、武清县政府《关于印发〈武清县水利局职能配置、内设机构和人员编制方案〉的通知》规定，机关内设8个职能科室，即办公室、人事科、党委办公室、水政科、规划设计科、防汛抗旱科、财务审计科、综合经营科。机关行政编制50名，其中局长1名，副局长5名；科长8名，副科长9名，机关工勤事业编制10名。原工程科改为规划设计科，原抗旱除涝科改为防汛抗旱科，原财务科改为财务审计科，原多种经营科改为综合经营科，原老干部科、共青团、妇联、工会归属党委办公室，原物资科从机关分离，组建水利物资供应服务站，原地下水资源管理办公室从机关分离，组建武清县地下水资源管理办公室，属局基层单位。

1998年10月6日，武清县编制委员会以《关于建立武清县水利局水政监察大队的批复》，建立武清县水利局水政监察大队，该大队与局机关水政科实行一套机构两块牌子，机构不增加，人员编制等均不变。

2000年6月13日，武清县撤县建区，随之武清县水利局更名为武清区水利局。

2001年3月5日，武清区机构编制委员会下发《关于天津市武清区水利局更名为天津市武清区水务局的批复》，天津市武清区水利局更名为天津市武清区水务局，有关职能调整逐步理顺。更名后，机关规格、人员编制及经费渠道等均不变。

2002年5月21日，根据武清区委《关于印发〈天津市武清区水务局职能配置、内设机构和人员编制规定〉的通知》，机关内设5个职能科室，即党委办公室、办公室、水资源规划管理科、水政监察科、财务审计科。机关行政编制42名，其中局长1名，副局长5名；科长5名，副科长4名。机关工勤事业编制9名。原人事科合并到办公室，原规划设计科和防汛抗旱科合并为水资源规划管理科，原综合经营科合并到财务审计科。

2008年1月3日，武清区机构编制委员会以《关于区水务局机关设立节水科并加挂武清区节约用水办公室牌子的批复》，设立节水科，该科加挂武清区节约用水办公室牌子。定行政编3名，其中科长1名，所需编制在局机关内部调剂。

2010年6月7日，武清区委、武清区政府下发《关于印发〈天津市武清区人民政府机构改革实施方案〉的通知》，对水务部门机构及职能做了调整，将建设管理委员会城区供水、排水、节水和防汛的职责整合划入武清区水务局。

2011年6月19日，武清区委、武清区政府下发《关于印发〈天津市武清区水务局主要职责内设机构和人员编制规定〉的通知》，设立供排水管理科，增加机关编制3人，其中科长1名。将原水资源规划管理科撤销，设立水资源管理科和工程规划科分别承担原职责。机关行政编制45名，其中局长1名，副局长3名；科长8名，副科长5名。机关工勤事业编制9名。

二、局直单位机构设置及人员编制

截至2010年年底，武清区水务局共有13个基层事业单位，分别为河道管理所、排灌管理站、机井建设服务站、水利技术推广中心、灌溉试验站、物资服务站、上马台水库管理处、于庄水库管理所、河东自来水服务站、河西自来水服务站、市政排水所、地下水资源管理站、水利机械服务站。武清区水务局事业单位岗位设置实施时，核定人数722人（实有人数642人）。

1988年1月26日，武清县编制委员会下发《关于建立“于庄水库管理所”的通知》，同意建立武清县水利局于庄水库管理所。该所为局属科级事业单位，实行企业管理，设科级干部三名。所需干部职工由本局调剂解决。招收农民合同工人报县劳动局按有关规定审批。

1988年5月27日，武清县编制委员会下发《关于水利局机构设置的通知》，同意建立武清县水利灌溉试验场，为全民事业单位，局属科级，设领导干部二职，所需人员在本局内部调剂解决，县财政不增加事业经费。同意将水利局机井队改名为武清县水利局机井建设管理站，原全民事业单位性质不变，为局下属的（科级）管理单位。

1989年10月5日，武清县编制委员会下发《关于建立武清县地下水资源管理办公室的通知》，同意建立武清县地下水资源管理办公室，为全民事业单位。隶属武清县水利局，为县局属科级，设科级干部一正一副，所需人员由本局内部调剂解决。

1990年12月28日，武清县编制委员会下发《关于确定水利局下属单位机构性质的通知》，将武清县水利局河道管理所、水利机械修造厂、水利排灌站确定为局下属全民所有制事业单位，实行企业化管理，经费来源自收自支。武清县水利局河道管理所更名事宜见第九章第二节。

1992年1月28日，武清县编制委员会下发《关于建立武清县水利科技推广中心的批复》，同意建立武清县水利技术推广中心，为局下属科级全民所有制事业单位，所需经费及人员编制由本局内部调剂解决。

1992年1月28日，武清县编制委员会《关于水利局建立乡镇水利技术推广服务站的复函》，经县编委研究，暂不建乡镇水利技术推广服务站。

1995年2月8日，武清县编制委员会下发《关于建立武清县水利局上马台水库管理处的通知》，同意建立武清县水利局上马台水库管理处，为局下属全民所有制事业单位，实行企业化管理，为副处级。下设办公室、财务科、工程科、经营科、保卫科，上述科室规格均为县局属副科级。所需人员由水利局内部调剂解决，经费实行自收自支。

1995年6月24日，武清县编制委员会下发《关于成立武清县抗旱服务站的批复》，同意成立武清县抗旱服务站，该站与局排灌站实行一套机构两块牌子，为局属全民所有制事业单位，实行企业化管理。

1996年7月7日，武清县编制委员会下发《关于建立武清县水利局物资供应服务站的批复》，同意建立武清县水利局物资供应服务站，为水利局下属全民所有制科级事业单位，所需人员由局机关分流人员调剂解决。7月17日，武清县委、县政府《关于印发〈武清县水利局职能配置、内设机构和人员编制方案〉的通知》规定，将34个乡镇水利站205名职工及资产划归所在乡镇管理，武清县水利局进行业务指导。

2002年12月28日，武清区机构编制委员会下发《关于区水务局河道所加挂牌子的批复》，同意区水务局河道管理所加挂武清区防汛机动抢险队牌子，挂牌后，单位性质、机构规格、人员编制、经费渠道等均不变。

2004年5月，武清区水务局根据天津市水利局指示精神，组建“天津市武清区控制地面沉降办公室”，挂靠在地下水资源管理办公室，为局属科级单位，编制17人。

2006年5月，武清区水务局成立水土保持管理站，挂靠在水利技术推广中心，为局属科级单位，实行一套机构两套牌子。

2007年12月27日，武清区机构编制委员会下发《关于区水务局部分事业单位机构编制调整的通知》，武清区水务局部分事业单位更名，武清区水利机械修造厂更名为武清区水利机械服务站，武清区水务局机井建设管理站更名为武清区机井建设服务站，武清区水务局排灌管理站（加挂武清区抗旱服务站牌子）更名为武清区排灌管理站（加挂武清区抗旱服务站牌子），武清区水务局于庄水库管理所更名为武清区于庄水库管理所，武清区水务局河道管理所（加挂武清区防汛机动抢险队牌子）更名为武清区河道管理所（加挂武清区防汛机动抢险队牌子），武清区水利灌溉试验场更名为武清区水利灌溉试验站，武清区地下水资源管理办公室更名为武清区地下水资源管理站，武清区水务局物资供应服务站更名为天津市武清区水务物资供应服务站。武清区水务局部分单位核定事业编制，武清区河道管理所（加挂武清区防汛机动抢险队牌子）核定差额拨款事业编制109名，武清区水利灌溉试验站核定全额拨款事业编制13名，武清区地下水资源管理站核定全额拨款事业编制24名。武清区水务物资供应服务站核定全额拨款事业编制46名。

2009年5月14日，武清区机构编制委员会下发《关于武清区水利技术推广中心机构编制调整的通知》，武清区水利技术推广中心为局属管理的全额拨款事业单位，定事业编23名，该机构主要职责：根据有关规定，承担辖区内农村水利关键技术的引进、试验、示范和推广，水资源管理和防汛抗旱技术咨询与服务，水利公共信息及教育培训，乡镇水利技术推广机构的业务指导与培训。

2010年6月7日，武清区委、区政府下发《关于印发〈武清区人民政府机构改革实施方案〉的通知》，对水务部门机构及职能作了调整，将武清区建委城区供水、排水、节水和防汛的职责整合划入武清区水务局。原属武清区建委河东自来水服务站、河西自来水服务站、市政排水所三个自收自支事业单位整建制转入武清区水务局。

武清城区供水管理机构始于1971年，由武清县财税局组建，原称自来水小组。1975年自来水小组划归房产管理局（对外称自来水供应站）。1981年11月15日，自来水组正式定编为武清县自来水管理站，性质为全民事业单位。1984年5月，武清县城乡建设委员会成立，武清县自来水管理站归属武清县建委。是年，武清县自来水管理站实行事业单位企业管理，由财政补贴改为自收自支。1992年12月10日，武清县自来水管理站与新成立的武清县自来水公司实行一套机制两块牌子。1999年5月28日，因机构改革，将武清县自来水管理站与武清县自来水公司同时撤销，划分为武清县自来水管理办公室、河东自来水公司、河西自来水公司。2000年6月13日武清撤县建区，城区供水管理职能仍由以上三个单位共同承担。2005年4月，武清区自来水管理办公室撤销，管理职能划转至武清区建委市政公用事业管理办公室。2008年5月，河东自来水公司更名为河东自来水服务站，河西自来水公司更名为河西自来水服务站。

1979年3月，武清县设置市政工程组，隶属房管局，主要负责县城道路建设维修、排水和园林绿化。1981年11月，武清县市政工程组改称市政工程管理所，职责不变，性质为全民事业单位。1984年5月，武清县城乡建设委员会成立，武清县市政工程管理所归属建委。是年，武清县市政工程管理所实行事业单位企业管理，由财政补贴改为自收自支。1999年1月武清市政工程管理所分为武清市政园林绿化所和武清市政工程公司，武清市政园林绿化所履行县城排水及防汛职能。2000年1月17日，武清市政园林绿化所分为武清市政排水公司、武清市政绿化公司和武清市政管理所。武清市政排水公司负责城区排水管理与维护工作。2005年9月1日武清市政排水公司更名为武清市政排水所。2010年6月，按照天津市水务一体化改革要求，供水、排水及管理职能由武清区建委划转至武清区水务局，河东、河西自来水服务站、市政排水所划归武清区水务局。

三、领导更迭

（一）局领导干部

1991年，武清县水利局时任党委书记、局长杜江，党委副书记周玉顺，党委委员、副局长刘俊、赵福山、胡宝泽。

1992年5月，李广义任党委委员、副局长，黄松岩任副局长。

1994年9月，陈美华任党委委员、副局长。

1995年6月，党委委员、副局长刘俊任副处级调研员，1996年8月退休。

1995年7月，蒋金辉任党委委员、副局长，兼任上马台水库管理处主任。

1995年7月，党委委员、副局长李广义任副处级调研员，1997年1月退休。

1996年9月，副局长黄松岩任副处级调研员，2000年3月退休。

1996年9月，党委副书记周玉顺退休。

1996年10月，胡宝泽任副书记，刘善德任副书记。

1996年10月，党委委员、副局长赵福山任副处级调研员，2000年4月退休。

1997年7月，马志远任局长助理（正科级待遇）。

1998年9月，胡宝泽任党委书记、局长。

1998年9月，吕树礼任党委委员、副局长（正处级待遇），2002年10月病故。

1998年9月，党委书记、局长杜江任正处级调研员，2004年10月退休。

1998年9月，邵士成任局长助理（正科级待遇）。

1999年10月，局长助理马志远调出。

1999 年 11 月，党委委员、副书记刘善德任副处级调研员，2005 年 9 月退休。

1999 年 11 月，卢志恒任党委委员、副局长（正处级待遇）。

2003 年 9 月，陈美华任党委副书记，邵士成、黄士福任党委委员、副局长。

2003 年 9 月，党委委员、副局长蒋金辉任副处级调研员，2006 年 6 月退休。

2003 年 9 月，党委委员、副局长卢志恒任正处级调研员，2008 年 1 月退休。

2004 年 12 月，李云旺部队转业，任副处级调研员（正处级待遇）。

2005 年 11 月，黄瑞平任党委委员、副局长，兼任上马台水库管理处主任。

2009 年 1 月，范继红部队转业，任副处级调研员。

1991—2010 年武清区水务局领导更迭情况见表 12-1-75。

表 12-1-75　**1991—2010 年武清区水务局领导更迭情况表**

<table>
<tr><th>姓名</th><th>籍　贯</th><th>职　务</th><th>任职时间</th><th>备　注</th></tr>
<tr><td rowspan="2">杜江</td><td rowspan="2">辽宁省大连市</td><td>党委书记、局长</td><td>1991 年 1 月—1998 年 9 月</td><td rowspan="2">2004 年 10 月退休</td></tr>
<tr><td>正处级调研员</td><td>1998 年 9 月—2004 年 10 月</td></tr>
<tr><td rowspan="2">周玉顺</td><td rowspan="2">河北省秦皇岛市昌黎县</td><td>副局长</td><td>1984 年 4 月—1987 年 4 月</td><td rowspan="2">1996 年 9 月退休</td></tr>
<tr><td>党委副书记</td><td>1987 年 4 月—1996 年 9 月</td></tr>
<tr><td rowspan="2">赵福山</td><td rowspan="2">崔黄口镇李辛庄村</td><td>党委委员、副局长</td><td>1984 年 4 月—1996 年 10 月</td><td rowspan="2">2000 年 4 月退休</td></tr>
<tr><td>副处级调研员</td><td>1996 年 10 月—1997 年 9 月（离岗）</td></tr>
<tr><td rowspan="4">胡宝泽</td><td rowspan="4">崔黄口镇东粮窝村</td><td>副局长</td><td>1989 年 2 月—1990 年 3 月</td><td rowspan="4"></td></tr>
<tr><td>党委委员、副局长</td><td>1990 年 3 月—1996 年 10 月</td></tr>
<tr><td>党委副书记</td><td>1996 年 10 月—1998 年 9 月</td></tr>
<tr><td>党委书记、局长</td><td>1998 年 9 月—</td></tr>
<tr><td rowspan="2">刘　俊</td><td rowspan="2">崔黄口镇前营村</td><td>党委委员、副局长</td><td>1991 年 4 月—1995 年 6 月</td><td rowspan="2">1996 年 8 月退休</td></tr>
<tr><td>副处级调研员</td><td>1995 年 6 月—1996 年 8 月</td></tr>
</table>

续表

姓名	籍　贯	职　务	任职时间	备　注
李广义	下朱庄乡五间房村	党委委员、副局长	1992年5月—1995年7月	1997年1月退休
		副处级调研员	1995年7月—1997年1月	
黄松岩	白古屯乡邱古庄村	副局长	1992年5月—1996年9月	2000年3月退休
		副处级调研员	1996年9月—2000年3月	
陈美华	梅厂镇郝庄子村	党委委员、副局长	1994年9月—2003年9月	
		党委副书记	2003年9月—	
蒋金辉	崔黄口镇东赵庄村	党委委员、副局长	1995年7月—2003年9月	兼任上马台水库管理处主任
		副处级调研员	2003年9月—2006年6月	2006年6月退休
刘善德	东蒲洼乡大刘庄村	党委副书记	1996年10月—1999年11月	2005年9月退休
		副处级调研员	1999年11月—2005年9月	
马志远	杨村镇四街	局长助理	1997年7月—1999年10月	正科级待遇 1999年10月调出
邵士成	大良镇南四百户村	局长助理	1998年9月—2003年9月	正科级待遇
		党委委员、副局长	2003年9月—	
吕树礼	河西务镇	党委委员、副局长	1998年9月—2002年10月	正处级待遇 2002年10月病故
卢志恒	杨村镇夹道村	党委委员、副局长	1999年11月—2003年9月	正处级待遇
		正处级调研员	2003年9月—2005年12月（离岗）	2008年1月退休
黄士福	崔黄口镇东粮窝村	党委委员、副局长	2003年9月—	
李云旺	梅厂镇吴辛庄村	副处级调研员	2004年12月—	部队转业 正处级待遇
黄瑞平	大黄堡乡后蒲棒村	党委委员、副局长	2005年11月—	兼任上马台水库管理处主任
范继红	河南省许昌市	副处级调研员	2009年1月—	部队转业

（二）武清区水务局科室领导更迭

1991—2010年，区水务局机关各科室经历3次机构改革，各科室领导更迭情况见表12-1-76。

表12-1-76 武清区水务局科室领导更迭表

<table>
<tr><th>部门名称</th><th>设立年份</th><th>职务</th><th>任职人员</th><th>任职年份</th></tr>
<tr><td rowspan="9">办公室</td><td rowspan="9">1991</td><td rowspan="4">主任</td><td>崔克广</td><td>1991—1993</td></tr>
<tr><td>李宗</td><td>1993—1996</td></tr>
<tr><td>冯亚利</td><td>1996—2002</td></tr>
<tr><td>蒋金标</td><td>2002—</td></tr>
<tr><td rowspan="5">副主任</td><td>冯亚利</td><td>1985—1996</td></tr>
<tr><td>崔玉山</td><td>1991—1995</td></tr>
<tr><td>陆山</td><td>1988—2002</td></tr>
<tr><td>张志生</td><td>1996—2002</td></tr>
<tr><td>张国兰</td><td>2002—2010</td></tr>
<tr><td rowspan="5">党委办公室</td><td rowspan="5">1996</td><td>主任</td><td>张金城</td><td>1996—</td></tr>
<tr><td rowspan="4">副主任</td><td>李克远（正科待遇）</td><td>1996—2002</td></tr>
<tr><td>王世明（正科待遇）</td><td>1996—2002</td></tr>
<tr><td>赵文玉</td><td>2002—2006</td></tr>
<tr><td>汪海霞</td><td>2008—</td></tr>
<tr><td>保卫科</td><td>1991—1994</td><td>科长</td><td>边德洪</td><td>1991—1994</td></tr>
<tr><td>物资科</td><td>1991—1994</td><td>科长</td><td>张贵</td><td>1991—1994</td></tr>
<tr><td rowspan="6">人事科</td><td rowspan="6">1991—2002</td><td rowspan="3">科长</td><td>崔克广</td><td>1991—1993</td></tr>
<tr><td>李宗</td><td>1993—1996</td></tr>
<tr><td>蒋金标</td><td>1996—2002</td></tr>
<tr><td rowspan="3">副科长</td><td>王惠珍</td><td>1984—1996</td></tr>
<tr><td>张志生</td><td>1989—1996</td></tr>
<tr><td>张金城</td><td>1992—1996</td></tr>
<tr><td rowspan="2">工会</td><td rowspan="2">1991—2002</td><td rowspan="2">副主席</td><td>王振轩</td><td>1991—1996</td></tr>
<tr><td>王世明</td><td>1996—2002</td></tr>
<tr><td rowspan="2">妇联</td><td rowspan="2">1991—2002</td><td rowspan="2">妇联主任</td><td>张秀荣</td><td>1991—1996</td></tr>
<tr><td>王惠珍</td><td>1996—2002</td></tr>
<tr><td>老干部科</td><td>1991—2002</td><td>科长</td><td>李克远</td><td>1991—2002</td></tr>
<tr><td>共青团</td><td>1991—1996</td><td>总支书记</td><td>蒋金标</td><td>1991—1996</td></tr>
</table>

续表

部门名称	设立年份	职务	任职人员	任职年份
工程科	1991—1996	科长	蒋金辉	1991—1994
			刘福平	1995—1996
		副科长	刘福平	1991—1992
			郭宝德	1991—1996
			张绍书	1991—1996
			崔玉山	1995—1996
水政科	1991	科长	袁继光	1991—1994
			高元梅	1995—2007
			赵文玉	2007—
		副科长	高元梅	1990—1995
规划设计科	1996—2002	科长	刘福平	1996—2002
		副科长	崔玉山	1996—2002
			李果森	1996—2002
水资源规划管理科	2002—2010	科长	邵士成	2002—2003
			王宝辉	2007—2010
		副科长	黄士福	2002—2003
			王宝辉	2003—2007
			马宇平	2008—2010
防汛抗旱科	1991—2002	科长	陈美华	1991—1995
			邵士成	1996—2002
		副科长	陈美华	1988—1991
			王学和	1991—1996
			邵士成	1995—1996
			乔金玲	1991—2002
			张书田	1996—2002

续表

部门名称	设立年份	职务	任职人员	任职年份
财务科	1991	科长	李玉德	1991—1996
			刘世纪	1996—2008
			张凤山	2008—
		副科长	刘世纪	1983—1996
			陈淑舫	1996—
审计科	1991—1994	科长	全文靖	1991—1994
综合经营科	1991—2002	科长	许永成	1991—1996
			刘继华	1996—1998
			张凤山	1998—2002
		副科长	刘继华	1995—1996
农水科	1991—1994	科长	黄松岩	1991—1994
节水科	2008	副科长	张月	2008—
供排水科	2010	科长(代理)	李泽（正科待遇）	2010—
		副科长(代理)	刘凤鸣（副科待遇）	2010—

（三）基层单位领导更迭

武清区水务局在编基层单位有13个，历年领导更迭情况见表12-1-77。

表12-1-77 **武清区水务局基层单位领导更迭表**

单位名称	职务	任职人员	任职年份
武清区河道管理所	书记、所长	薛连华	1991—2006
		王国树	2007—2010
	副所长	刘宝良、王作生	1991—1993
		王明礼、刘士学	1993—1996
		李焕斋	1997—2003
		王国树	1997—2007
		高树华	2003—2010
		宋克亮	2008—2010

续表

单位名称	职务	任职人员	任 职 年 份
武清区排灌管理站	站长	韩邦林	1991—1995
		朱万丰	1995—2006
		段东升	2006—
	书记	韩邦林	1991—1995（兼站长）
		纪洪文	1995—1998
		王作生	1999—2003
		段东升	2005—
	副站长	陈善达	1991—1994
		李希维	1991—1999
		蒋金辉	1991—1992
		段东升	1995—2005
		袁立良、袁泽生	2003—2005
		杜振宇	2006—
		刘继华	2006—2008
武清区水利灌溉试验站	站长、主任	李学会	1991—1995
	副站长、副主任	王云波	1989—1993（1992年1月水利灌溉试验场与水利技术推广中心实行两块牌子一套班子。中心、试验站是两个单位）
武清区水利技术推广中心	主任	时德良	1995—2002
		李春刚	2002—2005
		王伦	2008—2010
	书记	赵德仓	2001—2005
		李春刚	2006—2007
	书记、主任	李春刚	2004—
	副主任	王伦	1994—2007
		张守强	1995—2010 2008—2010（兼书记）
		佟兆境	2003—2005

续表

单位名称	职务	任职人员	任 职 年 份
武清区机井建设服务站	书记	李春刚	1991—1993
		袁桐江	1994—
		王文超	1995—2010
	站长	王文超	1991—1993
		李春刚	1994—
	书记、站长	李春刚	1995—2002
		王文超	2003—2009
		邢建国	2010—
	副站长	刘焕青	1991—2002
		邢建国	1995—2009
		卢书江	2003—2010
武清区地下水资源管理站	主任	袁桐江	1991—1993 1996—2007
	书记	田光远	1998—2003
	书记、主任	陈九志	2008—2010，2004（副主任兼书记）
	副主任	时德良	1991—1993
		王士明	1991—1995
		陈九志	1996—2004
		郭学芝	2008—2010
		付会丹	2008—2010
武清区水务局上马台水库管理处	副主任	李崇元	1995—2002
		濮春发	1998—2002（副科待遇） 2003—2010（正科待遇）
		黄瑞平	1998（副科待遇）—
		张志强	2003—2010（副科待遇）
		张冬林	2003—2010（副科待遇）
		佟兆境	2003—2010（副科待遇）
		李甫玉	2008—2010（副科待遇）
武清区于庄水库管理所	所长	李广义	1991—1993
		周绍贵	1994—1995
	书记	马志远	1992—1995

续表

单位名称	职务	任职人员	任职年份
武清区于庄水库管理所	书记、所长	周绍贵	1992—1993
		黄瑞平	1999—2005
		袁立良	2008—2010
	副所长	周绍贵	1992—1993
		张万兴	1994—1999
		王丙胜	1998—2005
		袁立良	2006—2008
武清区水务物资供应服务站	经理	刘士纪	1991—1996
		李学会	1997—1998
		张凤山	1999—2003
		张希英	2004—2010
	副经理	马庆林	1991—2010
		张克利	1997—2010
	代理经理	张冬林	2006（局属正科待遇）—
武清区水利机械服务站	书记	张希英	1998—2009
	站长	费迎祥	1991—1993
		张文华	1993—1996
		尚金瑞	1996—1998
	副站长	沈宝良	1993—1996
		王兆华	1997—2008
武清区河东自来水服务站	站长	贾鸿林	1999—2010
	副站长	杜亚华	2001—2010
		王继富	2001—2010
		刘玉祥	2009—2010
		宋国玲	1999—2006
		卢志旺	1999—2002
武清区河西自来水服务站	站长	张建国	1999—2009
		李文华	2009—
	副站长	陆辰龙	1999—
		刘书元	1999—2007

续表

单位名称	职务	任职人员	任职年份
武清区河西自来水服务站	副站长	王　力	1999—2010
		李文华	2002—2009
		班士栋	2008—
		刘维强	2008—
武清区市政排水所	所长	薄国军	2006—
	副所长	薄国军（代所长职责）	2005—2006

（四）局属公司负责人任职

武清区水务局局属公司有2个，分别为武清区龙泉供水有限责任公司和武清区水利建筑工程公司，历年公司负责人任职情况见表12-1-78。

表12-1-78　**武清区水务局局属公司负责人任职表**

单位名称	职务	任职人员	任职时间
武清区龙泉供水有限责任公司	经理	赵德仓	2003年2月至2003年10月
		张凤山	2003年10月至2008年3月
		李宝义	2008年3月—
	副经理	张书田	2003年2月至2003年10月
		武文东	2003年10月—
		李宝义	2003年10月至2008年3月
		冯立国	2008年3月—
		赵汉文	2008年3月—
武清区水利建筑工程公司	经理	蒋金辉	1994年6月至2005年6月
		薛连华	2005年10月至2009年3月
		许万合	2009年3月—

第二节　队　伍　建　设

一、水利队伍

1991年，武清县水利局共有职工933人，其中干部181人、工人752人。截至

2010 年 12 月 31 日，武清区水务局共有职工 642 人，其中副处级以上领导干部 7 人、专业技术人员 158 人，专业技术人员中有高级工程师 15 人、工程师 36 人、助理工程师以下 85 人、其他人员 22 人，见表 12-2-79。

表 12-2-79　**1991—2010 年武清区水务局职工一览表**

年份	职工总数/人	干部/人	工人/人
1991	933	181	752
1992	946	184	762
1993	946	176	770
1994	923	175	748
1995	916	171	745
1996	893	164	729
1997	616	168	448
1998	626	170	456
1999	605	163	442
2000	617	170	447
2001	582	159	423
2002	561	151	410
2003	541	148	393
2004	521	147	374
2005	498	143	355
2006	490	141	349
2007	479	138	341
2008	474	141	333
2009	467	149	318
2010	642	214	428

二、人员调配

1991—2010 年，武清区水务局共调入（或分配招聘）职工 259 人，调出或除名 85 人；调入（或招聘分配）一般干部 152 人，调出（或除名）12 人，见表 12-2-80。

表 12-2-80 **1991—2010 年武清区水务局职工调动情况表**

年份	干部/人			工人/人		
	调入	调出	备注	调入	调出	备注
1991	3		分配毕业生3人	23		招录工人23人
1992	4	1	分配毕业生4人；调商业局1人	18	6	志愿兵转业调入5人；县棉织厂调入1人；大港油田调入1人；黑龙江铁力干修厂调入1人；商业大厦调入1人；天津电机厂调入1人；招录工人6人；服务公司调入1人；县电子公司调入1人；调县企业局1人；调水电部基础局1人；调商业局1人；辞退1人；调糖精厂1人；调化轻公司1人
1993		2	调县农经委1人；调市水利局1人	10	9	分配工人7人；复员军人转入2人；县棉织厂调入1人；调县企业局1人；调民政局1人；调糖精厂1人；调县城乡建设委员会1人；调经济技术开发区1人；调县建委1人；调卫生局2人；调交通局1人
1994	5		下朱庄经委调入1人；分配毕业生4人	8	11	复员军人转入2人；招工4人；企业局调入1人；环保局调入1人；调卫生局2人；调轻纺公司1人；调县交通局2人；调机械电子工业公司1人；调出2人；调物资局1人；调商业局1人；调高村企经委县1人
1995	1	3	分配毕业生1人；调河西务政府1人；调上马台政府1人；除名1人	4	2	复员军人转入2人；招工2人；调粮食局1人；调昌平县1人
1996	1	1	农业局调入1人；调陈嘴镇政府1人	17	1	分配工人14人；复员军人转入3人；调县政府商业委员会1人
1997	7		分配毕业生7人			
1998	14	1	分配毕业生11人；军转干部1人；徐官屯政府调入1人；东浦洼政府调入1人；调大黄堡1人	8	1	志愿兵转业调入3人；参军5人；部队随军调出1人
1999	3		军转干部3人	18		录用工人10人；志愿兵转业4人；非农业义务兵转入2人；军转家属调入2人

续表

年份	干部/人			工人/人		
	调入	调出	备　注	调入	调出	备　注
2000	8		分配毕业生6人；机电公司分流调入1人；军转家属调入1人	6		军转家属调入1人；志愿兵转业4人；非农业义务兵1人
2001	1	1	外贸局调入1人；调黄花店政府1人	22	50	粮食局调入1人；招录职工子女21人；买断工龄下岗50人
2002	1		大良教师调入1人	2		军转家属调入1人；调入1人
2003		1	调东浦洼街1人			
2004	2		考录2人		1	调天狮1人
2005	4		军转干部1人；汉沽劳动局调入1人；考录2人	1	2	军转家属调入1人；调出2人
2006	1		调入1人			
2007	3	1	调天津市监狱管理局1人；考录3人		1	辞退1人
2008	7		考录、公开招聘7人			
2009	12		考录、公开招聘9人；调入2人；军转干调入1人		1	调出1人
2010	75	1	整建制调入67人；外省市调入1人；考录、公开招聘7人；调大王古1人	122		整建制调入122人
2011	9	4	考录、公开招聘6人；市水利工程建设中心调入1人；建委调入2人；调综合执法1人；调下朱庄街3人		10	调下朱庄街10人

三、职称评审

根据天津市职称评审政策和武清区职称工作办公室评审工作安排，武清区水务局每年都组织开展推荐全系统符合评审条件的专业技术人员和专业技术职务任职资格的申报工作。

1991 年，大专、中专毕业生相继分配到武清县水利系统。这些有专业知识的人员经过实际锻炼，很快成为水利行业的专业技术骨干力量，为武清县水利事业做出了应有的贡献。随着专业技术人员整体专业水平的不断提高，高级职称和中级职称人数逐年增加。

1992 年 10 月，根据上级要求，机关工作人员停止评聘专业技术职称。

1996 年 10 月机构改革，从 1997 年 1 月 1 日起原局下属 34 个水利管理站按县机构改革方案精神，归属所在乡镇管理。调出专技人员 28 人，其中中级 1 人、初级 27 人，全部聘用。

2010 年 6 月机构改革，原属建委河东自来水服务站、河西自来水服务站、市政排水所三个自收自支事业单位整建制转入武清区水务局。随同转入武清区水务局具有专业技术资格人员共 76 人，其中高级 6 人、中级 31 人、初级 39 人，全部聘用。

截至 2010 年年底，武清区水务系统共有 158 人取得专业技术职称资格。

1991—2011 年武清区水务局专业技术职称资格统计（在职人员）见表 12－2－81。

表 12－2－81 **1991—2010 年武清区水务局专业技术职称资格统计表（在职人员）**

年份	专业技术人员	高级	中级	初级
1991	122	1	24	97
1992	125	2	22	101
1993	118	2	22	94
1994	118	5	21	92
1995	102	4	15	83
1996	109	9	15	85
1997	112	9	16	87
1998	119	9	22	88
1999	118	9	23	86
2000	121	9	23	89
2001	120	12	20	88
2002	120	11	21	87

续表

年份	专业技术人员	高级	中级	初级
2003	118	9	23	86
2004	119	10	23	86
2005	120	7	28	85
2006	117	7	30	80
2007	115	7	31	77
2008	116	8	32	76
2009	112	8	39	65
2010	158	16（正高1名）	44	98

四、先进集体

1991—2010年，武清区水务局及下属单位获市级以上先进集体表彰共计23次，见表12-2-82。

表12-2-82　**1991—2010年武清区水务局获市级以上先进集体统计表**

获奖单位	获奖时间	获奖名称	发证单位
武清县水利局	1991年10月	天津市防汛工作先进集体	天津市政府
武清县水利局	1991年11月	全国水政工作先进单位	水利部
武清县水利局	1994年9月	天津市防汛工作先进集体	天津市政府
水利技术推广中心	1995年2月	全国农业科技推广先进单位	农业部、人事部、林业部、水利部、国家科委、国家农业综合开发办公室联合
武清县水利局	1995年10月	天津市防汛工作先进集体	天津市政府
武清县水利局	1995年12月	全国“二五”普法及水法宣传教育先进单位	水利部
武清县水利局	1996年10月	天津市防汛抗洪抢险先进集体	天津市委、天津市政府
武清县水利局	1999年12月	军民共建社会主义精神文明先进单位	天津市委、天津市政府、中国人民解放军天津警备区

续表

获奖单位	获奖时间	获 奖 名 称	发证单位
河道管理所	2000年5月	全国造林绿化400佳单位	林业部
河西自来水公司	2000年6月	天津市绿化先进单位	天津市政府
水利技术推广中心	2000年5月	天津市百万职工技术创新活动明星集体	天津市政府
武清区水务局	2001年5月	全国节水重点县建设先进集体	水利部
武清区水务局	2002年12月	天津市绿化先进单位	天津市政府
武清区水务局	2004年7月	天津市农村饮水解困工程先进单位	天津市政府
武清区水务局	2004年12月	天津市绿化先进单位	天津市政府
河道管理所	2004年12月	全国绿化模范单位	林业部
武清区水务局	2006年3月	创建国家环境保护模范城市	天津市政府
武清区水务局	2006年8月	2001—2005年天津市普法依法治理先进集体	天津市政府
河道管理所	2006年10月	天津市“十五”期间防汛抗旱先进集体	天津市政府
排灌管理站			
武清区水务局			
武清区水务局党委办公室	2008年3月	全国巾帼文明岗	全国妇联
河西自来水服务站	2008年	全国五四红旗团支部	团中央
地资管理站	2009年	全国巾帼文明岗	全国妇联

第三节 治 水 人 物

一、局领导简介

杜江（1944—2015年） 男，汉族，生于1944年9月24日，辽宁省大连市人，1968年7月毕业于北京水利水电学院水工系农田水利工程建筑专业。1968年7月参加工作，1983年11月加入中国共产党。参加工作以来，历任河北省霸县机械厂工人，武清县水利局生产组组长，管理科科长、副局长。1991年任武清县水利局局长兼局党委书记，1996年当选为市人大代表，1997年11月当选为中共武清县委六届县委委员，1998年10月任武清县水利局正处级调研员，2004年10月退休。在职期间，杜江主持制定并实施了“八五”“九五”水利发展规划，为武清水利事业的发展做出了突出贡献，武清水利建设跨入了全国水利建设先进县行列，先后获“全国抗洪抗旱模范”“全国先进水政工作者”“天津市防汛抗洪抢险先进个人”等多项荣誉称号。

胡宝泽 男，汉族，生于1956年12月8日，天津市武清区崔黄口镇东粮窝村人，1974年参加工作。1980年7月毕业于天津大学水利工程系。1988年9月加入中国共产党。1989年2月至1998年9月任武清县水利局工程科科长、副局长、党委副书记，1998年9月任武清县水利局党委书记、局长，2010年12月任武清区水务局党委书记、局长，曾任中共武清区委十届、十一届委员。他担任水务局主要领导以来，先后领导组织制定并实施了“十五”“十一五”“十二五”水利发展规划，通过落实三个规划，使武清水环境得到了极大的改变，水务事业有了长足发展。先后获天津市“九五”立功奖章、“天津市劳动模范”等多项荣誉。

周玉顺 男，汉族，生于1937年5月，河北省昌黎县城关人，1957年7月毕业于河北省天津市水利学校中等专科水工建筑设计与施工专业，1957年9月参加工作，1961年9月10日加入中国共产党。历任武清县水利局技术员，武清县水利局革命领导小组副组长，1974年4月任水利局副局长，1991年1月任武清县水利局党委副书记。1996年9月退休。

赵福山 男，汉族，生于1944年3月，天津市武清区崔黄口镇李辛庄村人，1968年7月毕业于天津市体育学院。1965年10月加入中国共产党，1968年7月参加工作。历任武清县机井指挥部办公室主任、武清县水利局副局长、副处级调研员。2000年4月退休。

刘　俊 男，汉族，生于1936年11月，天津市武清区崔黄口镇前营村人，1955年6月初中毕业，1961年3月参加工作，1968年12月加入中国共产党。历任武清县水利机械修厂党支部副书记、武清县水利局副科长、科长、副局长。1996年8月退休。

李广义 男，汉族，生于1938年10月，天津市武清区下朱庄乡五间房村人，1953年6月初中毕业，1956年6月参加工作，1985年3月加入中国共产党。历任武清县梅厂区会计，武清县农场副场长、场长、武清县下朱庄乡企业公司经理，于庄水库管理所所长，武清县水利局副局长。1997年1月退休。

黄松岩（1940—2000年） 男，汉族，生于1940年3月，天津市武清区白古屯乡邱古庄村人，1963年7月毕业于河北省水利学院，1961年参加工作，历任武清县水利局科长、副局长、副处级调研员，武清区政协副主席（不驻会）。2000年3月退休，同年病故。

陈美华 男，汉族，生于1958年2月，天津市武清区梅厂镇郝庄子村人，1979年3月毕业于天津市水利学校，1979年12月参加工作，1991年12月加入中国共产党，

1996年9月毕业于天津市委党校行政管理专业。1994年9月任武清县水利局副局长，2003年9月任武清区水务局党委副书记、副局长。

蒋金辉 男，汉族，生于1946年5月，天津市武清区崔黄口镇东赵庄村人，1964年9月毕业于城关高级中学，1970年9月参加工作，1984年8月加入中国共产党。历任水利局排灌管理站副站长、武清县水利局工程科长，1997年任武清县水利局副局长，兼任上马台水库管理处主任。2006年6月退休。

刘善德 男，汉族，生于1945年8月，天津市武清区东蒲洼乡大刘庄村人，1958年2月毕业于大顿邱中学。1960年2月参加工作，1975年8月加入中国共产党，历任武清县水利局副局长，农业局副书记、副局长，1996年10月调任水利局党委副书记，1999年11月任副处级调研员，2005年9月退休。

邵士成 男，汉族，生于1965年1月，天津市武清区大良镇南四百户村人，1985年毕业于天津水利学校，1985年12月参加工作，1997年12月加入中国共产党，2001年12月毕业于中央党校函授学院行政管理专业。历任武清县水利局防汛抗旱科副科长、科长、局长助理，2003年9月任武清区水务局副局长。曾获天津市防汛工作先进个人、天津市防汛抗洪抢险先进个人、引滦入津20周年保护饮用水安全先进个人、天津市“十五”期间防汛抗旱先进个人。

吕树礼（1948—2002年） 男，汉族，生于1948年10月，天津市武清县河西务镇人，1971年9月加入中国共产党，1976年12月参加工作，1998年5月毕业于中共天津市委党校。历任武清县北蔡村乡生产组助理、东马圈乡乡长、徐官屯镇党委书记，1998年9月任武清县水利局副局长（正处级待遇）。2002年10月病故。

卢志恒 男，汉族，生于1947年12月，天津市武清县杨村镇夹道村人，中专学历，1966年4月加入中国共产党，1976年9月参加工作。历任武清县徐官屯乡副乡长、副书记，黄庄乡副乡长，陈嘴乡乡长，曹子里乡党委副书记、书记，豆张庄乡党委书记，1999年11月任武清县水利局副局长（正处级待遇），2003年9月任正处级调研员。2008年1月退休。

黄士福 男，汉族，生于1972年5月，天津市武清区崔黄口镇东粮窝村人，1992年毕业于天津市水利学校，1992年9月参加工作，2000年11月加入中国共产党，2002年12月毕业于中央党校函授学院行政管理专业。历任武清区水务局副科长、副局长。

李云旺 男，汉族，生于1959年10月，天津市武清区梅厂镇吴辛庄村人，1978年12月入伍，1981年8月加入中国共产党，1995年12月毕业中央党校函授经济管理专业，历任解放军总装备部某基地副处长、处长。2004年12月任武清区水务局副处级调研员（正处级待遇）。

黄瑞平 男，汉族，生于1967年2月，天津市武清区大黄堡乡后蒲棒村人，

1989年7月毕业于大连水产学院，1989年9月参加工作，1995年7月加入中国共产党。1999—2005年任于庄水库管理所书记、所长，2005年11月任武清区水务局副局长。

范继红 男，汉族，生于1967年8月，河南省许昌市长葛市古桥镇人，1984年10月入伍，1986年3月加入中国共产党，2003年7月毕业于中共中央党校函授学院法律专业。历任解放军步兵排长、指导员、团机关股长、营教导员、旅政治部副主任。2009年1月任武清区水务局副处级调研员。

二、劳动模范

1991—2010年，武清区水务局获市级以上劳动模范共6人。

周绍贵 男，汉族，生于1950年12月8日，初中文化，下朱庄街人。1970年11月参加工作，1990年5月17日加入中国共产党。参加工作后，历任河道所电工、司机，于庄水库管理所司机、副所长、所长，党支部书记，中共武清县第五次代表大会代表，1992年度县级优秀共产党员，获天津市总工会“1992年度‘八五’立功奖章”，1993年4月被市委、市政府授予“1992年度天津市劳动模范”称号。在于庄水库工作期间，周绍贵兢兢业业，表现出很强的事业心和开拓精神，他带领职工成功地完成了54箱0.16公顷网箱养鱼试验，亩产达到3.75万千克，成功引进了大银鱼繁育养殖技术，发明了扎麻棵子诱虾捕虾法，年增加捕虾收入4万元，建立水库饲料厂、塑料制品厂，年创收入10余万元。2010年12月退休。

蒋金辉 男，汉族，生于1946年5月13日，高中文化，崔黄口镇人。1970年9月参加工作，1984年8月31日加入中国共产党。参加工作后，历任施工员、科员、排灌站副站长，水利规划设计室主任，工程科副科长、科长、副局长，上马台水库管理处主任，水利建筑工程公司经理，先后获得县级优秀共产党员、优秀科技工作者等荣誉称号。蒋金辉长期分管水利工程施工与管理和水利科技工作。在上马台水库建设中，他科学组织施工和管理，狠抓工程质量，连续两年工作在工程一线，圆满地完成了水库建设任务。工程建成后，注重科技投入和人才培训，为水库的综合开发打下了基础。在任职建筑公司期间，千方百计跑活源、谈项目、订合同、抓管理，为振兴水利经济做出了突出贡献。1995年4月被中共天津市委、市政府授予“1994年度劳动模范”称号。2006年6月退休。

胡宝泽 男，汉族，生于1956年12月，崔黄口镇人，1974年参加工作，1990年9月加入中国共产党。1977年4月—1980年7月在天津大学水利系就学。历任武清县水利局副科长、科长，副局长、党委副书记、局长、党委书记。2012年1月任武清区政协副主席。1994年1月撰写的《橡胶坝技术推广与应用项目》论文获天津市水利科技进步推广一等奖；1995年获得“天津市‘九五’立功奖章”；1997年撰写的《上马台水库——成功的平原水库》学术论文被国际水利学会亚太地区分会收入论文集，并应邀到马来西亚会议中心交流。2001年5月，被天津市委、市政府授予“2000年度天津市劳动模范”称号。1999年武清严重干旱，胡宝泽一方面积极争取资金，另一方面带领技术人员冒酷暑数十次到上游地区争取抗旱水源，共调蓄水近5亿立方米，全区80千公顷麦田普浇两水，抗旱浇地93千公顷，做到大灾之年不减产。在任期间组织制定并实施了“十五”“十一五”“十二五”水利发展规划，三个规划的落实使武清水环境得到极大的改善。组织研究、试验、引进和推广节水灌溉新技术，发展节水工程，取得显著效益。组织实施城区防洪圈、西部防线九里至十里横堤加固等20余项工程，为武清防汛除涝、确保天津市区安全做了大量工作。

陈美华 男，汉族，生于1958年2月26日，梅厂镇人。1977年3月—1979年12月就读于天津市水利学校，同年12月参加工作。1991年12月23日加入中国共产党。参加工作后历任武清县水利局除涝科副科长、科长、副局长、副书记，1996年9月—1999年7月参加市委党校半脱产大专班党政管理专业学习。陈美华参加工作后，长期分管防汛抗旱、农田水利建设和水利科技等方面工作。工作中率先提出并担任构筑的“城区防洪圈”工程，至今仍为解除城区及开发区发展隐患和保证经济的快速发展发挥着重要作用。从增加科技投入、建立健全科技推广服务体系方面入手，着重推广节水灌溉技术，全区新增节水灌溉面积13.33千公顷，武清区因此成为全国节水增效重点示范区。在抗旱工作中，带领有关科室和基层单位科学调蓄水源，年均调蓄水源在1.5亿立方米左右，为农业增产、增收做出了贡献。出色的业绩获得了区委区政府和全体干部职工的认可。1991年被市政府评为“农田水利工作先进个人”。1992年、1993年被市政府评为“科技兴农先进个人”。1994年被市政府评为“天津市防洪工作先进个人”、1996年被市政府评为“天津市防汛抗洪抢险先进个人”。1999年9月被水利部评为“全国农村水利先进个人”。2002年1月被水利部、人事部授予“全国水利系统先进工作者”荣誉称号（劳动模范待遇）。2004年6月获“农村饮水解困工程先进个人”。2006年10月获“天津市‘十五’期间防汛抗旱先进个人”。

薛连华 男，汉族，生于1952年4月3日，下伍旗镇人，中专文化。1970年3月参加中国人民解放军，1971年4月加入中国共产党，1984年4月由部队正营职参谋转业至武清县水利局河道所工作，任所长、党支部书记。担任所长20年来，带领干部职工全心投入河道堤防、闸涵管理工作，为防汛抗旱做出了突出贡献。1995年9月被市政府评为“防汛工作先进个人”。2004年堤防管理率先达到市A级标准，河道管理所被评为“全国百佳”“全国绿化模范”单位。在做好主业的同时，突出抓好综合经营，弥补了经费不足，增加了职工收入和队伍的凝聚力。2005年4月被市委市政府授予“2004年天津市劳动模范”荣誉称号。

贾洪林　男，汉族，生于1954年6月19日，大孟庄镇人，大学文化，高级工程师。1975年12月参加工作，历任武清县建筑工程公司工人，自来水公司工人，自来水公司经理助理、副经理，河东自来水服务站经理、党支部书记，1996年12月加入中国共产党，1999年9月参加重庆建筑工程学院土木工程专业半脱产学习。担任河东自来水服务站经理后，创新管理，全面提升服务水平，千方百计保障供水，组织制定了一系列管理制度和考核办法，打出了“阳光服务、满意在水站”的服务品牌，行业管理各项指标均超过行业标准，水质水压合格率始终保持在100%，水费回收率保持在98%以上，管网漏失率控制在5%以下。2009年4月17日被市委市政府授予“2008年度天津市劳动模范荣誉”称号。

三、技术人员

（一）高级专业技术人员名录

1991年1月至2011年12月31日，武清区水务局被评为高级专业技术资格的人员共28名，其中正高级工程师1名，高级工程师24名，高级会计师1名，高级政工师2名，见表12-3-83。

表12-3-83　**2011年天津市武清区水务局具有高级专业技术职称人员名录**

<table>
<tr><th>姓名</th><th>职　称</th><th>取得资格时间</th><th>姓名</th><th>职　称</th><th>取得资格时间</th></tr>
<tr><td>黄松岩</td><td>高级工程师</td><td>1991年8月</td><td>李文华</td><td>高级政工师</td><td>2003年1月</td></tr>
<tr><td>杜　江</td><td>高级工程师</td><td>1992年8月</td><td>陆辰龙</td><td>高级工程师</td><td>2003年5月</td></tr>
<tr><td>袁桐江</td><td>高级工程师</td><td rowspan="2">1994年8月</td><td>王福跃</td><td>高级政工师</td><td>2004年9月</td></tr>
<tr><td>李春刚</td><td>高级工程师</td><td>王凤雷</td><td>高级工程师</td><td>2004年11月</td></tr>
<tr><td>侯丙龙</td><td>高级工程师</td><td>1994年11月</td><td>张志强</td><td>高级工程师</td><td>2004年12月</td></tr>
<tr><td>陈善达</td><td>高级工程师</td><td>1995年6月</td><td>寇淑明</td><td>高级工程师</td><td>2007年11月</td></tr>
<tr><td>崔绍昌</td><td>高级工程师</td><td rowspan="2">1995年10月</td><td>侯爱东</td><td>高级会计师</td><td>2008年12月</td></tr>
<tr><td>王景章</td><td>高级工程师</td><td>陈九志</td><td>高级工程师</td><td rowspan="2">2009年12月</td></tr>
<tr><td>郑树琦</td><td>高级工程师</td><td>1996年12月</td><td>张守强</td><td>高级工程师</td></tr>
<tr><td>贾鸿林</td><td>高级工程师</td><td>1998年1月</td><td>李　泽</td><td>高级工程师（正高）</td><td rowspan="5">2010年11月</td></tr>
<tr><td>孟昭明</td><td>高级工程师</td><td>2001年5月</td><td>王远鹏</td><td>高级工程师</td></tr>
<tr><td>刘长泉</td><td>高级工程师</td><td rowspan="3">2001年11月</td><td>王　伦</td><td>高级工程师</td></tr>
<tr><td>曹西斌</td><td>高级工程师</td><td>陈志喜</td><td>高级工程师</td></tr>
<tr><td>许会云</td><td>高级工程师</td><td>王咏梅</td><td>高级工程师</td></tr>
</table>

（二）中级专业技术人员名录

武清区水务局被评为中级专业技术资格的人员共102名，1980—1990年有12名（补遗，前志未记），1991年1月至2010年12月31日有90名，其中工程师57名、政工师30名、经济师3名、会计师11名、统计师1名，见表12-3-84。

表12-3-84 **1980—2010年武清区水务局具有中级专业技术职称人员名录**

<table>
<tr><th>姓名</th><th>职称</th><th>取得资格时间</th><th>姓名</th><th>职称</th><th>取得资格时间</th></tr>
<tr><td>张铁中</td><td>工程师</td><td>1980年11月</td><td>张立岭</td><td>工程师</td><td rowspan="4">1996年12月</td></tr>
<tr><td>郭宝德</td><td>工程师</td><td>1981年11月</td><td>李果森</td><td>工程师</td></tr>
<tr><td>王会珍</td><td>工程师</td><td rowspan="9">1988年11月</td><td>高金标</td><td>工程师</td></tr>
<tr><td>李　宗</td><td>工程师</td><td>武文东</td><td>工程师</td></tr>
<tr><td>张玉明</td><td>工程师</td><td>沈云山</td><td>政工师</td><td>1997年7月</td></tr>
<tr><td>胡宝泽</td><td>工程师</td><td>濮春发</td><td>工程师</td><td rowspan="3">1998年1月</td></tr>
<tr><td>刘　俊</td><td>工程师</td><td>许万合</td><td>工程师</td></tr>
<tr><td>林桂兰</td><td>工程师</td><td>刘书元</td><td>政工师</td></tr>
<tr><td>张绍书</td><td>工程师</td><td>时德良</td><td>政工师</td><td>1998年2月</td></tr>
<tr><td>张　贵</td><td>会计师</td><td>周福存</td><td>政工师</td><td>1998年4月</td></tr>
<tr><td>王学和</td><td>工程师</td><td>张永红</td><td>会计师</td><td>1998年5月</td></tr>
<tr><td>李崇元</td><td>会计师</td><td>1990年10月</td><td>袁范平</td><td>政工师</td><td rowspan="2">1998年12月</td></tr>
<tr><td>隋晋臣</td><td>会计师</td><td>1991年5月</td><td>黄瑞平</td><td>工程师</td></tr>
<tr><td>蒋金辉</td><td>工程师</td><td rowspan="3">1992年6月</td><td>刘　皎</td><td>工程师</td><td rowspan="2">1999年8月</td></tr>
<tr><td>李玉德</td><td>会计师</td><td>季玉彪</td><td>工程师</td></tr>
<tr><td>全文靖</td><td>会计师</td><td>马文杰</td><td>政工师</td><td rowspan="2">1999年12月</td></tr>
<tr><td>岳振香</td><td>会计师</td><td>1994年11月</td><td>刘振英</td><td>工程师</td></tr>
<tr><td>董增瑞</td><td>工程师</td><td>1995年6月</td><td>张希英</td><td>政工师</td><td>2001年9月</td></tr>
<tr><td>关　英</td><td>工程师</td><td>1996年3月</td><td>陈淑杰</td><td>工程师</td><td>2001年10月</td></tr>
<tr><td>田　悦</td><td>政工师</td><td rowspan="5">1996年7月</td><td>班士栋</td><td>经济师</td><td>2002年3月</td></tr>
<tr><td>薛连华</td><td>政工师</td><td>曹学连</td><td>会计师</td><td rowspan="2">2002年5月</td></tr>
<tr><td>蒋书林</td><td>政工师</td><td>刘　杰</td><td>会计师</td></tr>
<tr><td>纪洪文</td><td>政工师</td><td>李红梅</td><td>工程师</td><td>2002年9月</td></tr>
<tr><td>刘焕清</td><td>政工师</td><td>杜亚华</td><td>政工师</td><td>2002年10月</td></tr>
<tr><td>张庆荣</td><td>统计师</td><td>1996年9月</td><td>赵德奎</td><td>政工师</td><td>2003年1月</td></tr>
</table>

续表

姓名	职称	取得资格时间	姓名	职称	取得资格时间
吴晓莉	政工师	2003 年 1 月	袁显臣	政工师	2008 年 8 月
郭学芝	政工师	2003 年 12 月	赵汉文	工程师	2008 年 9 月
李甫玉	政工师		丁明伟	政工师	2008 年 11 月
郝志超	会计师	2004 年 5 月	周淑兰	工程师	2008 年 12 月
吴海英	会计师	2004 年 9 月	刘学义	工程师	
张俊华	政工师	2004 年 11 月	付会丹	工程师	
平国权	工程师	2004 年 12 月	陈立恒	工程师	
张洪建	工程师		慈凤英	工程师	
程立英	政工师		杜振雨	工程师	
冯立国	工程师	2005 年 10 月	顾景红	政工师	2009 年 4 月
袁泽生	工程师		秦鸿斌	工程师	2009 年 9 月
李洪建	工程师		李书祥	政工师	
王国树	工程师	2005 年 12 月	王红杰	工程师	2009 年 12 月
李万亮	工程师	2006 年 4 月	兰广智	工程师	2010 年 4 月
石德青	工程师		刘春良	工程师	
唐凤伟	政工师	2006 年 9 月	尤月菊	政工师	2010 年 9 月
张冬林	政工师		尹洪英	工程师	2010 年 11 月
贾桂芝	政工师		石　成	工程师	
赵红利	政工师		段东升	工程师	
尹国新	经济师	2007 年 3 月	平惠敏	工程师	
李学奎	工程师	2007 年 11 月	王云波	工程师	
付国忠	工程师		时振坤	工程师	
薄国军	工程师	2007 年 12 月	袁长洪	工程师	
刘俊玲	政工师		刘玉祥	工程师	
王会文	经济师	2008 年 6 月	孟红宇	工程师	
周立娜	政工师	2008 年 8 月	王　涛	工程师	

四、先进个人

1991—2010年，武清区水务局获市级以上先进个人共87人次，见表12-3-85。

表12-3-85 **1991—2010年武清区水务局获市级以上先进个人统计表**

获奖者	获奖时间	获奖名称	发证单位
韩学义	1991年10月	天津市防汛工作先进个人	天津市政府
于　杰	1991年10月	天津市防汛工作先进个人	天津市政府
李玉山	1991年10月	天津市防汛工作先进个人	天津市政府
李希维	1991年10月	天津市防汛工作先进个人	天津市政府
邵士成	1991年10月	天津市防汛工作先进个人	天津市政府
杜　江	1991年11月	全国先进水政工作者	水利部
陈美华	1991年12月	天津市农田水利工作先进个人	天津市政府
陈美华	1992年	天津市科教兴农先进工作者	天津市政府
王　华	1992年4月	全国水利系统优秀新闻宣传工作者	水利部
陈美华	1993年	天津市科教兴农先进工作者	天津市政府
周绍贵	1993年4月	天津市劳动模范	天津市委、市政府
周绍贵	1993年4月	天津市“八五”立功奖章	天津市总工会
刘　俊	1994年10月	天津市防汛工作先进个人	天津市政府
刘　祥	1994年10月	天津市防汛工作先进个人	天津市政府
陈美华	1994年10月	天津市防汛工作先进个人	天津市政府
韩邦林	1994年10月	天津市防汛工作先进个人	天津市政府
王　伦	1995年2月	全国农业科技推广先进工作者	农业部、人事部、林业部、水利部、国家科委、国家农业综合开发办公室联合
蒋金辉	1995年4月	天津市劳动模范	天津市委、市政府
胡宝泽	1995年4月	天津市“九五”立功奖章	天津市总工会
于万田	1995年10月	天津市防汛工作先进个人	天津市政府
纪凤发	1995年10月	天津市防汛工作先进个人	天津市政府
刘　俊	1995年10月	天津市防汛工作先进个人	天津市政府
朱万丰	1995年10月	天津市防汛工作先进个人	天津市政府
薛连华	1995年10月	天津市防汛工作先进个人	天津市政府
邵士成	1995年10月	天津市防汛工作先进个人	天津市政府
杜　江	1995年12月	全国抗洪抗旱模范	国家防汛抗旱总指挥部
王　伦	1996年	天津市科教兴农先进工作者	天津市政府

续表

获奖者	获奖时间	获 奖 名 称	发 证 单 位
杜　江	1996年10月	天津市防汛抗洪抢险先进个人	天津市委、市政府
陈美华	1996年10月	天津市防汛抗洪抢险先进个人	天津市委、市政府
邵士成	1996年10月	天津市防汛抗洪抢险先进个人	天津市委、市政府
薛连华	1996年10月	天津市防汛抗洪抢险先进个人	天津市委、市政府
朱万丰	1996年10月	天津市防汛抗洪抢险先进个人	天津市委、市政府
李连成	1996年10月	天津市防汛抗洪抢险先进个人	天津市委、市政府
陈宝权	1996年10月	天津市防汛抗洪抢险先进个人	天津市委、市政府
关书明	1996年10月	天津市防汛抗洪抢险先进个人	天津市委、市政府
沙万河	1996年10月	天津市防汛抗洪抢险先进个人	天津市委、市政府
于俊清	1996年10月	天津市防汛抗洪抢险先进个人	天津市委、市政府
崔树清	1996年10月	天津市防汛抗洪抢险先进个人	天津市委、市政府
杜宝贵	1996年10月	天津市防汛抗洪抢险先进个人	天津市委、市政府
刘春生	1996年10月	天津市防汛抗洪抢险先进个人	天津市委、市政府
袁显明	1996年10月	天津市防汛抗洪抢险先进个人	天津市委、市政府
吴汉发	1996年10月	天津市防汛抗洪抢险先进个人	天津市委、市政府
韩学义	1996年10月	天津市防汛抗洪抢险先进个人	天津市委、市政府
吴希福	1996年10月	天津市防汛抗洪抢险先进个人	天津市委、市政府
庞思顺	1996年10月	天津市防汛抗洪抢险先进个人	天津市委、市政府
陆忠生	1996年10月	天津市防汛抗洪抢险先进个人	天津市委、市政府
张守强	1997年	天津市科教兴农先进工作者	天津市政府
陈美华	1999年12月	全国农村水利先进个人	水利部
胡宝泽	2001年4月	天津市劳动模范	天津市委、市政府
陈美华	2002年1月	全国水利系统先进工作者	人事部、水利部
邵士成	2003年11月	引滦入津20周年保护饮用水安全先进个人	天津市政府
陈美华	2004年6月	农村饮水解困工程先进个人	天津市政府
李春刚	2004年6月	农村饮水解困工程先进个人	天津市政府
袁桐江	2004年6月	农村饮水解困工程先进个人	天津市政府
周淑兰	2004年6月	农村饮水解困工程先进个人	天津市政府
杨洪艳	2004年6月	农村饮水解困工程先进个人	天津市政府
谢季存	2004年6月	农村饮水解困工程先进个人	天津市政府
王建杰	2004年6月	农村饮水解困工程先进个人	天津市政府
张仁普	2004年6月	农村饮水解困工程先进个人	天津市政府
赵学忠	2004年6月	农村饮水解困工程先进个人	天津市政府
张茂起	2004年6月	农村饮水解困工程先进个人	天津市政府

续表

获奖者	获奖时间	获 奖 名 称	发 证 单 位
程德刚	2004 年 6 月	农村饮水解困工程先进个人	天津市政府
胡 元	2004 年 6 月	农村饮水解困工程先进个人	天津市政府
薛连华	2005 年 4 月	天津市劳动模范	天津市委、市政府
黄士福	2005 年 12 月	天津市科教兴农先进工作者	中共天津市委、天津市政府
崔洪田	2006 年 10 月	天津市“十五”期间防汛抗旱先进个人	天津市政府
邵士成	2006 年 10 月	天津市“十五”期间防汛抗旱先进个人	天津市政府
李文奎	2006 年 10 月	天津市“十五”期间防汛抗旱先进个人	天津市政府
韩东和	2006 年 10 月	天津市“十五”期间防汛抗旱先进个人	天津市政府
濮春发	2006 年 10 月	天津市“十五”期间防汛抗旱先进个人	天津市政府
张希英	2006 年 10 月	天津市“十五”期间防汛抗旱先进个人	天津市政府
张仁普	2006 年 10 月	天津市“十五”期间防汛抗旱先进个人	天津市政府
韩铁军	2006 年 10 月	天津市“十五”期间防汛抗旱先进个人	天津市政府
韩哲良	2006 年 10 月	天津市“十五”期间防汛抗旱先进个人	天津市政府
张书林	2006 年 10 月	天津市“十五”期间防汛抗旱先进个人	天津市政府
赵士江	2006 年 10 月	天津市“十五”期间防汛抗旱先进个人	天津市政府
王宝辉	2006 年 10 月	天津市“十五”期间防汛抗旱先进个人	天津市政府
陈美华	2006 年 10 月	天津市“十五”期间防汛抗旱先进个人	天津市政府
胡 元	2006 年 10 月	天津市“十五”期间防汛抗旱先进个人	天津市政府
董长平	2006 年 10 月	天津市“十五”期间防汛抗旱先进个人	天津市政府
诸葛兰昌	2006 年 10 月	天津市“十五”期间防汛抗旱先进个人	天津市政府
黄士永	2006 年 10 月	天津市“十五”期间防汛抗旱先进个人	天津市政府
承术吉	2006 年 10 月	天津市“十五”期间防汛抗旱先进个人	天津市政府
田宗水	2006 年 10 月	天津市“十五”期间防汛抗旱先进个人	天津市政府
曹希斌	2006 年 10 月	天津市“十五”期间防汛抗旱先进个人	天津市政府
贾洪林	2009 年 4 月	天津市劳动模范	天津市政府
黄士福	2010 年 6 月	南水北调工程先进个人	国务院南水北调工程建设委员会办公室

第十三章

水利经济

水利经济是水利事业的基础，是支撑水利建设的重要条件。1991—2010年，国家对武清区投入的水利事业建设资金达到16.27亿元，平均每年投入达到8140万元。为保证国家资金安全，武清区水务局先后制定了水务局财务管理制度、内部控制制度、固定资产管理办法等多项制度，还建立健全了财务检查、监督机制，从而保证了国家资金的使用安全，提高了水利经济效益。

十一届三中全会以后，中央实行改革方针，全国水利管理体制也做了一些改革，首先改掉了“吃大锅饭、喝大锅水”的弊端，实行了承包责任制，自负盈亏，自收自收，减少了国家投资和经费补贴。从1991年起，武清县水利局大力发展综合经营，综合经营收入始终保持着每年10%的速度递增。从1991年的几十万元经营收入至2010年综合经营收入已突破2600万元，为弥补武清水务事业经费不足起到了关键的促进作用。

第一节 资金投入与管理

1991—2010年，武清区水务局用于水利工程事业等方面的资金总投入达到16.27亿元，其中行政事业费1.59亿元、农田水利岁修防汛费1.65亿元、水利基建工程13.03亿元。投资的渠道分为中央预算内资金、市财政资金、市水利基金资金和区财政。投入的资金由1991年的1000多万元增加到2010年的上亿元。

一、资金投入

“八五”期间按照一个中心、两个并重、四个结合的发展原则，投入水利资金1.26亿元，主要建有蒙村橡胶坝、上马台水库建设工程等；“九五”期间按照以蓄代排、旱涝兼治、综合治理的发展原则，水利资金投入1.91亿元，主要建有西部防线和龙凤河除险加固工程等；“十五”期间按照解决防洪、除涝、人畜饮水的发展原则，水利资金投入4.38亿元，主要建有武清区地下水水源地应急供水工程、农村安全饮水工程等；“十一五”期间按照以人为本，全面协调可持续发展原则，水利资金投入8.72亿元，主要建有北运河城区段治理工程、扬水站更新改造工程、农村管网入户工程、农用桥闸涵改造等。

1991—2010年资金投入情况见表13-1-86。

表 13-1-86 **1991—2010 年资金投入情况表** 单位：万元

年份	总投资	行政事业费	农田水利岁修防汛费	水利基建工程资金
1991	1625	207	1058	360
1992	808	209	359	240
1993	1121	212	824	85
1994	5745	225	260	5260
1995	3282	202	580	2500
1996	3758	268	300	3190
1997	1729	265	180	1284
1998	3629	293	1980	1356
1999	3233	311	1340	1582
2000	6764	397	1180	5187
2001	3042	482	2560	0
2002	13251	599	956	11696
2003	13820	658	857	12305
2004	7506	920	569	6017
2005	6157	1079	510	4568
2006	11441	1137	600	9704
2007	5988	1733	883	3372
2008	19220	1924	247	17049
2009	26662	2286	587	23789
2010	23963	2470	689	20804
合计	162744	15877	16519	130348

二、财务管理

武清区水务局财务管理坚持以实践可持续发展的工作思想为理念，以制度建设推进水利财务管理进程，使财务管理逐步实现科学化、规范化。1991 年，天津市水利局首次为各区县水利局财务科配置了计算机，并对财务管理人员进行了培训，实现了水利行业地区财务电算化管理。1992 年 4 月，县水利局派财务人员参加了天津市水利局组织的外省市水利财务管理学习班。1992 年 6 月，县水利局各基层单位按照上级的要求，建立了适应市场经济体制要求的新型水利财务管理制度。1994 年 4 月，县水利局制定了《武清县水利财务管理制度》《武清县水利局内部控制制度》《武清县水利局固定资产管理办法》等相关制度。各项制度的制定和实施，有效地保障了水利资金的安全使用，促进了水利经济发展。1995 年结合国家改革收费管理体制，县水利局财务实行了收支"两条线"，确保国有资金不流失。同时建立了水利财务监督检查机制，加大对专项资金的检查力度，多层次、多角度地开展了财务管理。1996 年，县水利局机关及各基层单位统一实行了"核定收支"，全额拨款单位经费包干，各乡镇、水利管理站划归乡镇管理，人员经费由乡镇统一管理。1998 年，为进一步严格资产管理，县水利局重新修订《武清县水利局内部资产管理制度》，局属科室及各基层单位购置固定资产必须向局机关领导提出书面申请，由分管领导同意后方能实施，现金使用严格执行《现金管理条例》，不得坐支现金，库存不超限。2001 年 3 月，武清区水利局改为武清区水务局后，财务管理仍按 1998 年制度实行。2010 年 10 月，水务一体化改革后，财务工作做了重新整合。水利财务专项资金在使用上，本着专款专用不得挤占挪用，区水务局财务制度的制订与实施、完善，以及全面贯彻国家财务体制改革要求，促进水务局财务管理工作更加规范化、制度化，保障了国有资金使用安全，促进了水务事业健康发展。

三、审计

武清区水务局审计工作主要以内审为主，同时还配合上级部门的专项审计和各基层单位一把手离任审计和基层单位经济指标审计等。1994 年 4 月，按照天津市水利局关于审计的规定，县水利局组建了财务审计科，履行审计工作职责。随着国家对农村水利的投入逐年增加，为有效规范水利资金的使用、切实发挥资金的最大效益，审计工作的开展推进水利事业的发展，为水利经济提供更加有力的资金安全保障。

1994—2010 年间，区水利局财务审计科多次参加并组织配合上级主管部门的审计工作，其中 1994 年上马台水库建成后，区水利局财务审计科配合天津市审计局、天津市水利局审计处，于 1995 年 9 月完成上马台水库专项资金使用审计任务；1996 年配合水利部对北水南调征迁资金的专项审计；1997 年完成龙凤河右堤加固工程专项资金审计；2003 年完成北运河城区段河道综合治理专项资金审计；2003—2010 年完成下伍旗水源地等大型骨干工程审计。另外，先后迎接了审计署长春特派办、天津市财政局、天津市监察局对中央拉动内需资金的审计，对小型农田水利农村管网改造、自来水入户、安全饮水、农村桥闸涵工程进行自审和内审。区水务局财务审计科每年坚持对基层财务和一把手离任进行审计，完善资金规范管理和使用，保障了国家和集体资金的使用安全、有效。

第二节 综 合 经 营

武清县水利局综合经营是根据1979年水利部提出的“水利管理单位要积极开展多种经营，增加收入，弥补经费不足，逐步达到经费自给”指示开展起来的。武清县水利局以“抢抓机遇、扬长避短，以主业为己任，‘沿着水路找财路’”的总体思路，不断拓宽综合经营渠道，努力搞好水利经济，壮大水利队伍。至1991年，随着市场经济的发展，武清县水利局对综合经营的思路进行了调整，淘汰了产能落后、经济效益低的经营项目，大力发展以水利建筑工程、两大水库水产养殖业、餐饮业等为主的项目，取得了良好的社会、经济效益，弥补了人员经费的不足的问题。1999年4月，武清区水利局首次与市水利局签订经济目标责任书。2010年，全局综合经营年创收2600万元。

一、水利物资经销站

水利物资经销站前身为水利局物资科，于1980年组建，主要是调拨水利物资，即将“三大材”水泥、钢筋、木材按计划下达指标，下拨给水利工程单位。1986年水利物资由计划经济逐步走向市场经济，水利物资经销站的职能转变为防汛物资保管。在完成本职工作的同时，积极开展多种经营。1986年，武清县水利局在扬村北运河右岸的水利物资储存地“大桥库”（即现在的双龙公园）建五金、电料经营部。1988年，兴建了水利餐厅。是年，水利局将水利物资管理职能与经营职能分开，成立物资科与水利物资经销站，水利物资经销站作为武清县水利局直属基层三产单位，人员从机关抽调。1996年7月，武清县水利局机构改革，物资科从局机关分离，成立水利局物资供应服务站，为水利局下属全民所有制科级事业单位。是年，水利局将水利物资经销站划归物资供应服务站管理，成为三产单位。1998年，北运河改造时，将水利局“大桥库”及物资经销站办公房拆除，迁至雍阳西道51号。1998年6月，武清县政府改造雍阳西道，将城区东排渠与雍阳西道交叉桥西侧沟渠垫平，由武清县水利局出资建成3层前后两栋小楼，即雍阳西道51号。1999年物资经销站两次扩大经营范围，于9月18日成立家电组，10月28日成立化妆组。2000年2月，物资经销站投资的麦克汉姆快餐店开业，由于经营情况良好，在3月对其进行扩建，营业面积增加一倍；4月在县水利局后院建立冷库一座；5月，县水利局的职工合作社变为物资经销站的分支机构，办理了营业执照，经营日用百货。2002年4月，区水务局后院经营的水利物资门市部经过重新装修，改建为前店后厂形式的山水长饺子庄，总投资 14 万元，安排职工 16 人，主营人工速冻水饺、鲜水饺，批发兼零售；5 月撤除化妆品组，将此房屋出租；9 月投资 2.5 万元对麦克汉姆快餐店进行重新装修，给顾客提供了崭新的就餐环境。为了充分调动职工的工作积极性，2003 年，山水长饺子庄由个人承包。麦克汉姆快餐店由于受到肯德基的冲击，经济效益逐渐下滑，于 2006 年 1 月关闭。2010 年 11 月，山水长饺子庄由于拆迁关闭。至 2010 年，水利物资经销站供应水泥 25900 吨，水泵、电机 90 台套，闸门、启闭机 183 台套，片石 2400 立方米。

水利工程供应物资情况和水利物资经销站收入情况见表 13－2－87 和表 13－2－88。

表 13－2－87 **水利工程供应物资情况表**

年份	供应的物资	水利工程
1991	水泥约为 1500 吨、水泵、电机 50 台套	小谋屯水站更新改造
1992	水泥约为 1500 吨、水泵、电机 40 台套	王三庄水站更新改造
1995	水泥约为 2500 吨、闸门、启闭机 18 台套	甘桥水站自排闸拆除重建，陈赵庄柳河退水闸、东肖庄机排闸、洪庄子机排闸等更新改造
1997	闸门、启闭机 19 台套	王三庄机排闸拆除重建，黄花店站前闸加固
1998	水泥约为 2000 吨，闸门、启闭机 30 台套	东洲机排闸、泗村店自排闸除险加固，永定河右堤加固
1999	水泥约为 2000 吨，闸门、启闭机 30 台套	东肖庄机排闸维修加固，新建五支渠泵站、庞艾泵站
2000	水泥约为 1200 吨，闸门、启闭机 70 台套，片石 2400 立方米	北运河北水南调工程、辛庄立交涵洞机排闸维修加固，北夹道自排闸拆除重建，南夹道机排闸维修加固，陈赵庄二号闸拆除重建
2001	水泥约为 2000 吨，闸门、启闭机 16 台套	中洪退水闸、凤河古道闸更新改造
2003	水泥约为 700 吨，闸门、启闭机 16 台	大谋屯水站更新改造
2004—2005	水泥约为 6000 吨，闸门、启闭机 6 台套	二支渠改造治理工程
2006	水泥约为 3000 吨	运河景观改造治理工程
2007	闸门、启闭机 4 台套	五支渠及机排河治理
2008	水泥约为 1000 吨	上马台水库改造工程
2009	水泥约为 1500 吨	龙凤河及凤河古道治理、修建农用桥闸涵
2010	水泥约为 1000 吨，闸门、启闭机 4 台套	修建 56 个农用桥闸涵

表 13-2-88 **水利物资经销站收入情况统计表** 单位：万元

年份	五金组	汽车配件组	汽车装具组	家电组	快餐收入	化妆组	后勤收入	房租收入	其他收入	全年收入
1991	42	63								105
1992	42	72							7	121
1993	39	42	7							88
1994	66	43	78							187
1995	99	47	11							157
1996	80	28	6							114
1997	174	27	3							204
1998	231	39	1							271
1999	15			29		8	263	6		321
2000	44			98	76	25		10	82	335
2001	28			27	88	3	131	9		286
2002	48			35	84		59	11		237
2003	60			40	60		78	22		260
2004	71			61	27		115	26		300
2005	163			62	8		178	28		439
2006	15			140			88	28		271
2007	70			200			100	32		402
2008	100			150			55	30		335
2009	91			136			4	31		262
2010	126			158			39	27		350
合计	1604	361	106	1136	343	36	1110	260	89	5045

二、武清区水利机械服务站

1969 年，武清县水利局中心排灌站为便于维修扬水站设备，将北郑庄扬水站西侧洼地垫平兴建了维修车间，维修人员由各扬水站职工临时抽调组成，防汛期间仍以扬水站值班为主。1970 年 6 月，维修量加大，经武清县水利局领导研究改建了厂房，增加了维修设备，组建了水利机械修造厂。1972年，厂房建好后，归机井建设指挥部管理，财务实行独立核算。1975年、1977年又经两次扩建，到1978年年底修造厂初具规模，有职工113人，厂房、车间、宿办室、仓库等总占地面积达到1.56万平方米。1980年5月，武清县机井建设指挥部联同水利机械修造厂划归县水利局统一管理。武清县机井建设指挥部隶属武清县水利局管理后，设为机关科室。武清县水利机械修造厂作为武清县水利局下属基层单位，单位性质为科级事业单位，实行企业管理，独立核算，主要业务是生产维修机井设备，加工生产排灌站水泵配件、电锯加工等零活。为适应市场的变化，自1991年水利机械修造厂实行各车间承包制度，解决了业务减少、利润降低、收支不平衡的问题。随着市场经济进一步加快，武清县水利机械修造厂因没有自主产品，各车间只是靠维修和生产少量配件来维持，而且设备陈旧，很难生产精度高、利润大的产品，企业效益逐年下降，全厂职工的养老保险逐年增加，支出增大。1991—2000年销售收入350万元，净利－1.1万元。2001年销售收入44万元，净利－2.05万元，职工工资得不到保证，勉强维持到2000年年底。2001年10月31日，根据武清区体改办《关于同意天津市武清区水利机械修造厂改制方案的批复》要求进行了改制，水利机械修造厂营业执照暂时保留，不再从事经营活动，同时做好保全单位资产工作，对职工进行分流安置。厂房拆除，原址部分被政府征用。2007年12月27日，根据武清区机构编制委员会下发《关于区水务局部分事业单位机构编制调整的通知》，将武清区水利机械修造厂更名为武清区水利机械服务站。2013年9月12日，按照武清区机构编制委员会下发《关于区水务局所属事业单位机构编制事项调整的通知》文件精神，撤销天津市武清区水利机械服务站。

三、于庄水库

于庄水库建成后，投放白鲢鱼65万尾、鲤鱼30万尾，年收入30万元。之后又建起了奶牛场、塑料制品厂、饲料场、餐厅等多种经营项目，至1991年经费达到自给有余。

2003年冬至2004年春，水库开展冬钓项目并利用“五一”黄金周开发水库垂钓项目，共收入15万元。2004年春季，从外地引进银鱼和南北虾，到秋季，银鱼产量达5000千克，收入20万元；青虾产量5000千克，收入10万元。另外还捕获各类成鱼27.5万千克，收入170多万元，扣除捕捞费145万元，水库净利25万元。加上多种经营收入，全年共收入70万元。

2005年，于庄水库实现经济收入185.9万元。其中大水面捕鱼139万元，钓鱼14.1万元，牛场29.2万元，厂房租赁3.6万元（另南美虾7万元、银鱼卵3.8万元、冬钓5万元未列入）。

2006 年，实现经济收入 109.3 万元，其中白鲢鱼 13.9 万千克、花鲢鱼 2 万千克、青虾 1000 千克、杂鱼 5000 千克，钓鱼收入 13.1 万元，共计销售收入 87.1 万元；9 月中旬，根据南美白对虾的生长情况托网捕捞南美白对虾 8500 千克，销售收入 14.5 万元；银鱼 500 千克，销售收入 0.6 万元；鱼池产出 5000 千克，销售收入 7.1 万元（不含水利建设等收入）。

2007 年，全年总收入为 122 万元，其中捕鱼虾收入 69 万元，全年垂钓收入 25 万元，出售五叶枫树 16.5 万元，国槐树 5 万元，修整树木 2 万元，房屋租赁 4.5 万元。

2008 年，全年总收入为 173.4 万元，其中垂钓 45 万元，大水面捕鱼 96 万元，房屋出租 16 万元，北运河治理 15 万元，土地承包费 1.4 万元。

2009 年，全年总收入为 92 万元，其中集中捕鱼 16 万千克，总销售额为 79 万元；捕鱼、河虾、杂鱼销售额为 13 万元。

2010 年，全年总收入为 173 万元，其中集中捕鱼 21 万千克，总销售额为 127 万元；捕鱼、河虾、杂鱼销售额为 46 万元。

四、上马台水库

（一）水产养殖

1994 年 10 月，上马台水库蓄水后，投放 273 万尾鱼苗。

2003 年，取得了天津市水产局颁发的无公害农产品认定证书。

2006 年，水库成功地营造出了良好的水产养殖生态环境，累计向市场提供了 608.5 万千克鲜活水产品，丰富了市民的菜篮子，在水库大水面养殖效益上，已跻身全国先进行列。10 月，为配合水库除险加固清淤造陆工程的实施，水库开始排空库容。

2009 年 8 月，水库开始重新蓄水。但随着养殖环境的改变（水深已达 7 米），水库面临着养殖环境的初建和养殖模式的改变。

1994—2010 年上马台水库养殖情况见表 13-2-89。

表 13-2-89　　**1994—2010 年上马台水库养殖情况一览表**

年份	投入数量					投入金额/万元	产出/万元
	鱼苗/万尾	银鱼		螃蟹/万只	花鲢鱼/万尾		
		成鱼/万尾	繁殖/万粒				
1994	273					67.9	
1995	34.3	3	630			7.5	5

续表

年份	投入数量					投入金额/万元	产出/万元
	鱼苗/万尾	银鱼		螃蟹/万只	花鲢鱼/万尾		
		成鱼/万尾	繁殖/万粒				
1996	32		1400			31	139
1997	23.58		1500	25.2		82	157
1998	43		1920	57.5		78	258
1999	140		6900	83.4		121	326
2000	167		1500	77.1		126	232
2001	160		1200	10		207	390
2002	206		1700	48		87	230
2003	179		2530	59		91	359
2004	168		1300	33	140	153	301
2005	136		1300	33	131	75	277
2006	144		1900	50		118	370
2007	0						115.8
2008	0						
2009	115		2700	36	337.60	73.4	
2010						25.3	2.60
总计	1820.88	3	26480	512.2	608.60	1343.1	3162.4

（二）多种经营

上马台水库管理处成立后，根据地域优势，开发了13.33公顷鱼池，并以招投标的形式向外招租，1997—2000年每年鱼池承包费收入3.1万元，累计收入15.5万元；2001—2005年，每年鱼池承包费收入4万元，累计收入20万元；2006年鱼池承包费收入13.5万元。鱼池历年总收入49万元。

2002年，建成饲料加工厂。2002—2006年每年承包费收入7.5万元，累计收入37.5万元。

2004年建成泉灵水厂，自主经营，收入1.6万元；2005年收入13.5万元；2006年收入19万元；2007年收入2.4万元。水厂历年总收入36.5万元。

第三节 实 体 公 司

一、水利建筑工程公司

武清区水利建筑工程公司是武清区水务局的下属单位，成立于1988年，自收自支，独立核算，企业化管理。公司原为三级资质企业，2002年升级为二级资质企业。主要从事水利工程、工业与民用建筑工程、基础处理工程、各种管道工程和水利及其他项目的测量工程等。固定资产净值2808万元，其中用于生产的1502万元，流动资产1306万元，有机具设备120台套，见表13-3-90。

表13-3-90 **机械设备统计表**

序号	设备及仪表名称	型号/产地	数量/台	价值/万元	
				原值	净值
1	装载机	柳工ZL15B	1	17	17
2	挖掘机	CAT320L	2	200	200
3	装载机	野牛SDZ-30F	1	14	14
4	挖掘机	肋友PC220	1	90	90
5	核子密度仪	MC-4常州	2	19.8	13.5
6	装载机	柳工ZL15B	2	30	23
7	塔式起重机	QT45型	2	40	21.6
8	施工机械	切断机GQ40 弯曲机GWJ40-1 砂浆机JI303	20	5	1.9
9	碾压机械	GH-40	2	38	27
10	自卸汽车	Y83160PK2TIACA3160PK2BT1	6	78	60
11	发电机	ZS1100	4	12	9
12	塔式起重机	QT25型	1	8	2.2
13	混凝土搅拌站	BL1000-山东方圆	1	22.4	15.2

续表

序号	设备及仪表名称	型号/产地	数量/台	价值/万元	
				原值	净值
14	钻机	GR20 -西安	2	82	63
15	灌浆机	JZC220	2	12	9
16	双排汽车	CA5040CCYK2L3RE5 - 1	4	18.8	12.8
17	灌注桩机械	GZC - 270	4	70	30
18	测量仪器	激光测距仪 NTS322 经纬仪 DT02C 水准仪 DZS3	15	9.4	5.2
19	混凝土搅拌机	JE350 -天津	6	4.8	1.9
20	潜水钻机	QY - 1250	2	54.3	32
21	起重机	徐工 XCT16	1	40	24
22	挖掘机	方特 320B	1	50	45
23	双排汽车	QL1040A6HW	3	15.9	11.5
24	混凝土搅拌机	JEL350 -海域	6	4.8	1.9
25	机动翻计车	FC - 10	10	13	9
26	全站仪	NTS - 322	1	8	6.4
27	发电机	LED6130	4	48	34.4
28	挖掘机	PC220	2	79	57
29	推土机	山推 140	3	51	38
30	载重汽车	解放 CA34I	3	51	37
31	起重机	徐工 XCT20L4	1	60	50
32	推土机	东方红- 60	5	47.5	34.5
	合计		120	1293.7	997

公司成立于 2010 年 12 月底，共修建完成 47 项工程，完成投资 77828.18 万元。其中完成具有代表性的较大工程有 1991 年 6 月的蒙村橡胶坝、1994 年 10 月上马台水库兴建、2002 年 6 月武清区供水工程、2004—2007 年北运河城区段改造工程及农村自来水

管网入户等多项。

水利建筑工程公司承建工程见表 13-3-91。

表 13-3-91 水利建筑工程公司承建工程一览表

年份	完成工程名称	完成投资/万元
1991	蒙村橡胶坝工程	188.13
1992	王三庄水站更新改造工程	142.30
	上马台水库工程进水闸和办公楼工程	418.96
1996	西安子橡胶坝工程	380.00
2000	小韩村橡胶坝工程	110.00
	防洪圈一期工程	403.40
	防洪圈建筑物工程	218.00
2001	北京排污河复堤工程	718.70
2002	武清区供水工程（泵站工程）	718.70
2003	九里横堤至十里横堤抢险路面及排水工程	333.72
	马六路桥工程	47.30
	武清区应急供水管网工程	2609.42
2004	北运河秦营闸及渠道改造工程	535.05
	碱东公路排污河桥工程	230.00
	王河公路桥工程	138.00
	武清区北运河徐官屯除险加固一期工程	621.85
	武清区北运河徐官屯除险加固二期工程	1285.02
2005	武清区新房子橡胶坝工程	236.51
2006	北运河武清城区段 2006 年河道综合整治工程	2386.00
	武清区北运河水环境整治工程前进桥橡胶坝工程	262.71
	北运河武清城区段滨水景观建设工程	3989.00
	机场排河城区段治理工程	990.00
2007	武清城区东排渠综合治理工程	2516.00
	武清区 2006 年农村安全供水点建设工程	332.08
	武清区上马台水库除险加固工程	2435.50

续表

年份	完成工程名称	完成投资/万元
2007	2007年度武清区农用桥闸涵维修改造试点工程	2000.00
	武清城区三支渠治理工程	638.59
	武清城区五支渠治理工程	1255.06
2008	武清区八孔闸橡胶坝工程	386.35
	武清区东外环北运河主槽改线工程	731.50
	2008年农用桥闸涵维修改造工程	2068.27
2009	武清区2008年新增农村饮水安全工程	2325.25
	武清区龙凤河马道桥橡胶坝工程	535.27
	武清区北夹道扬水站更新改造工程	880.77
	武清区郎庄子泵站拆除重建工程	660.71
	武清区2009年农村饮水安全工程	7594.26
	天津市北运河东泵站更新改造工程上马台泵站工程	736.27
	天津市北运河东泵站更新改造工程洪庄子泵站工程	2645.40
	武清区2009年农用桥闸涵维修改造工程	2000.00
2010	武清区龙凤河及龙凤河故道综合治理工程	11995.10
	武清区2010年农村管网入户改造工程	2772.23
	武清区2010年农用桥涵闸维修改造工程	1985.00
	天津市北运河东泵站更新改造工程东汪庄泵站工程	1702.60
	天津市北运河东泵站更新改造工程蜈蚣河泵站工程	1471.92
	武清区北运河蒙村橡胶坝维修改造工程	220.99

二、雍泉管道工程公司

雍泉管道工程有限公司成立于1997年4月，注册资金500万元，资质等级三级，位于扬村镇泉兴路1号。有施工机械50台套，主要经营输水管道及配套设施的安装、服务、水暖器材销售。近年来，随着城区快速发展，该公司保持“品质优越，诚信为本”的理念，充分发挥管道安装专业优势，主动走出去寻找活源，不但承接了城区重点工程（文化公园、一园四区等多项重点工程施工），而且还为崔黄口、大王古新建了2座水厂，并以优质的工程质量赢得甲方的认可。同时，雍泉管道工程公司充分利用管理手段，降低施工成本，加强核算，实现利润最大化，扩大企业积累，实现企业良性可持续发展。在材料上实行采购招标。公司实行了项目部制度、单项工程核算等管理体制，从而保证了每项工程从进场施工到最后的资料整理、竣工结算等有专门人员负责。经过多年的积累，公司以良好的信誉、精湛的工程质量赢得了业界的好评。至2010年，实现产值15872.78万元，利润1160.48万元，见表13-3-92。

表13-3-92 **1999—2010年雍泉管道工程有限公司产值利润统计表** 单位：万元

年份	产值	利润	年份	产值	利润
1999	207.02	16.69	2006	1234.84	130.71
2000	273.16	42.74	2007	1537.38	450.05
2001	305.33	59.53	2008	2171.14	67.11
2002	391.61	27.74	2009	2094.16	33.34
2003	458.05	31.98	2010	5526.99	26.61
2004	772.94	97.82	合计	15872.78	1160.48
2005	900.16	176.16			

三、雍泉建筑工程公司

天津市武清县雍泉建筑工程公司成立于1993年10月，资质等级三级，企业性质为集体，2010年固定资产600多万元、机器设备200多台。雍泉建筑工程公司位于杨村建园北路2号，经营范围包括土木工程建筑、管道和设备安装、设备货运、给排水工程。经公司施工的工程均达到国家验收合格标准。公司已具备承建3万平方米以上普通工业与民用建筑工程的能力。公司先后承建了37项工程项目，工程总建筑面积达175万平方米，创下了可观的经济效益。在施工工程中严格执行国家和市现行规范标准，制定出严格规范的施工管理制度，并注重新技术、新工艺、新材料的使用，所有新的技术、制度规程已在公司和本行业逐步推广使用。公司一直本着提高质量、强化管理，竭诚为广大建设单位服务的方针，在深化改革的形式下，不断进取，使企业实现又好又快发展。至2010年，共实现产值17413.6万元，利润581.9万元，见表13-3-93。

表 13-3-93　**1999—2010 年雍泉建筑工程公司产值利润统计表**　单位：万元

年份	产值	利润	年份	产值	利润
1999	930.00	47.00	2006	788.00	82.00
2000	1007.00	50.00	2007	2452.00	33.00
2001	387.00	48.00	2008	2486.00	56.00
2002	1250.00	53.00	2009	2403.00	15.80
2003	1326.60	53.00	2010	2467.00	23.10
2004	1198.00	53.00	合计	17413.60	581.90
2005	719.00	68.00			

四、天津市仁通市政排水有限公司

天津市仁通市政排水有限公司成立于 2007 年 6 月，位于杨村泉州北路 18 号，业务范围为园林绿化工程、室内外装饰装修工程、排水管道施工和土木建筑工程。公司注册资本 2000 万元，具有管道工程专业承包二级资质。公司自成立以来，坚持服务社会，造福百姓的宗旨，本着“重质量、讲信誉”的企业精神和“追求卓越、营造和谐”的开发理念，强化管理，塑造品牌形象，致力于各类精品工程建设。先后承接了数 10 项区重点工程，包括镇东雨水泵站改造、武清新城西区、蓝海泉州水城等排水及配套工程为代表的项目。公司从项目筹建到竣工，始终坚持“质量是企业生存之根本”的企业方针。公司所承接工程竣工验收均一次合格，并获得了上级主管部门、建设单位、监理单位的广泛好评。

2008—2010 年，天津市仁通市政排水有限公司产值利润统计见表 13-3-94。

表 13-3-94　**2008—2010 年天津市仁通市政排水有限公司产值利润统计表**　单位：万元

年份	产值	利润	年份	产值	利润
2008	15.00	0.20	2010	1967.00	18.40
2009	289.00	0.40	合计	2271.00	19.00

五、龙泉供水有限责任公司

龙泉供水有限责任公司成立于 2003 年 3 月。于 6 月 1 日取得营业执照，主要经营地下水输送，所有制形式为有限责任公司。公司位于武清区扬村镇建设北路西侧。该公司本着“本质为本、专业执着、精益求精”的经营销售理念，向城区运河水厂、河西水厂和泉兴水厂供应下伍旗水源地地下水。截至2010年，共供水3524.8万立方米，产值5868万元，纯收入2431万元，见表13-3-95。

表13-3-95 **2003—2010年龙泉供水有限责任公司供水量表**

年份	年供水量/万立方米	产值/万元	纯收入/万元
2003	239.60	407.00	283.00
2004	373.20	632.00	369.00
2005	406.00	680.00	347.00
2006	432.20	658.00	304.00
2007	481.80	812.00	364.00
2008	517.40	878.00	344.00
2009	542.60	918.00	234.00
2010	532.00	883.00	186.00
合计	3524.80	5868.00	2431.00

附　录

一、水资源管理文件

武清县人民政府文件

武政发〔1998〕74 号

关于发布《强化地下水资源管理暂行办法》的通知

各乡（镇）人民政府，各委、办、局，各直属单位：

《强化地下水资源管理暂行办法》已经县人民政府第十二届二次常务会议讨论通过，现发给你们，望贯彻执行。

强化我县地下水资源管理已势在必行。目前，我县工农业开采利用地下水资源每年近 1.5 亿立方米，而我县地下水允许开采量仅为 0.9 亿立方米，开采严重大于补给，致使地下水位急剧下降，地下水储藏量在 13～15 米左右。1998 年上半年，静水位已下降到 60～70 米之间，23 年时间下降了 55 米。按这样的发展速度，如不加以控制，到 2010 年以后，县城规划区的现有机井 95%将抽空吊泵。那时不仅机井报废，更严重的是水源贫乏将影响县城经济发展，同时直接威胁人民的生产生活。另外由于近几年对打井、修井等施工单位缺乏严格系统管理，造成了成井质量不能达标，取水层不按统一布局取用，致使杨村镇范围内咸淡水分界受到严重破坏，含水层利用不均衡，水质变坏。因此，必须采取有效措施解决以上问题，防止水资源短缺，保护地下水质，合理开发利用地下水资源，让有限的地下水资源发挥最佳效益。

附：《强化地下水资源管理暂行办法》

一九九八年八月二十日

强化地下水资源管理办法

第一章　总　　则

第一条　为了合理开发利用地下水资源，促进计划用水、节约用水，保护地下水资源，防止地面沉降和水质污染，依据天津市实施《水法》办法和天津市《取水许可管理规定》，特制定本办法。

第二条 本办法所称地下水资源是指本县境内埋藏于地下的冷水、淡水以及能够利用的其他地下水资源（热水除外）。

第三条 地下水资源属国家所有。凡在本县行政区域开发、利用地下水的单位（包括个人），均应依照本办法。

第四条 开发利用地下水资源应遵循开发利用、保护并举的方针，实行计划用水，厉行节约用水，积极推广节水技术，强化监督管理。

第二章 开发利用地下水资源管理

第五条 严格控制打井并限量取用地下水，打井和取用地下水的单位和个人必须服从统一规划和管理，未经批准，不得擅自打井或取用地下水。

第六条 凡开采地下水的单位和个人，均须向县水利局地下水资源管理办公室提出打井申请，报市地下水资源管理办公室批准。县城规划区内确需打井的县政府同意，报市地下水资源管理办公室审批（申请内容包括打井理由、节水措施、计划取水量、水层、水质、水温等并附井位平面图）。经审核批准后方可施工。

第七条 打井施工单位必须在建设单位取得正式审批文件以后方可施工，并且严格按照批准方案施工。需要变更方案时，必须取得原审批部门同意后方可变更。严禁咸淡水混合开采。打井竣工后，施工单位应向原审批部门及建设单位提交竣工报告、机井柱状图。

第八条 凡外地钻井队、修井队（含个体在内）到本县境内施工，必须经县水利局地下水资源管理办公室对其资质进行审查批准后，方可施工。未经资质审查批准擅自施工的，按擅自取水处理。

第九条 修井或机井报废应由使用单位向原审批单位提出修井申请或报废报告，经批准后方可组织修理、回填、封井等。

第三章 取水许可制度管理

第十条 凡在本县行政区域内取用地下水的单位和个人，都应依照中华人民共和国《取水许可制度实施办法》申请了取水许可证并依照规定取水。

第十一条 水井单位应在工程竣工后一个月内到县水行政主管部门申办取水许可证。申请内容包括：申请理由、取水目的、年需水量、取水起始时间、期限、井位、井深、坐落位置、节水措施等。由县水利局地下水资源管理办公室核定水量后，水行政主管部门发给取水许可证。

第十二条 新建、改建、扩建的建设项目需要申请或者重新申请取水许可的，建设应当在建设项目立项前，向水利局地下水资源管理办公室提出取水许可预申请，经审核批准后，方可申请立项。

第十三条 持证人必须依照取水许可证的规定取水，不得擅自改变取水地点、取水方式、取水用途或者增加取水量；确需变更或增加的，经须发证部门审核批准。

第十四条 取水许可证由持证人每年11—12月到发证部门进行年审，（年审内容包括：法人代表是否变动、取水指标是否变化、计量设施是否运行正常等）。年审费用由被审验的取水人承担。

第四章　地下水资源费征收与管理

第十五条 凡在武清县范围内，取用地下水的机关、团体、部队、企事业单位、个体工商业、畜牧养殖业，均应按《天津市地下水资源费征收管理办法》缴纳地下水资源费。

第十六条 凡属征费范围内的所有用水户，必须安装计量水表，按表计数，按月交费。

第十七条 征费标准按《天津市地下水资源费征收管理办法》执行。

第十八条 所有用水户，必须按时交费，不准拖欠，不准拒交。

第十九条 县城机关、县属企事业单位、外资合资企业地下水资源费由县地下水资源管理办公室直接收取，其余各乡镇企事业单位、个体工商业由县水利局委托各乡镇水利站代为征收。

第二十条 地下水资源费作为国家预算外资金每月上交财政统一管理。本着取之于水用之于水的原则，主要用于地下水资源保护、管理、节水工程、节水技术、改善人民用水条件；奖励对节水技术、地下水资源保护、科研等有突出贡献的人员以及县政府提出合理开发利用地下水资源有关用途的开支。

第五章　行　政　处　罚

第二十一条 对违反下列条款者按《天津市地下水资源管理暂行办法》由管理部门根据情节，给予通报批评、限期治理，查封水井或按打井投资额的10％～20％处以罚款（但罚款额最多不超过30000元）。

（一）未经批准擅自开采地下水的施工单位和建设单位。

（二）未经水行政主管部门批准，擅自修井或报废水井的单位和个人。

（三）擅自更改施工方案或不按批准的施工方案进行施工的施工单位。

第二十二条 有下列情形之一的，县水行政主管部门对取水许可证持有人（以下简称持证人）责令限期纠正违法行为，并处以警告或者1000元以上10000元以下罚款；情节严重的，报县政府批准，吊销取水许可证。

（一）未依照规定取水的。

（二）未在规定期限内装置取水计量设施的。

（三）拒绝提供取水量测定数据等有关资料或者提供假资料的。

（四）拒不执行水行政主管部门作出的取水量核减或者限制决定的。

（五）将依照取水许可证取得的水非法转售的。

违反本条（一）、（二）、（三）项的，除按本条处罚外，还应按提水设施最大引水能力和引水时间（最低为24小时）计交水资源费。

第二十三条 未经批准擅自取水的，由县水行政主管部门责令停止取水，补交水资源费。补交的水量，按提水设施最大引水能力和引水时间（最低为24小时）计算，并处以1000元以上10000元以下罚款。对责令停止取水而不停止取水的，可以采取强制停止取水措施。对拖欠地下水资源费的井权人，每逾期一天，加收应缴纳水费1%的滞纳金，逾期一个月仍不缴纳的由地下水资源管理部门封井停水。

第二十四条 当事人对行政处罚决定不服的，依照《中华人民共和国行政诉讼法》和《行政复议条例》规定，申请复议或者提起诉讼。当事人逾期不申请复议或者不向人民法院起诉、又不履行处罚决定的，由作出处罚决定的机关申请人民法院强制执行。

第六章 附 则

第二十五条 未办理取水许可证的用水单位和个人，在本办法公布之日起一个月内，按第十条、第十六条规定，分别到县水利局地下水资源管理办公室或乡镇水利站注册，并办理《取水许可证》，未安装水表的单位或个人安装水表，逾期不办理者按违章用水处理。

第二十六条 本办法由县水利局地下水资源管理办公组织实施，并负责条文的解释。

第二十七条 本办法中未作规定的，按有关水法律、法规执行。

第二十八条 本办法自公布之日起执行。

一九九八年八月二十一日

武清县人民政府文件

武政发〔1999〕17号

武清县地下水资源费征收管理实施细则

根据天津市物价局，天津市财政局联合下发的《关于调整地下水资源费收费标准的通知》（津价工〔1998〕660号）文件及《关于发布〈强化地下水资源管理暂行办法〉的通知》（武政发〔1998〕74号）文件精神，为做好地下水资源费的征收管理工作，保护和节约地下水资源，控制地面沉降，特制定本实施细则。

第一条 征管单位

县水利局是本县范围内地下水资源管理，地下水资源费征收的主管部门，责成地下水资源管理办公室负责征收，管理。

第二条 征收范围

（一）凡在我县范围内取用地下水的机关、团体、部队、企事业单位、驻津单位和个人，均应按本实施细则缴纳地下水资源费。

（二）农田灌溉，农村家庭生活，城镇居民家庭生活，农村中、小学校生活用水，暂免缴纳地下水资源费。

第三条 征收标准

自一九九九年一月一日起，地下水资源费一律按0.5元每立方米收取。

第四条 收费办法

（一）凡在本县行政区域内取用地下水的单位和个人，都应依照中华人民共和国《取水许可制定实施办法》申请取水许可证。

（二）各用水户必须安装计量水表，依用水量按月缴纳地下水资源费。

（三）县城规划区内，地下水与引滦水混用的单位，由自来水公司提供混用比例，按比例征收。

（四）各乡（镇）企事业单位和个体工商户应交纳的水资源费，由县地下水资源管理办公室直接收取。具备条件的可采取托收无承付方式。

第五条 资源费管理和使用

（一）水利局地下水资源管理办公室收取的地下水资源费应及时上缴财政局，实行专户管理。

（二）地下水资源费的使用，本着取之于水，用之于水的原则，主要用于地下水资源的保护和管理、节水工程、控制地面沉降、节水技术改造、改善城乡人民生活用水条件，奖励对节水技术、地下水资源保护、科研等有突出贡献的人员以及其他与合理开发利用地下水资源有关的开支。

（三）地下水资源费使用实行按项目管理，申请使用地下水资源费的单位必须报经县水利局方可立项，以效益定项目，以项目定资金补助。县水利局根据资金用途，按年度编制计划，报经县政府批准后列支。用款计划和决算，均须由财政部门监督管理。

（四）项目竣工后，建设单位、施工单位分别填报《用款结算清单》和《竣工报告》，县水利局负责组织有关部门对资金使用情况及工程质量进行检查验收，如发现不按期施工，质量低劣，浪费损失严重，资金挪用等情况，报经县政府批准后，追究有关人员责任，并收回补助资金。

（五）县水利局每年年底前将收费，资金使用及工程效益情况报县政府。

第六条 法律责任

（一）依据《天津市实施〈中华人民共和国水法〉办法》和《天津市取水许可管理规定》对有下列情形之一的，由县级以上水行政主管部门责令其停止违法行为，补交水资源费，并处以警告或者一千元以上一万元以下罚款；情节严重的，报县级以上人员政府批准，吊销其取水许可证。

（1）不按取水许可证规定取水的。

（2）不按规定装置量水设施的。

（3）拒不接受用水计量检查和提供取水测定数字或者提供假资料的。

（4）拒不执行取水调整，限制方案的。

（5）将依照取水许可证取得的水非法转售的。

（二）不按期交纳水资源费，经催交仍不交纳的，水利部门可以作出限期交纳的决定。

（三）当事人对行政处罚决定不服的，可以自接到处罚决定书之日起十五日内，向做出处罚决定的上一级机关申请复议；对复议决定不服的，可以在接到复议决定书之日起十五日内，向人民法院起诉。当事人也可以在接到处罚决定之日起十五日内，直接向人民法院起诉。当事人逾期不申请复议或者不向人民法院起诉，又不履行处罚决定的，由做出处罚决定的机关申请人民法院强制执行。

第七条 所有取用地下水的单位和个人，均应在本实施细则公布一个月内，到县水利局地下水资源管理办公室办理有关事宜，逾期不办理者，视同违章用水。

第八条 本实施细则，由县水利局负责解释，地下水资源管理办公室组织实施。

第九条 本实施细则，自一九九九年一月一日起执行。

一九九九年五月十二日

天津市武清区人民政府文件

武清政〔2011〕8号

关于印发《武清区城区排水管理暂行办法》的通知

各乡镇人民政府、街道办事处，各委、办、局，各有关单位：

《武清区城区排水管理暂行办法》已经区第三届人民政府第五十八次常务会议研究通过，现印发给你们，请照此执行。

二〇一一年四月二日

武清区城区排水管理暂行办法

第一条 为规范城区排水工程建设、加强城区排水管理，确保城区排水设施完好和正常运行，依据《天津市城市排水和再生水利用管理条例》，结合我区实际，制定本办法。

第二条 本办法适用于城市规划区范围内（五个街道办的142平方公里面积，以下简称城区）排水设施的规划、建设和管理。

第三条 区水务局为城区排水行政主管部门，负责城区排水系统的规划和监督管理。

第四条 城区新建、改建、扩建排水项目要按照雨污分流的原则进行设计。

对原有合流排水设施应当按照城区排水规划要求逐年进行雨污分流改造。

第五条 城区新建、改建、扩建工程项目需要建设排水设施的，建设单位应携带以下文件及资料，到区水务局办理排水规划出路手续后，方可设计排水工程施工图：

（一）申请书；

（二）建设项目计划投资文件（公共配套及自建配套）；

（三）市政公用基础设施配套项目建设工程规划许可证和附件；

（四）批准自行配套文件（建设自行配套项目）；

（五）城市基础设施配套证明（建设工程施工设计图等相关资料）；

（六）市政公用基础设施配套项目周边道路地形图及电子版图；

（七）规划局批复建设项目的详细规划图。

排水工程施工图应符合城区排水规划要求，并经区水务局审核、备案后方可施工。

第六条 排水工程的设计、施工和监理单位必须具备与工程要求相符的资质等级，有良好的技术、信誉，并严格执行国家和本市的有关规定、规范及标准。

第七条 新建的排水管道与公共排水设施连接的，建设单位应当持以下资料到区水务局办理相关手续：

（一）排水连接申请表；

（二）排水平面布置图、污水排放口位置、口径、水质监测数据报告、水量、水温和水压；

（三）生产产品种类、主要原材料和用水量及污水处理设施、工艺；

（四）有产业废水排放的建设项目应提供水质检测报告。

单位和个体工商户的排水管道与公共排水设施连接的，应当设置卧泥井；餐饮业的排水口设置隔油池；厕所设置化粪井。

第八条 区水务局对排水工程所用材料、设备按照设计进行审验，对施工过程应进行技术监督。

第九条 纳入公共排水设施管理的新建、改建、扩建排水工程，由区水务局提前介入监管，按施工程序分步验收并出具意见书，验收不合格的限期整改，整改完成后方可进行下一步工序。

排水工程竣工后由建设单位组织监理单位、区水务局进行整体验收。竣工验收合格后二个月内移交区水务局。

未办理移交手续的排水工程，由建设单位负责维护管理。

第十条 城区排水设施的养护维修管理责任，按照下列规定确定：

（一）公共排水设施由区水务局所属市政排水所负责；

（二）自建排水设施由产权单位或者受委托单位负责；

（三）住宅的化粪井及其与住宅相连接的管道，由产权单位或者受委托单位负责；

（四）实行物业管理的住宅小区内的排水设施养护维修管理责任，由该小区物业管理部门负责。

第十一条 排水户排入产业废水实行排水许可证制度，未经区水务局批准，不得向公共排水设施加压排水。

因建设项目需要向市政排水设施内临时排水的，要设沉泥池，并到区水务局办理临时排水许可手续，经批准后方可排放。

第十二条 排水户向城区排水设施排放的污水，应当符合国家和本市的污水水质排放标准。

医药卫生、生物制品、肉类加工等单位排放的污水，应当按照国家规定进行严格消毒处理，符合国家规定的排放标准后，方可排入城区排水设施。

第十三条 市政排水设施养护管理责任单位应当加大对排水设施的检查、管理力度，确保排水设施完好，运行正常。

第十四条 违反本办法规定，扰乱排水管理秩序，影响城区排水正常进行的，由区水务局依照《天津市城市排水和再生水利用管理条例》有关规定进行处罚。

第十五条 本办法自发布之日起实施，有效期五年。

二、办公地点变迁

武清区水务局于1984年由杨村镇新华路（新华书店南侧）平房迁址到杨村建设北路5号，2010年11月根据武清城区改造规划，水务局办公楼列入改造拆迁的范围，同年11月临时租用位于杨村新华路武装部西楼办公，2011年10月水务局迁至杨村雍阳西道68号（机井服务站西侧）办公。

2005年，新建河道管理所办公楼，位于八孔闸路北侧、北运河六孔闸西侧，建筑面积2000平方米，框架结构，共四层，该楼由北京中铁建筑工程设计院勘察设计，2005年竣工使用。

2006年，排灌站原有平房拆除，原址建水利技术推广中心综合办公楼。该楼为框架、砖混结构，建筑面积3257平方米，共四层，由北京中铁建筑工程设计院勘察设计，武清区水务局为建设单位，2006年年底竣工使用。

2007年，水利灌溉试验场、水利技术推广中心、地下水资源管理站3个单位由杨四公路南侧办公楼迁至杨村镇新华路水利技术推广中心综合楼办公。原灌溉试验场土地、楼房划归政府。排灌站、科技中心、修造厂、地资站4个单位共同使用此楼办公。

河东自来水服务站位于武清区杨村镇建国北路2号，1999年5月成立时在运河水厂院内临建国北路旧办公楼内办公。2006年8月6日搬至运河水厂院内北侧新建办公楼，砖混结构，共三层，建筑面积2080平方米，设计单位天津市长城设计所。

河西自来水服务站1999年5月成立时在武清区杨村镇常德大街75号水厂院内西侧办公楼内办公。2000年11月迁至武清区泉兴南路泉兴水厂院内北侧新建办公楼内。砖混结构，共四层，建筑面积1300平方米，设计单位武清区建委设计室，施工单位武清雍泉建筑工程有限公司。

市政排水所于1978—2009年办公地点为武清区杨崔公路，上湾水站北侧，于2009年5月对该区域进行改造，临时租用武清区雍阳东道体委办公楼，2011年10月临时租用杨村新华路北郑武装部西楼办公。

物资经销站始建于1987年，位于杨村北运河西侧、光明桥北侧。1996年水利机构改革，组建了水利物资经销站。1998 年 6 月县政府改造城镇环境，县政府把雍阳西道（现法院东侧东排渠桥）交给水务局处理，该地经水务局领导研究，在雍阳西道南侧、北侧各建办公楼一座，总面积 1937 平方米，共三层，框架结构。该楼属临时建筑，由武清县水利建筑公司承建。年底物资经销站迁入办公。

武清区机井建设管理站坐落杨村雍阳西道 68 号，于 1998 年 11 月将原平房改建为综合楼，楼房面积 2904 平方米，砖混结构，由天津市水利勘测设计院设计，武清县第四建筑公司承建。底层为商务，二、三层改造成江河大酒店，四层为“机井建设管理站”。

三、北运河人文景观建设

北运河人文景观建设从武清的文化历史中选精撷萃，通过对武清人文历史与运河知识的简介，打造出一个具有深厚文化积淀的运河文化环境，让人们在休闲游玩中潜移默化，增长学识，健康身心。工程在运河东岸修建了以千年古邑为内容的人文景观，在运河西岸修建了以潞水帆樯、运河沧桑为内容的人文景观。

（一）千年古邑景观

千年古邑景观分布在雍阳桥至光明桥段北运河东岸，建设内容包括御碑亭、百米文化墙、武清六景。

1. 御碑亭

御碑亭位于北运河东岸雍阳桥北 280 米处。亭子仿照清式碑亭式样建造，内放置碑两座，分别为仿制的清康熙帝“导流济运”碑与乾隆诗碑（附图 1）。

2. 百米文化墙

百米文化墙位于北运河东岸雍阳桥北 310 米处。该墙为浅色花岗岩阴刻武清“千年古邑”“隶属沿革”“治所寻踪”“县域变迁”四项内容（附图 2）。

附图 1　御碑亭——位于北运河东岸雍阳桥北 280 米处（2010 年拍摄）

附图 2　百米文化墙——位于北运河东岸雍阳桥北 310 米处（2010 年拍摄）

"千年古邑"：

武清，汉为泉州、雍奴二县。北魏太平真君七年（446年）省泉州入雍奴。唐天宝元年（742年）更名为武清。以其治所据雍水之北，昔号雍阳。2000年撤县设武清区。

"隶属沿革"：

武清，周以前属冀州、幽州。春秋战国时属燕国。秦属上谷郡。汉、隋属幽州。唐时属幽州、河北道及幽州、范阳节度使。宋时属燕山路，未几归金，属燕京。元时属燕京路。明属顺天府。清属直隶。中华民国时属京兆特区、河北省。中华人民共和国成立属河北省，1973年划归天津市。

"治所寻踪"：

泉州、雍奴县治多有迁移。泉州故城于今城上村，历两汉后移治三角淀，北魏时入雍奴。今旧县村曾为雍奴治所。武清县治自唐天宝元年（742年）始于旧县，明初迁至今城关镇，1950年10月迁至杨村至今。

"县域变迁"：

原泉州、雍奴二县，版图甚大，东极于海。北魏太平真君七年，省泉州并入雍奴县，县城含今之武清、香河、三河、大厂、宝坻、宁河、汉沽、北辰、西青等地。唐武德四年（621年）三河县分出。辽会同元年（938年）分县地于孙村置香河县。金大定十二年（1172年），分新仓镇置宝坻县（含宁河）。雍正八年（1730年）从县东南划余庆府、张贵庄、军粮城、杨柳青、青光、南仓、丁字沽等142村置天津县。1958年10月，安次、武清合并，仍称武清县。1961年6月两县复原制，武清县北旺等43村划归安次县，南王平等16村划归天津郊区。

3. 武清六景

武清六景位于北运河东岸雍阳桥北400米处，为黑色花岗岩石刻画。该景以旧时武清县境内的六处风景名胜（云凌古塔、凤台春晓、桥门秀水、奎阁灯光、西郊花柳、潞水帆樯）为内容，分别为：

云凌古塔。在县治南三十五里解口。高出云霄，每逢阴雨气象苍茫，仅见数级而已。

凤台春晓。县南一十五里太子务。云水苍茫，青苔叠翠，有凤集焉。

桥门秀水。棂星门外。四水所聚，浚池如半壁形。东有聚奎阁，前有魁星楼，两旁有圣域、贤关二坊。

奎阁灯光。聚奎阁，在学宫东南，背临南街。崇七丈五尺有，奇，每遇元宵以其文昌帝君诞日，燃灯数百，光辉映射于十数里之外。

西郊花柳。西门外张桐营、草次、吴家堤等村，杂植桃、杏、梨、李、杨柳，每当春光明媚，花柳争妍，游人络绎不绝。

潞水帆樯。潞水一河，上达七省漕运。每值夏秋，粮艘估舶，昼夜往来，风帆上下，洵邑中一巨阅也。

（二）潞水帆樯景观

潞水帆樯景观建设位于雍阳桥至光明桥段北运河西岸。内容包括20米文化墙、40米文化墙及石雕两组。

1. 20米文化墙

20米文化墙位于北运河西岸雍阳桥北150米处。材质为黑色花岗岩，阴刻刘炳森先生书写的清世宗雍正皇帝诗三首：

潞河初解冻，桂楫溯潆洄。
霁色明书帙，春涛劝酒杯。
云排群鸟度，风鼓万帆开。
扈从轩游日，唯惭作赋才。

初月照扁舟，潮声洗客愁。
孤村一树矗，隔岸数帆收。
霄汉闻鸣雁，沙汀玩宿鸥。
渔歌入夜寂，风景似清秋。

晓发启明东，金鞭促玉骢。
寒郊初喷沫，霜坂乍嘶风。
百雉重城壮，三河万舶通。
仓储关国计，欣验岁时丰。

2. 40米文化墙

40米文化墙位于北运河西岸雍阳桥北500米处。整段墙以汉白玉嵌石作一大型石雕画，画上题字“潞水帆樯”（附图3）。

附图3　40米文化墙——北运河文化长廊之一
（2010年拍摄）

3. 石雕像

石雕像位于北运河西岸光明桥南32米处，共2组，均为白色花岗岩雕刻。

南面石雕为《向前》：为船夫迎风击浪、奋力前行的形象。

北面石雕为《合力》：为纤夫俯身拉纤、不畏艰险、一往无前的形象。

（三）运河沧桑景观

运河沧桑景观位于光明桥到京津公路桥段北运河西岸，建有长 425 米的文化墙，内容分为三部分，分别为运河知识、九省运河泉源水利情形图（部分）和名人名诗。

（1）运河知识是介绍关于“京杭大运河”和“运河与武清”的石刻文字，位于北运河西岸光明桥北 630 米处，在浅色花岗岩面上阴刻而成。文字内容如下：

1）京杭大运河。京杭大运河是世界上航运里程最长的人工河，是历史悠久的世界名河。大运河肇始于春秋时期，形成于隋朝，发展于唐宋，取直于元代，距今已有 2500 年历史。今天的大运河全长 1794 千米，流经北京、天津、河北、山东、江苏、浙江六省市，沟通海河、黄河、淮河、长江、钱塘江五大水系。

大运河习惯上被分为七段。北京至通州段，称通惠河；通州至天津三岔河口段，称北运河；天津至临清段，称南运河；临清至台儿庄段，称鲁运河；台儿庄至淮阴段，称中运河；淮阴至扬州段，称里运河；运河自扬州入长江至镇江，镇江至杭州段，称江南运河。

大运河是古代漕运要道和南北交通动脉。元朝、明朝、清朝三代每年有数百万石漕粮从江南运到北京，来往货船、客船络绎不绝，促进了南北物资、文化交流，带动了沿岸经济、社会和文化勃兴，孕育了通州、武清、杨柳青、临清、聊城、济宁、徐州、扬州、苏州、杭州等一批名城重镇。随着近代海陆运输的发展，漕运于清光绪二十七年（1901 年）停止。但济宁至杭州的运河水道，至今仍发挥着巨大的运输功能。

大运河承载着中华民族开拓、发展、交流、文明的厚重历史，记录着华夏儿女勤劳勇敢、经久不息的奋斗历程，在经济发展、国家统一、社会进步和文化繁荣中发挥了重要作用。

2）运河与武清。流经武清的运河为元初疏浚拓宽潞河而形成的北运河中段。北起河西务镇庄窝闸，南至黄庄街马家口，纵贯武清 62.3 千米。千百年来，河工河务，工程浩繁，其漕运和行洪功能为历代当政者所重视。清康熙帝 4 次亲临武清视察运河水务，御制“导流济运”碑，立于筐儿港（现八孔闸区域）。乾隆帝也多次来此阅视，并建有行宫。

运河是武清的母亲河、经济河、文化河。自元代开通漕运至清中后期 600 多年的岁月中，每年数以万计的漕船、商船、客船，来往南北，帆樯林立。武清成为“通州楫之利，聚天下之粟，致天下之货”的商贸交通要道。沿河村镇，应运而兴。其中，河西务被称为“京东第一镇”，杨村则有“海门要塞”之美誉。经济的发展和对外交流的扩大，不同地区、不同民族、不同层次的民风、礼仪、宗教文化汇集，形成了武清融合开放、崇文尚教、多姿多彩的文化特色，使武清成为经济繁荣和人文底蕴深厚的京畿重地。

21 世纪，随着京津城市带、产业带的发展，古老的运河焕发出新的生机与活力，它将与武清一起成长为京津黄金走廊上的璀璨明珠。

（2）九省运河泉源水利情形图。位于北运河西岸光明桥北 630 米处，长 155 米，宽 1.2 米。内容是选取清代乾隆五十五年绘制的京杭运河水系图镌刻于汉白玉材质的文化墙上，使人们能清楚地了解运河流经与水系情况（附图 4）。

附图 4 九省运河泉源水利情形图——北运河文化长廊之一
（2010 年拍摄）

（3）名人名诗。位于北运河西岸光明桥北 930 米处，为黑色花岗岩雕刻，内容为五首名人诗词，分别为：

夜泊杨村（清・梅成栋）

野水千帆集，人声沸暮烟。
楼台两岸寺，灯火一河船。
临舫多欢笑，深更尚管弦。
我怀念故上，秉烛照愁眠。

潞河三首（清・康熙帝）

其一

潋滟春波散碧漪，白苹初叶麦初歧。
潞河三月桃花水，正是乘舟荐鲔时。

其二

画鹢中流起棹歌，参差荇藻漾晴波。
泽梁虽设曾无禁，斜日鱼罾两岸多。

其三

东风吹雨晓来晴，春水高低五闸声。

兰浆乍移明镜里，绿杨深处坐闻莺。

杨村道中（清·中书舍人张霔）

又向杨村道上行，间关能不动幽情。

野花一路开无主，水国千帆列作城。

双燕偶然同客语，数蝉随处作秋声。

漫云马上浑无事，敲遍西风句未成。

浪淘沙·晓至杨村（清·天津人查为仁）

侵晓出津门，又到杨村。

桃花口外水粼粼，回首海天霞起处，初放朝暾。

四望迥无尘，淡抹云痕。

香茅结屋树为邻，清景倩谁图画也，野色铺棻。

重过杨村看菊（清·陶梁）

走马晴郊续胜游，薜荔门巷径通幽。

愁中酒合倾盈斗，客里花须插满头。

青紫要途何须顾，江湖豪气未全收。

夕阳几度催归去，欲别东篱更小留。

四、文物

2002年6月1日，修建北运河“光明桥”时出土两尊护法铜人，后被移交区文化馆文物管理保护办公室。据碑载和专家考古发现，杨村玄帝庙位于北运河故道近岸处，建庙时间应不晚于明朝早期，系本地一重要道教活动场所。铜人工艺制作精美，栩栩如生，属国家级文物，颇具历史研究和艺术鉴赏价值。

倒流济运碑立于清康熙四十九年（1710年）。该碑上篆额为“御笔”二字，下为“康熙御笔之宝”大印，中有“导流济运”四字，刚柔相济，气势森然，乃帝王书法上品。碑由“河工熟练、人甚谨慎”的工部郎中兼理密云县城垣河堤事务加三级牛钮等建立。康熙三十八年（1699年），北运河于筐儿港处决口，康熙帝亲临阅视，命牛钮在决口处建减水坝，转年改为石坝，长67米。雍正六年（1728年）增至400米，坝旁立此碑，并建碑亭。清康熙五十九年（1720年）重修，承修官为原湖广总督喻成龙、原户部侍郎庸爱、原甘肃布政使司布政使朝奇、原山西按察使司按察使觉罗巴哈布、原内阁侍读巴图善。真碑现由武清区文化局保存。仿制碑两座分别立于北运河御碑亭及武清区博物馆。

清乾隆皇帝诗碑碑文为清乾隆帝途经武清三次所题诗作。其一为乾隆帝于三十二年（1767 年）年巡视天津途经北运河过境所作，题为《阅筐儿港减水坝作》，后立碑于筐儿港；其二为乾隆帝于三十五年（1770 年）二月阅视筐儿港所题《阅筐儿港工作》，后附刻于前碑；其三为三十八年（1773 年）乾隆帝阅视永定河等处河务途经筐儿港，复作《阅筐儿港作》，后附刻于前碑之侧。三诗均为行书，五言，其中两首有注，集雍容潇洒书风与治国安民心迹于一碑，殊为难得珍贵之文物。

五、大中型水库农村移民人口后期扶持

为贯彻落实《国务院关于完善大中型水库移民后期扶持政策的意见》（国发〔2006〕17 号）精神，按照市政府批转市发展改革委、市水利局拟定的《天津市完善大中型水库移民后期扶持政策实施方案的通知》（津政发〔2006〕101 号）的要求，天津市水利局、天津市发展改革委员会联合下发《关于做好大中型水库农村移民人口核定登记及后期扶持工作的通知》（津水管〔2007〕5 号）。

核定登记范围：2006 年 6 月 30 日以前，外省市由国家安置（含投亲靠友安置）获自主迁入本市的水库移民、本市水库移民和本市水库现状移民自主跨区县迁入到非移民村的（包括因婚姻迁入的），只登记水库移民本人。2006 年 7 月 1 日以后移民户自然增长人口，按照户籍的出生日期办理人口核定登记，非农业户口不能核定登记。

扶持标准期限：凡纳入扶持范围的水库移民每人每年 600 元，自 2006 年 7 月 1 日起扶持 20 年；对 2006 年 7 月 1 日以后搬迁的纳入扶持范围的移民，从其完成搬迁之日起扶持到 2026 年 6 月 30 日。

武清区移民人口登记工作主要依据天津市人民政府批转的《天津市大中型水库农村移民后期扶持人口核定登记办法的通知》（津政发〔2006〕81 号）和《天津市完善大中型水库移民后期扶持政策实施方案的通知》（津政发〔2006〕101 号）文件执行。2007 年 4 月 10 日，在武清区水务局机关召开了由主管农口副区长、各乡镇街主管民政副乡镇长及民政办主任参加的专项会议，对武清区大中型水库移民登记工作进行安排部署，到 2007 年 6 月底，共完成水库移民登记上报 423 人，市移民处（设在天津市水利局）批准 263 人。

关于对《武清水务志》(送审稿)进行评审的请示

天津市水务局:

按照市水务局续修《天津水利志》(1991—2010 年)总体部署,我局已完成《武清水务志》(1991—2010 年)编纂初稿,经征求各有关部门意见,反复修改,形成《武清水务志》(送审稿),现已随文报上,请予以评审。

妥否,请批示。

天津市武清区水务局

2015 年 5 月 20 日

《武清区水务志》(送审稿)专家组评审意见

2015 年 7 月 1 日，天津市水务志编委会根据武清区水务局《关于对〈武清水务志〉(送审稿) 进行评审的请示》，组织召开《武清区水务志 (1991—2010 年)》评审会。参加会议的有天津市地方志办公室、水利部海河水利委员会、天津市水务局、宝坻区水务局、武清区水务局等单位的有关领导、修志专家及撰稿人。会议成立了专家组（名单附后）。与会人员听取了武清区水务局关于《武清区水务志》(送审稿) 编纂工作的汇报，审阅了送审稿稿件，经认真评议，各位专家对本志予以肯定，具体评审意见如下：

一、本志运用了述、志、记、图、表、录多种体裁，体例齐全，观点正确，主线突出。

二、本志全面系统地记述了本行政区域 (1991—2010 年) 水利环境、水资源、城乡供水与城区排水、防汛抗旱、农村水利、水利工程管理、水利规划设计、水利科技与教育、工程建设、水法制建设、体制改革、水利机构、水利经济、水利普查等诸方面的发展与现状，符合专业志书的编纂要求。

三、修改意见

(1) 个别章节下的无题序运用了论述体，有的目下记述没按纵写的方法记述，分类不规范，应进行调整；

(2) 部分章节中没有按照志文要求的应用记叙文记述，事情的发生 (上限时间) 发展以及结果 (下限时间)，记述不太清晰，有断线和反复现象，应进行调整；

(3) 语言应进一步专业和准确；

(4) 大事记入选标准要统一，条目要素要齐全；

(5) 图片、表格按照规范修改，图按事归类，表要紧随其文，增加时间表述；

(6) 行文需要进一步规范，称谓、计量单位、时间、数字的表述应统一按照有关规定订正。

综上，经专家组审定：《武清区水务志 (1991—2010 年)》(送审稿) 基本符合《地方志书质量规定》，同意通过评审。待修改后，报送终审。

专家组组长：

2015 年 7 月 1 日

索　引

说明：1. 本索引采用主题分析索引法，主题词词首按汉语拼音字母顺序排列。

2. 主题词后面的数字表示其所在页码。

B

八孔闸橡胶坝 …… 237
北运河 …… 29
北运河城区段综合治理工程 …… 252

C

财务管理 …… 384
撤退路建设 …… 170
城区河道管理 …… 316
城区供水 …… 87
城区排水 …… 107
城区排水泵站建设 …… 113
城区排水管理 …… 119
城区水厂 …… 93
城乡供水 …… 87
城镇化建设 …… 52
除险加固 …… 214

D

大黄堡洼分洪区 …… 41
堤防岁修工程 …… 226
堤防绿化管理 …… 299
滴灌工程 …… 186
东排渠综合治理工程 …… 253
地表水 …… 55
地面沉降监测网 …… 78
地区经济 …… 51
地热水资源 …… 65
地下水 …… 59
地下水开采利用 …… 59
地下水监测 …… 74
地下水水质 …… 60
地下水源 …… 90
地下水资源费 …… 67
地下水资源管理 …… 66
地质地貌 …… 21
淀北分洪区 …… 43
队伍建设 …… 364

E

二级河道 …… 32
二支渠改造工程 …… 251

F

法规建设 …… 325
法规宣传 …… 327
防洪工程 …… 213
防汛部署 …… 162
防汛检查 …… 162
防汛抗旱 …… 121
防汛抗旱指挥部 …… 125
防汛物资 …… 165

防汛预案……………………… 164
防汛责任制…………………… 144
防汛组织……………………… 125
防汛信息化建设……………… 288
非常规水源 ………………… 56
风雹灾 ……………………… 49
凤河西支 …………………… 32
分滞洪区、水库 …………… 37
附录………………………… 399
服务体系……………………… 347

G

改土治碱……………………… 179
工程建设……………………… 211
公务员培训…………………… 292
供水管理 …………………… 98
供水价格……………………… 101
工业 ………………………… 51
工业用井……………………… 192
工业节水 …………………… 82
固定扬水点…………………… 249
骨干水利工程管理…………… 298
规划………………………… 259
国有国管扬水站……………… 238
国有乡管扬水站……………… 247

H

旱灾 ………………………… 48
河道闸涵、堤防管理………… 298
河道管理体制改革…………… 346
河流水系 …………………… 26
河西水厂 …………………… 94

J

机场排河 …………………… 34
机场排河城区段治理工程……… 254
技能培训……………………… 291
机构改革……………………… 339
机构设置及人员编制………… 351
机构与队伍建设……………… 349
机关机构改革………………… 339
机关机构设置及人员编制……… 351
机关信息化建设……………… 290
计划用水 …………………… 79
机井建设…………………… 70，190
机井建设管理 ……………… 73
技术人员……………………… 375
技术引进、推广……………… 285
节水工程……………………… 184
节水管理 …………………… 79
节水型社会建设 …………… 81
节水宣传 …………………… 80
节水增效示范工程…………… 189
节约用水 …………………… 79
井灌区………………………… 183
局领导简介…………………… 370
局直单位机构设置及人员编制
……………………………… 352

K

开发区建设 ………………… 51
开发区卧龙潭净水中心 …… 95
开挖清淤渠道………………… 180
勘测………………………… 270
抗旱………………………… 174

抗旱措施………………………… 174
抗旱服务组织…………………… 174
抗旱经费投入…………………… 176
抗洪除涝………………………… 171
科技……………………………… 283
科技试验、研究………………… 283
控沉管理措施 ………………… 78
控制地面沉降 ………………… 75
矿泉水资源 …………………… 66

L

狼尔窝引河 …………………… 35
劳动模范………………………… 373
涝灾 …………………………… 47
领导更迭………………………… 355
龙北新河 ……………………… 34
龙凤河（北京排污河） ………… 31
龙凤河除险加固工程…………… 216
龙凤河及龙凤河故道综合治理
工程……………………………… 255
龙河 …………………………… 34
龙泉供水有限责任公司………… 397

M

马道桥橡胶坝…………………… 237
蒙村橡胶坝……………………… 235

N

南蔡村橡胶坝…………………… 238
牛角洼水库 …………………… 46
农村安全饮水工程……………… 105
农村供水………………………… 102
农村骨干河道水环境治理规划
……………………………………… 266
农村人畜饮水解困工程………… 103
农村水利技术推广体系改革…… 347
农民用水者协会………………… 296
农田水利基本建设……………… 179
农业 …………………………… 51
农业节水 ……………………… 82
农业专项资金建设工程………… 187
农业综合开发项目……………… 190
农用机井………………………… 191
农用桥闸涵维修改造…………… 193

P

排灌干渠 ……………………… 35
排水工程建设…………………… 108
排水管网工程建设……………… 108
排水渠道………………………… 117
排水区域划分…………………… 107
排污费征收……………………… 120
喷灌工程………………………… 185
普查内容………………………… 274

Q

气象水文 ……………………… 22
前进桥橡胶坝…………………… 237
抢险队伍………………………… 163
抢险演练………………………… 163
青龙湾减河 …………………… 30
渠道防渗工程…………………… 184
取水许可审批制度 …………… 67
泉兴水厂 ……………………… 95

R

人员调配 …… 365
入境水 …… 55

S

三角淀分洪区 …… 39
三支渠综合治理工程 …… 254
上马台水库 …… 43，390
上马台水库管理 …… 315
商贸服务业 …… 51
社会经济 …… 50
设计 …… 271
审计 …… 385
生活机井 …… 192
生活节水 …… 82
实体公司 …… 391
事业单位人事制度改革 …… 342
市政供水管网 …… 96
水环境治理工程 …… 250
水库 …… 43
水库管理 …… 315
水利队伍 …… 364
水利改革 …… 337
水利技术推广中心 …… 347
水利建筑工程公司 …… 392
水利经济 …… 381
水利工程管理 …… 293
水利工程管理体制改革 …… 345
水利工程确权划界 …… 319
水利管理体制改革 …… 344
水利普查 …… 274
水利物资经销站 …… 386
水事案件查处 …… 332
水事纠纷处理 …… 334
水情 …… 123
水土保持 …… 209
水土保持方案编报 …… 209
水土保持监督收费 …… 209
水土保持宣传 …… 209
水行政执法 …… 331
水行政执法队伍行风评议 …… 330
水源 …… 90
水政机构 …… 323
水政建设 …… 321
水资源管理 …… 66
水资源条件 …… 55
岁修工程 …… 226

T

土壤植被 …… 24
天津市仁通市政排水有限公司 …… 397

W

文化建设 …… 52
“五年”规划 …… 259
武清城区防洪圈工程 …… 218
武清城区分区分质供水规划 …… 266
武清城区河湖水系规划 …… 265
武清区水利机械服务站 …… 388
五支渠综合治理工程 …… 254

X

西安子橡胶坝 …… 236
下伍旗水源地水源 …… 93

先进集体 …… 369
先进个人 …… 378
橡胶坝工程 …… 235
乡有乡管扬水站 …… 247
乡镇集中供水 …… 102
乡镇农田水利管理 …… 295
乡镇物资储备 …… 165
小韩村橡胶坝 …… 236
小型农田水利工程产权制度改革 …… 344
小型农田水利工程建设 …… 183
小型农田水利管理 …… 295
新房子橡胶坝 …… 236
信息化建设 …… 288
行政区划和人口 …… 50
行政审批 …… 334
蓄滞洪区安全建设 …… 169
学历教育 …… 291
汛情 …… 123

Y

扬水泵站工程 …… 238
扬水站管理 …… 303
一级河道 …… 26
逸仙园水厂 …… 95
引滦水源 …… 92
应急度汛 …… 218
永定河 …… 26
永定河除险加固工程 …… 216
永定河泛区 …… 38
运东干渠 …… 255
于庄水库 …… 45，389
于庄水库管理 …… 316
雍泉管道工程公司 …… 395
雍泉建筑工程公司 …… 396
雨情 …… 123
运河水厂 …… 94

Z

闸涵岁修工程 …… 233
职称评审 …… 368
制度建设 …… 325
职工教育 …… 291
治水人物 …… 370
中泓故道 …… 35
主要法规 …… 325
专项规划 …… 265
资金投入 …… 383
自然地理 …… 21
自然灾害 …… 46
综合经营 …… 386

编 后 记

武清区第一部水利专业志书《武清县水利志》于1998年3月出版。《武清区水务志（1991—2010年）》第二轮修志起于2009年4月。

按照天津市水利局水务志编纂办公室的安排部署，成立了武清区水务志编纂办公室，负责志书的编纂工作。5月，召集局机关各科室、基层单位相关人员编纂大事记。后因局机关两次更换工作地点，给修志工作带来了不便，修志工作断断续续，没有进展。2011年年底，武清区水务局主要领导调整，新的领导班子重新调整编纂工作思路，安排编纂工作人员，明确责任分工，采取分散与集中相结合的方式进行志书编修工作。工作按以下几步进行：第一步是组织骨干力量8人编写水务志文稿条目大纲；第二步是由各基层单位编纂人员根据条目大纲的要求提供相关内容；第三步由编办人员集体对他们所提供内容进行编纂、梳理统稿。

2013年9月4日，局编纂办公室组织召开第一次工作协调会，会议决定每周集中1天时间对采编人员上报来的稿件内容逐条进行修改。到11月，第二轮水务志草稿完成。经副局长陈美华批准，于12月初将草稿打印10份成书，交由水务局领导、编纂人员审阅。编办人员按照建议和意见再次进行了修改，2014年4月1日，全志书完成18章，大约30万字，即为"白皮志书"。4月15日，聘请天津市水利局水务志编志办室主任丛英等3人来武清区水务局对"白皮志书"进行审查，并对主修稿件的统一性、条目的设置和完整性方面提出了修改意见。事后由编办人员按照修改意见进行总体编排修整，历时3个月，形成了"蓝皮志书"。9月8日，编办人员开始对蓝皮志书逐章逐节逐目进行了再修改和调整，2015年5月，形成送审稿报市水务局请示评审，全书共14章，约25万字。2015年7月1日，市水务局水务志编委会组织对《武清区水务志（1991—2010年）》进行评审，经专家评议，同意通过评审。评审会后再次修改，并送终审，交付印刷出版。

修志过程中，天津市水务局编办室主任丛英及工作人员、海委编志办主任李红有等有关领导对本志提出了指导意见，原水务局局长胡宝泽为水务志作序，区水务局局长李春发、副局长陈美华亲自主持水务志编纂和编修工作，副局长李云旺及赵文玉、王华、张金城、王维、边艳芳等全程参与志书编审工作，在此一并表示感谢。

因水平有限，在编纂过程中难免有纰漏之处，敬恳广大读者批评指正。

崔玉山

2016 年 4 月 7 日